观演建筑设计
THEATER DESIGN

袁烽 著　　　　　Philip F. Yuan

U0323294

同济大学 出版社
Tongji UNIVERSITY PRESS

图书在版编目（ＣＩＰ）数据

观演建筑设计 = Theater Design / 袁烽著. -- 上海：同济大学
出版社, 2012.5

　ISBN 978-7-5608-4837-2

　Ⅰ.①观… Ⅱ.①袁… Ⅲ.①剧院-建筑设计②音乐
厅-建筑设计③影剧院-建筑设计 Ⅳ.①TU242.2

中国版本图书馆CIP数据核字（2012）第066735号

观演建筑设计
THEATER DESIGN
袁烽 著

责任编辑 江 岱　责任校对 徐春莲　装帧设计 袁佳麟 陈益平
出版发行　同济大学出版社
　　　　　（www.tongjipress.com.cn 地址：上海市四平路1239号 邮编：200092 电话：021-65982473）
经　　销　全国各地新华书店
印　　刷　常熟市大宏印刷有限公司
开　　本　787mm×1092mm 1/16
印　　张　25
印　　数　3 101—4 100
字　　数　624 000
版　　次　2012 年 5 月第 1 版　　2018 年 8 月第 2 次印刷
书　　号　ISBN 978-7-5608-4837-2
定　　价　90.00元

序

　　观演建筑是人类社会生活发展的产物，它承载着城市与地区的文化梦想，观演建筑的建设水平是一定时期城市与地区政治、经济、文化综合实力的集中体现。观演建筑独特的功能构成与复杂的技术支撑，使其成为建筑创作中极具专业性的一种公共建筑类型。近年来，随着我国社会文化需求的日益增长，一方面，社会对观演建筑在数量与质量上都不断提出新的要求；另一方面，观演建筑鲜明的技术与文化属性，也使其设计操作既要依托现代科技进步，又要兼顾地域文化表达。因此，基于历史视角与当下创作实践的观演建筑研究显得尤为必要与迫切。

　　观演建筑历来是同济建筑关注的重点。早在1970年代的上海中兴剧场改建、1980年代的上海戏曲学院实验剧场以及全国中小型剧场竞赛获奖方案等设计中，教师们就先后对观演活动组织中的空间与技术等本体问题进行了深层的探索研究；而1958年的上海3000座歌剧院、1987年的上海文化中心以及1998年的国家大剧院等几次重大的大型观演建筑设计竞赛，更是成为不同时期同济建筑教师们倾力参与、精诚协作的重要集体学术行为。此外，观演建筑以其包含的无可替代的综合性设计训练内容，也一直是同济建筑学专业教学中一个传统的课程设计选题。袁烽作为年青一代教师的优秀代表，多年来，在致力于观演建筑设计教学的同时，始终坚持这一领域的理论研究与设计实践，在继承中不断寻求新的突破，并逐渐形成了自身独到的学术见解与丰富的成果积累。

　　本书无论是纵向的发展解析还是横向的比较研究，均极其务实地对国内外观演建筑设计的理论和实践进行了系统梳理。整本书取材视野开阔、内容涵盖全面，既有原理阐述，又有方法演示，十分难得地将理论性与资料性集于一体。可以肯定，本书在充实我国观演建筑设计研究的同时，也必将为观演建筑设计教学发挥积极而重要的作用！

吴长福

同济大学建筑与城市规划学院院长

2012年5月1日

前言

自古以来观演活动都在人们的生活中占据重要地位，观演建筑既是社会精神文化的象征，也是建筑技术发展与文化活动的综合反映。作为表演、歌唱、戏剧、戏曲、话剧、舞蹈和电影等多门类艺术的观演场所，这种建筑类型更是融合了多学科的内容。观演建筑包含了剧场、音乐厅、电影院、观演综合体等。这种特殊的建筑类型源于人类原始生命的生存需求，随人类文明的进步而成熟，至今已发展成为一种独立而又特殊的建筑类型。

目前，在经济高速发展的宏大背景下，我国在20世纪末到21世纪初正处于一个前所未有的剧场建设高潮时期，如何整理与审视这一轮在世界观演建筑史上留下重要一笔的建筑实践，对未来观演建筑的发展起到了重要的作用。近年随着我国振兴文化产业浪潮的到来，观演建筑多功能化、多厅化、综合体化的趋势也应当引起学界充分的关注。本书着重通过对观演建筑本体的研究，为研究与设计未来观演建筑打下了坚实的基础。

笔者在过去八年的时间中，一直在同济大学建筑城规学院建筑系，指导本科四年级的"观演建筑设计"课程设计，本书的编写内容充分体现了我们教学的特点：首先，注重培养学生们通过历史的视角审视观演建筑的类型演变；其次，在原理设计中，通过大量实践案例辩证学习传统资料集与观演建筑范式；再次，强化多功能剧场、多厅剧院和传统剧场等研究。

本书将观演建筑的发展历史、设计原理及相关案例进行系统的研究与整理，借鉴了国内外同行的研究成果，吸取了建筑界及相关学科的文献及著作，引证了大量的工程实例，供学生或设计人员学习参考。在编写过程中力求广采博取，重视历史传承、兼容并蓄、多元荟萃。编写原则力求理论结合实际，简明扼要、图文并茂、信息量广、实用方便，并注意设计的基本原理及常用技术、数据与相关法规。

全书分为七章，其中第一章剧场发展史，从舞台的发展、观众厅的发展、舞台技术和布景的发展、声视线理论的发展等四条主线纵向讲述了西方剧场建筑的历史发展过程，并整理出中国传统剧场经过近代西方剧场的引入，发展至今的脉络；第二章现代观演建筑设计，对观演建筑设计的基本原理，包括各使用空间的功能及流线组织、观众厅的声学设计等进行了概括；第三、四、五章分别对观演建筑中歌舞剧场、音乐厅和电影院的设计原理进行了梳理，并通过大量的典型案例探讨设计原理在实践中的应用；第六章多功能剧场，主要引介了美国著名观演建筑设计师乔治·艾泽努尔（George C. Izenour）的研究成果，介绍了多功能剧场的基本概况，并分别从技术条件下的多功能剧场舞台和观众厅设计及多功能剧场的声学设计等角度进行深入探讨；第七章为案例调研和分析比较，主要对近年来国内建成的七个比较有影响力的观演建筑案例进行整理和分析。

在过去的多年研究生教学中，观演建筑设计一直是我们的一个重要研究方向，我指导的数位硕士研究生姚震、贺康、辛磊、杨智、高心怡等，均以观演建筑相关的研究课题作为毕业论文的选题，他们花费大量精力为本书编写搜集、整理资料，并协助我完成了本书的编写。

袁佳麟对整本书进行了精心的排版、编辑以及图片整理和修正工作。另外，本书编写过程中得到华东建筑设计研究院、天津市文嘉舞台技术有限公司、浙江大丰实业有限公司、深圳市中孚泰文化建筑建设股份有限公司、同济大学声学研究所等单位提供的资料与支持，在此一并致谢。

限于对博大精深的观演建筑认识还是不够全面与深入，不妥之处敬请读者批评指正。

袁烽
2012年4月于同济大学

目录 |

第1章 剧场发展史

Chapter 1

1.1 西方剧院中舞台的发展历史

1.1.1 开放式舞台的发展历史

1. 古典时期（公元前400 — 公元300年）

公元前550—前500年，在雅典的市集广场中，以一棵白杨树作为空间的限定，在树的旁边是表演的场地，表演场地旁边则以木板凳或木板搭起看台——这是学者们对最早的演出场地的推断。

图1-1-1 古希腊露
天剧场
（图片来源: http://
upload.wikimedia.org/
wikipedia）

古希腊的剧场多是露天剧场，露天剧场可以说是最原始的剧场形式。它最初是自然形成的，一般依靠山势地形而建，表演场地位于剧场的中心，观众席则以扇形或半圆形围绕中心表演场地布置。

随着剧场的发展，中心的圆形表演场地后面加了景屋，并且景屋的形式由设一扇门发展到三扇门，两翼又伸出廊亭。景屋前面与两翼伸出的廊亭所形成的空间是演员集中活动与表演的地方。这一空间后来逐渐发展成舞台空间。

进入古罗马时代，随着拱形顶棚技术和混凝土的应用，剧场成为独立的建筑，不再需要依赖坡地。舞台也有所发展，具体表现在：最早的中心圆形场地演变为半圆形池座；舞台后台与池座、观众席形成整体。古希腊剧场舞台通常高出地面3m以上，台面较浅，台面长度与表演场地直径相当；在古罗马的剧场中，舞台高出池座要少得多，仅1.5~1.6m，台面变深，一般相当于池座半径的一半，舞台长度则相当于池座直径的2倍，有时甚至长达33~100m。

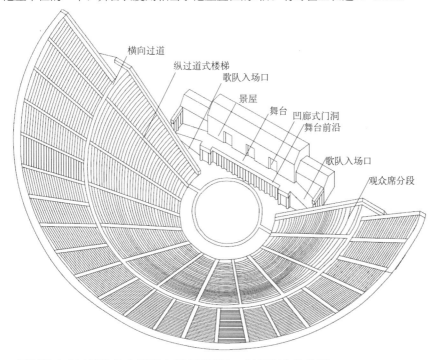

横向过道
纵过道式楼梯
歌队入场口
景屋
舞台
凹廊式门洞
舞台前沿
歌队入场口
观众席分段

图1-1-2 希腊时期典
型剧场
（图片来源: 李道增,傅
英杰. 西方戏剧·剧场史
[M]. 北京: 清华大学出
版社, 1999）

下面以古典时期的几个剧场实例来说明这一时期舞台的发展。

1）酒神剧场（Theater of Dionysus）

酒神剧场建于公元前5世纪，位于雅典卫城南麓，利用山坡地形而建。酒神剧场中央是直径约27m的圆形场地，根据学者测，整个剧场近似于矩形或多边形，采用了先筑挡土墙再垫平的做法。在挡土墙外、表演场地下方的山坡上先建起一座小的酒神庙，以坡道与表演场地相连。在表演场地上设一祭坛和一张放置敬神牺牲的桌子，最初可能在桌子上演戏，后来才在搭起的一座小平台上演戏。

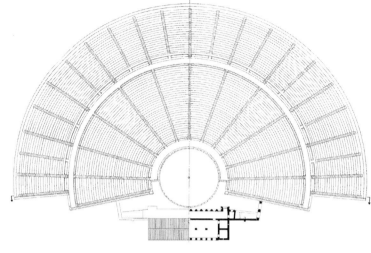

图1-1-3 埃皮达鲁斯
剧场平面
（图片来源：李道增，傅
英杰. 西方戏剧·剧场史
[M]. 北京：清华大学出
版社，1999）

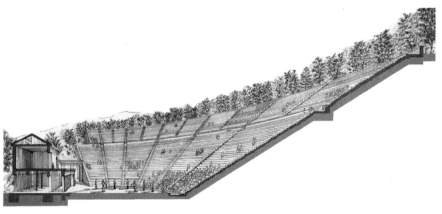

图1-1-4 埃皮达鲁斯剧
场剖透视
（图片来源：George
C.Izenour, Theater
Design, McGraw–Hill
Book Company,1977）

2）埃皮达鲁斯剧场（Epidaurus Theater）

建于公元前2世纪前后的埃皮达鲁斯剧场，被认为是希腊最杰出的剧场，也是迄今保存最为完整的希腊剧场。最远的座位距舞台前端70m，因此看不清演员的表情。为尽量减少视觉上的问题，希腊戏剧使用了面具。面具的嘴巴部分呈短号筒状，起到了扩声的作用。安静的环境对更好地听到声音很重要，因此希腊剧场建造在安静的郊外。现代剧场的规模只有当时的1/10，在当时各种技术制约条件下，能建成没有扩声装置的拥有14 000个座席的剧场，令人惊叹。

表1-1-1   埃皮达鲁斯剧场基本数据

表1-1-1 埃皮达鲁斯剧
场基本数据
（数据来源：李道增，
傅英杰. 西方戏剧·剧场
史[M]. 北京：清华大学
出版社，1999）

剧场名称	剧场直径	观众席容量	表演场地直径	舞台台深	舞台面宽
埃皮达鲁斯剧场	118m	14 000座	约19m	3m	26.5m

3）雅典阿格里帕音乐堂（Odeon of Agrippa）

音乐堂是为音乐演奏、或有乐器伴奏朗诵而建的厅堂，大多是室内的，周围有墙，上有屋顶，采用矩形平面，容量比室外剧场要小得多。古典时期音乐堂的舞台可以看作是早期的室内开敞式舞台。雅典的阿格里帕音乐堂大约建于公元前15年，坐落于雅典每年为纪念酒神在市集演戏的场地附近。最初的音乐堂平面呈正方形，可容1 000人。这座音乐厅是由希腊化时期的礼堂发展而来的。这些厅堂都是平面呈矩形并有屋顶的建筑，而且座席都做成斜坡形。阿格里帕音乐堂的舞台窄长，在音乐堂的一端。台前有块比半圆小得多的平地，也可用于表演。平面呈同心圆的斜坡坐席围绕舞台及舞台前的平地布置。阿格里帕音乐堂的跨度达25m，在当时的技术条件下，除了厚实的外墙没有任何其他支撑结构，在使用了一百多年后，于2世纪倒塌。

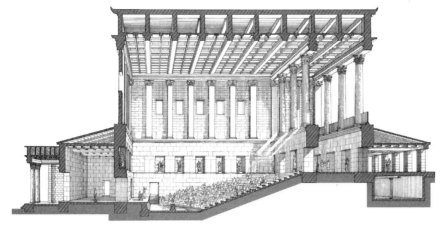

图1-1-5 雅典阿格里帕音乐堂剖透视
（图片来源: George C.Izenour,*Theater Design*, McGraw-Hill Book Company,1977）

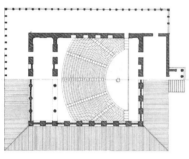

图1-1-6

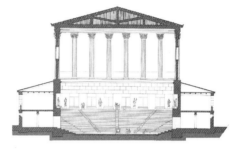

图1-1-7

图1-1-6 雅典阿格里帕音乐堂平面
图1-1-7 雅典阿格里帕音乐堂剖面
（图片来源: George C.Izenour, *Theater Design*, McGraw-Hill Book Company,1977）

到了古罗马时代，剧场不再需要依赖坡地而成为独立的建筑。罗马人设置了从观众席底下的出入口直到最后一排的疏散通道和避难系统。罗马剧场把高高的舞台用房与半圆形的观众席相结合，舞台采用半圆形。

图1-1-8

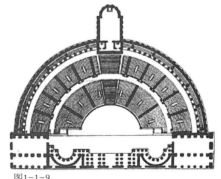

图1-1-9

图1-1-8 古罗马庞培剧场
图1-1-9 古罗马庞培剧场平面
（图片来源: 李道增, 傅英杰. 西方戏剧·剧场史[M]. 北京: 清华大学出版社, 1999）

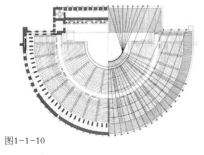

图1-1-10

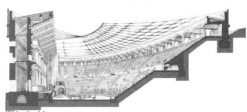

图1-1-11

图1-1-10 古罗马阿斯彭杜斯剧场平面
图1-1-11 古罗马阿斯彭杜斯剧场剖透视
（图片来源: George C.Izenour, *Theater Design*, McGraw-Hill Book Company,1977）

4）庞培剧场（Theater of Pompey）

庞培剧场建成于公元前55年。这个剧场重要的发展是修筑了后台两端的侧翼，使观众席与后台体量连成整体，且半圆形观众席的顶部与舞台后台高度是一致的。庞培剧场舞台正立面的正中部位有一很大的长方形壁龛，壁龛上配置了55根柱子组成的柱列，两侧也配置两个半圆形凹入的壁龛，并饰以柱式。这一时期舞台后墙中间为饰有拱形壁龛的高大门洞，两侧为较浅较矮的壁龛与小门洞。

5）罗马阿斯彭杜斯剧场（Roman Theater at Aspendus）

阿斯彭杜斯剧场建于公元180年前后，其地处西亚地区（现位于土耳其境内），坐落于阿斯彭杜斯山城的东麓，由建筑师柴诺（Zeno）设计。剧院很好地保留了罗马剧场的形状，但又有所不同。它的舞台部分长度要比观众席的直径小得多，剧场舞台的顶上有悬挑出的前高后低的木屋顶。很多罗马剧场为防止观众受日晒，用帆布覆盖剧场顶部。帆布会对声音有适当的反射，且不会产生过多的混响。

后来的罗马把注意力转移到竞技场内的格斗和战车竞赛上，剧场的地位也就下降了。

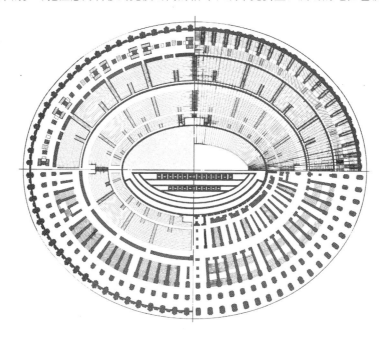

图1-1-12 罗马圆形大剧场平面

（图片来源：George C.Izenour, *Theater Design*, McGraw-Hill Book Company,1977）

6）罗马圆形大剧场（Colosseum in Rome）

又称为罗马斗兽场，用来举行格斗与斗兽表演。其平面布局为椭圆形，表演场地被四周的坐席环绕，表演格斗与斗兽等极其残忍的娱乐。有地下隧道位于其下，或为通道，或用于放置关野兽的笼子，当时已有为提升野兽或布景道具而设的土升降机械。从考古发现的证据可以看出，当时的表演场地还可以注满水以演出海战等。

表1-1-2　　　　　　　　　　　　　　罗马圆形大剧场基本数据

表1-1-2 罗马圆形大剧场基本数据

（数据来源：李道增，傅英杰. 西方戏剧·剧场史[M]. 北京：清华大学出版社，1999）

剧场名称	剧场容量	剧场周长	高度	椭圆长轴长度	椭圆短轴长度
罗马斗兽场	45 000人	527m	48.5m	188m	156m

2. 文艺复兴晚期（1500 — 1650年）

在漫长的中世纪，很长一段时间内戏剧演出是被禁绝的，剧场发展也经历了漫长的停滞期，演出场地转入教堂或通过庆典戏车演出。但是，从14世纪末开始，戏剧形式与剧本中的一些新思想开始萌芽。及至16世纪，戏剧已从沉闷的中世纪苏醒过来。

剧场舞台在这一时期也发生了很大变革。一方面，维特鲁威的《建筑十书》被重新发现和认识，被视为对建筑和舞台布景最权威的著作。当时的戏剧家们希望可以照搬罗马时期剧场舞台的实例，于是收集有关罗马时期舞台的材料及布景资料，作为仿古的证据；另一方面，绘景代替了原来的景屋，标志着舞台革新迈出了重要的一步。舞台布景的变化之所以产生，最重要的原因是透视学的发现，其影响比维特鲁威的著作更大更显著。伯鲁涅列斯基最早把前人的知识加以系统化，并首先在绘画中运用了一点透视原理。1435年，阿尔伯蒂写出有关透视学的专著，但他的一点透视有一定的局限性，只适用在平行于画面的平面上绘制。1519年，达·芬奇开始把透视用在围绕视点的弧面上，后通过实践发展成画在各个不同角度的平面上。

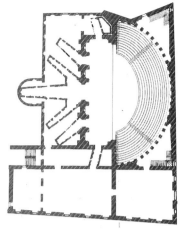

图1-1-13 维琴察奥林匹克剧场平面
（图片来源：George C.Izenour, *Theater Design*, McGraw-Hill Book Company,1977）

这一时期比较有代表性的两个剧场是维琴察的奥林匹克剧场和萨比奥内塔剧场（Teatro Sabbionatta），前者试图复兴古典样式，后者被认为代表了文艺复兴剧场发展的主流。

1）维琴察奥林匹克剧场（Teatro Olimpico）

维琴察的奥林匹克剧院建于1580 −1585年，是当时最严格地遵守维特鲁威的理念设计出来的，但也深受透视法的影响。舞台台面呈长条形，长而窄，与罗马剧场的舞台一样。舞台后墙由经过精心装饰的古典叠加柱式与壁龛券洞组成，台面层的后墙做出上有山花的壁龛，龛内饰以雕像，两侧有柱式，檐部上方顶着雕像；再上一层，正侧面有六座饰有雕像的壁龛。奥林匹

图1-1-14 维琴察奥林匹克剧场剖透视
（图片来源：George C.Izenour, *Theater Design*, McGraw-Hill Book Company,1977）

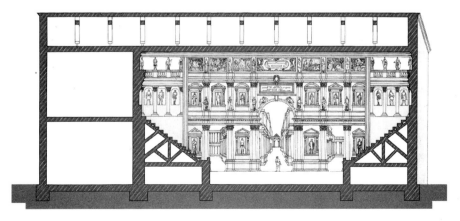

图1-1-15 维琴察奥林匹克剧场剖面
（图片来源：George C.Izenour,*Theater Design*, McGraw-Hill Book Company,1977）

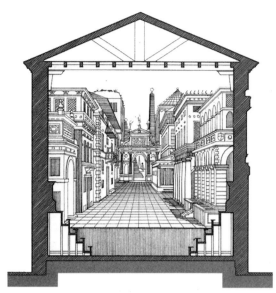

克剧场中最有特色的是舞台后墙的三个大门洞，每个门洞用透视法制造出街道的幻觉，让坐席中的每一位观众至少能看到其中一条街道的透视效果。舞台好像是都市中各条街道汇聚到一起的中心广场。

奥林匹克剧场被视为近代剧场史上的一座里程碑，但其总的想法仍停留在追求古典样式、用透视布景来构成不能换景的舞台阶段。

2）萨比奥内塔剧场（Teatro Sabbionatta）

奥林匹克剧场尽管形式精美，但并非文艺复兴剧场发展的主流。很多学者认为，代表这一时期主流的是斯卡莫齐设计建造的一座规模较小的剧场——萨比奥内塔剧场。

萨比奥内塔剧场建成于1588年，用于演出经典戏剧和早期歌剧、宫廷仪式。这座剧场为长约36m，宽约12m的长方形建筑。萨比奥内塔剧场是一个固定的多功能剧场，在大厅的一端是高起的舞台，面对一片平场地和其后的半圆形观众席。中间的平场地可以作为马展、舞蹈和哑剧表演的场地。萨比奥内塔剧场是少数留存下来的文艺复兴剧场中的一座，它对说明文艺复兴剧场形式的演变主流有很大的研究价值。

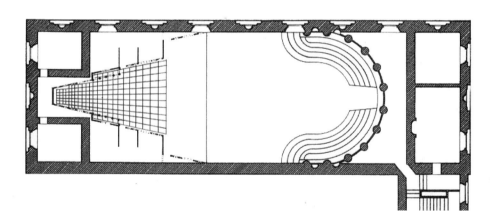

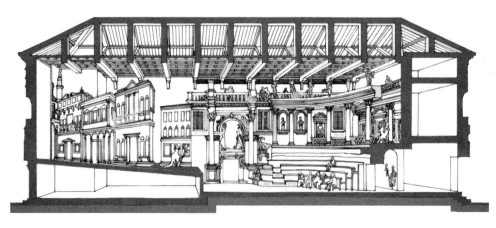

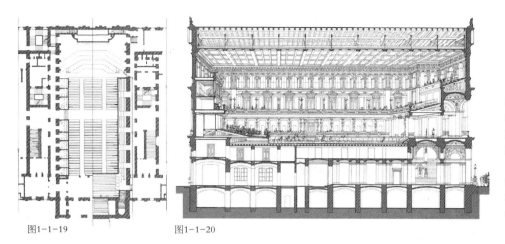

图1-1-19　维也纳金色大
厅平面
图1-1-20　维也纳金色大
厅剖透视
（图片来源：George
C.Izenour,*Theater Design*,
McGraw-Hill Book
Company,1977）

图1-1-19　　　　　　图1-1-20

3. 19世纪（1800 — 1900年）

19世纪后半叶，建筑技术上已普遍应用铁和钢材，结构设计已从建筑专业中分离出来，成为一个独立的专业，舞台与观众厅的照明也从气灯时代进入电器照明时代。各种舞台机械装置在这一时期得到很大发展，如维也纳的宫廷剧院就采用了液压驱动的机械装置，属欧洲机械舞台在起步阶段的典范。19世纪90年代开始采用钢结构的挑台，挑台上能承载数百个坐席。剧场的结构骨架也开始用钢材，剧场设计在技术上经历了突飞猛进的演变。

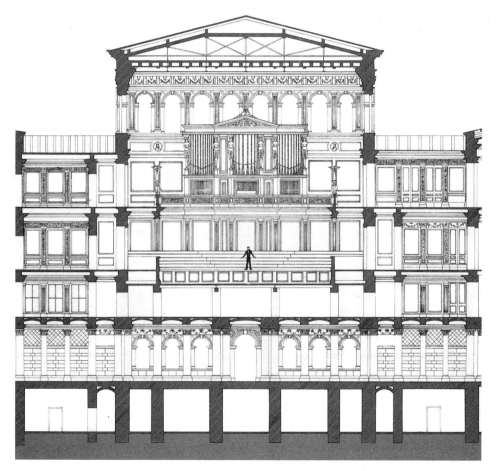

图1-1-21　维也纳金色大
厅剖面
（图片来源：George
C.Izenour,*Theater Design*,
McGraw-Hill Book
Company,1977）

维也纳金色大厅（Vienna Golden Hall）

金色大厅是维也纳最古老、也是最现代化的音乐厅，是每年举行维也纳新年音乐会的法定场所。 金色大厅始建于1867年，1869年竣工，是意大利文艺复兴式建筑。1870年1月6日，音乐厅的金色大演奏厅举行首演。1939年开始，每年1月1日在此举行维也纳新年音乐会。观众厅为"长方形鞋盒"式，比较狭长，但是声音的流动性特别好，使弦乐器和木管乐器的平衡达到了巧妙无比的境界，比较适合演奏现代音乐会。

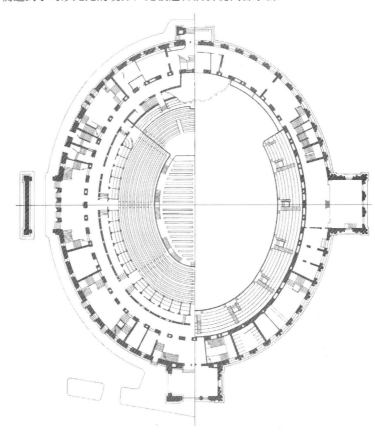

图1-1-22 伦敦皇家阿尔
伯特音乐厅平面
（图片来源：George
C.Izenour,*Theater Design*,
McGraw-Hill Book
Company,1977）

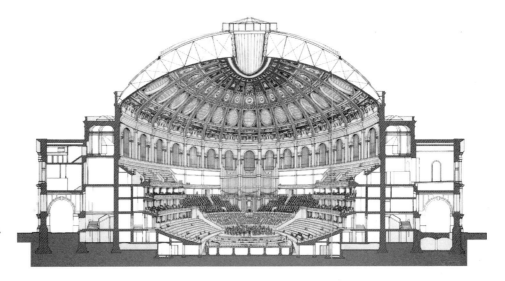

图1-1-23 伦敦皇家阿尔
伯特音乐厅剖面
（图片来源：George
C.Izenour,*Theater Design*,
McGraw-Hill Book
Company,1977）

4. 20世纪早期（1900 — 1950年）

1898年，美国哈佛大学的助理教授赛宾（Wallace Clement Sabine）发明了混响公式，从而为近代室内声学设计奠定了基础。舞台设计发展迅猛，20世纪初德国建筑师马克思·利特曼（Max Littmann）结合当时的新技术，对台口设计进行了革新，率先在设计中采用可变式台口，从而在同一剧场中可以满足不同使用方式的要求。美国的商业剧场也发展起来，纽约曼哈顿的百老汇大街一度成为美国的戏剧中心。在这段时期的西方剧场发展中一直存在一股小剧场运动的暗流。小剧场运动多伴随着戏剧的非中心化倾向发展，戏剧并非中心城市、中心地区的专有品，戏剧由中心城市中心地段扩散到城市边沿地区、直到小城镇的非中心化过程已经成为近代欧美戏剧发展的一大特征。

这段时期剧场发展的另一个重要革新是对各类开敞式舞台的探索。戏剧革新家认为，在戏剧富有生机的年代，观众与演员之间没有明确的分界。开敞式舞台的剧场才具有真正的生命力——在古希腊剧场中，观众席环抱演出场地；中世纪的广场演出中，市民与演员混在一起；英国伊丽莎白时代的剧场中，观众几乎团团围住了舞台。演员与观众的这种亲密关系在后来的剧场中失去了，于是出现了种种追求剧场中舞台与观众席同处一个空间中的开敞式舞台做法。这一时期最有影响力的剧场当属波士顿的交响音乐厅。

波士顿交响音乐厅（Boston Symphony Hall）

这是世界上第一座在建造前就进行声学设计的音乐厅，在设计时聘请近代室内声学的创造人赛宾为声学顾问，波士顿交响音乐厅是以当时欧洲音响效果最好的音乐厅——莱比锡音乐厅的内部体形为蓝本建造的，但是观众容量却比莱比锡音乐厅增加了70%，达到2600座。交响音乐厅有两层浅挑台，顶棚也高出许多，有凹入较深方格组成的天花以及饰有古典雕塑壁龛的侧墙，有助于声音的均匀扩散，满场中频混响时间达到了1.8s，塞宾的混响理论得到了有力的证实。

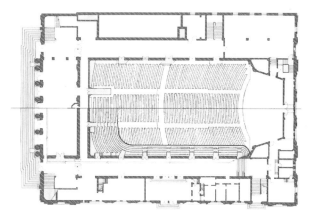

图1-1-24 波士顿交响乐大厅
（图片来源：George C.Izenour,*Theater Design*, McGraw-Hill Book Company,1977）

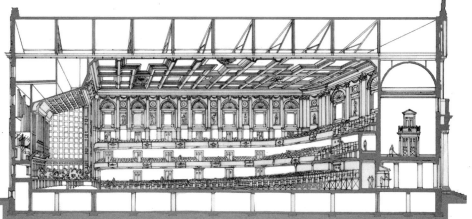

图1-1-25 波士顿交响乐大厅剖透视
（图片来源：George C.Izenour,*Theater Design*, McGraw-Hill Book Company,1977）

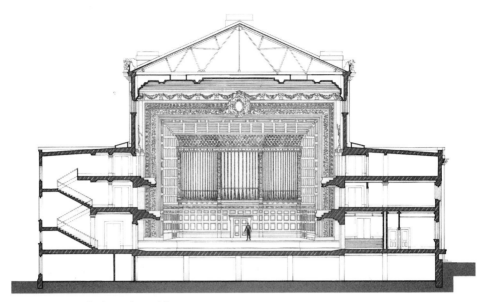

图1-1-26 波士顿交响乐
大厅舞台方向剖面
（图片来源：George
C.Izenour,*Theater Design*,
McGraw-Hill Book
Company,1977）

5. 20世纪后期（1950年 至今）

第二次世界大战后，很多西方国家顺应现代戏剧的发展潮流，逐步形成开放型的现代剧场形式。舞台形式也更加多样化，其中主要包括中心式舞台、伸出式舞台、尽端式舞台、环绕式舞台和半环绕式舞台。中心式舞台其实并非崭新的形式，从原始剧场的形成方式中，可以看到其最基本的形式。最原始的剧场其实就是一块空地，表演者在中央，周围是观众，而现代的中心式舞台剧场也正是这种原始剧场状态的建筑化。

现代伸出式舞台的源头是20世纪20年代的法国，但直到第二次世界大战以后才大规模地兴起，并开始超出实验剧场的范畴。当代伸出式舞台的形式根据舞台复杂程度的不同可分为两类，即简式伸出式舞台和复式伸出式舞台。复式伸出式舞台实际上并不能算纯粹的伸出式舞台，可以看作是镜框式舞台和简式伸出式舞台结合的产物。

尽端式舞台是最早也是最容易被人们接受的一种开敞式舞台形式，只要将镜框台口取消或者将镜框台口前的舞台部分扩大，再把镜框台口封闭起来就形成了。更准确地说，尽端式舞台剧场基本上是一种没有镜框台口以及没有更换布景所需的舞台设施的剧场，它使表演区和观众厅处于同一个空间中。

与中心式舞台的观演关系完全相反的是环绕式舞台，其表演区环绕在观众席的周围，并在某个部分扩大形成主要表演区。环绕式舞台与其他舞台形式的不同在于，它纯粹是探索新型观演关系的产物，而不是旧戏剧风格复兴的结果，所以很难在戏剧发展的历史上找到根源。

半环绕式舞台一般只适合于环抱少量的观众，在大剧场中它只能围绕前面的观众席，这将增加后面的观众席至主舞台的距离。因此，许多剧场更愿意采用半环绕式舞台，即舞台的两边向观众厅中延伸，形成部分的环绕状态。这一时期采用开放式舞台的剧场很多，这里主要介绍柏林爱乐音乐厅和休斯敦的胡同剧场。

1）柏林爱乐音乐厅 （Berlin Philharmonic Hall）

为解决大容量音乐厅后部听众席声压不足的问题，中心式舞台音乐厅开始出现，并被广泛地接受。这样，乐队由四周观众席包围的中心式舞台就成为改善视觉效果的终极方式，它使听众尽可能地接近表演者。其实，在音乐厅中使用中心式舞台布局不是全新的做法，19世纪的欧洲音乐厅经常在不需要合唱时，出售舞台后部合唱队的坐席。1963年建成的柏林爱乐音乐厅是第二次世界大战后第一个中心式舞台音乐厅，这座具有表现主义风格的音乐厅开创了与传统音乐厅完全不同的新形式。

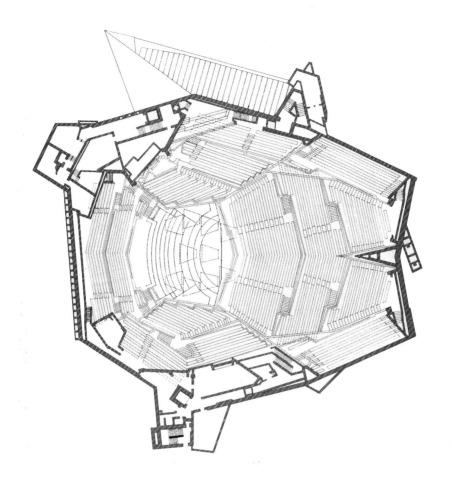

图1-1-27　柏林爱乐音乐厅平面

（图片来源：George C.Izenour, *Theater Design*, McGraw-Hill Book Company,1977）

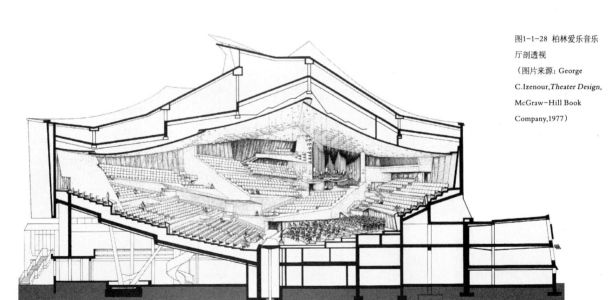

图1-1-28　柏林爱乐乐厅剖透视

（图片来源：George C.Izenour, *Theater Design*, McGraw-Hill Book Company,1977）

2）休斯顿的胡同剧场（Houston Alley Theatre）

美国休斯顿胡同剧场的舞台为简式伸出式舞台，由剧院设计专家、美国耶鲁大学教授乔治·艾泽努尔（George C. Izenour）担任剧场顾问，观众席容量为800座。其观众厅围合度较小，扇形观众席不足120°，舞台伸出得也比较浅。此剧场一大特色在于，演员化妆室在升起较大的观众席之下，并有从正面中央直接通向伸出式舞台的入口，这一做法非常实用。这种简式伸出式舞台剧场创造了演员和观众可以充分交流感情的剧场环境。

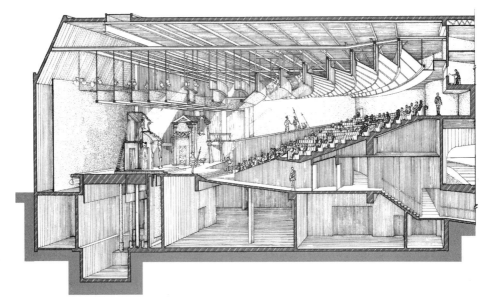

图1-1-29 休斯顿的胡同剧场剖透视
（图片来源：George C.Izenour,*Theater Design*, McGraw-Hill Book Company,1977）

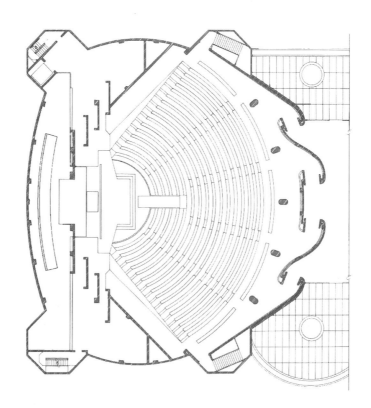

图1-1-30 休斯顿的胡同剧场平面
（图片来源：George C.Izenour,*Theater Design*, McGraw-Hill Book Company,1977）

1.1.2 箱形舞台的发展历史

1. 文艺复兴晚期（1500 — 1650年）

　　相对于开放式舞台，箱形舞台在历史上出现的时间较晚，它的出现伴随着镜框台口的产生。镜框台口出现于什么时候，历史上没有确切的记载，出现的缘由也众说纷纭。有一种说法认为镜框台口的出现主要是由于文艺复兴时期透视布景的发展，因为透视布景总是围绕着一个中心，即其灭点而形成的，这样就需要有一个"框"来突出这个中心，于是出现了镜框台口。虽然在出现缘由上众说纷纭，但是镜框台口出现在文艺复兴时期并在这一时期变为固定的形式是确定无疑的。

　　相对于中世纪的舞台以不同的景屋象征剧情中的不同地点，古典舞台以一座固定不变的建筑物立面象征街道、寺院或皇宫，箱形舞台已全然不同，它尝试在有限空间内制造剧情中不同地点的幻觉，人们对于创造复杂幻觉的舞台越来越感兴趣，它成为促进舞台发展的主要动力。

　　帕尔马的法尔内塞剧院（Farnese Theater）

　　帕尔马的法尔内塞剧院代表着文艺复兴盛期在剧场设计上最终达到的成就，也是目前留存下来的最古老的一座有镜框台口的剧场。在此之前，剧场中的镜框装置均属临时性的，法尔内塞剧院首次把经验变成了固定的形式，被称为镜框舞台的始祖，现代舞台的雏形。

　　法尔内塞剧院建造于1618年，其表演区由镜框式舞台和竞技场地两部分组成。舞台的镜框台口呈正方形，装饰得非常华丽精致。台口后面有一个很深的舞台空间，在其深

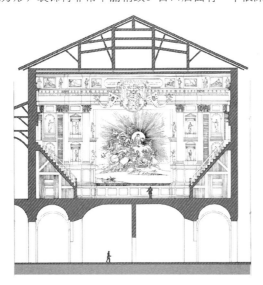

图1-1-31 帕尔马的法尔内塞剧院舞台剖面

（图片来源：George C.Izenour,*Theater Design*, McGraw−Hill Book Company,1977）

图1-1-32 帕尔马的法尔内塞剧院剖透视

（图片来源：George C.Izenour,*Theater Design*, McGraw−Hill Book Company,1977）

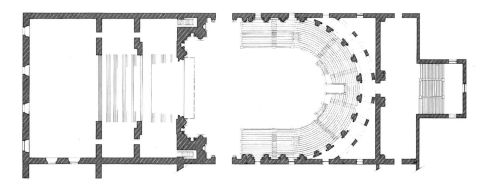

图1-1-33 帕尔马的法尔内
塞剧院平面
（图片来源：George
C.Izenour,*Theater Design*,
McGraw-Hill Book
Company,1977）

度的一半位置上，从两侧各伸出一堵墙，几乎把舞台分成前后两半，前一半设置了三排侧景和一幅正面、可更换的画幕背景；后一半两侧设置了四排侧景及一套可更换的背幕，这一做法有利于按演出需要变换布景的景深。被观众席包围的竞技场地，不但能举行宴会、舞会，演马戏、杂耍，地面经过一定的嵌缝处理后，放入一米多深的水，还能演出水上芭蕾或假想的海战。

2. 巴洛克时期（1650 — 1800年）

巴洛克时期舞台的发展由两条原则来主宰：一是场面的壮观；二是要能迅速更换布景。受此影响，巴洛克时期的舞台变得越来越深，宽度和高度均大大扩展，这种趋势受当时实践和理论的推动与助长。

波措（Andrea Pozzo）曾于1693年设计了一座理想化的巴洛克剧场。在这座剧场中，舞台相当宽敞，留有足够的空间以布置与台口在平面上成一定角度、按透视要求向台深方向逐渐缩小的侧景，最里面的侧景后面可挂两套背幕绘景，其后方仍留出足够的余地，以便进一步制造更深远的透视幻觉效果。这类布景的布置属当时极为典型的方式。

1）米兰的斯卡拉歌剧院 （Teatro alla Scala）

米兰的斯卡拉歌剧院建于1778年，这一座剧场被认为是迄今为止200多年来意大利巴洛克剧场的最佳代表作，为18世纪末欧洲容量最大、设备最精良的剧场。它可容观众3 000余座；幕前阔26m、高27m。第二次世界大战期间，剧院遭到轰炸，整个演出大厅片瓦无存。战后，意大利政府出巨资，以当时最高的标准重建，使之成为世界上最完美的剧院之一。

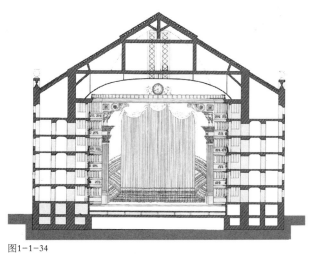

图1-1-34 米兰的斯卡拉歌
剧院剖面；
图1-1-35 米兰斯的卡拉
歌剧院平面
（图片来源：George
C.Izenour,*Theater Design*,
McGraw-Hill Book
Company, 1977）

图1-1-34   图1-1-35

　　剧院于2002年1月19日至2004年11月期间关闭进行翻新工程，工程由著名瑞士建筑师马利奥·博塔（Mario Botta）策划。翻新工程移除了会堂的红地毯，使音响质量提升；舞台重新建造，后台亦扩大了，使其可容纳更多的装置或布景，适应更多的演出制作项目；座位上加设了荧光屏，可以英文、法文、意大利文显示剧本，帮助观众更好地理解歌剧内容。

　　2）伦敦皇家特鲁里剧院 （Drury Lane Theatre）

　　伦敦皇家特鲁里剧院的舞台既有镜框台口，在镜框台口的前面也有一个开敞的平台。舞台前后共10.4m进深，镜框台口居其中，将其分为前后相等的两部分。在前舞台的两侧，每边都有2~3道门，为戏中角色的上下场门。前台使整出戏的表演伸展至观众席，而非退缩到镜框台口后面。

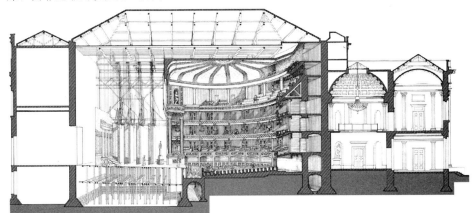

图1-1-36 伦敦皇家特鲁里剧院剖透视
（图片来源：George C.Izenour,*Theater Design*, McGraw-Hill Book Company, 1977）

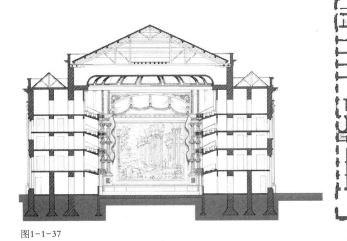

图1-1-37

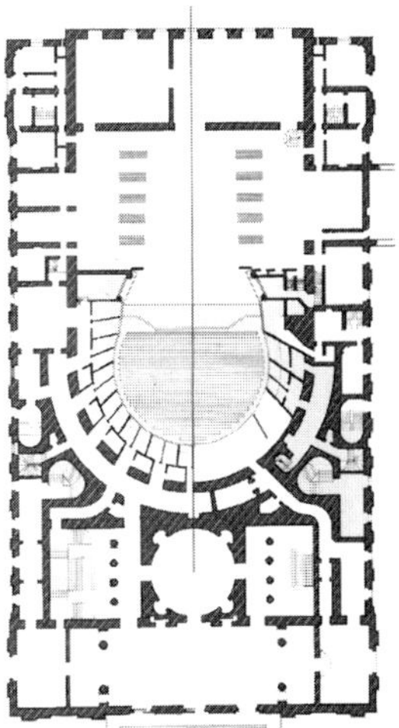

图1-1-38

图1-1-37 伦敦皇家特鲁里剧院剖面
图1-1-38 伦敦皇家特鲁里剧院平面
（图片来源：George C.Izenour,*Theater Design*, McGraw-Hill Book Company,1977）

　　3）法国凡尔赛宫歌剧院 （Royal Opera of Versailles）

　　也称皇家歌剧院，是凡尔赛宫不可分割的一部分。它是宫廷剧院的典范之作，并以其建筑布局、装饰、技术和舞台布置构成了凡尔赛景区最引人注目的元素之一。

　　歌剧院的工事1682年最初由儒勒·阿尔杜安-芒萨尔（Jules Hardouin-Mansart）设计，后来由雅克-昂热·加布里埃尔（Ange-Jacques Gabriel）主持。1770年，未来的路易十六大婚之际，歌剧院举行了落成典礼。路易·菲利普统治时期，弗雷德里克·内普弗（Frédéric Nepveu）对大厅进行了大规模改造，1871年时这里已经失去了作为剧院的功能，成为上议院的办公地。直到1957年，在安德烈·雅皮（André Japy）领导的大型工事完工后，它才恢复了旧政体时的面貌。传统卵形平面的观众厅可容600个坐席，池座分为两层。包厢层的下面两层分隔成小间，上面一层不分间。

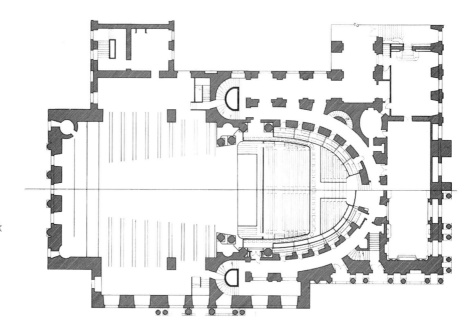

图1-1-39　法国凡尔赛宫歌
剧院平面
（图片来源：George
C.Izenour,*Theater Design*,
McGraw-Hill Book
Company,1977）

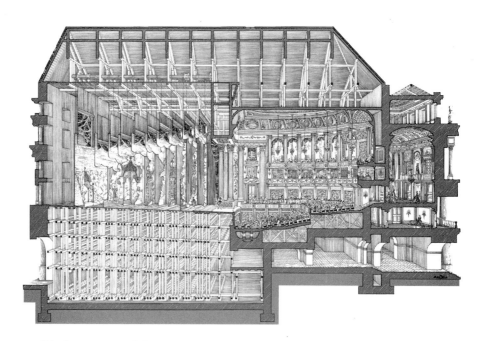

图1-1-40　法国凡尔赛宫歌
剧院剖透视
（图片来源：George
C.Izenour,*Theater Design*,
McGraw-Hill Book
Company,1977）

3. 19世纪（1800 — 1900年）

　　研究西欧19世纪剧场历史，首先要谈及的是由英国建筑兼历史学家萨克（Edwin O.Sach）与渥德罗（Ernest A.E.Woodrow）的重要专著——《现代歌剧院与话剧院》（*Modern Opera Houses and Theatres*）。这本书1896-1898年在伦敦出版，有220多张铜版画，1 000多张精美的线条插图，400页文字加上表格与统计数字，所收集资料之丰富翔实，少有专著可与之媲美。这本书对欧洲19世纪后半叶，特别是1860年后所建的58个剧场的平、立、剖面图一一作了介绍并加以比较分析，实际上是对19世纪剧场设计经验的总结。

　　笔者从书中所研究的58个剧场中抽取出一部分，选择对舞台设计有参考价值的数据列表如下，以便读者能对19世纪欧洲剧场舞台发展的一般面貌有更具体、形象的认识。

表1-1-3　　　　　　　　　　　　　　　19世纪欧洲部分剧场的舞台数据

项目	维也纳宫廷歌剧院	巴黎国家歌剧院	拜罗伊特瓦格纳歌剧院	德累斯杭宫廷歌剧院	伦敦大剧院	纳也纳宫廷剧院	柏林新剧院
建成时间	1968	1875	1876	1878	1884	1888	1892
建造工期	7年	14年	4年	2年	约1年	14年	13.5月
观众厅容量 改造前（改造后）	1720（2880）	2156	1645	1700（2000）	2800	1475	800
台口宽度	14.50m	16.00m	13.00m	13.00m	9.00m	12.75m	8.00m
台口高度	12.00m	13.75m	11.50m	14.50m	9.50m	13.00m	9.50m
台仓地坪距舞台面	12.00m	14.25m	10.00m	7.00m	5.25m	11.00m	4.75m
舞台面高出室外地坪	4.50m	7.50m	0.25m	5.00m	0.50m	5.25m	1.00m

表1-1-3 19世纪欧洲部分剧场的舞台数据（数据来源:（美）白瑞纳克 著,王季卿、戴根华等译.音乐厅和歌剧院[M].上海:同济大学出版社,2002）

　　总的来说，19世纪欧洲的剧场都属传统形式，布局大同小异，建筑风格也以巴洛克、洛可可、文艺复兴或新古典主义的样式为主，虽因地而异，但总的未跳出这个框架。当时正属集仿主义盛行的年代，这种趋向的主流一直持续到20世纪第一次世界大战前夕。下面简要介绍19世纪西方有代表性的剧场。

　　1）柏林皇家大剧院（Schauspeilhaus am Gendarmenmark）

　　柏林皇家大剧院建成于1821年，设计师为19世纪著名德国建筑师辛克尔（Karl Friedrich Schinkel）。在设计中，辛克尔将乐池降下去，以不妨碍池座中观众的视线为原则。台口有点类似双层台口，预示着德国后来观众厅中双层台口的出现。

　　2）法国巴黎国家歌剧院（Opéra national de Paris）

　　法国巴黎国家歌剧院建于1868年，设计师为加里纳（Palais Garnier）。由于此剧场在技术设施上十分完善，采暖、通风、照明与舞台机械等应用了当时的各种新技术，且与建筑结合得当，建筑外形真实地反映其内部体量与功能的组合，欧洲的剧场常以之为楷模。剧场的舞台深27m，宽32m，镜框台口宽16m，高13.75m，后台功能非常完善。

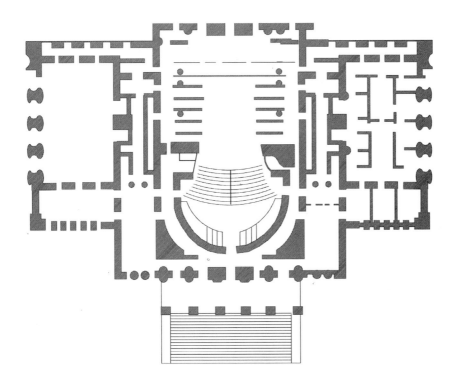

图1-1-41 柏林皇家大剧院平面（图片来源:李道增,傅英杰.西方戏剧·剧场史[M].北京:清华大学出版社,1999）

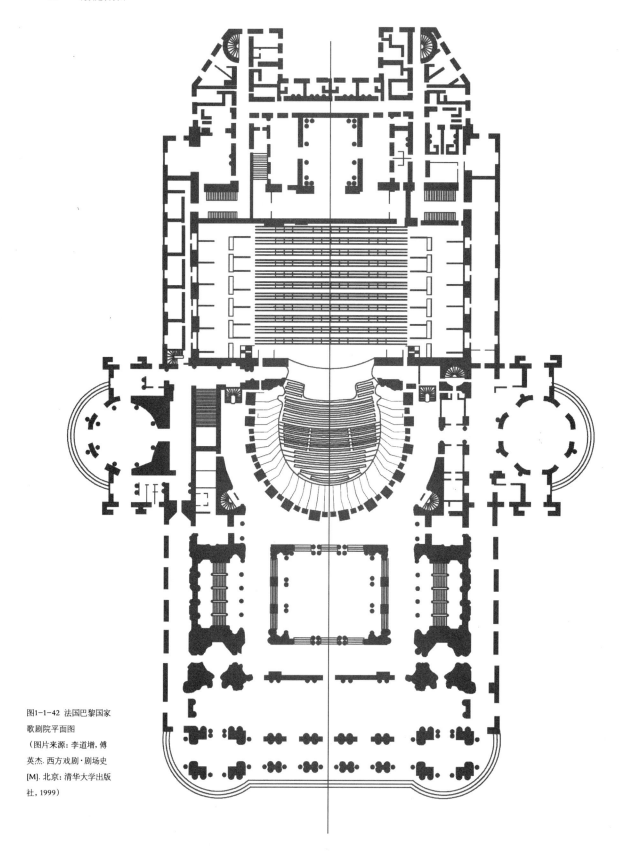

图1-1-42 法国巴黎国家
歌剧院平面图
（图片来源：李道增，傅
英杰. 西方戏剧·剧场史
[M]. 北京：清华大学出版
社，1999）

3）拜罗伊特节日剧院（Bayreuth Festspielhaus）

这座剧场是理查德·瓦格纳（Richard Wagner）在德国巴伐利亚（Bavaria）的一座小城镇拜罗伊特策划设计的一座剧场。当每年举办音乐节时，供四面八方来的群众聚会并观看演出。此剧场由年轻的莱比锡建筑师奥托·勃鲁克瓦德（Otto Bruckwald）主持，完全根据瓦格纳的意图，在剧场技术顾问卡尔·勃兰特（Karl Brandt）的辅佐下完成。这座剧场是世界上第一座打破了曾经统治欧洲剧场设计达两个世纪之久的巴洛克马蹄形多层包厢观众厅模式的剧场。

剧院的观众厅内出现了三层舞台台口，双层台口原先是桑柏（Gottfried Semper）的想法，而勃兰特又加了第三层，其位于侧墙与乐池外沿弧线的交汇处，由这里开始到后墙为止。沿着从台口边缘延伸出来的30°线设置了5道横墙，有点类似舞台边幕的做法，增添了几分透视幻觉，加深了观众与台口之间的距离感。另外，为了不干扰观众的视线，乐池已采用下沉式处理。

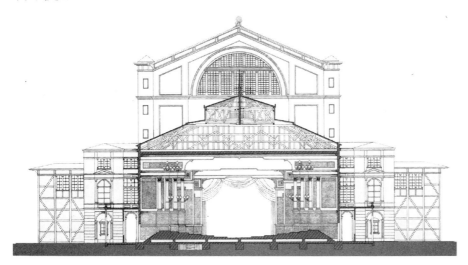

图1-1-43 拜罗伊特节日剧院剖透视
（图片来源：George C.Izenour,*Theater Design*, McGraw-Hill Book Company,1977）

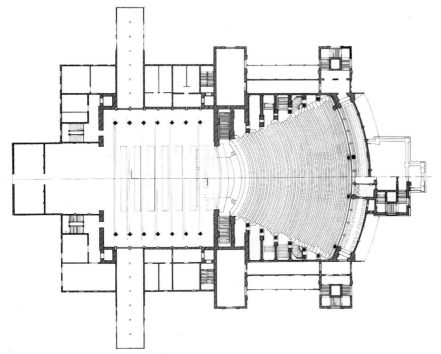

图1-1-44 拜罗伊特节日剧院平面
（图片来源：George C.Izenour,*Theater Design*, McGraw-Hill Book Company,1977）

4）芝加哥观众厅剧场（Auditorium Theater in Chicago）

芝加哥观众厅剧场设计师为路易·沙利文（Louis Sullivan）和阿德勒（Dankmar Adler）。这座剧场能容下4 000坐席。主要演出剧种为音乐会、歌剧和话剧。

阿德勒和沙利文一开始就认识到音乐厅、歌剧院与话剧院在使用上的显著区别，因而他们的基本构想着眼于控制观众厅在三种不同使用情况下的体量变化。作为音乐厅使用时，观众厅的容量、体积是最大的；改作歌剧院使用时，则将第三层挑台楼层关闭，这样就把容量与体积都减了下来；用作话剧演出时，除把天花降低外，进一步用帘子把大挑台的后部挡去，此时观众厅的容量与体量均缩到最小，以适应话剧演出的要求。每一块活动天花都用铰链连接在固定的天花结构上，用这种方法就能关闭一层或二层的挑台。这座剧场的设计是继拜罗伊特节剧场之后最重要、最有影响的设计革新。

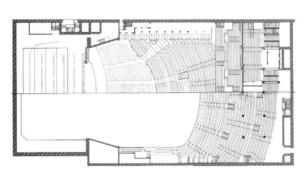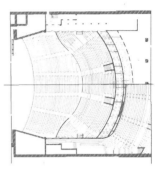

图1-1-45 芝加哥观众厅剧场池座、楼座层平面
（图片来源：George C.Izenour,*Theater Design*, McGraw-Hill Book Company,1977）

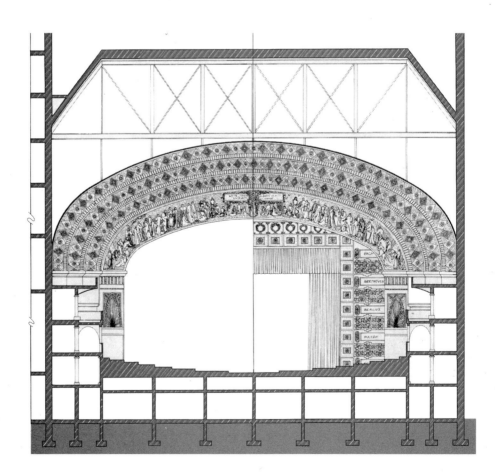

图1-1-46 芝加哥观众厅剧场剖面
（图片来源：George C.Izenour,*Theater Design*, McGraw-Hill Book Company,1977）

4. 20世纪早期（1900—1950年）

20世纪前20年，建筑师对箱形舞台的设计作了一系列新的尝试，其中最有影响力的属德国建筑师马克思·利特曼（Max Littmann）对"可变台口"设计的尝试和一些德国建筑师把舞台后墙做成半穹隆天幕的尝试。

利特曼1901年设计了慕尼黑皇家剧院（Das Prinzregententheater in München），在此之后，他又设计了四座剧场，其中的魏玛花园剧院在镜框台口与乐池的设计上最先采用"可变台口"的设计。建筑师洛索·胡恩（Lossow Huhne）于1914年建的德累斯顿戏剧院则创造性地将舞台后墙做成半穹隆天幕，算是一种新的尝试。

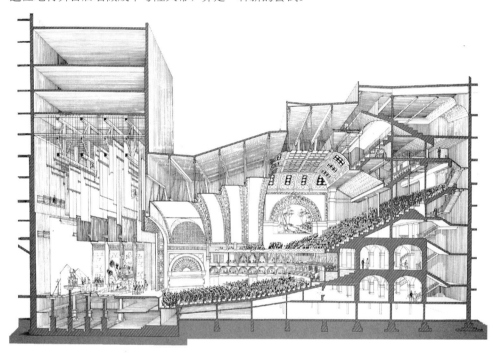

图1-1-47 芝加哥观众厅剧场剖面1
（图片来源：George C.Izenour,*Theater Design*, McGraw-Hill Book Company,1977）

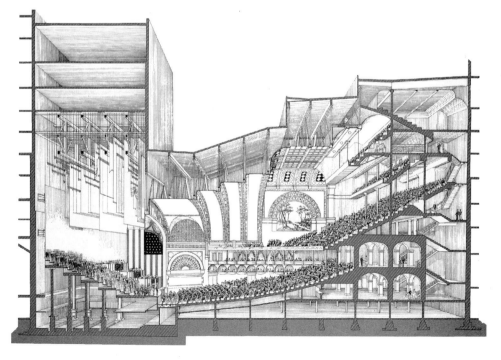

图1-1-48 芝加哥观众厅剧场剖面2
（图片来源：George C.Izenour,*Theater Design*, McGraw-Hill Book Company,1977）

图1-1-49 德国慕尼黑皇家
剧院剖面1
（图片来源：George
C.Izenour,*Theater Design*,
McGraw-Hill Book
Company,1977）

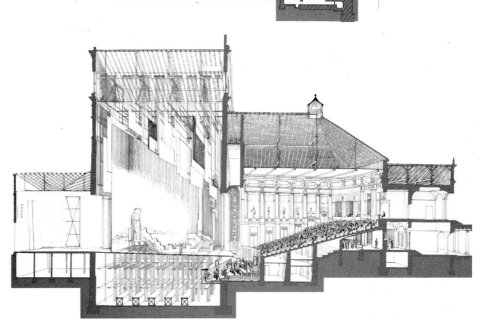

图1-1-50 德国慕尼黑皇家
剧院剖面2
（图片来源：George
C.Izenour,*Theater Design*,
McGraw-Hill Book
Company,1977）

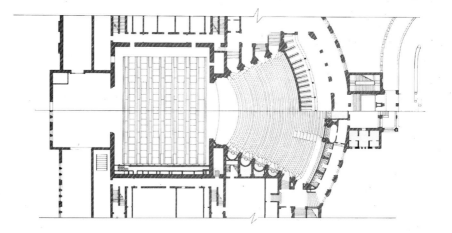

图1-1-51 德国慕尼黑皇家
剧院平面
（图片来源：George
C.Izenour,*Theater Design*,
McGraw-Hill Book
Company,1977）

1）魏玛花园剧院（Das Großherzogliche Hoftheater in Weimar）

在魏玛花园剧院中，"……不同剧种演出对舞台的要求往往是互相矛盾的……目前大多数地方在经济上都不可能分别专为歌舞、话剧建造不同类型的观众厅。客观现实迫使我发展一种革新的台口设计，以能在同一观众厅中满足三种不同使用方式的要求，将之称为'可变台口'"。利特曼在镜框台口与乐池的设计上进行了创新，他曾这样介绍他的思想：

"这是一种双层台口，两层台口之间是可调节的活动挡板，其作用是把两侧和顶部的空间封起来，下面的乐池做成可电动升降的，乐池升降台前藏有可伸出或缩入的踏步，乐池前的栏杆单独升降。

当演出话剧时，乐池前栏杆先单独降下，乐池地面和两侧声罩下边的墙同时升起，原来通往乐池的门，这时就用作连接舞台与前门的门了，还可把藏在乐池下的活动台阶抽出来。这时，舞台就通过台阶和观众厅前排地面连成一气了。这种舞台多少有点类似伸出式舞台的形式。当演出歌舞剧时，乐池降到原先的位置上，需要两侧和上部的挡板围合。不需要时，上部的挡板可提起，两侧的可缩进去。乐池的升降、挡板的提升、转换都用电力操纵。"

图1-1-51　魏玛花园剧院台口的三种变化
（图片来源：李道增，傅英杰.西方戏剧·剧场史[M].北京：清华大学出版社，1999）

2）德累斯顿戏剧院（Staatsschauspiel Dresden）

德累斯顿戏剧院建于1913年，舞台宽31m，深25m，采用的是固定的半穹隆天幕。穹隆的平面是椭圆形的，它比圆形平面能容纳更大的舞台空间，两侧天幕也改成直线。舞台的后墙做成椭圆形曲线。从断面上说，穹隆曲面向前弯曲的部分结束在相当于舞台深度一半的地方。穹隆的最高点距地面约21m。半穹隆两侧平直的天幕环绕度很大。

它算是既用了半穹隆天幕，更换布景问题又解决得比较成功的典范。在剧场布局上建筑师解决了费琼尼的半穹隆天幕所出现的布景与人员不能进出穹隆内外的矛盾。德累斯顿戏剧院在解决这一矛盾上所作的大胆尝试，使其在剧场史上占有一席之地。

5. 20世纪后期（1950年 至今）

自从文艺复兴后期箱形镜框式舞台剧场伴随意大利歌剧的兴起而形成以来，数百年间，这种舞台从简单概念发展到一支庞大的体系。尽管当代剧场建筑为适应新的观演关系而发展出开放式舞台，但是，以传统模式为基础的镜框式舞台剧场仍在众多的剧场形式中占绝对的统治地位，是当代剧场建筑最主要的内容。

第二次世界大战后，德国舞台技术很长一段时间内保持领先。德国镜框式舞台最常见的舞台形式是品字形舞台，这种舞台空间形式传播到世界各地成为镜框式舞台的标准模式。品字形舞台是在长方形主舞台的除镜框台口以外的3个边上都附带一个与主舞台大小和形状相似的副舞台，3个副舞台构成一个"品"字。这种舞台对水平布景的运输非常便利，一般与大车台结合在一起使用。

二战后，美国的剧场设计脱离了西欧至今还保持的传统剧场设计和剧场工程的方式，形成自己的基于剧场工程而不是舞台技术的特色。利用不断发展的高技术手段解决剧场的多用途和多形式，使当代剧场成为一种全新的建筑类型。多功能剧场随后成为遍及全美的普遍现象。受德国和美国的影响，西方其他发达国家也纷纷加快大型剧场建设的步伐。从20世纪60年代开始，一批由国家资助建造的国家剧院相继落成。这些国家剧院是由多个观众厅组成的演艺中心，其中的大剧场大都为镜框式舞台。

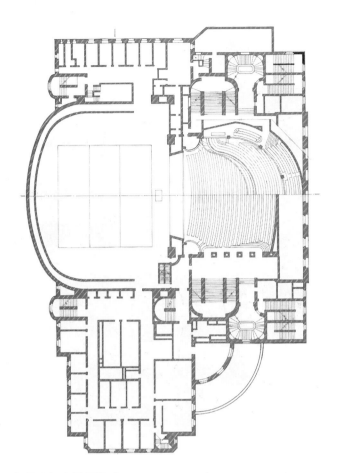

图1-1-53 德里斯顿戏剧
院平面
（图片来源：George
C.Izenour,*Theater Design*,
McGraw-Hill Book
Company,1977）

1）罗切斯特的伊士曼剧院（Eastman Theater）

兴建于1922年的伊士曼剧院坐落于美国纽约州罗切斯特大学伊士曼音乐学院内，现在主要作为伊士曼音乐学院的首选大型演出场地，进行交响乐、管乐演奏、爵士乐演奏以及唱诗活动。它同时也是罗切斯特爱乐交响乐团的主要表演会场。伊士曼剧院分别在2004年和2007年经历了两次大规模的整修。

图1-1-54 伊士曼剧院舞台
与观众厅
（资料来源：http://www.esm.
rochester.edu/）

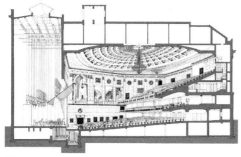 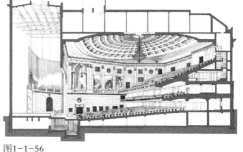

图1-1-55

图1-1-56

图1-1-55，图1-1-56
伊士曼剧院剖透视
（图片来源：George
C.Izenour,*Theater
Design*, McGraw–Hill
Book Company,1977）

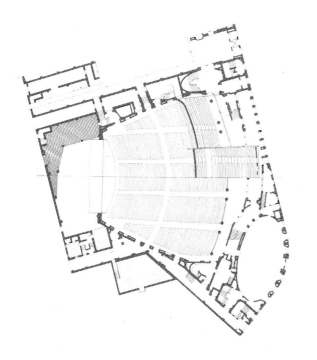 

图1-1-57 伊士曼剧
院平面
（图片来源：George
C.Izenour,*Theater
Design*, McGraw–Hill
Book Company,1977）

2）德国科隆剧院城歌剧院（City of Cologne Theatres）

德国科隆剧院城建成于1957年。歌剧院的舞台是最典型的品字形，有两个与主舞台同样形状和大小的侧台，中间一个略微被压缩一些以作为两个幕布储藏间。主舞台后面还有一个同样大小但高度低一些的后舞台，这样带有转台的车台可以进到里面。在两边侧舞台上有小一些的车台，能够互相配对形成较大的车台组合体。主舞台的每个边上都有防火幕，以使后面的布景可以在这些副舞台上组装。

这种舞台布局尽管占用空间比较大，但是比较实用，在二战后广泛使用。虽然科隆剧院城歌剧院不是第一个使用这种舞台形式的剧场，但它当时被公认为是最完整的品字形舞台范本，成为很多剧场的参考范本。

3）纽约大都会歌剧院（Metropolitan Opera）

纽约大都会歌剧院在当代剧场史中占有极其突出的地位，它是美国单一功能且有良好舞台设施的镜框式舞台剧场中的杰出代表。大都会歌剧院舞台为正统品字形镜框舞台。

主舞台中央有7个液压升降台，占地313m²。每块长18m，宽2.55m，与台口平行排列，既可单独升降也可合在一起升降，升降幅度以15cm和30cm为单位。在这7块升降台中，前3块和后3块为双层升降台，使得在使用一套布景时可准备另一套布景。

表1-1-4 纽约大都会
歌剧院

（数据来源：李道增，傅
英杰. 西方戏剧·剧场史
[M]. 北京：清华大学出
版社，1999）

表1-1-4   纽约大都会歌剧院

剧院	建成时间	观众容量	主舞台宽	主舞台深	主舞台高
纽约大都会歌剧院	1965年	3 788座	30m	24.6m	33m

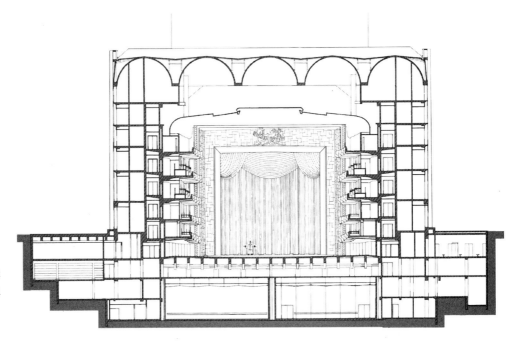

图1-1-58 纽约大都会
歌剧院剖透视

（图片来源：李道增，傅
英杰. 西方戏剧·剧场史
[M]. 北京：清华大学出
版社，1999）

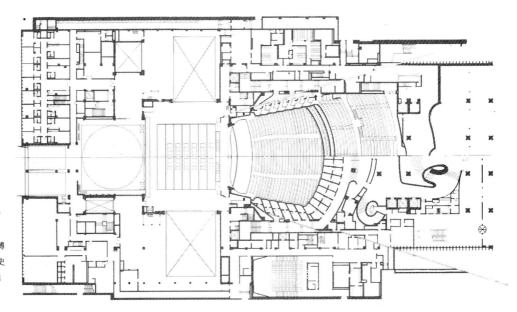

图1-1-59 纽约大都会
歌剧院平面

（图片来源：李道增，傅
英杰. 西方戏剧·剧场史
[M]. 北京：清华大学出
版社，1999）

4）费城音乐学院剧场（Academy of Music, Philadelphia, 1962年重修复原）

　　这段时期美国的剧场设计从一开始就强调要有灵活性，平时要适应小型的演出，并适应不定期的欧洲来的歌剧团作访问演出，还有断断续续地许多乐团来租借场地举办音乐会。1857年在费城建的音乐学院剧场，音响效果不错，是按米兰的斯卡拉歌剧院的模式为歌剧演出设计的，但后来被广泛地用于举办音乐会。

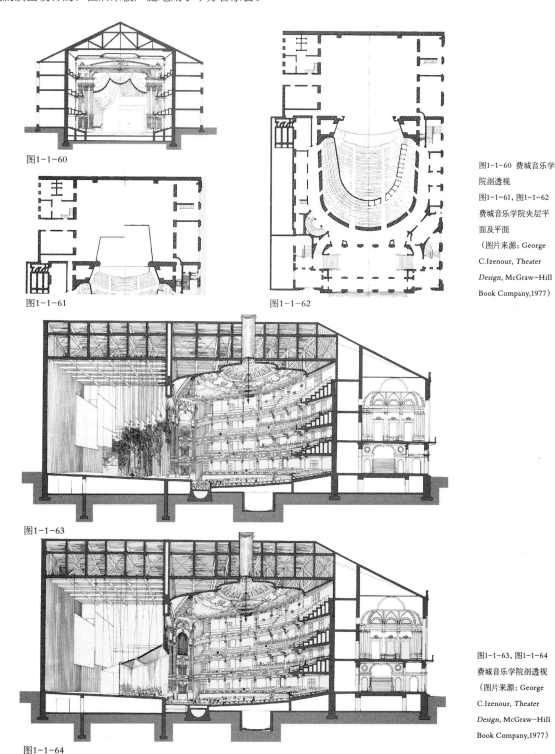

图1-1-60

图1-1-61

图1-1-62

图1-1-60 费城音乐学院剖透视
图1-1-61，图1-1-62 费城音乐学院夹层平面及平面
（图片来源：George C.Izenour, *Theater Design*, McGraw-Hill Book Company,1977）

图1-1-63

图1-1-64

图1-1-63，图1-1-64 费城音乐学院剖透视
（图片来源：George C.Izenour, *Theater Design*, McGraw-Hill Book Company,1977）

5）悉尼歌剧院音乐厅（Sydney Opera House）

悉尼歌剧院位于澳洲悉尼，是20世纪最具特色的建筑之一，也是世界著名的表演艺术中心，已成为悉尼市的标志性建筑，设计者为丹麦设计师约翰·伍重（Jorn Utzon）。该歌剧院1973年正式落成，2007年6月28日被联合国教科文组织评为世界文化遗产。悉尼歌剧院坐落在悉尼港的便利朗角（Bennelong Point），其特有的帆船造型，加上悉尼港湾大桥，与周围景物相映成趣。

歌剧院分为三个部分：歌剧厅、音乐厅和贝尼朗餐厅。歌剧厅、音乐厅及其休息厅并排而立，建在巨型花岗岩石基座上，各由4块巍峨的大壳顶组成。这些"贝壳"依次排列，前三个一个覆盖着一个，面向海湾，最后一个则背向海湾侍立，看上去很像是两组打开盖倒放着的蚌。

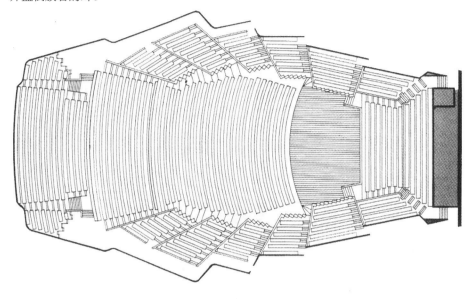

图1-1-65 悉尼歌剧院音乐厅平面
（图片来源：（美）白瑞纳克 著，王季卿、戴根华等译.音乐厅和歌剧院[M].上海：同济大学出版社，2002）

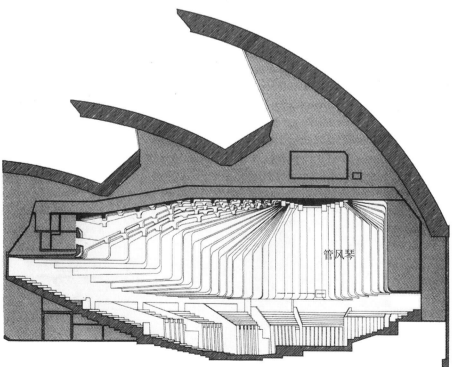

管风琴

图1-1-66 悉尼歌剧院音乐厅剖面
（图片来源：（美）白瑞纳克 著，王季卿、戴根华等译.音乐厅和歌剧院[M].上海：同济大学出版社，2002）

音乐厅是悉尼歌剧院最大的厅堂，可容纳2 679名观众，通常用于举办交响乐、室内乐、歌剧、舞蹈、合唱、流行乐、爵士乐等多种表演。此音乐厅最特别之处，就是位于音乐厅正前方，由澳洲艺术家罗纳德·夏普（Ronald Sharp）所设计建造的大管风琴（Grand Organ），号称是全世界最大的机械木连杆风琴（Mechanical tracker action organ），由10 500个风管组成。此外，整个音乐厅使用的建材使用均为澳洲木材，忠实呈现澳州自有的风格。

1.2 西方剧场中观众厅及座位系统的发展历史

1.2.1 开敞式观众厅的发展历史

最原始的剧场其实只是一块空地，表演者在中央，周围是观众。当人越来越多时，就会把表演者团团围在中央。这种状态体现了剧场活动的本质，而开敞式观众厅即由此发现而来。

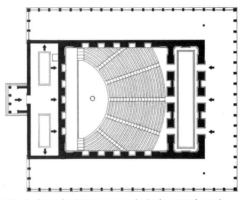

图1-2-1 雅典阿格里帕音乐堂平面
（图片来源：George C.Izenour, *Theater Design*, McGraw–Hill Book Company,1977）

1. 古典时期（公元前400年 — 公元300年）

1）雅典阿格里帕音乐堂（Odeon of Agrippa）

公元前15年建造的阿格里帕音乐堂的观众坐席后有浅门厅，观众座席三面有环廊。观众厅环绕中间的表演场地呈扇形排列。从其形制可以看出，观众厅与古典露天剧场保持了比较清晰的演化关系。

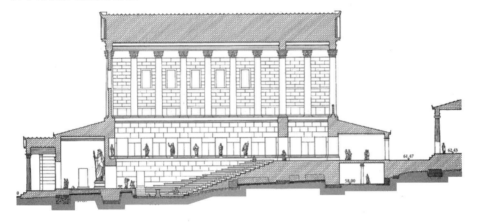

图1-2-2 雅典阿格里帕音乐堂剖面
（图片来源：George C.Izenour, *Theater Design*, McGraw–Hill Book Company,1977）

2）罗马阿斯彭杜斯剧院（Roman Theater at Aspendus）

阿斯彭杜斯剧院的设计集中了当时罗马人许多有代表性的想法。因为其坐落于阿斯彭杜斯山的东麓，前面的观众席也顺势借用山形；而其后部则采用罗马时期常用做法，架设于拱券之上，环绕半圆形观众席共有50个拱券。观众席围绕表演场地呈典型的半圆形布置。与其他地区纯罗马剧场不同的是，阿斯彭杜斯剧院的观众厅直径比舞台部分长度要大得多，故可以推断，其观众席两侧的部分坐席视线可能不是太好。

图1-2-3 罗马阿斯彭杜斯剧院
（图片来源：http://www.superstock.com）

2. 文艺复兴晚期（1500 — 1650年）

1）维琴察奥林匹克剧场（Teatro Olimpico in Vicenza）

维琴察的奥林匹克剧场最初由帕拉第奥（Andrea Palladio）设计，后由其弟子斯卡莫齐（Vincenzo Scamozzi）完成，于1585年竣工。这座剧场的观众厅的平面没有采用当时常见的半圆形，而为半椭圆形的，环绕一个浅乐池。这样，观众席的视线更好一些。其舞台设计见1.1.1节。

图1-2-4   图1-2-5

3. 19世纪（1800 — 1900年）

维也纳金色大厅

维也纳爱乐之友金色大厅（也称音乐协会大音乐厅）建于1870年。这座音乐厅平面为矩形，与波士顿音乐厅相似，两者音质也很相近。挑台之上的侧墙有40多个不规则的高窗，20扇大门，挑台之下有32个高高的镀金雕像，到处都有镀金装饰和小雕像。音乐厅内部表面不到15%是木料装修，木料只用于门、舞台周围的板格以及脚线，其他表面均是砖上抹灰，平顶和挑台栏板为木板条上抹灰。

该厅具有至高无上的音质效果，究其原因，有以下几点：一是由于规模相对较小（容积15 000m³，容座1 680个）；二是高平顶带来的长混响时间，满场混响时间长达2s；三是内部表面的不规则性以及抹灰内表面。任何具有这些特征的大厅都会成为优良大厅，尤其对于浪漫时代和古典时代的交响乐来说。

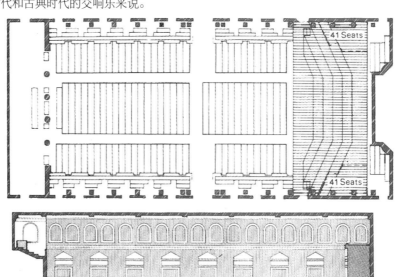

4. 20世纪早期（1900—1920年）

波士顿交响音乐厅

建于1900年，其观众厅呈矩形，用途主要为交响乐和独奏，具有高耸的和水平的藻井式顶棚及两层环绕式挑台。人们踏入大厅便见到两大建筑特征：装有一排镀金风琴管的舞台后墙上，上部墙面有许多壁龛，前面置有希腊和罗马雕像的复制品。

观众厅座位数多达2 625个，每年五六月份，正厅池座放上桌台供流行音乐会用，座位就减少至2 369个。很多世界著名的指挥家均认为此音乐厅为"美国最佳音乐厅"，并将其列为世界三大顶级大厅之一。

图1-2-8 波士顿交响音乐厅室内
（图片来源：http://site.douban.com/widget/notes/71928/note/120633542/）

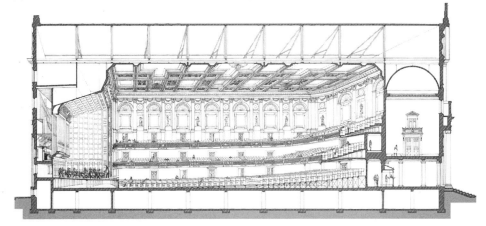

图1-2-9 波士顿交响音乐厅剖透视
（图片来源：George C.Izenour, *Theater Design*, McGraw-Hill Book Company,1977）

1.2.2 马蹄形观众厅的发展历史

马蹄形观众厅最早出现于17世纪初，在西方大型古典剧场中采用较多。一般马蹄形结合观众厅周边设层层包厢，气势宏伟，而古典剧场的室内布满繁琐浮雕装饰，对声扩散起到很好的作用。

1. 文艺复兴晚期（1500 — 1650年）

帕尔玛的法尔内塞剧院

1618年建成的法尔内塞剧院是目前已知的最早出现马蹄形观众厅的剧院之一，并在以后的数百年间被沿用下去。其观众厅中坐席三面环绕一块平的场地，后面呈半圆形。两侧坐席的前沿呈直线形，都是板凳，坐席后拱券环绕，拱券顶上有廊道。

2. 巴洛克时期（1650 — 1800年）

图1-2-10 帕尔玛的法尔内塞剧院
（图片来源：http://www.bbrubra.com/lang_eng/webpage.php?idpage=144）

巴洛克时期，剧场的观众厅设计有了很大的发展。当时的观众厅形制最普遍的当属马蹄形，还有一种是马蹄形的变体，被称为"卵形"，这里也将之视为马蹄形的一种。那时的观众厅已经改成多层包厢的形式，如英国伊丽莎白剧场中的"绅士席"（Gentleman's rooms）就属于一间间的包厢。巴洛克剧场中经常把各层的廊道分成小间的包厢，这是其一大特色。包厢使得在里面看戏的观众有一种私密感，并且条件更为舒适。当时在包厢中待客、玩牌、饮茶等成为时尚，后来，它发展成当时意大利剧场的标准形式并被欧洲很多剧院效仿。

米兰斯卡拉歌剧院

斯卡拉歌剧院的观众厅平面是卵形的，"共有6层260个包厢，每个包厢均有前室，下层包厢内可供茶点，包厢也可由资助人买下，重新装修、布置。下面四层包厢设有单个座椅，上面两层为板凳，池座是平的，没有坡度升起……皇家包厢仍居最重要的位置上，位于正对舞台的第三层包厢内"。[1]

[1] 李道增, 傅英杰. 西方戏剧·剧场史 [M]. 北京: 清华大学出版社, 1999: 209

这种剧场观众厅宽度不大，但天花板很高。包厢前排座位声音很好，但里面不佳。侧面包厢内部目前装有电声辅助。包厢开口总面积占整个墙面的40%，整个观众厅墙面有40%属吸声面积，其混响时间比一般歌剧院略低，约为1.2s。

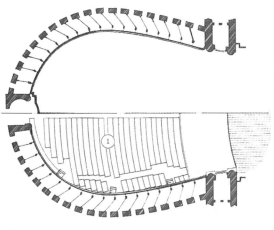

图1-2-11 米兰斯卡拉歌剧院观众厅平面
（图片来源:（美）白瑞纳克 著, 王季卿、戴根华等译. 音乐厅和歌剧院 [M]. 上海: 同济大学出版社, 2002）

图1-2-11

图1-2-12 米兰斯卡拉歌剧院室内
（图片来源: http://www.titlehere.com/）

图1-2-12

图1-2-13 米兰斯卡拉歌剧院外景
（图片来源: http://www.wikilib.com）

包厢的墙面能把声音反射回舞台上，拱形天花板可把乐队和歌唱家的声音反射到乐队指挥处，剧场的音响效果深受许多在此演出过的歌唱家与乐队指挥好评。但是这种形式的观众厅最突出的缺点是两侧包厢的视线条件很差，观众厅池座中有些位置不可避免地会出现声音聚焦现象。

3. 20世纪早期（1900—1950年）

德累斯顿戏剧院

此剧场的观众厅池座在二层，底层为门厅、存衣厅，两侧布置了几组大楼梯通向二层休息廊及其他楼层挑台。观众厅平面长18.5m，宽20m；两侧靠近舞台处有半圆形凸出的宫廷包厢。有三层楼座，下面两层为浅挑台，最上一层为类似小包厢的小挑台。池座前排与台口之间照例为乐池。

图1-2-14

图1-2-15

图1-2-14 德累斯顿戏
剧院外景

图1-2-15 德累斯顿戏
剧院室内

（图片来源：http://www.
hudong.com）

4. 20世纪后期（1950年 至今）

1）维也纳国家歌剧院

维也纳国家歌剧院的主厅在二战中被炸毁，1955年复建。其建筑形状与1868年建成时一样，只是没有巴洛克装饰和镀金雕像。它有3层包厢、1个供贵宾用的中央包厢以及2个上层回廊。内部以红丝绒及锦缎为主，装饰主要是镶金的白色。平顶下有1个大型座盘花托水晶吊灯。大厅为1709座，相比于纽约大都会歌剧院（3816座）要小的多。因为它的容积比较小，声音比相应的美国剧院要响得多。在正厅中声音更为亲切、清晰和嘹亮。由于它只有19.5m宽，早期侧向反射声很强，初始时间延迟间隙很短，这都是产生顶级音质的原因。

著名指挥家布鲁诺·瓦尔查（Bruno Walter）曾说过："维也纳国家歌剧院是所有歌剧院中最有生气的，比纽约的好得多，也比米兰斯卡拉歌剧院的好，乐队声没有盖过歌唱声。"

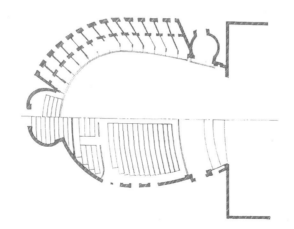

图1-2-16 维也纳国家歌
剧院观众厅平面

（图片来源：（美）白瑞
纳克 著，王季卿、戴根
华等译. 音乐厅和歌剧院
[M]. 上海：同济大学出版
社，2002）

图1-2-17

图1-2-18

图1-2-17 维也纳国家
歌剧院外景

图1-2-18 维也纳国家
歌剧院室内

（图片来源：http://
www.phototravels.net）

2）纽约大都会歌剧院

大都会歌剧院于1966年9月开幕，其观众厅可容纳3816个座位，是一座专用的歌剧院，其座位分为5层，加上1层大挑台，每层的栏板是平的，使至舞台的视距缩至最短。其体积为24724m³，比斯卡拉剧院的2倍还多。大都会歌剧院的中频全满场混响时间约1.7s，比其他歌剧院都要长，故而也有助于增强歌唱声的响度。

图1-2-19 纽约大都会歌
剧院观众厅剖面

图1-2-20 纽约大都会歌
剧院观众厅平面

（图片来源：（美）白瑞
纳克 著，王季卿、戴根
华等译. 音乐厅和歌剧院
[M]. 上海：同济大学出版
社，2002）

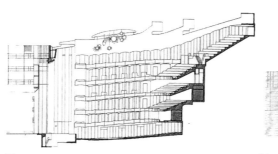

图1-2-19

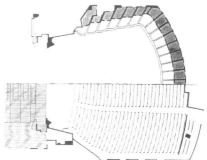

图1-2-20

图1-2-21 纽约大都会
歌剧院

（图片来源：http://tieba.
baidu.com/）

图1-2-22 纽约大都会歌
剧院观众厅内景

（图片来源：http://a3.att.
hudong.com）

图1-2-21

图1-2-22

1.2.3 扇形观众厅的发展历史

进入19世纪，朗汉斯（Carl Ferdinand Langhans）写了一本关于剧场的书，在剧场声学方面作出重要贡献。它在很长的一段时间里对帮助建筑师学习物理声学起了重要作用。这一时期苏格兰工程师卢萨尔（John Scott Russel）于1838年发表了一篇论文，涉及剧场的视线与座位排列。现代世界各国、各种文字的制图手册中介绍的视线原理均源于他的理论。巴洛克时期观众厅楼座多为包厢形式，到19世纪，法国人比意大利人在看戏要求方面不那么重视秘密性，加上民主思想的萌发，较早以楼座形式替代了包厢，这种趋势也逐渐传播到欧洲其他国家。

1. 19世纪（1800—1900年）

拜罗伊特节日歌剧院（Bayreuth Festival Theatre）

拜罗伊特节日歌剧院设计独特，是作曲家瓦格纳构思的。它只对其主持的作品有良好的响应，尤其对《尼伯龙根的指环》和《帕西发尔》这两个作品。这个剧院的观众厅是扇形的，但是剧场侧墙相互平行，为了填满在逐渐展宽的侧墙和伸入厅前的座位之间的空间，用了一排7个柱墩。前面一个比后面一个更深地伸入大厅，每个柱墩上有一个柱子，柱顶直达平顶。平顶虽是平的，但给人由后向前升高的错觉。节日歌剧院起坡地面之上的平顶高度很大，结果混响时间较长，满场中频混响时间是1.55s，特别适合于浪漫派瓦格纳音乐。内部装修大部分是砖或板条上抹灰。平顶是木板抹灰。水平的平顶为大部分坐席提供了短延迟的反射声，大厅两侧伸出来的翼部使大厅有较好混合声。节日歌剧院的观众厅不大，容座1800个，这一点对大厅音质有利。

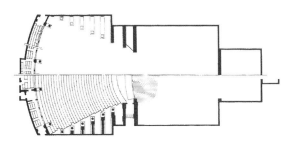
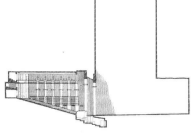

图1-2-23

图1-2-24

图1-2-23 拜罗伊特节日
剧院观众厅平面
图1-2-24 拜罗伊特节日
剧院观众厅剖面
（图片来源：（美）白瑞
纳克 著，王季卿、戴根
华等译. 音乐厅和歌剧院
[M]. 上海：同济大学出版
社，2002）

2. 20世纪早期（1900 — 1950年）

罗切斯特伊士曼剧院

美国纽约州的伊士曼剧院建于1922年，观众厅拥有3 347个座位，体积高达25 488m³。它的高顶棚、宽而倾斜的侧墙把声音基本反射至厅的后部。在1972年主要改建之前，人们对音乐缺乏清晰感有所抱怨，尤其是在正厅池座上，初始延迟时间间隙过长，而且几乎没有早期侧向反射声，这种情况在楼厅后部则没有。此剧场也作歌剧演出，一个85人的乐池乐队有一半乐师坐在台面之下，这样他们听不到舞台上的声音，也不易使乐队之间维持恰当的平衡。对听者来说，台面下后部的乐器声听来犹如在另一个房间演奏。

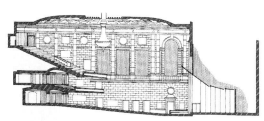
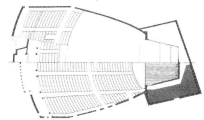

图1-2-25

图1-2-26

图1-2-25 罗切斯特伊士
曼剧院观众厅剖面
图1-2-26 罗切斯特伊士
曼剧院 观众厅平面
（图片来源：（美）白瑞
纳克 著，王季卿、戴根
华等译. 音乐厅和歌剧院
[M]. 上海：同济大学出版
社，2002）

3. 20世纪后期（1950年 至今）

费城音乐学院剧场

费城音乐学院剧场的主要用途为歌剧、交响乐、合唱、室内乐和独奏。费城音乐学院剧场的容积比维也纳国家歌剧院增大了40%，但多容纳了70%的听众，2 827座的（歌剧）观众厅内每座所占面积（包括走道）只有0.5m²，而1955年重建的维也纳国家歌剧院则为0.7m²。对此厅演交响乐的最大批评是混响时间太短。1992年实测的满场中频为1.2s，斯卡拉剧场为1.2s，维也纳歌剧院为1.3s，都比波士顿1.85s的混响时间短很多。

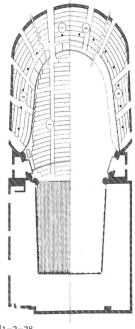

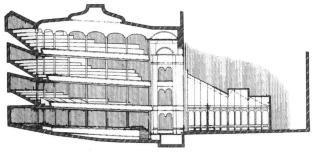

图1-2-27

图1-2-28

图1-2-27 费城音乐学院
观众厅剖面
图1-2-28 费城音乐学院
观众厅平面
（图片来源：（美）白瑞
纳克 著，王季卿、戴根
华等译. 音乐厅和歌剧院
[M]. 上海：同济大学出版
社，2002）

1.2.4　环形观众厅的发展历史

环形观众厅的发展可追溯至古典时期。有一种说法认为古希腊剧场是由圆形打谷场发展而来。在古典时期的露天剧场中，剧场依山势地形而建，而一般古希腊剧场可容纳的观众数都在几千人甚至上万人。在露天环境并且缺乏音响设施的条件下，环形（半环形）成为一种自然的选择。经过长期演变发展，到希腊化时期，半圆形的观众厅成为理想形制，并在古罗马时期成为固定做法。古罗马时期，露天剧场逐渐式微，这时产生了新的观演建筑类型——斗兽场。由于新的建筑材料的应用和拱券技术的发展，这个时期的观众厅已经不再需要像古希腊借助于山势地形，而多为人工建成，体现出高超的建筑技艺。到文艺复兴晚期，伊丽莎白剧场中，表演空间位于剧场中心，表演空间三面为观众席，包围表演空间的楼廊也作为观众厅的一部分，这类剧场的观众厅多为半环形的。中心式舞台剧场是环形观众厅剧场的现代发展，其中影响最大的是夏隆设计的柏林爱乐音乐厅，首次开辟了葡萄园台地式的观众厅布局方式，对后来交响乐厅的发展产生了重大影响。

1. 古典时期（公元前400年 — 300年）

1）古希腊埃皮达鲁斯剧场

埃皮达鲁斯剧场的观众席可容纳14 000人，依山势而建。观众席斜坡靠中间的位置上有一条横向圆弧形通道。在圆弧形通道下方观众席由13条向心的纵向楼梯式通道将座位区分为12块，弧形通道上方由23条纵向过道将座席区分为22块。观众席呈半圆的扇形排开。观众席朝北略偏东，观众可避开太阳光的照射，而景屋舞台超南略偏西，有充足的阳光照亮演出区域。

图1-2-29 古希腊埃皮达鲁斯剧场
（图片来源：（美）白瑞纳克 著，王季卿、戴根华等译.音乐厅和歌剧院[M].上海：同济大学出版社，2002）

图1-2-30 古希腊埃皮达鲁斯剧场
（图片来源：http://www.51yougo.com）

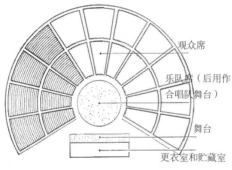

观众席

乐队席（后用作合唱队）舞台

舞台

更衣室和贮藏室

图1-2-29

图1-2-30

2）罗马竞技场

斗兽场周长527m，可同时容纳45 000人。下面三层是拱廊，周围有80个拱券环绕。首层立面饰以塔斯干和陶立克柱式，二层用爱奥尼柱式，三层用科林斯柱式，四层以科林斯壁柱与窗洞组合而成。

图1-2-31 罗马竞技场
（图片来源：http://www.yun10.cn）

图1-2-32 罗马竞技场
（图片来源：http://www.022net.com）

图1-2-31

图1-2-32

椭圆长轴上的两个门洞为格斗士进入的通道。短轴上的两个门，一边是供罗马皇帝及随从进入宝座、包厢的门。宝座对面及周围，为当时社会上层人士及权贵的荣誉席。最前排面临斗兽场地的座位前有矮墙，上设有铁丝网。前面的坐席均为元老院的坐席。观众分别由底层的38个拱券中进入各自席位，均凭门票入场，对号入座。

从底层有19部楼梯通往二层，另19部楼梯通往三层。二、三层坐席为贵族、行政长官们看斗兽的地方。最上层是供普通人使用的坐席，周围环绕有5m高的柱廊，柱廊顶上为宽敞的屋面平台，是操作遮阳帆篷的地方。

2. 文艺复兴晚期（1500 — 1650年）

莎士比亚剧场（Theater of Shakespeare）

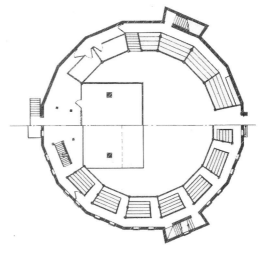

莎士比亚时代，剧场分为"公共剧场"和"私人剧场"。大的"公共剧场"可坐2 000~3 000人，是市民观看戏剧演出的地方；"私人剧场"通常是"公共剧场"的1/4或1/5大小，是王室或贵族家庭观剧、娱乐的处所。

莎士比亚时代剧场大体的构造是：中央为一个无顶的空间，周围是3层有屋顶的楼廊，从外观看，有圆形、方形、五边形的，也有八边形的；剧场内部，有一个高出地面1m左右的平台，凸出伸向中心地带，是表演平台；观众可围站在舞台的三条边，或坐在楼廊里观看演出；作为表演区的平台的后半部，一般有两个门，是演员进出场的通道；舞台上下藏有机械装置，舞台的地板是活的，可供扮演鬼神的演员出入，也可以用来设置烟火和特效。

图1-2-33 莎士比亚剧场平面
（图片来源：George C.Izenour,*Theater Design*, McGraw-Hill Book Company,1977）

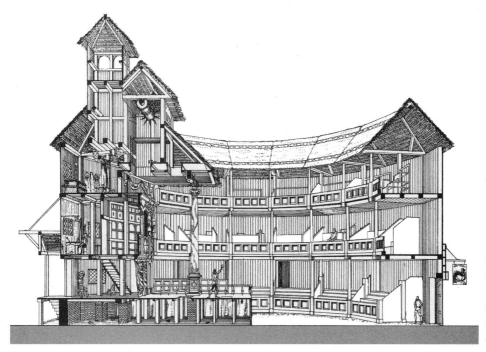

图1-2-34 莎士比亚剧场剖透视
（图片来源：George C.Izenour,*Theater Design*, McGraw-Hill Book Company,1977）

图1-2-35 伦敦皇家阿尔
伯特音乐厅外景
（图片来源：http://
london.abang.com）

3. 19世纪（1800 — 1900年）

伦敦皇家阿尔伯特音乐厅（Royal Albert Hall）

1871年3月29日星期三，因皇太子过世很少在公共场合露面的维多利亚女皇出现在新完工的皇家阿尔伯特音乐厅的皇家包厢中，参加音乐厅的开幕仪式。当时的记录中写道："威尔士皇太子……开始宣读欢迎辞，口齿清晰的语句可在厅内所有的地方清楚地听到；但在许多地方可以听到两遍，稀奇古怪的回声在第二句话开始时仍能听到它重复出现。"于是历经百年试图将其改为音乐厅之用，然而发现要成功地达到此目的非常困难，因为这一空间实在是太大了。

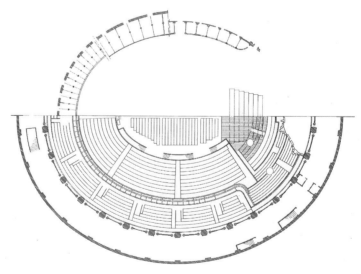

图1-2-36 伦敦皇家阿尔
伯特音乐厅观众厅
（图片来源：（美）白瑞
纳克 著，王季卿、戴根
华等译. 音乐厅和歌剧院
[M]. 上海：同济大学出版
社，2002）

皇家阿尔伯特音乐厅有5 080个座位，再加上站位1 000个，此厅近乎椭圆形，容积约86 650m³，比之世上最大正规音乐厅要大4倍。它的用途广泛，庆典、讲演、展览、合唱表演，交响乐音乐会、舞会、独唱会，甚至体育比赛等。皇家阿尔伯特音乐厅满足了伦敦需要有一座容座很大的厅的需求。

皇家阿尔伯特音乐厅的主要声学问题，是由于它的规模太大引起的。它们是：一、由演员发出的直达声和早期反射声在厅内历经了如此长的距离后响度大减（考虑到噪声要填满

图1-2-37 伦敦皇家阿尔
伯特音乐厅内景
（图片来源: http://d.
lvren.cn/gonglue/
lundun）

几乎是典型欧洲音乐厅体积6倍的空间）；二、回声，由于从远远的表面上回到大厅前部有很长的延时反射声，满场中频实测混响时间（M.Barron在1982年测量）为2.4s。此厅用于流行音乐会表演很成功，一般听众达4 000人以上，它也是大型合唱和柴可夫斯基《1812号序曲》之类作品最合适的场所。

4. 20世纪后期（1950年 至今）

柏林爱乐音乐厅

"音乐在中央"是建筑师夏隆追求的最大目标。他感到通常将乐队置于大厅一端的布局，阻碍了听众和乐师之间自由和强烈的交流。1963年落成的柏林爱乐音乐厅非常令人注目，2 215个座位中有250个在乐队后面，两侧各约有300席，后面两组为270席。此外，舞台上约有120个乐队位置，并有44个残疾人席位。所有听者离舞台均在30m之内，而波士顿音乐厅（2612座）最远者达40m。

伯林爱乐音乐厅遂成为一种成功的声学设计模式，开辟了"梯田"式大厅的设计思想。声学顾问同意将听众席分成组团，这样每一组的第一排可以豪无阻碍地接收到直达声。众多组中的坐席可接收到由周围侧墙包括后面墙传来的早期侧向反射声。每块"梯田"的前栏板为乐师和大厅中部听众席提供了早期反射声。舞台上吊挂的十块大反射板向乐队和听众提供了额外的早期反射声。在上层坐席还可以收到来自凸曲帐篷式平顶的早期反射声。

图1-2-38 柏林爱乐
音乐厅
（图片来源: http://
berliner.es/wp-content/
uploads/berlin_
philharmonie_8.jpg）

表1-2-1　　　　　　　　　　　　　世界著名音乐厅基本数据

音乐厅建址和名称	舞台面积 So（m²）	座椅面积 Sa（m²）	听众数 N（座）	每座占面积 Sa/ N(平方米/座)
三大音乐厅				
阿姆斯特丹音乐厅	160	843	2037	0.41
波士顿音乐厅	152	1056	2625	0.40
维也纳爱乐之友金色大厅	163	690	1680	0.41
平均	158	863	2114	0.40
其他音乐厅				
巴尔的摩梅耶霍夫音乐厅	186	1196	2467	0.48
柏林室内乐音乐厅	78	618	1138	0.54
柏林音乐厅（前身为戏剧院）	158	784	1575	0.50
柏林爱乐音乐厅	172	1057	2325	0.45
伯明翰音乐厅	279	1031	2211	0.47
布达佩斯帕特里亚音乐厅	156	1140	1750	0.65
卡迪夫圣大卫音乐厅	186	1000	1952	0.51
克赖斯特彻音乐厅	194	1127	2662	0.42
科斯塔梅萨塞杰斯特罗姆厅	223	1504	2903	0.52
达拉梅耶森麦克德莫特音乐厅	250	980	2065	0.47
道格斯哥皇家音乐厅	218	1147	2459	0.47
莱比锡格万特豪斯音乐厅	181	1036	1900	0.55
伦敦巴比肯音乐厅	160	1123	2026	0.55
墨西哥城内札华尔柯特大厅	270	1476	2450	0.6
明尼阿波利斯明尼苏达音乐厅	203	1266	2450	0.52
蒙特利尔威佩大厅	172	1550	2982	0.52
慕尼黑加斯泰格音乐厅	230	1329	2487	0.53
纽约费舍尔音乐厅	203	1189	2742	0.43
鹿特丹特多伦音乐厅	195	1178	2242	0.53
盐湖城阿布拉凡内音乐厅	218	1486	2812	0.53
旧金山戴维斯音乐厅	200	1214	2743	0.44
西雅图贝纳罗亚音乐厅	221	1207	2500	0.48
悉尼歌剧院音乐厅	181	1362	2679	0.51
多伦多汤姆森音乐厅	222	1401	2812	0.50
平均	200	1175	2329	0.51

表1-2-1 世界著名音乐厅基本数据
（数据来源：（美）白瑞纳克 著，王季卿、戴根华等译. 音乐厅和歌剧院 [M]. 上海：同济大学出版社，2002）

1.3 舞台技术及布景的发展过程

1. 古典时期（公元前400 — 公元300年）

图1-3-1 车台与转台可能的形式
图1-3-2 提升机械与车台可能的形式
（图片来源：李道增，傅英杰. 西方戏剧·剧场史 [M]. 北京：清华大学出版社，1999）

图1-3-1

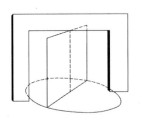

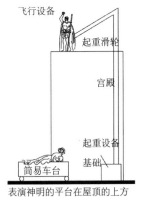

飞行设备
起重滑轮
宫殿
起重设备
简易车台
基础
表演神明的平台在屋顶的上方

图1-3-2

关于古典舞台机械和布景的文字记载，一见于维特鲁威的《建筑十书》，一见于普鲁克斯（Pollux）的著作《词类汇编》（*Onomasticon IV*，*第123-132页*）。维特鲁威提到，古希腊时期有时可在舞台后墙前放上整片临时性的绘景景片，这种用木框架做成的景片可更换，有时可前后放上好几层，用完一层拖走一层。

在古希腊时期出现了一种可旋转的三棱柱式布景（periaktos）。这种用木框架钉在一起的三角形棱柱体的布景上下有支点，支点插入下面的石槽中，上面固定在梁上的孔洞中，可以通过旋转来换景。这种换景的方法晚于希腊普华时期，棱柱体一般放在舞台的两侧。

公元前5世纪的希腊已经有了简易转台和车台（eccyclema），普鲁克斯曾对此进行详细的描述，在演出时可用转台或车台将室内景象推出来等等。因此，转台、车台和前述的可推拉的木框架景片结合起来使用对当时的演出是很实用的。普鲁克斯还提到一种提升式飞行设备，用以将演员从表演场地提升到舞台或屋顶上，或是从顶上下降到地面。到古罗马时期，在很多斗兽场中出现了为提升野兽或布景道具而设的土升降机械。考古发掘表明，很多剧场中出现了可升降的立杆，以升降台前帷幕。

2. 文艺复兴晚期（1500 — 1650年）

文艺复兴的剧院并不满足于静态的舞台布景，出现了可更换的布景，三棱柱换景成为当时流行的换景方式。维特鲁威曾经提及将三棱柱体放在古典剧场的门洞中，三棱柱体能够通过旋转，达到快速换景的目的。桑迦洛（Sangallo）提出把它放在舞台的两侧而非门洞里，这种换景方法至16世纪中叶已经用得非常普遍。

1606年爱里奥梯（Giovanni Battista Aleottie）率先采用了完全以平面侧幕搭成的布景，后来这种布景逐渐取代了三棱柱体换景法。

舞台屋顶结构层开始作为承载机械设备的一部分，音响设备放置在内部，也开始使用滑轮。这一时期开始使用吊杆将景幕挂在舞台上部结构的大梁上，成为现代舞台吊杆和栅顶的雏形。舞台出现了能升降的机械设备，舞台下部出现台仓。

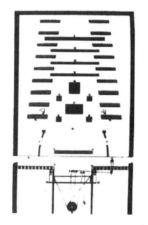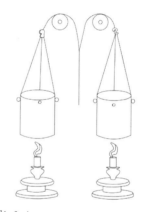

图1-3-3

图1-3-4

图1-3-3 文艺复兴时期的
舞台暗门
图1-3-4 文艺复兴时期的
舞台照明
（图片来源：李道增 傅英
杰，《西方戏剧·剧场史》，
清华大学出版社，1999）

为了使舞台成为现实世界的再现，必然要借助于灯光照明。文艺复兴时期已经可以借助舞台照明得到丰富的舞台光线效果。但是，当时主要的照明工具是蜡烛和油灯。使用蜡烛和油灯的观众厅，烟雾缭绕，环境恶劣。为了使舞台上的灯光能明、能暗，采用了图1-3-4所示的设备。这种设备使用了金属丝、云母片做反光罩，通过反光罩的上下移动改变光线。

3. 巴洛克时期（1650 — 1800年）

侧幕、檐幕和背景幕已经成为舞台布景系统的三要素。及至1650年，平面侧幕换景法已经全面取代了其他的方法。平面侧幕与舞台前沿平行，往往是画成有透视实景的布景硬片，由前向后按一定间距平行排列。每幅侧幕后面紧贴着一幅侧幕。换景时，只需撤走前面的一幅，下面一幅就自然显露出来。后面的背景幕也像侧幕一样，一幅紧接着一幅地排好，以便换景。

檐幕也是以平面加框的画布做成的，悬挂在每一组侧幕的上面，檐幕上可以画天空或云彩等户外景，也可画屋梁、天花、圆屋顶等室内景。檐幕不但能遮断观众向上的视线，使布景不至"穿帮"，而且两层檐幕间的间隙还可以装照明灯具，并从舞台上方制造特殊效果。

此时舞台布景的三个基本要素是侧幕、檐幕和背景幕。换景时，最理想的状况是这三部分能同时撤换。起初，换景由许多舞台工人一起动手，但舞台工人毕竟无法同时撤换三种布景，并同时结束，结果当然很不理想。于是采用了"轮车与长杆系统"，在每一个侧景与背景的位置上，地板上都挖了长条沟槽，沟槽的走向与侧景平行。在台仓内另设一组与沟槽位置上下吻合的轨道，在轨道上装有钢架轮车，能在轨道上自如地滑行。轮车上绑上长杆，轮车向舞台中央方向滑行时，轮车上绑的侧景就出现在舞台两侧。反之，当轮车滑向舞台两边时，布景就撤出观众的视线。这种"轮车与长杆系统"，能够同时控制侧幕、檐幕和背景幕。后来出现了复杂的飞行设备、滑轮和简单的起重机。

1545年塞里奥（Serlio）对16世纪戏剧实践加以总结，写出了《建筑学》（Architettura）。这本书成为传播意大利剧院设计经验的主要媒介。他认为：

（1）剧院理所当然应该设置在既有大建筑内部的一座大厅中。

（2）舞台应分为前后两部分，前面部分供表演用，地面平整；后面部分前低后高，供放布景。

（3）布景用木架支撑，外蒙帆布，在其上画近处房屋，前三幢画成立体，有两个面，第四幢则画成平面，再后挂天幕。

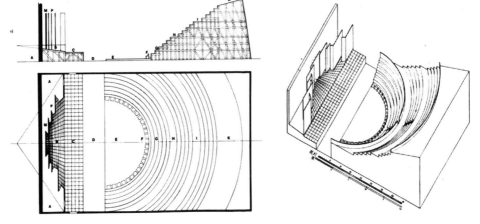

图1-3-5 塞里奥设计的剧场平面、剖面与透视（图片来源：李道增，傅英杰. 西方戏剧·剧场史[M]. 北京：清华大学出版社，1999）

4. 19世纪（1800 — 1900年）

19世纪剧场结构发生了根本性的变化，结构工程师们开始以铁金属替代木作为结构材料。由于金属结构的迅速发展，至19世纪末，在工业化国家中已经制定出系统而严格的规范，剧场的结构设计不再仅仅是凭经验。

19世纪意大利与法国的大歌剧、德国瓦格纳的音乐剧使西欧的宫廷剧场加速转变成公共剧场。这一发展过程中，舞台与观众厅的体量迅速加大，舞台技术也日趋复杂。总的看来，舞台机械只是用来使布景能够在舞台上垂直或水平移动。吊杆大部分还是使用麻绳。舞台机械大多为木制，与舞台结构结合在一起，只在少数关键部位（如轴承、绞盘端部）使用金属构件。这一时期舞台上出现了转台，淘汰了在舞台地板上开槽换景的老办法，采用可自由移动的平台；硬景增多，舞台后部用升降台来换景；舞台台面可打开或升降，普遍采用台仓；虽然人工换景仍然存在，不过很快就被淘汰了。

19世纪最后20年间，由于对应用科学的重视并强调产品制造、生产的精确性与质量，西欧的舞台技术在德国取得了突飞猛进的发展，有一系列的新发明，包括以动力驱动的吊杆系统、升降台、车台以及转台系统等，以液压、电力驱动的机械舞台迅速崛起。直到现在，美国拥有的当代先进舞台技术的第一手资料均学自德国，目前由动力驱动的机械舞台已是世界性的发明，其主要部分也是来自德国。

这一时期的舞台照明技术也有很大发展，前面已经介绍过一种通过蜡烛或油灯的反光罩上下移动来控制舞台光线的办法。19世纪初，很多剧院开始尝试把一排蜡烛或油灯装在一个台架上，整个架子被提升或降到台面以下，或被吊到边幕后面，这样可以更方便地控制光线。19世纪初煤气灯的发明对剧场照明产生了很大影响，经过不断改进，后来在台仓内装入中央控制台，与煤气入口的总管相连，从而实现对煤气灯更快捷的控制。于是，舞台照明开始变成一种复杂的专业技术。

自19世纪80年代后，舞台与观众厅均已普遍改用电灯，电灯与前几种照明方式相比不但使用方便，更易控制，而且安全可靠，还使舞台照明的艺术效果大为改进。

5. 20世纪前期（1900 — 1950年）

进入20世纪，剧场中的转台日趋先进，可转动、升降，机械设备愈加复杂，开始用电力控制舞台升降，出现了电动转台、电动辅助吊杆和灯光遥控装置，还出现了"品"字形的机械舞台、吊杆、圆天幕、舞台灯光。这一时期出现了可变台口，并且乐池大多是可升降的。德国建筑师利特曼在1907年设计的魏玛皇家剧院中率先使用了"可变台口"。它是一种双层台口，两个台口之间是可调节的活动挡板，其作用是把这部分两侧和顶部的空间封起来。下面的乐池做成可电动升降的，乐池升降台内藏有可伸出或缩入的踏步，乐池前的栏杆单独升降。这样的设计，使得在同一观众厅中既可以演出歌剧，又可以演出话剧和举办音乐会。假台口已相当成熟。

图1-3-6

图1-3-7

图1-3-6　水平吊杆
（图片来源：http://uploadfile.china-dirs.cn）

图1-3-7　升降舞台
（图片来源：http://www.jnzhigo.com/product/heheliuimg/）

6. 20世纪后期（1950年 至今）

第二次世界大战后，德国舞台技术继续领先，品字形舞台广泛使用，成为最常见的舞台形式，这种舞台形式传播到世界各地成为镜框式舞台的标准模式。品字形舞台是在长方形主舞台的除镜框台口以外的3条边上都附带一个与主舞台大小和形状相似的副舞台，3个副舞台构成了一个"品"字。这种舞台平面对水平运输布景非常便利，可以从三个方向直接在主台和副台之间更换整台布景，对大型车台的使用尤为有利，因为沿直线滑动的车台其机械构造最为简单和可靠，故品字形舞台一般与大车台结合在一起使用。

在美国，除了个别的剧场为品字形舞台外，大多数镜框式舞台剧场都采用单一箱形舞台，即表演区、布景区、布景储藏空间以及吊景塔都在一个长方形或类似的空间中。在箱形舞台中，舞台硬景的更换方式决定了舞台机械方式，使得箱形舞台空间出现了不同模式。

这一时期针对镜框式舞台台口区域的变化做了很多尝试和创新，镜框式台口成为一种活动装置，可以前后水平移动，这种方式被广泛采用。在不同的剧院中，活动台口的应用向几个不同的方向的发展：

（1）镜框台口是活动的，并可悬吊起来，因而整个表演区域成为一个开敞的舞台，从观众厅到舞台的可移动的转换构件确定，采用这种活动台口的剧院有波恩市立剧院等。

（2）把镜框式台口以及假台口全部装在一个构架上，可以借助于两侧廊桥上的轨道使台口构架移向天幕方向，这样，镜框台口可以停在舞台的任何深度上，直至靠在舞台后墙上（相当于取消了台口），台口的高度和宽度本身也是可变的。法国的巴士底歌剧院发展了这种构想。

（3）这种方式考虑到将镜框台口平移到舞台的背后有相当的困难，而采取了另一种方式，即通过设计使台口两翼可插入边上的小房间，这样整个舞台的宽度就可以全部打开，当然，使用这种方式，台口仍然可以前后移动。应用这种台口做法的剧院有德国达姆施塔特剧院等。

另外，这个时期舞台技术及布景发展的成就还有很多。例如，出现了活动声罩，还出现了点式悬吊升降设备，使得布景更加自由，还可以和灯光系统一起由计算机来自动控制。

1.4 西方剧场声学、视线理论的发展

1.4.1 西学剧场声学理论的发展

1. 维特鲁威关于剧场声学的观点

西方第一部涉及剧场设计的历史和经验总结的著作是公元前1世纪末（公元前16—前13年）由古罗马建筑学家维特鲁威写成的《建筑十书》。书中涉及古典时期的剧场建筑的部分，是迄今所能获得的有关西方古代剧场知识的最有价值的文字材料。

在《建筑十书》中维特鲁威就专门提到了古希腊罗马剧场的声学问题。他认为，声音和视线是直接相关的。"你若能听好，那就能看好"；他模糊地提出音响效果受剧场场地的影响。他还试图用空铜罐来增加音响效果，在《建筑十书》的第五章，介绍了一种"声学坛罐"的装置，因为当时已发现空的铜罐能引起声音的共振现象，这种方法用倒立并侧向开口的瓦缸增加混响时间。他认为这种做法有助于从舞台方向传来的声音引起铜罐的共振，提高声音的响度与和谐。

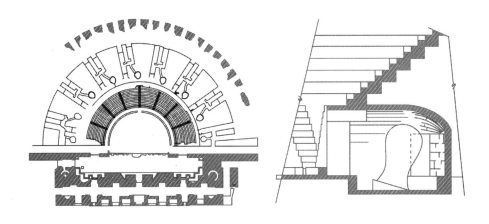

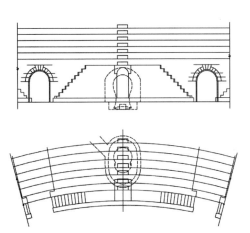

图1-4-1 维特鲁威介绍的"声学坛罐"装置
（图片来源：George C.Izenour,*Theater Design*, McGraw-Hill Book Company,1977）

2. 基歇尔与剧场声学

世界上第一部关于建筑声学的著作是1650年罗马学院的德裔耶稣会教士和教授基歇尔（Athanasius Kircher）写的一部长达1 500页的书，名叫《音乐大全》（*Musurgia Universalis*）。基歇尔的著作是科学观察、主观推测和神话传说的大杂烩，尽管书中还推荐了一些利用墙和顶棚的几何形状来控制声音的方法，但对剧场设计者的用处非常有限。

3. 朗汉斯与厅堂声学的理论

1810年德国建筑师朗汉斯（Carl Gotthard Langhans）写了一本关于剧场的书。自从发现维特鲁威的著作以后直到20世纪著名的美国声学家赛宾出现前，这本书被认为是在剧场声学方面有重要贡献的著作。

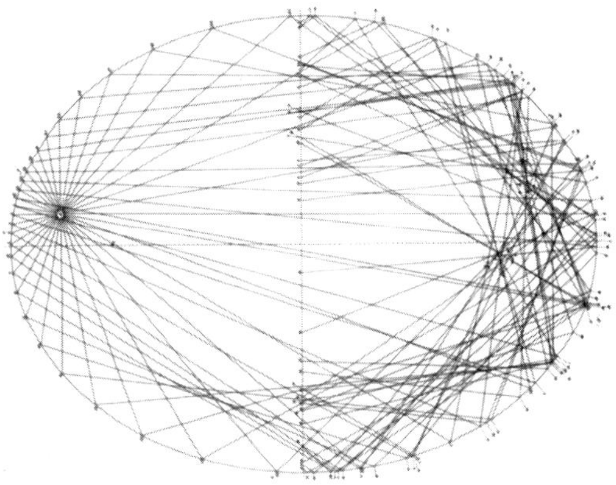

朗汉斯在声学见解上的成就可归纳为如下四点：

（1）他清晰地指明，在观众厅的体形设计时应如何利用声能的第一次反射。

（2）他几乎已分辨了混响与第一次反射加强值在概念上的区别，这一概念直到20世纪赛宾加以澄清前都是模糊的。

（3）他是第一个在文献中提出，在观众厅中利用凸面来使声场分布均匀的建筑师，也是他首次提出可以把观众厅侧墙做成凸面，只是没有提到应依据声音的波长将凸面做成一定的宽度而已。

图1-4-2 朗汉斯所作的椭圆形观众厅的声学分析图（图片来源：李道增，傅英杰. 西方戏剧·剧场史[M]. 北京：清华大学出版社，1999）

（4）他第一次明确地区别了共振与回声，第一次描述了混响衰减曲线（但未能用数字来计算表达），第一次从整体上阐明混响和声场衰减的实际应用，第一次解释清楚为何长方形古典音乐厅音质很好。

4. 阿德勒（Dankmar Adler）的贡献

在阿德勒设计的芝加哥观众厅剧场中，阿德勒阴差阳错地将苏格兰工程师卢萨尔（John Scott Russell）的视线曲线错误地用到了顶棚的设计中。四个椭圆形拱顶朝远离舞台的方向在高度和宽度上逐渐扩展，试图用椭圆面将舞台发出的声音均匀地反射到观众席。但实际建成后，反射声还是集中在观众席的中心部分，其他部分的反射声仍然较弱。

尽管并不是一次成功的尝试，但是阿德勒认为声音以射线的路径扩散，可以用几何图解的方式分析它的传播路径。这种通过顶棚形状的设计来引导反射声传播的办法对后人产生很大的启迪。

5. 赛宾与近代观众厅声学理论的建立

现代厅堂声学的真正奠基者是美国哈佛大学物理系的助理教授赛宾。1898年，塞宾提出了第一个以厅堂的物理性质作定量化计算的公式——混响时间公式，从而开创了一门对剧场音乐厅设计有指导意义的厅堂声学的崭新学科。

$$Rt = \frac{C \times V}{A \times a}$$

式中 Rt——混响时间；V——房间的容积；A——吸声材料的表面积；a——吸声材料的吸声系数；C——常数，英制为0.049，公制为0.161。

当时赛宾被邀请去改进福格艺术博物馆（Fogg Art Museum）糟糕的讲堂音响效果。经过研究，赛宾发现了混响时间与吸声材料分布的关系，还发现了混响时间的长短同语音清晰度的关系。当时的实验和测量工作非常艰苦，为了避免环境噪声的干扰，实验不得不等到夜深人静时进行，并且能运用的工具也非常简陋。

他提出的对讲堂音质的补救办法实验后非常成功，于是当年就被波士顿交响乐团聘为声学顾问参与设计建造一座新的音乐厅，这就是现在有名的波士顿交响音乐厅（Boston Symphony Hall，1901）。这是世界上第一座在建造前就进行声学设计的音乐厅。音乐厅建成后，满场中频混响时间达到1.8s，赛宾的混响理论得到了有力的验证。混响时间至今仍然是剧场建筑中最主要的声学指标之一。

6. "无反射声"音乐厅与"定向声"音乐厅

赛宾与阿德勒对剧场的声学设计采用了两种不同的思路。在赛宾看来，声音是一种能量流，可以充满整个空间，在能量减弱或消失之前都可以发出"响亮"的混响声。他的这种声音思维模式被用来产生洪亮和丰富的音色，但在20世纪上半叶，这并非人们追求的目标。人们更注重音乐厅的清晰度与准确性，在探索清晰度与准确性的基础上，出现了两种原理截然相反的模式——"无反射声"音乐厅与"定向声"音乐厅。

"无反射声"音乐厅——主要基于美国声学家沃森（F.R. Watson）的理论。他认为，观众厅的音质缺陷都是由反射声造成的，他提出获得理想音质的两条原则：一是给舞台提供合适的反射面以提升表演者聆听到的声音音质；二是将观众厅的反射声通过室内地毯、帷幕、坐垫等吸声材料减小到相当于露天的环境。这种理论对放映电影是理想的，但却不适宜音乐演出，故40年代后就失去了市场。

"定向声"音乐厅——"定向声"音乐厅理论主要被欧洲的建筑师所接受。他们认为，所有的墙和顶棚表面产生的反射声有助于加强直达声，他们倾向于用几何图解来决定音乐厅平面和剖面的形状，以使声音可以传播到观众厅的后部。第一个以定向声原理建造的音乐厅是由法国建筑声学家里昂（Gustave Lyon）完成的巴黎普莱埃尔音乐厅（Salle Pleyel）。这个音乐厅的声学设计是失败的，但是这种方法却被保留了下来，并在日后得到了普遍的认同，第二次世界大战后，这一形式的音乐厅仍在发展和持续。

7. 声学理论的当代发展

人们对现代音乐厅音质标准的认识逐渐走向多维。

早在1962年，美国声学家白朗纳克（Leo L. Beranek）在其出版的《音乐、声学和建筑》一书中列出了音乐厅应具有的18项重要的主观特性，如温暖、活跃、亲切感、明亮和均一等。但是，白朗纳克的评价也丧失了音质的其他一些重要方向，它的评价标准是单一而线性的。众多实验表明，人对音乐的不同主观特性有不同的偏爱，所以，除了客观尺度，还应当考虑人的主观尺度，这两种尺度的结合构成了一个多维的现代音乐厅音质标准。

1967年，声学家马歇尔（Harold Marshall）教授首先将人的双耳听觉原理同音乐厅的声学原理结合起来。他认为19世纪鞋盒式音乐厅 ① 的绝佳音质主要归因于声音反射的方向，在这些音乐厅中每个听众都接收到了强大的早期反射声能，其中侧向声比来自头顶上的反射声更重要。这一发现的意义极为重大，成为近期控制音乐厅形状设计的主要理论。

1971年，霍克斯（R. J. Hawkes）和道格拉斯（H. Douglas）提出了5个独立主观音质特性，即清晰度、混响度、环绕感、亲切感和响度。这5个尺度逐渐被认为是最重要的主观音质特性，在之后的20多年间得到不断地深化。

20世纪80年代以后，不同国家的科学家达成一种共达，即听众的偏爱在许多方向与"声场侧向化"（laterlization of the sound field）有关。很多研究结果证明，被描述为环绕感、温暖感、响度、亲切感的这些明确的主观声场特性都随着声音侧向化的增加而提高。换句话说，人们最喜欢从两耳轴线方向传来的声音。声音侧向化理论为马歇尔的理论提供了强有力的证据，直到今天还被广为应用。

1.4.2 西方剧场视线理论的发展

1. 维特鲁威对剧场视线的论述

在维特鲁威的《建筑十书》中，维特鲁威对座位升起的看法是：在断面上安排横过道时要注意，一定要维持升起的连续性，即从观众席的第一排到最末一排的坐席每排的升起

① 19世纪后半叶，在欧洲出现了以维也纳音乐友协音乐厅为代表的一批被称为鞋盒式的古典音乐厅。其特点是矩形平面、窄厅、高顶棚有一或两层浅淡座和较丰富的内部装饰构件。

点都要在同一条直线上。因此，凡是做了横过道的地方，横过道后侧的第一排坐席升起就应比一般的升起高。

他还给出安排坐席的尺寸：每排升高不小于10寸[②]（约24.7cm），不大于18寸（44cm）。背到背的排距不大于2.5尺或小于2尺，即小于74cm，大于59.2cm。

② 罗马尺1尺相当于29.6cm。

2. 卢萨尔与"等响曲线"

维特鲁威关于剧场视线的认识直到1838年才被真正超越，这一年苏格兰工程师卢萨尔在《爱丁堡新自然科学期刊》上发表了一篇题为《论视线》的短文。在这篇论文中，他设计出了观众厅坐席获得良好听觉和视线的理想斜度，即著名的"等响曲线"，使表演者至少能看到每个观众的头部和肩膀。

第一个将此方法应用于观众厅地面升起计算的是19世纪末的美国工程师阿德勒。现代世界各国、各种文字的制图手册中介绍的视线原理就是源于卢萨尔的原理。

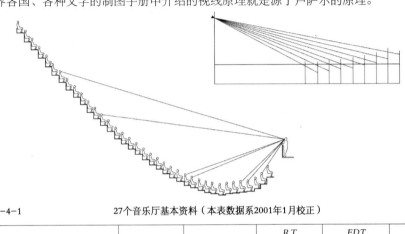

图1-4-3 卢萨尔"等响曲线"原理图解

（图片来源：李道增，傅英杰. 西方戏剧·剧场史[M]. 北京：清华大学出版社，1999）

表1-4-1　　　　　　　27个音乐厅基本资料（本表数据系2001年1月校正）

城市和厅堂或剧院名	客座（个）	容积（m³）	RT 满场（s）	EDT 空场（s）	EDT/RT
阿姆斯特丹音乐厅	2 037	18 780	2.0	2.6	1.3
巴塞尔都市俱乐部	1 448	10 500	1.8	2.2	1.2
柏林室内乐音乐厅	1 138	11 000	1.7	2.1	1.2
柏林音乐厅	1 575	15 000	2.05	2.4	1.2
柏林交响音乐厅	2 335	21 000	1.95	2.1	1.1
波恩贝多芬音乐厅	1 407	15 730	1.65	—	—
波士顿音乐厅	2 625	18 750	1.85	2.4	1.3
芝加哥音乐厅	2 582	18 000	1.25	—	—
格拉斯哥音乐厅	2 459	22 700	1.75	1.7	1.0
香港音乐厅	2 019	21 000	1.6	1.85	1.2
莱比锡格万特豪斯音乐厅	1 900	21 000	2.0	—	—
莱诺克斯哥小泽征尔音乐厅	1 180	11 610	1.7	—	—
伦敦巴比肯音乐厅	2 026	17 750	1.75	1.9	1.1
伦敦皇家阿尔伯特音乐厅	5 080	86 650	2.4	2.6	1.1
伦敦皇家节日音乐厅	2 901	21 950	1.5	1.7	1.1
明尼阿波利斯音乐厅	2 450	18 975	1.85	—	—
慕尼黑大力神音乐厅	1 287	13 590	1.8	—	—
慕尼黑加斯泰格音乐厅	2 487	29 700	1.95	2.1	1.1
纽约费希尔音乐厅	2 742	20 400	1.75	1.95	1.1
巴黎普莱尔音乐厅	2 386	15 500	1.5	1.8	1.2
罗彻斯特伊斯曼剧院	3 347	25 500	1.65	—	—
盐湖城音乐厅	2 812	19 500	1.7	2.1	1.2
萨尔茨堡节日游艺大厅	2 158	15 500	1.5	1.8	1.2
悉尼歌剧院音乐厅	2 679	24 600	2.2	2.2	1.0
多伦多汤姆森音乐厅	2 812	28 300	1.8	1.9	1.1
维也纳音乐协会音乐厅	1 680	15 000	2.0	3.0	1.5
华盛顿肯尼迪音乐厅	2 759	29 300	1.85	1.75	0.9
大阪音乐厅	1 702	17 800	1.8	2.1	1.2
东京上野文化会馆大厅	2 327	17 300	1.5	1.85	1.2
东京朝日音乐厅	552	5 800	1.7	1.8	1.1
东京大都会演艺音乐厅	2 017	25 000	2.15	2.55	1.2
东京NHK大厅	3 677	25 200	1.7	—	—
东京三得利音乐厅	2 006	21 000	2.0	2.45	1.2
平均	2 265	20 096	1.8	2.1	1.2

表1-4-1 27个音乐厅基本资料

（数据来源：（美）白瑞纳克 著，王季卿、戴根华等译. 音乐厅和歌剧院[M]. 上海：同济大学出版社，2002）

1.5 中国传统剧场建筑的发展

1.5.1 中国传统剧场建筑发展图解

中国传统剧场建筑的发展经历可以概括为孕育、产生和发展三个时期，如下表：

表1-5-1   中国传统剧场建筑发展图解

	历史时期	戏剧发展	剧场特点	剧场实例
剧场建筑的孕育期	先秦时期	在农耕阶段的原始部落里，由于祭祀鬼神，喜庆丰收，而产生最初的舞蹈	真正意义上的剧场还没有形成	《诗经》中记载的"宛丘"地形特征四周高，中央低，为自然的圆形演出场所
	秦汉时期	汉代盛行百戏，混合了体育竞技、杂耍游戏、歌舞装扮、杂技魔术等	已有演出场所的确切记载；广场、阁楼、庭院、厅堂成为重要的表演场所演出场所没有固定化，是临时性的；出现露台	陕西西安新筑镇汉代绿釉楼阁
	魏晋南北朝时期	百戏进一步发展，表演内容更加充实。到北齐时，百戏表演内容超过百余种	佛教寺院和殿前庭院成为重要的演出场所；专门用于奏乐的台子——"熊罴案"开始出现	四川成都北郊羊子山1号东汉墓像石中所绘厅堂演出情况
	隋唐五代时期	乐舞发展到鼎盛时期，宫廷演剧繁荣；戏剧这时还未成熟，尚不能表演完整的故事，其音乐结构亦未发展到程式化的阶段，表演的专业化也刚刚开始	出现了专门的"台"和"砌台"之称，"台"比较固定地用于演出；"熊罴案"得以改进；出现了相对固定的演出场所，设于寺院中或寺院外，演出时观众空间多设有专门的看棚；庭院仍是重要的演出空间；尚不能确定当时已经产生专门的剧场建筑	宋代《乐书》所载"熊罴案"
剧场建筑的产生期	宋金时期	文化艺术达到全面繁荣和高度成熟；中国戏曲融合和歌舞表演、优戏、说唱等艺术形式，在这一时期形成和成熟	露台得到很大发展；寺庙中出现"亭榭式"戏台，中国戏台正式形成；中国最早的庭院式剧场建筑于北宋形成；城市中专门的演剧场所——勾栏剧场诞生，标志着剧场建筑的正式形成	河南安阳蒋村金墓戏台模型——可见的最早中国戏台形象的实物；高平市王报村二郎庙戏台——中国现存最早的戏台
剧场建筑的发展期	元代的剧场建筑	元代是戏曲艺术的黄金时期，剧本创作繁荣，舞台原则和表演手段得到了丰富、完善和定型，涌现出一大批的剧作家，元杂剧兴起和繁荣，"元曲"成为一个时代的集大成者	庙宇剧场得到进一步的发展和普及；勾栏剧场更为普及；戏台的形制逐渐完善，已经具备了中国传统戏台的必要要素，标志着中国戏台建筑的成熟	
	明代的剧场建筑	明代前期对娱乐歌舞施行遏制政策，明中叶之后，演戏活动才兴盛起来	勾栏剧场逐渐销声匿迹；庙宇剧场得到较大的发展；私宅演剧和剧场得到一定的发展；酒楼剧场得到初步发展；临时剧场非常多见	
	清代的剧场建筑	清中叶及后期，戏曲艺术得到高度发展，各地具有浓厚乡土色彩的地方戏纷纷出现。到了清末，中国戏曲剧种达到了鼎盛阶段，大约有300多个剧种流行地全国。演剧被纳入宫廷的各种礼仪活动中	中国传统剧场建筑的发展进入繁荣鼎盛期，数量迅猛发展；剧场的地域空间非常广泛，不仅在中原地区得以发展，边域地区也陆续建造；剧场类型多。除了庙宇建筑外，祠堂剧场、会馆剧场、私宅剧场、商业戏园、皇家剧场都得到空前发展；剧场的形式丰富多彩，剧场性也增加。形成"连台"、"对台"、"品字台"、"鸳鸯台"、"过厅戏台"、"街心戏台"等不同格局；清代剧场中设置看楼者逐渐增多	

表1-5-1 中国传统剧场建筑发展图解
（资料来源：薛林平、王季卿著. 山西传统戏场建筑. 北京：中国建筑工业出版社，2005）

1.5.2 中国传统剧场建筑的类型

1. 庙宇剧场

庙宇剧场是中国传统剧场中数量最多、分布最广、最为普及的剧场类型。述及古代庙宇构筑戏台的目的时，一般均将其归于祭祀神灵，戏曲演出是古代庙宇祭祀活动的重要内容。

2. 祠堂剧场

明末和清代由于非常流行在祠堂中演戏，祠堂中大量兴建剧场。祠堂演戏既可以娱乐族人、丰富生活，又可维系宗族血缘关系，还可通过演戏达到教育族人、警世的目的。

祠堂内门厅和戏台的位置关系大致可分为两种：一种是戏台设置在门厅的明间内；另一种是戏台向内突出于门厅，伸向庭院内。后者更多见。戏台伸出于庭院，被门厅、正厅、两侧看楼包围，中间为天井，形成庭院式的剧场。天井在演戏之时承担观众区的功能。祠堂剧场庭院的两侧一般建有看楼，系妇女和儿童专席。

3. 私宅剧场

私宅剧场主要有两种：一种是利用现有建筑或临时搭建的剧场，如利用厅堂、庭院或临时搭台演出；一种是固定剧场，有庭院式、厅堂式等。私宅演戏历史悠久，早在汉代就有记录。唐代甚至有官僚贵族蓄养家班，在私宅中演戏。明代私宅演戏达到鼎盛时期。清代承袭明代私宅演戏的风气，并有所发展，凡是戏曲兴盛之地的大户人家，多会在各种婚嫁丧喜、节日祭祀时，安排演戏。

4. 会馆剧场

会馆演戏频繁，搭建临时剧场是不经济的，这促成了会馆剧场建筑的形成。会馆剧场一定程度上是庙宇剧场的衍生和发展。会馆剧场在建筑风格上表现出不同文化的融合。剧场建筑一般规模宏伟，装饰华丽。

身居异地的客商往往热衷于欣赏家乡的戏剧，故各地方戏尾随商帮，在会馆剧场中广为传播。会馆中演戏的由头很多，如每逢会馆修葺竣工后，或凡有商铺开张之时，或各种节日之时，都要在会馆中演戏。会馆演剧或多或少有酬神祭祀的功能。除了酬神之外，还是客商排遣乡愁、同乡联谊的重要场所。

5. 皇家剧场

直到清代，皇家剧场才得到极大的发展。清代的皇家剧场，有如下几个重要特征：其一，皇家剧场的规模大小悬殊；其二，清代皇家剧场中，戏台对面往往建看戏殿（或座位）；其三，清代皇家庭院式剧场中，观众空间的设置不同于民间；其四，清代皇家剧场的后台面积往往很大；其五，清代皇家剧场装饰华丽；其六，清代皇家室外戏台构造特殊。

清代时，演戏被纳入内廷的各种礼仪活动中。在各种节日时，内廷均会演戏。演戏活动的频繁，促使皇家剧场在清代得到快速发展。清代皇家演戏规模宏大，布景丰富，杂技众多。

清代的剧场建筑，按照戏台的形式和规模，大致可分为四类，即设有三层大型戏台的室外剧场、设有二层中型戏台的室外剧场、设有一层小型戏台的室内剧场和临时剧场建筑等。

6. 清代戏园

首先，戏园起于清代，又被称为"茶园"，具有明显的商业特征，是商业性的演出场所。其次，戏园具有相对的独立性，以演出为主要功能。其三，戏园的使用空间是室内的，使得演出风雨无阻，观演条件有较大改善。其四，戏园对观众空间进行了组织，从尊到卑分为二楼廊内的"官座"、一楼廊内的"散座"、一楼中间的"池座"。其五，戏园内的群众一般边喝茶边听戏。

戏园的兴盛和发展主要取决于戏曲文化和城市商业市场的繁荣。这些戏园吸引了众多的观众，促进了戏曲文化的发展。

清代戏园的空间特色可概括如下：

（1）外部空间：戏园临街往往会悬挂招牌，外部一般设置有院落，作为缓冲空间，又可以安置观众所乘坐车马。

（2）内部空间：戏园室内平面呈方形或长方形，一侧为表演空间，三面环以二层楼座，中间为池座，四角设楼梯。

（3）戏台形式：戏台位于戏园内一侧，平面一般为方形，伸向观众大厅，可以三面围观。

1.5.3 中国传统剧场建筑典型实例

1. 庙宇剧场

1）山西临汾魏村牛王庙剧场（元）

牛王庙位于魏村西北面山冈上，中轴线上从南到北依次为戏台、献殿、正殿等。1996年，牛王庙被列为全国重点文物保护单位。庙内现存戏台为元代建筑。砖石台基，高1.15m。面阔7.45m，进深7.55m，基本为方形。山面进深方向后1/3处立辅柱，并由此处后侧起砌墙，前面敞开，观众可三面观戏。辅柱顶端，原有铁环，用以悬挂帷幕区分前后。旧时每年四月初十庙会，会期3天，一般均会演戏。

图1-5-1   图1-5-2

2）山西翼城曹公村四圣宫剧场（元）

四圣宫构筑在曹公村东北的土垣上，坐南朝北。庙内主要供奉尧舜禹汤四位圣君，故名"四圣宫"。四圣宫占地面积较大，由正殿、耳殿、配殿、廊庑、戏台以及山门等组成。现存戏台为元至正年间（1341-1368）始建，明嘉靖三十八年（1559）重修。单开间，单进深，单檐歇山顶，平面呈方形。

3）山西稷山县南阳村法王庙剧场（明）

据庙内碑文记载，建于明成化七年（1471），是重檐十字歇山顶，上覆琉璃彩瓦，长14.5m，宽14.3m，梁架结构繁杂奇巧，斗拱装饰古朴俏丽，雕刻工艺精湛，气势雄伟壮观，是一座颇有元代遗风的明代建筑珍品。戏台坐东向西，整个建筑由台身和四周围廊两部分组成，台身面阔和进深均为三间，四周围廊各五间，即所谓的"三架转五"。从壁上题字可知该戏台当时演剧较为频繁。

4）太原晋祠水镜台剧场（明）

晋祠的整体布局错落有致，自东向西形成一条轴线。从晋祠大门进入后的第一座建筑就是戏台，名曰"水镜台"。其采用前后勾连式，前台为单檐卷棚歇山顶，后台为重檐歇山顶，后台略高于前台。高低错落，造型丰富。水镜台台基高1.3m，宽18.1m，深17.2m，平面接近方形。前台通面阔三间9.6m，其中明间5.4m；进深6.2m。后台进深4.8m。

5）湖南长沙县陶公庙剧场（清）

戏台位于陶公庙南北轴线上。戏台和山门勾连而建。戏台平面为凸字形，前后台亦

图1-5-3

图1-5-4

图1-5-5

图1-5-6

图1-5-3　山西稷山县南阳村
法王庙剧场
（图片来源：hhttp://image.
baidu.com/）

图1-5-4　太原晋祠水镜台
剧场
（图片来源：http://image.
baidu.com/）

图1-5-5　湖南长沙县陶公
庙剧场
（图片来源：薛林平，王季卿
著. 山西传统戏场建筑[M].
北京：中国建筑工业出版
社，2005）

图1-5-6　湖南长沙县陶公
庙剧场
（图片来源：http://image.
baidu.com/）

勾连。前台面宽一间，单檐歇山顶，后台面宽三间并设两天井。整个剧场充分利用自然地形，沿山坡修建48级石台阶上达山顶，形成能容纳数千人观剧之巨大看台。台前亦有宽阔的平面，同样可容纳甚多群众。

6）浙江宁海县城隍庙剧场（清）

宁海城隍庙始建于唐代，后屡经废兴，现存建筑为清嘉庆二十四年（1819）重建，光绪年间（1875-1908）有修葺；民国二十四年（1935），城隍庙又经历较大规模的维修，特别是将戏台前檐的四根方柱替换为两根铁柱，改善了观众的视线。戏台位于城隍庙中轴线上，其台面近方形，面宽5.25m，进深5.15m，单檐歇山顶。台面高1.66m，围以美人靠。庭院两侧有看楼，各五间，上下两层。

7）云南剑川县沙溪镇兴教寺剧场（清）

兴教寺坐西朝东，中轴线上有戏台、山门、中殿、大殿等。戏台位于山门外，戏台和山门之间的广场用作观戏空间。戏台和魁星阁组合建，三层为魁星阁。前台面阔和进深各一间，歇山顶，平面呈方形，各边均为8.6m。前台两侧加盖檐厦，可安置伴奏的乐队，同时丰富了戏台造型。

2. 祠堂剧场

1）浙江衢州市车塘村吴氏宗祠剧场

吴氏宗祠呈四合院形式，坐北朝南，中轴线上有门厅与正厅，二者之间隔一天井。门厅和正厅均面宽三间。门厅明间设一座戏台。戏台朝北，面对天井。台宽7.0m，深7.0m，呈方形，通柱构造。台面高1.22m，用12根短木柱支撑。台面伸出于柱外，扩大了表演区的面积。

2）浙江宁海县加爵科村林氏宗祠剧场

林氏宗祠现存建筑由仪门、戏台、看楼、正厅组成。戏台前台面宽5.3m，进深4.75m，单檐歇山顶。台面高1.3m。前台后侧有隔扇。藻井呈三层，一二层呈八角形，第三层为圆形。两侧看楼各三间，单檐歇山顶，一层为石栏板，二层为木栏杆。

3）安徽泾县金溪村胡氏祠堂剧场

图1-5-7   图1-5-8

金溪村戏台始建于清咸丰五年（1855）。平面呈"凸"字形，三面伸出，观众可以从三面观看演出。台基高2m，通面宽12.5m，台深10m，重檐歇山顶。台面中间用木隔扇区分为前后台，表演区进深5.3m，约占总深的1/2。从屋顶平面看，正脊分三层，层层向前推移，因此形成正立面上的三层屋檐。这座戏台装饰十分华丽，几乎所有的露明构件均有精细的木雕戏文图案。

4）安徽祁门县珠林村余庆堂剧场

祠堂坐西朝东，前后三进，中轴线上前为戏台，中为享堂，后为寝堂。戏台位于宗祠东面主要入口的上面，坐东朝西，与享堂相对。戏台面宽五间，卷棚歇山顶，结构采用穿斗式。戏台明间、次间、梢间的正脊前后错开，高低错落，使得屋顶富有变化。木制隔扇区分前后台，前台又分为正台和副台，正台为演员表演之处，副台为乐队、锣鼓伴奏所用。

图1-5-9   图1-5-10

5）江西弋阳县曹溪镇东港村汪公祠剧场

汪公祠坐南朝北，现仅存戏台。戏台面宽五间14.0m，其中中间三间为表演区，两梢间为小耳房。通进深8.44m，其中前台深4.31m。台基高1.77m。台中有隔扇，分隔前后台。穿斗结构。檐下和梁枋上布满木雕，非常精美。

3. 私宅剧场

1）天津杨柳青镇石家大院剧场

石家大院位于天津西郊杨柳青镇，南林河沿大街，北至古衣街。建于光绪元年（1875），两年后主要建筑完工。之后不断扩建，直到民国十二年（1923）石家迁居天津市内，前后建设时间累计近50年。石家大院总体布局有东路、西路和跨院组成。剧场位于西路的中间，为室内厅堂式，长33.3m，宽12.3m，立柱54根。戏台位于厅堂的一侧，面积约20m²。后台面积约57m²，供演员化妆休息之用。戏台两侧的东西廊各五间，每间面宽2.6m，进深2.35m。廊柱为方形抹角柱，内廊柱为两层通柱，外廊柱高一层。内廊柱高出部分安装玻璃窗，供剧场内部采光之用，回廊作为观众席。

图1-5-11

图1-5-12

图1-5-11 天津杨柳青镇石
家大院
（图片来源：http://www.
emenpiao.com）

图1-5-12 山西太谷县曹
家大院
（图片来源：http://image.
baidu.com/）

2）山西太谷县曹家大院剧场

曹家大院位于太古县城内，始建于清乾隆年间（1736—1795）至咸丰年间（1851—1861）告竣。整个宅院有正院、书房院、厨房院、戏台院、莫庄院、西偏院和东花园等。戏台坐南向北，台高0.35m，平面呈凸字形。前台单开间4.30m，单进深5.00m。后台三开间9.8m，单进深3.4m。前台单檐歇山顶，后台硬山顶，前后勾连。前台前沿的两角柱柱头施五铺作斗拱各一攒，正面和两侧各施平身科各一攒。斗拱耍头呈龙首状，昂嘴雕成如意形，雀替雕有梅花喜鹊。

3）江苏无锡薛福成私宅剧场

位于无锡城内健康路西侧，南汽学前街，北接前西溪。总体布局有3条轴线，中轴线由照壁、门厅、正厅、芳厅、转盘楼及后花园组成，东侧轴线为花厅、仓厅、廒仓等，西侧轴线为偏厅、杂屋及藏书楼等。戏台建于后花园水池之上，隔池正对主厅，距主厅6.9m，中间凿有小水池，四周缀以假山花木。戏台台基高3.0m，单开间4.5m，单进深3.7m。单檐歇山顶，飞檐翘角。台檐下四周悬垂花柱，雕刻精美。戏台两侧为游廊。

图1-5-13

图1-5-14

图1-5-13 江苏无锡薛福成
私宅剧场
（图片来源：http://tour.wuxi.
gov.cn/）

图1-5-14 江苏扬州何园剧场
（图片来源：https://rmhf1a.
bay.livefilestore.com/）

4）江苏扬州何园剧场

何园西部空间开阔，设有水池，中间建水心亭。水心亭同时兼做戏亭。戏亭呈方形，边长6.5m，四角攒尖屋顶。柱间有座椅相连，外围四周有白矾石花栏。戏亭北面以湖石和池边相接，南有石板桥通到池边。戏台前有一个小平台，天晴时，可以在平台上演戏；下雨时则在戏亭中演出。池子四周都是两层楼阁，可供人观看戏亭内的演出。池西桂花厅正对戏台，是主要的观戏场所。

5）北京清代恭王府剧场

北京王府剧场中，现仅有恭王府剧场完整地保存下来。剧场位于恭王府花园中，为咸丰年间（1851—1861）所建。该剧场采用室内厅堂式，建筑面积685m²。平面分为门厅、戏台（包括后台）、观众席、观戏阁等四部分。

戏台位于厅堂南侧，坐南向北。戏台台基高0.5m，宽7.92m。上场门和下场门上方有匾额。观众席宽16.15m，深17.2m。置于观众席后侧的"怡神所"，是"演剧宴会之所"

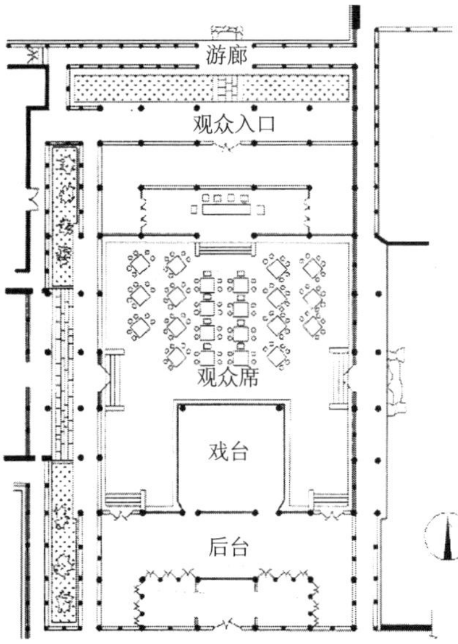

图1-5-15 北京清代恭王府剧场

（图片来源：薛林平，王季卿著．山西传统戏场建筑[M]．北京：中国建筑工业出版社，2005）

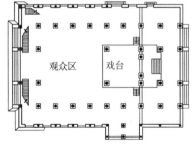

图1-5-16 北京湖广会馆剧场

（图片来源：http://image.baidu.com/）

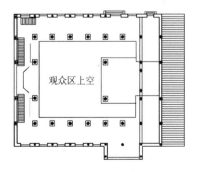

图1-5-17 北京湖广会馆剧场一层平面

图1-5-18 北京湖广会馆剧场二层平面

（图片来源：薛林平，王季卿著．山西传统戏场建筑[M]北京：中国建筑工业出版社，2005）

与戏台等高，共五间，用木落地罩与观众席隔开。

4. 会馆剧场

1）北京湖广会馆剧场

湖广会馆位于北京市宣武区虎坊桥路口西侧，为清代湖北湖南人所建。湖广会馆分东中西三路，现存的大部分建筑为原构。剧场采用室内厅堂式，面积约为430m²，双卷棚勾连悬山式屋顶，四角出重檐悬山顶，上檐双卷高跨为十檩，低跨为六檩，台基高0.94m，台宽7.08m，台深6.38m。柱间面宽5.68m，进深5.68m。柱子上端以雕花额枋连接成正方形，额枋下以木格组成垂花。扮戏房由两部分组成：一为戏台南面五间房；另加同样尺寸的五间披檐房，向南开三间隔栅门。

观众厅面宽五间，进深七间。一层中部为池座，东西北三面为两层看戏廊，进深均为3.75m。楼上包厢正面五间，两侧每面六间，北面两间为附属用房。北面两隅设窄陡的楼梯。楼上下有房共40间，全场可容观众约千人。

2）上海三山会馆剧场

三山会馆位于上海市中山南路1551号，由福建旅沪水果商人集资兴建，因福州城内有3座山而得名。会馆主体建筑占地约1 000m²，中轴线上有山门、戏台和正厅。山门由清水红砖砌筑，门额及墙基均嵌大块花岗岩，并镂刻花卉等浮雕图案。

戏台和山门勾连而建，坐东向西，台面下为进出会馆的通道，台基高2.5m。前台面宽7.3m，进深6.0m，单檐歇山顶。前檐为两根方形石柱。戏台顶部有精致的饰金藻井。藻井与内柱相连处的四个三角形平面上，雕有金寿福图案。前角柱雀替雕有饰金透雕舞龙，后部两柱间雀替为饰金透雕牡丹，台口上部有透雕木笼。正面和两侧额枋上有饰金雕花图案，台口及两侧屋顶饰有双凤戏牡丹图案。庭院两侧是两层的看楼，各十间。

3）社旗县山陕会馆剧场

山陕会馆位于社旗县城区中心，坐北朝南。山陕会馆共有前中后三进院落，中轴线上从南到北有琉璃照壁、悬鉴楼（戏台）、石牌坊、大拜殿和春秋楼等。

中轴线上的悬鉴楼为戏台，坐南面北。戏台通高约30m，台面高3m，面宽三间15.7m，三层重檐歇山顶，黄绿琉璃瓦，规模宏大。雕刻精致。整个戏台用24根巨柱高高

图1-5-19

图1-5-20

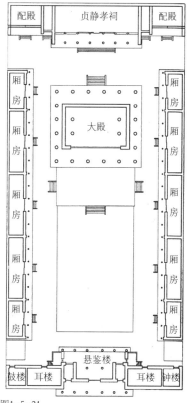

图1-5-21

图1-5-22

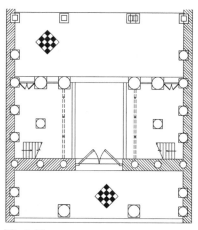

图1-5-23

图1-5-19 上海三山会
馆剧场
（图片来源：http://
www.88gogo.com）

图1-5-20 社旗县山陕会
馆剧场
（图片来源：http://www.
ha.xinhuanet.com）

图1-5-21 洛阳潞泽会馆
剧场平面
（图片来源：薛林平，王季
卿著．山西传统戏场建筑
[M].北京：中国建筑工业
出版社，2005）

图1-5-22 洛阳潞泽会
馆剧场
（图片来源：http://
shandong.cfftzy.com）

图1-5-23 社旗县山陕会
馆悬鉴楼平面
（图片来源：薛林平，王季
卿著．山西传统戏场建筑
[M].北京：中国建筑工业
出版社，2005）

撑起，其中正面为4根40cm见方的石柱。檐下四周皆置单昂五踩斗拱，雕刻有奔狮走虎，柱头科的正侧两面各出九踩计心造斗拱。[3]台面下为通道，用短柱支撑。戏台前是可容纳万人的庭院，也是会馆的核心庭院。

4）洛阳潞泽会馆剧场

潞泽会馆始建于乾隆九年（1734），初名关帝庙。戏台坐南面北，和山门组合而建，重檐歇山顶，两侧和鼓楼钟楼连为一体。通面宽五间16.8m，通进深两间6.9m，其中前台进深4.6m。台面呈凸字形，台口三面敞开，高3.8m，侧面有台阶，可通台面。下层前檐明间金柱用石柱，其余皆施木柱，双层柱础，饰以雕刻。上层顶部施天花。戏台左右为稍矮之二层耳房，再左右为钟鼓楼，台前庭院南北长35m，东西宽20m，和厢房内廊

③斗拱构造形式之一。按斗拱出踩数量设置横拱，几踩斗拱即有几列横拱的作法，称为计心造。

以及大殿前的月台一起构成观众空间。

5）山东聊城山陕会馆剧场

山陕会馆创建于乾隆八年（1733），当时规模不大，乾隆二十八年（1763），重修和扩建，主要修葺了戏台，并增修了看楼。戏台采用重檐歇山顶，前左右三面又各自出厦，形成十个翼角，造型别致。砖砌台基高2.37m。通到上铺0.06m厚的木板。面阔三间，明间3.3m，此间1.75m，进深三间，前金柱后移，并安装格扇。前台深4.0m，后台深2.45m。前檐为四根方形石柱，高2.91m，上置平板枋，柱头科为双下昂五踩斗拱。

戏台明间雕福禄寿三星故事，次间雕飞龙花卉人物故事，做工精细。戏台两侧有耳房，与戏台连为一体，上下两层，面宽三间，单檐建筑。其中明间的屋顶高起，下有拱门连通内外，这里原为演戏之时演员化妆室和休息室。

4. 皇家剧场

1）北京颐和园德和园剧场

德和园大戏台分为福、禄、寿3层。一层为"寿台"，台口四柱；二层"禄台"；三层"福台"的表演区面积逐层递减。其中一层寿台为主要表演区，台面上铺活动地板。台面中央有一口砖井，深10.1m，上侧口径为1.1m，下侧口径为2.8m。一层和二层之间，二层和三层之间均设有天井。天井处设有辘轳、铁滑轮，供特殊演出时升降运送演员和砌末④之用。戏台后部为两层的扮台，面阔五间，后出抱厦三间。据《德和园工程做法册》记载："三层戏台高21m，每层各三间，明间面阔5.6m，下层戏台宽17m，进深16m，檐柱高4.48m，柱径0.58m。中层戏台宽12m，周围廊深2.29m，柱径0.45m，第三层上戏台宽10.18m。"

④ 砌末是戏曲舞台上大小用具和简单布景的统称，像文房四宝、灶台、马鞭、船桨，以及一桌二椅等。

图1-5-24 北京颐和园德和园剧场

（图片来源：http://image.baidu.com/）

2）北京圆明园同乐园剧场

同乐园位于圆明园中部，北临佛寺舍卫城、西临买卖街。同乐园建筑群共有三进院落。其中第二进院落是建筑群的主体，院南为戏台，院北为看戏殿"乐园殿"。

根据样式雷绘制的同乐园的图样和《圆明园四十景图》看，戏台为上下三层，分别称为福台、禄台、寿台，面阔三间，平面正方形，歇山顶。底层寿台的后部还有一个夹层，名为仙楼。这样，整个戏台实际上有四层表演区，每层表演区都有自己的上下场门，而各层之间又有楼梯联系。其中，二层禄台有七个天井，中间一个最大。天井井口上安装有扶手栏杆。后台上下两层，面阔五间，悬山顶。前台和后台建于同一个台阶之上，前台南端与后台北端共用四根檐柱。一层面阔和进深均为14.5m，台面16.8m见方。一层台面上装有活动地板，说明下部应有供演出使用的空间。

3）北京颐和园听郦馆剧场

听郦馆位于颐和园（原清漪园）西侧。戏台坐南向北，上下两层。下层为演戏空

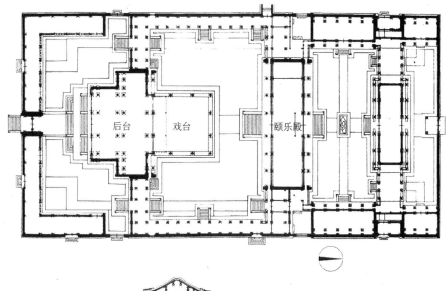

图1-5-25 北京颐和园德和园剧场平面
（图片来源：薛林平，王季卿著.山西传统戏场建筑[M].北京：中国建筑工业出版社，2005）

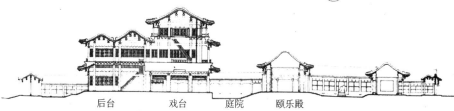

图1-5-26 北京颐和园德和园剧场剖面
（图片来源：薛林平，王季卿著.山西传统戏场建筑[M].北京：中国建筑工业出版社，2005）

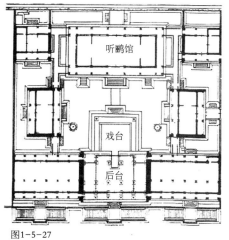

图1-5-27

图1-5-28

图1-5-27 北京颐和园听鹂馆剧场平面
（图片来源：薛林平，王季卿著.山西传统戏场建筑[M].北京：中国建筑工业出版社，2005）

图1-5-28 北京颐和园听鹂馆剧场立面
（图片来源：薛林平，王季卿著.山西传统戏场建筑[M].北京：中国建筑工业出版社，2005）

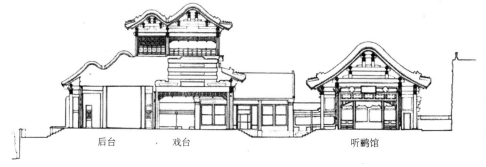

图1-5-29 北京颐和园听鹂馆剧场剖面
（图片来源：薛林平，王季卿著.山西传统戏场建筑[M].北京：中国建筑工业出版社，2005）

图1-5-30 沈阳故宫戏台
剧场

（图片来源：http://www.
flickr.com）

图1-5-31 沈阳故宫戏
台剧场

（图片来源：薛林平，王季卿
著. 山西传统戏场建筑 [M].
北京：中国建筑工业出版
社，2005）

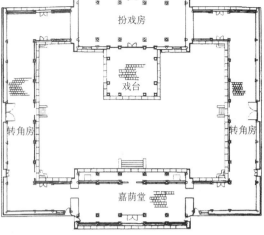

图1-5-30   图1-5-31

图1-5-32 沈阳故宫戏
台剧场

（图片来源：薛林平，王季卿
著. 山西传统戏场建筑 [M].
北京：中国建筑工业出版
社，2005）

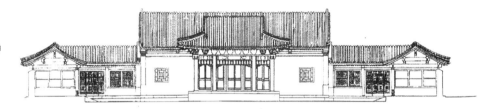

间，台基高约为0.9m，平面约为12m²，台口为两木柱台。上层为放置砌末的阁楼，中央
有"天井"，上面置活动天花板，用于升降砌末和演员，演出区后侧有木制隔扇相隔，
其后面则为后台。戏台对面为帝妃看戏的"听俪馆"，面阔五间。东西两侧有廊庑，并
用回廊和戏台，扮戏殿相连，一起组成四合院的形式。

　　4）沈阳故宫戏台剧场

　　沈阳故宫建筑群以崇政殿为核心，分为东路、中路和西路布置。中路前后三进，前
院以崇政殿为中心，前为大清门，左右有飞龙阁和翔凤阁。殿后是中院，东有师善斋和
日华楼，西有协中斋和霞绮楼，再北为内宫。西路以文溯阁为中心，前后有戏台，嘉荫
堂，仰熙斋等。

　　嘉荫堂内现存一座戏台，建于乾隆四十七年（1782），坐南面北。前台为卷棚歇山
顶，后台为硬山顶，前后勾连，筒瓦覆顶。台基高1.2m，面宽三间6m，进深7m。

6. 清代戏园

　　1）北京三庆园

　　位于前门外大栅栏中间路南。道光二十二年（1842）《梦华琐簿》中写道："今日
三庆园，乾隆年间宴乐居也，其地昔甚广大，今当铺亦从此析出。又其旁有六合居，亦
其地也。"光绪二十六年（1900）毁于大火，不久重建。叶龙章在《北京戏院考》中对
三庆园有较为详细论述："……清代中叶就有了……，前后台以及台面布局大体和广德
楼、广和楼一个样。观众能容八九百人，民国后也改装为横排长条椅子。"

图1-5-33 清代茶园
演剧图
（图片来源：http://bbs.
atorm.com）

2）北京吉祥茶园

吉祥茶园建于清末，其位于东安市场内东北隅，占地约450m²。因其建立较晚，在空间、结构和设备方面有一定的革新。戏台前部不设台柱，有利于视线畅通。台侧另建方台，布置场面（乐队），扩大了表演区。戏园围墙改为砖墙，有利于防火。楼上设置包厢。每个包厢内有茶桌和凳子，可容纳10人左右。观众席后面有"弹压席"专门为维持秩序的警兵而设。吉祥茶园历经磨难都得以幸存，却不幸于20世纪90年代被拆除。

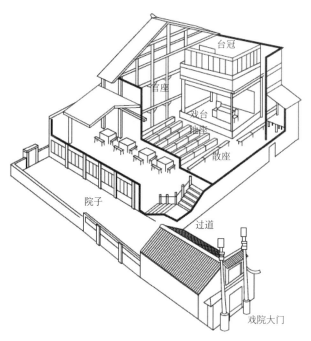

图1-5-34

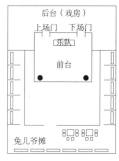

图1-5-35

图1-5-34 清代北京戏
院复原图
（摹自文献：李畅. 清代
以来的北京剧场 [M]. 北
京：燕山出版社，1998）

图1-5-35 清代戏院的平
面示意图
（摹自文献：青木正儿.
中国近世戏曲史 [M]. 上海：
商务印书馆，1936）

3）上海丹桂茶园

老丹桂茶园位于宝善大新街口（今广东路湖北路路口），清同治年间（1862-1874）造，是上海时间最长、规模最大、影响最广的一座京班戏园。其二楼为包厢，池座内设有茶桌座位，戏园后部设有排座。后在大新街马路口（今湖北路福州路路口）新建，时人习称"新丹桂"，是上海四大京班戏园之一，宣统元年（1909）改为采用新式剧场形式。

图1-5-36 清代丹桂茶园
演剧场景
（图片来源：http://www.
hxlsw.com）

1.5.4 中国传统剧场建筑的建筑形制

中国传统剧场建筑形制大致可分为以下几种类型：

表1-5-2   图解中国传统剧场建筑的建筑形制

	特殊形式	释义	图解	实例
	对台	指两座戏台"对立"而存在。具体布局有两种：一种是两台口面向同一方向，另一种是两台口正好相对		山西五台县金金刚库村奶奶庙 陕西韩城城隍庙
	二连台	指两座戏台一字排开，连在一起		山西定襄县大南庄村关帝庙
几座戏台组合的剧场	三连台	指三座戏台一字排开，连在一起，比二连台更为多见		山西运城市池神庙 山西介休市关帝庙三座戏台 山西壶关县神郊村真泽宫戏台

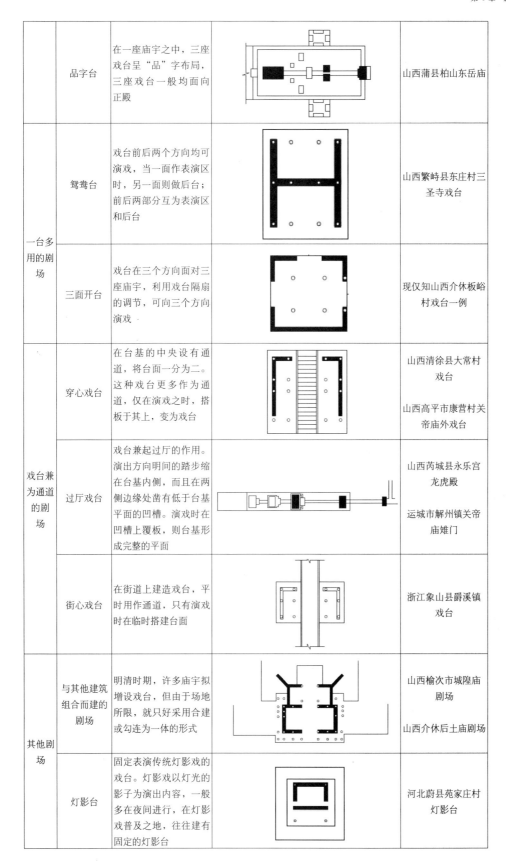

	品字台	在一座庙宇之中，三座戏台呈"品"字布局，三座戏台一般均面向正殿		山西蒲县柏山东岳庙
一台多用的剧场	鸳鸯台	戏台前后两个方向均可演戏，当一面作表演区时，另一面则做后台；前后两部分互为表演区和后台		山西繁峙县东庄村三圣寺戏台
	三面开台	戏台在三个方向面对三座庙宇，利用戏台隔扇的调节，可向三个方向演戏		现仅知山西介休板峪村戏台一例
戏台兼为通道的剧场	穿心戏台	在台基的中央设有通道，将台面一分为二。这种戏台更多作为通道，仅在演戏之时，搭板于其上，变为戏台		山西清徐县大常村戏台 山西高平市康营村关帝庙外戏台
	过厅戏台	戏台兼起过厅的作用。演出方向明间的踏步缩在台基内侧，而且在两侧边缘处凿有低于台基平面的凹槽。演戏时在凹槽上覆板，则台基形成完整的平面		山西芮城县永乐宫龙虎殿 运城市解州镇关帝庙雉门
	街心戏台	在街道上建造戏台，平时用作通道，只有演戏时在临时搭建台面		浙江象山县爵溪镇戏台
其他剧场	与其他建筑组合而建的剧场	明清时期，许多庙宇拟增设戏台，但由于场地所限，就只好采用合建或勾连为一体的形式		山西榆次市城隍庙剧场 山西介休后土庙剧场
	灯影台	固定表演传统灯影戏的戏台。灯影戏以灯光的影子为演出内容，一般多在夜间进行，在灯影戏普之地，往往建有固定的灯影台		河北蔚县苑家庄村灯影台

表1-5-2 图解中国传统剧场建筑的特殊形式
（图片来源：薛林平，王季卿著. 山西传统戏场建筑[M]. 北京：中国建筑工业出版社，2005）

1.6 中国近现代剧场建筑的发展

1.6.1 西方剧场早期的引进

1. 中国最早的西式剧场——澳门岗顶剧院

　　1557年葡萄牙人开始在澳门居住，他们将自身文化带入澳门，建造了不少类型建筑，其中也包括剧场建筑。虽然葡萄牙人在400多年前就在澳门定居，但是兴建固定表演娱乐场所——剧场却起步很晚。直到1857年3月，在一些热衷于音乐艺术的葡萄牙人倡议下，才开始筹办兴建剧场的工作。这便是现在的岗顶剧院，为了纪念19世纪的一位葡萄牙国王伯多禄五世，最初它被命名为"伯多禄五世剧场"。

　　根据当时剧场筹办委员会的规定，这座剧场首先是为业余爱好者们服务的，同时具备多功能使用的考虑，也可以供外来的团体使用。几经波折，剧场最终选址于澳门圣奥斯丁教堂前的一块用地。之所以考虑这个地段，是因为当时附近有一条繁华的商业大街，一些著名的公司、洋行设在那里，附近还集中居住有当时很多的名门望族。修建于此，能够借助商业和居住带来的人员聚集效应，更容易吸引观众。这也是历史上很多剧院选择地段的经验之一。

　　岗顶剧院建筑设计为新古典希腊复兴风格。建筑整体粉刷以绿色，衬托墨绿色门窗及红色屋顶在以黄色为主调的周围环境中既和谐共处又突显个性。剧场内，圆形的观众席前后布置了前厅及舞台。除剧场外，建筑内还设有舞厅、阅书楼和桌球室等，所以有岗顶波（球）楼之称。岗顶剧院的兴建，令中国的土地上从此有放映电影场地，最瞩目的就是意大利的普契尼歌剧《蝴蝶夫人》的亚洲首演在这里举行，轰动的场面成为一时佳话。

表1-6-1　　　　　　　　　　　　　　　　澳门岗顶剧院基本数据

表1-6-1 澳门岗顶剧院基本数据
（资料来源：卢向东. 中国现代剧场的演进——从大舞台到大剧院 [M]. 北京：中国建筑工业出版社，2009）

建筑师	伯多禄·耶尔曼努·马忌士（Pedro Germano Marques）
建筑规模	长41.5m，宽22m，屋脊高12m，屋檐高7.5m
观众厅	目前为350座。有池座和楼座，观众厅平面形状约呈月圆形，楼座呈月牙形
舞台设计	舞台的主台接近正方形，台口部分有很小的台唇。主台两旁有辅助空间，类似于现在的侧台。主台下有台仓，可以储存乐器、台阶等演出物件。从纵剖面图中可以明显看到主舞台面向台口方向倾斜，这种做法在欧洲许多古典剧院中可以看到
舞台设备	主舞台下几乎没有机械装置，同于也没有塔台的空间，可判定舞台上不应该设有吊杆等设备
其他平面功能房间	除了观众厅、舞台、舞厅、化妆室等主要空间，此剧场还有一些附属的餐饮设施，如酒吧、餐厅、阅览室等，具有了综合性文化设施的特点
意义	早期的殖民地建筑，中国最早的西式剧场

图1-6-1，图1-6-2 澳门岗顶剧院实景
（图片来源：http://image.baidu.com/）

图1-6-1　　　　　　　　　　　　　　　　图1-6-2

2. 早期重要的西式剧场——上海兰心剧院

　　1867年，由上海运动事业基金董事会出资，在上海圆明园路造了一座木结构的简陋剧场，这即是最初的"兰心"剧场。"兰心"二字为英文"Lyceum"的音译，意为学园或文

艺团体。1867年3月1日举行首次演出，不久毁于火灾。

　　后来，剧社又在博物馆路（今虎丘路）附近买下一块地皮，用耐火砖建造了一座砖木结构的兰心戏院，1874年1月27日开张。后经辗转易主，翻造为广学会大楼。随后剧社又在法租界蒲石路（今长乐路）找到一块地皮建造戏院，由哈沙德洋行委托戴维思和勃罗克设计，1931年竣工。为了区别，姑且将博物院路（今虎丘路）附近那座称为老兰心剧院，将位于蒲石路迈而西路（今茂名南路）口那座至今仍在使用的剧场称为新兰心剧院。

图1-6-3

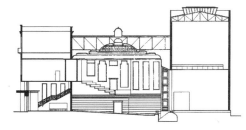

图1-6-4

图1-6-5

图1-6-3 上海兰心剧院平面

图1-6-4 上海兰心剧院剖面（图片来源：卢向东. 中国现代剧场的演进——从大舞台到大剧院 [M]. 北京：中国建筑工业出版社，2009）

图1-6-5 上海兰心剧院（图片来源：http://www.lianghui.org.cn）

表1-6-2　　　　　　　　　　　　　　　上海老兰心剧院（1867年）

建成时间	1867年
观众厅	院内整设甚为精致，楼座两层，座椅方便（当时报纸介绍）
舞台	"戏台之后，地位广大。台角之下坐乐工处，也按西人戏台，上除演戏者余不见人。"
声音效果	该剧场的声音效果非常好，在当时的上海剧场中无出其右者。演员在台上微叹一声，楼上的后座也能听到，适合演出西方写实话剧
意义	在老兰心剧场，中国传统戏曲艺人第一次体会了在西式剧场演出的魅力，也为中国观众了解西方戏剧和剧场打开了一扇窗口，为后来的改良剧场埋下了伏笔

表1-6-2 上海老兰心剧院（1867年）（资料来源：作者整理）

表1-6-3　　　　　　　　　　　　　　　上海新兰心剧院（1931年）

建成时间	1931年
观众厅容量	设两层观众厅共有727座，楼下493个，楼上234个，另外，还可设加座84座
观众厅平面	为钟形平面，宽20m，进深20m，高12m。体积小，比较适合话剧演出
舞台	台口宽8.5m，舞台宽19.5m，深11m，其面积几乎与观众厅相等
舞台机械	舞台两侧均有库房，储存及更换布景均有机械从库房中推动上台，有自动吊杆25道（可能是改建时增加）
特色	可放映戏剧、电影。20世纪30年代，兰心剧院是上海最为引人注目的剧场，代表了当时剧场的现代化和标准化

表1-6-3 上海新兰心剧院（1931年）（资料来源：作者整理）

1.6.2 20世纪初的改良剧场

旧戏的改良和新剧的创造，是20世纪初中国戏剧发展的两个主要方面，与此相伴的是剧场的改良。所谓改良剧场，主要是模仿西式剧场进行的剧场设计、建造活动，并在20世纪初期，成为新式剧场的代名词。

1907年8月，上海春桂茶园落成，其被认为是第一个改变旧式茶园建筑结构的茶园，它的主要改进在于将剧场室内化，装修华丽，空间比较宽敞，可以看作是改良剧场的信号。

1. 上海新舞台——最早的改良剧场

1908年，上海的新舞台成为中国剧场发展史上的第一座改良剧场。此剧场于1924年改作民房出售。新舞台是我国的剧场向西式剧场转型的开端，也被称为我国剧场现代化的开端，同时也是我国的西式剧场由移植走向模仿阶段的标志。

由于改良剧场对于舞台的改革最为明显，效果最为显著——有了镜框式舞台、舞台机械、舞台灯光、舞台布景等等，舞台成为改良剧场中最值得炫耀的地方。故随后效法新舞台的众多改良剧场，多以"舞台"作为剧场名称，这也从侧面说明当时剧场改革中舞台所占的分量。

图1-6-6 上海新舞台的
镜框式舞台
（图片来源：http://
culture.chinadada.com）

2. 西安易俗社剧场——扩散期的改良剧场

以上海为中心的改良剧场开始向其他地方扩散，西安易俗社剧场即是其中重要的剧场之一，具有示范作用。易俗社剧场是西安易俗社的演出场所。1912年7月1日，西安易俗社创立，它是著名的秦腔科班，也是我国第一个将戏曲教育和演出融为一体的艺术团体，其活动包含文化教育、戏曲训练、演出实践三个方面的内容。

剧场位于西安关岳庙街(今西一路)关岳庙对面，坐南向北。此地原为"宜春原"，清

图1-6-7 西安易俗社
剧场外景
图1-6-8 西安易俗社
剧场舞台
（图片来源：http://bbs.
hsw.cn）

图1-6-7　　　　　　　　　　　　　图1-6-8

末固原提督张志行(蒲城县人)之子张少云爱好二簧，购地建筑室内剧场，以演二簧为主。民国五年（1916），军阀陆建章督陕时整修，装置了西安最早的转台，作为京剧演出场所。次年卖给易俗社。该社又对原舞台进行改造修葺。由当时陕西督军陈树藩书题"易俗社"牌名。"宜春园"始更名为"易俗社剧场"，成为陕西最早的现代化剧场之一。剧场由前厅、观众厅(含楼座)、舞台、演员化妆室组成，砖木结构，设坐席904位。

易俗社剧场舞台为镜框式，台口宽13m。高8m。总进深17m。舞台空间高度12m，上下场门附台面积14m²，演员化妆室30m²。1956年后，增添现代设备，台上灯光设备有43路可控硅操光台1台，聚光灯40台，新式聚光灯36台，旋转式幻灯10台，云灯15台，追光、造型、八格条灯备4台，紫外线灯、平闪灯、自动换色器各1台；音响设备有500W主放机、50W与80W扩音机各1台，控制放大机2台，并置有大幕、二道幕、三道幕和天幕，备有布景吊杆8道。电源总负荷量为12kV。

该剧场长期为陕西易俗社（今西安易俗社）固定演出场所。自其建成后秦腔正式进入剧场演出，20世纪30年代的现代灯光布景也首先在这里出现。首场开台演出的是孙仁玉的《复汉图》前本。现为陕西戏曲文物保护单位。

3. 上海天蟾舞台(现逸夫舞台)

1912年4月4日，经润三、黄楚九在上海九江路湖北路创办新新舞台，1916年得名天蟾舞台。新新舞台最先引进了有风云雷雨日月星辰的舞台背景。1930年，"天蟾"之名号移至地处今福州路云南路的大新舞台，1931年，老天蟾被拆除。大新舞台聘请英籍设计师设计，戏院是一幢四层楼的现代建筑，于1925年竣工。

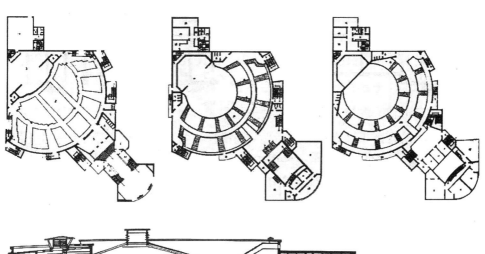

图1-6-9 上海天蟾舞台（现逸夫舞台）平面（图片来源：卢向东. 中国现代剧场的演进——从大舞台到大剧院 [M]. 北京：中国建筑工业出版社，2009）

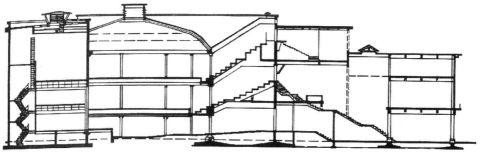

图1-6-10 上海天蟾舞台（现逸夫舞台）剖面（图片来源：卢向东. 中国现代剧场的演进——从大舞台到大剧院 [M]. 北京：中国建筑工业出版社，2009）

4. 改良剧场的特点

与旧式茶园相比，以下这段话颇能代表当时人们对改良剧场有点的总结："各戏园自改建舞台后，非仅房屋坚固，空气充足，观剧者于卫生上合宜，且救火会取缔售座甚严，不准随意加添椅凳，以防仓促间座客不能出入，尤为戒备周至。戏台前半作半月式，并无台柱，以免障碍视线，建筑殊为合度，楼上下之观剧座，地势作扁圆形，且座位愈后愈高，尽改从前旧式戏园，稍后者不能遥视之患。更臻规划尽善，至正厅不设小方桌，尽排客椅，楼上不设包厢，层叠皆为剧座，座位乃增出无数，故向时一戏园仅能容数百人千人者，今则竟可容二三千人，可谓深得改良效果。况太平门四通八达，散戏时一齐开启，客可四面通行，绝无阻滞，何快如之。男女厕所，亦设备整洁，虽女厕所中女宾入内须犒值厕者以微资，然以利便之故，亦俱不吝解囊。他如会客室账房间等，无不位置井然，与昔之回旋无地者大异，是均舞台制优于戏园制之卓著者，令人回首当年，有慨乎同一娱乐之场，而建设竟相悬霄壤，宜舞台营业之日臻发展，声望之日见提高，与曩时戏园，不可同日而语也。"[2]

[2] 海上漱石生.上海戏院变迁志.[J].戏剧月刊,1928年6-8月刊

1.6.3 20世纪20 — 40年代的剧场

在这一时期，以众多"海归"设计师为标志的中国人主导了中国的西式剧场的设计和建设。此时，确立了镜框式舞台剧场的主导地位，也是商业剧场最为繁荣的时期。同以模仿为主的改良剧场相比，在这一阶段，中国人在设计西式剧场时，比较准确地把握了设计原理，并且不是基于对旧戏台的改进，而是将西式剧场直接照搬过来，具有高度的职业化特征，这是与改良剧场的不同。

从中国第一位接受西方建筑教育的建筑师庄俊1914年回国开始，20世纪20年代以后，大批留学欧美，学习建筑学的人员陆续回国，或开办建筑事务所，或从事建筑教育，或从事建筑研究。由于比较系统地掌握了西方建筑的设计方法，原来由西方人设计的西式剧场，逐渐地、越来越多地由这些学成归来的中国人设计。这一时期，上海成为了二三十年代我国剧场发展的中心。从目前掌握的资料看，1920年，由沈理源设计的北京真光剧院，应该是最早由留学回国人员设计的西式剧场。

1. 南京大戏院（现上海音乐厅）

1928年，范文照和赵深开始合作"南京大戏院"。最初，南京大戏院主要是按照一座拥有一流功能硬件、服务的高档电影放映建筑来设计的。不过，戏院的一个重要股东郎德山拥有一个家庭马戏班，"他提出的条件是大戏院的舞台要造得能适合他班子的演出，所以，当初南京大戏院的舞台造得又小又浅，乐池也不大，完全满足了郎德山的要求"。

1930年，这座古典、豪华的剧场落成引起了轰动。"1930年3月5日晚，'南京大戏院'开幕，放映美国环球影片公司的娱乐大片《百老汇》。众多国际大传媒纷纷报道这一消息。美国《纽约时报》就曾在'南京大戏院'建成时，在报道中公开称其为亚洲的'洛克赛'（ROXY，美国当时最豪华的影院）。"

现在的上海音乐厅共有观众席1,273座（包括站位），其中楼下751座，楼上522座。镜框式舞台深8.35m，宽16m，音乐会使用面积约100m²。舞台上方有可调控反射板，备有斯坦威D-274三角钢琴一架；60路调光台，其中面光46路，顶光4路，内侧光10路；24路雅马哈调音音响一套；台口话筒插座16只。

为保留这幢优秀建筑，音乐厅于2002年9月1日起，从原址向东南方向平移66.46m、整个建筑抬高了3.38m，并修缮一新。2004年10月1日，平移后上海音乐厅第一次开幕迎客，英国皇家爱乐乐团作首场庆典演出。

图1-6-11 南京大戏院（现上海音乐厅）
（图片来源：http://www.yplib.org.cn）

图1-6-12 改造后的上海音乐厅
（图片来源：http://www.yozhe.com）

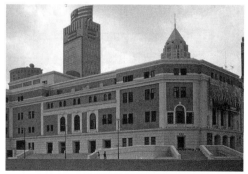

图1-6-11　　　　　　　　　　图1-6-12

2. 美琪大戏院

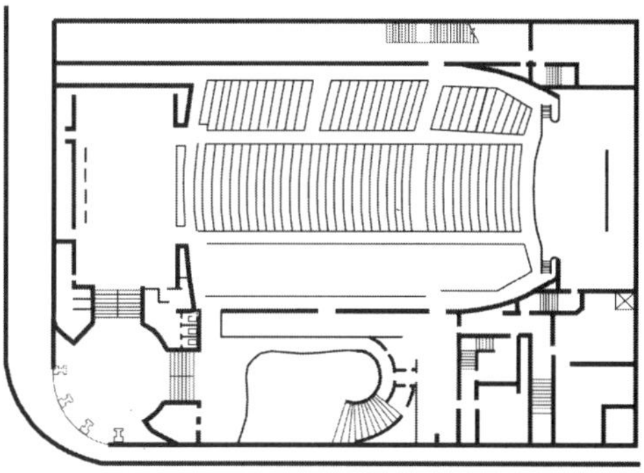

美琪大戏院,位于上海江宁路66号。新中国成立后,曾改名北京影剧院;1985年初恢复原名。大戏院建于民国三十年(1941年),由范文照建筑师设计,美国现代式样建筑,但有装饰艺术派的风格。两层钢筋混凝土框架结构。建成之时,定名美琪,原是取其"美轮美奂,琪玉无瑕"之意。同年10月15日开幕之际,被海内外人士誉为"亚洲第一"。戏院共1 597个座位。

图1-6-13 美琪大戏院平面
(图片来源:卢向东. 中国现代剧场的演进——从大舞台到大剧院 [M]. 北京:中国建筑工业出版社,2009)

美琪大剧院占地面积2 612m²,建筑面积5 416m²,观众席两层共1 328座,舞台设施、冷暖空调齐全,20世纪80年代成为首家使用70m²液压升降乐池的剧院。观众休息大厅采取一、二楼共用空间设计,高敞宽广、美观大方,1989年被列为上海市近代优秀建筑文物保护单位。入口处前厅设计成大圆形门厅与内部休息厅、售票厅联系,建筑外立面做直线条长窗,休息厅宽敞,门厅、楼厅、楼梯、穿堂等各部门功能明确,布局合理。楼梯与地坪采用水磨石,柱子壁面设色新颖,表现了近代建筑的设计手法。

美琪大戏院在国内外享有一定的声誉,是上海市以演出大型歌剧、芭蕾舞剧、音乐舞蹈为主的综合性剧场,是国内外文化交流的主要演出场所。

3. 中山陵音乐台

1933年建成的中山陵音乐台,空间形式借鉴了古希腊露天剧场,尤其是利用自然坡地作为观众席,并采用了扇形的空间布局。设计师杨廷宝利用中山陵东南角的天然坡地,作为音乐台的露天观众席。与传统戏曲演出时在野外搭台不同,中山陵音乐台是经过仔细设计的,不仅"搭台",而且还搭建了观众席,并不具有传统戏曲野外演出的临时性和非设计性。

在这一时期,西方建筑师设计的移植式的剧场依然存在,只不过,这些剧场不再仅仅为在中国的西方人服务。从设计的角度来看,西方建筑师与中国建筑师设计的剧场作品,已经没有了本质的差异。

在20世纪二三十年代的上海地区,外国建筑师也活跃在剧场设计中,比较有影响的有邬达克设计的大光明大戏院和鸿达洋行设计的国泰大戏院等。

图1-6-14 南京中山陵音乐台
(图片来源:http://image.baidu.com/)

表1-6-4   20世纪20-40年代上海部分观演建筑

原名称	现用名	地址	建成时间	建筑面积	设计者
上海天蟾舞台	逸夫舞台	福州路701号	1920年	6 207m²	英籍设计师，不详
上海恩派亚大戏院	嵩山电影院（90年代被拆除）	淮海中路龙门路口	1921年	910m²	不详
上海中央大戏院	工人文化宫影剧场	今北海路247号	1922年	约2 000m²	Zee Chang Shing
上海卡尔登大戏院	长江剧场（1933年后被拆除）	黄河路21号	1923年	不详	不详
上海北京大戏院	1935年丽都大戏院 1977年贵州影剧场（1988年9月改为物资交易市场）	贵州路239号	1926年，1935年曾改建设计	1 382m²	范文照建筑师事务所
上海曙光剧场（光陆大戏院）	改为上海国际贸易会堂	虎丘路146号	1927年	7 129m²	鸿达洋行
上海浙江大戏院	浙江立体电影院	浙江中路123号	1930年	不详	邬达克（L.E.Hudec），匈牙利籍，1918年来上海
上海（三星大舞台）更新舞台	1942年中国大戏院	牛庄路704号	1929年	约3 800m²	F.E.Milfe
新光大戏院	新光电影院	宁波路586号	1930年	2 860m²	哈沙德洋行
上海演艺馆、永安大戏院	永安电影院	四川北路1800号	1930年，1935年由日商经营	2 445m²	不详
南京大戏院	上海音乐厅	延安东路523号	1930年	12 987m²	范文照建筑师事务所 范文照、赵深
（新）兰心大戏院	解放后，曾经改名"上海艺术剧场"，现恢复原名	茂名南路57号	1931年	7 129m²	新瑞和洋行（哈沙德洋行委托戴维思和勃罗克设计）
国泰大戏院	国泰电影院	淮海中路870号	1932年	约1 100m²	鸿达洋行（C.H.Gonda）
大上海大戏院	大上海电影院	西藏中路520号	1933年	约3 300m²	华盖建筑师事务所 赵深 陈植 童寯
大光明大戏院	大光明电影院	南京西路216号	1933年	6 249.5m²	邬达克
金城大戏院	黄浦剧场	北京东路780号	1934年	约2 350m²	赵深
美琪大戏院	美琪大戏院	江宁路66号	1941年	3 357m²	范文照建筑师事务所

表1-6-4 20世纪20-40年代上海部分观演建筑（资料来源：卢向东. 中国现代剧场的演进——从大舞台到大剧院 [M]. 北京：中国建筑工业出版社，2009）

1.7 当代中国剧场建筑的发展

20世纪50年代初，新中国建立后，各项建设百废待兴，我国的剧场发展进入了一个新时期。在新的时期，剧场的发展环境有了很大的改变。首先是由于社会制度的改变而带来的文化艺术地位的改变，文艺成为重要的宣传工具。与之相伴，从清末以来形成的剧场商业性，也通过国营、公私合营等方法而逐渐丧失掉。由于选择了社会主义的政治制度，与前苏联等社会主义国家结盟，使得整个50年代我国现代剧场学习的对象、来源以及适合的表演类型等等都有了明确的指向和限定，转向前苏联、民主德国等社会主义国家学习剧场建设。但是，在50年代，我国剧场发展存在很大的局限性，剧场内部的各项技术发展不平衡，对于剧场的专业技术问题普遍不熟悉，是建筑师当中常见的现象，关于剧场和演出类型之间的关系，尤其是观众与演员在剧场内的关系，基本没有考虑，另外，限于当时声学发展的水平，包括首都剧院在内的剧场，声学设计依然是空白。

从大跃进直至"文革"结束，是我国现代剧场发展的低谷期。我国的剧场建设数量屈指可数，剧场发展由此进入低谷。

20世纪60年代初，政府相继出台文件，对剧场建设进行限制，因特殊原因必需建设的楼馆堂所，取得国务院的正式批准文件，并列入国家计划后，才可动工。

改革开放以后，现代化建设的目标，成为时代的号角，长期的禁锢，使人们对于文化的渴求更加强烈。剧场的建设高潮逐渐拉开序幕。80年代初，中国的经济发展开始起色，虽然国家还不富裕，但还是逐渐掀起了自50年代中国剧场建设的第二次建设高潮。从事舞台设备生产研究的机构在这一时期开始发展，舞台机械设备的配备也开始走向复杂化，出现了追求大而全的苗头。这一时期，重视剧场硬件、技术崇拜的心态始终存在，忽视软件，普遍忽略剧场运营对于剧场设计的决定性影响。1984年建成的中国剧院，标志着我国剧院开始重新实施全国舞台机械化，直到20世纪90年代初，国家大剧院进行可行性方案设计研究，开启了我国剧场在新时期的转向。20世纪80年代的探索，为90年代后我国剧场的若干发展倾向，做了技术和观念上的准备。

20世纪90年代后，改革开放带来了经济迅速腾飞，在一些中心大城市以及一些沿海地区城市，经济发展尤为迅速，政府积累了雄厚的资金，客观上为剧场建设准备了物质条件。各地兴建"大剧院"的风潮逐渐开始。最初，"大剧院"出现在中心城市，从名称上而言，最早出现的应数深圳大剧院，其拥有品字形舞台，包含大剧场和音乐厅，初步具备了作为表演艺术中心的性质，开启了我国大剧院的序幕。不过，深圳大剧院的设计，尤其是建筑形式，是比较朴素的，基本上反映了功能关系，没有夸张的外形和奢侈浪费的空间，与后来各地兴建的大剧院有本质差异。作为政治文化中心的北京和经济中心的上海最先兴建了大剧院，对全国的剧场建设产生了巨大影响。随后，一些省会城市开始纷纷仿效，在我国经济最为发达的浙江地区和广东地区，更是兴建了大量的大剧院，成为大剧院最为密集的两个地区。

必须意识到，目前各地大剧院的热潮，从根本上看，并不是来源于我国表演艺术的兴旺发达、表演艺术发展提出的剧场需求，而是来自各级政府的推动。几乎所有的大剧院都是由政府投资的，投资的主要目的在于改善城市的形象，与演出市场之间没有直接的联系。因此，剧场的发展不仅没有与我国表演艺术的实际情况相结合，相反，二者存在很大的裂缝。表现在普遍的场团分离，剧团无法结合剧场排演节目，也无法使用大剧院中的各种车间、库房等设施，造成舞台大量设施长期闲置不用的状况，成为隐性的巨大浪费。

我国的地方戏曲丰富多彩，地域分布极广。北京的京剧、上海的越剧、山东的吕剧、安徽的黄梅戏、河北梆子、河南豫剧、广东粤剧、陕西的秦腔，等等数不胜数，剧场的设计，应当根据不同的戏曲演出要求有所变化。目前的剧场模式千篇一律的状况应当得到改变。

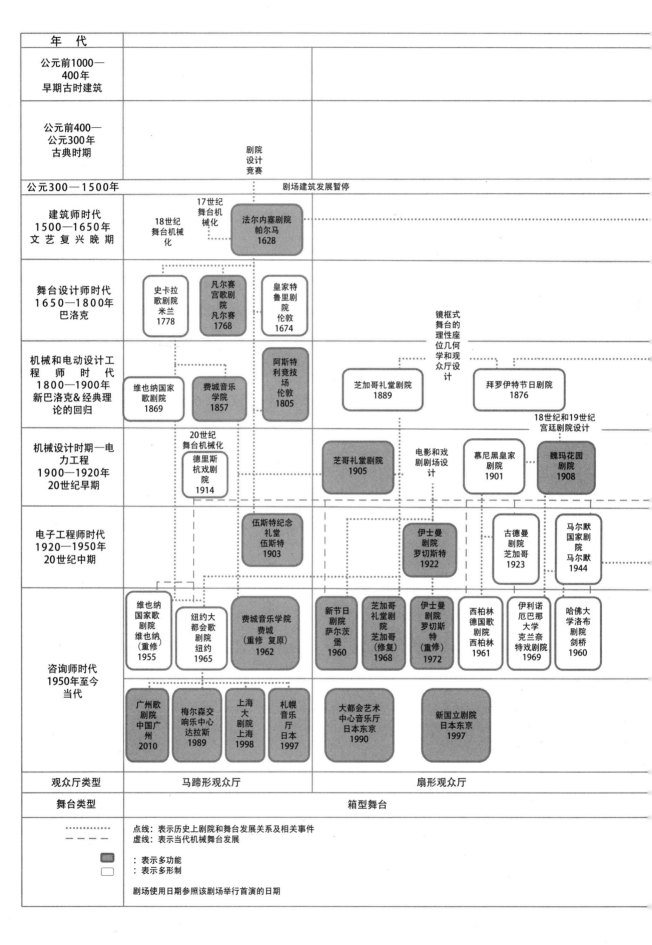

年　代			
公元前1000—400年 早期古时建筑			
公元前400—公元300年 古典时期		剧院设计竞赛	
公元300—1500年		剧场建筑发展暂停	
建筑师时代 1500—1650年 文艺复兴晚期	18世纪舞台机械化 / 17世纪舞台机械化	法尔内塞剧院 帕尔马 1628	
舞台设计师时代 1650—1800年 巴洛克	史卡拉歌剧院 米兰 1778 / 凡尔赛宫歌剧院 凡尔赛 1768 / 皇家特鲁里剧院 伦敦 1674		镜框式舞台的理性座位几何学和观众厅设计
机械和电动设计工程师时代 1800—1900年 新巴洛克&经典理论的回归	维也纳国家歌剧院 1869 / 费城音乐学院 1857 / 阿斯特利竞技场 伦敦 1805	芝加哥礼堂剧院 1889	拜罗伊特日剧院 1876
机械设计时期—电力工程 1900—1920年 20世纪早期	20世纪舞台机械化 德里斯杭戏剧院 1914	芝哥礼堂剧院 1905 / 电影和戏剧剧场设计	慕尼黑皇家剧院 1901 / 魏玛花园剧院 1908 ／18世纪和19世纪宫廷剧院设计
电子工程师时代 1920—1950年 20世纪中期	伍斯特纪念礼堂 伍斯特 1903	伊士曼剧院 罗切斯特 1922	古德曼剧院 芝加哥 1923 / 马尔默国家剧院 马尔默 1944
咨询师时代 1950年至今 当代	维也纳国家歌剧院 维也纳（重修）1955 / 纽约大都会歌剧院 纽约 1965 / 费城音乐学院 费城（重修复原）1962	新节日剧院 萨尔茨堡 1960 / 芝加哥礼堂剧院 芝加哥（修复）1968 / 伊士曼剧院 罗切斯特（重修）1972 / 西柏林德国歌剧院 西柏林 1961 / 伊利诺厄巴那大学克兰奈特戏剧院 1969 / 哈佛大学洛布剧院 剑桥 1960	
	广州歌剧院 中国广州 2010 / 梅尔森交响乐中心 达拉斯 1989 / 上海大剧院 上海 1998 / 札幌音乐厅 日本 1997	大都会艺术中心音乐厅 日本东京 1990 / 新国立剧院 日本东京 1997	
观众厅类型	马蹄形观众厅	扇形观众厅	
舞台类型	箱型舞台		

点线：表示历史上剧院和舞台发展关系及相关事件
虚线：表示当代机械舞台发展

■ ：表示多功能
□ ：表示多形制

剧场使用日期参照该剧场举行首演的日期

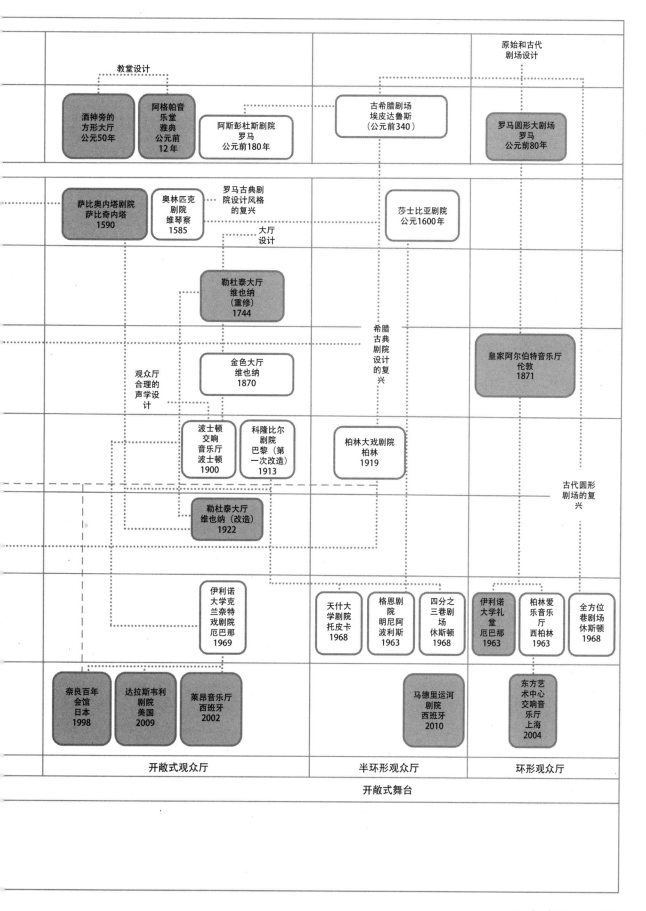

观演建筑史图解

第2章 现代观演建筑设计
Chapter 2

2.1 观演建筑概述

2.1.1 类型

根据表演内容和形式的不同，观演建筑可按以下类型进行区分。

歌舞剧场：以演出歌剧、舞剧为主，舞台尺寸较大，容纳观众人数较多，通常可达1 500人以上，大型的可超过2 000人，我国的国家大剧院更是达到了2 354个席位（包括135个站席）。由于表演性质的特点，即演员服装鲜艳，动作幅度大，因此视距可以较远。

话剧剧场：以演出话剧为主，要求能使观众听到细微的声音，看清演员面部表情，因此规模不宜过大。容量控制在800~1 000座的范围内。

戏曲剧场：以演出京剧、地方戏曲为主，兼有歌舞剧及话剧的特点。由于传统戏剧比较重视写意方式的表演，道具及舞台布景相对简单，舞台表演区较小，一般也不需要乐池。

音乐厅：以演奏音乐为主（包括声乐、器乐），演员与观众同处于一个大空间内，相对于"观"而言更加侧重于听，因此此类建筑有着较高的音质要求，也正因如此，容量可以做得很大，国家大剧院的音乐厅有1 966个席位（包括111个站席）。

多功能剧场：演出各个剧种，亦可满足音乐、会议使用。因为其使用的灵活性，经济型等等原因，目前值得大力推广。

2.1.2 基地与总平面

观演建筑的基地选择要结合城镇规划的具体要求，如果是剧场建筑，要尽量选择较安静的周边环境，减少噪声对演出的影响；留足用地面积和合适的形状，这是出于观演建筑除了主体建筑外，还有很多附属用房及地面停车的考虑。此外，还要注意用地与周围道路的关系，留出必要的集散空地。具体要求如下：

1. 剧场

1）剧场的基地选择

（1）应与城镇规划协调，合理布点。重点剧场应选在城市重要位置，形成的建筑群应对城市面貌有较大影响。

（2）剧场基地选择应根据剧场类型与所在区域居民文化素养、艺术情趣相适应的原则。

（3）儿童剧场应设于位置适中、公共交通便利、比较安静的区域。

（4）基地至少有一面临城市道路，临街长度不少于基地周长的1/6。剧场前面应当有不小于0.2平方/座的集散广场。剧场临接道路宽度应不小于剧场安全出口宽度的总和，且800座以下不小于8m；800~1 200座不小于12m；1 200座以上不小于15m，以保证剧场观众疏散不至对城市交通造成阻滞。

（5）剧场与其他建筑毗邻修建时，剧场前面若不能保证观众疏散总宽及足够的集散广场，应在剧场后面或侧面另辟疏散口，连接的疏散小巷宽度不小于3.5m。

（6）剧场与其他类型建筑合建时，应保证专有的疏散通道，室外广场应包含有剧场的集散广场。

2）剧场的总平面设计

（1）功能分区明确。观众人流与演员、布景路线要分开；景物应能直接开到侧台；避免设备用房的振动、噪声、烟光对观演的影响；设备尽量靠近负荷中心。

（2）与城市公共交通站、停车场位置协调，避免剧场人流与城市人流交叉。

（3）总平面内部道路设计要便于观众疏散，便于消防设备操作，并应设置照明。消防通道宽不小于3.5m，穿过建筑时净高不小于4.25m。

（4）应布置绿地、水池、雕塑等建筑小品，组织优美宜人的环境。

（5）剧场应设停车场。当剧场基地不足以设置停车场时，应与城市规划及交通管理部门统一规划。

表2-1-1 剧场建筑总用地指标及建筑覆盖率

（数据来源：建筑设计资料集4 [M]. 第二版. 北京：中国建筑工业出版社，1994）

表2-1-1　　　　　　　　　　剧场建筑总用地指标及建筑覆盖率

项目	总用地平方/座			建筑覆盖率
	甲等	乙等	丙等	
指标	5~6	3~4	2~3	30%~40%

2. 电影院

1）电影院的基地选择

电影院的基地选择主要是结合城市交通、商业网点、文化设施等综合考虑，方便群众并带来可观的经济与社会效益。

2）电影院的总平面设计

（1）专业电影院的选址应从属于当地城镇建设规划，兼顾人口密度、组成及服务半径，合理布点。甲等电影院应作为所在城市的重点文化设施，置于与其重要性相适应的城市主要地段。乙、丙等电影院亦应便于为所在城区服务。

（2）专业电影院总平面应功能分区明确，观众流线(车流、人流)、内部路线(工艺和管理)明确便捷，互不干扰；应在火灾等情况下能使观众及工作人员迅速疏散至安全地带，并便于消防作业。总平面布置尚应满足卫生、排水、降低噪声和美化环境的要求，并应考虑停车面积(包括自行车)。

（3）大型和特大型电影院的观众厅不宜设在三层及以上的楼层内。

（4）独建专业电影院主体建筑及其附属用房的建筑密度宜为25%～50%(不包括工作人员福利区)；密度为低值时，可获得较好日照、通风以及绿化和休息条件。

（5）位于旧市区的电影院，往往建筑密度超标，但至少应满足必要的防火条件，见下图。

图2-1-1 电影院必要防火条件

（图片来源：建筑设计资料集4 [M]. 第二版. 北京：中国建筑工业出版社，1994）

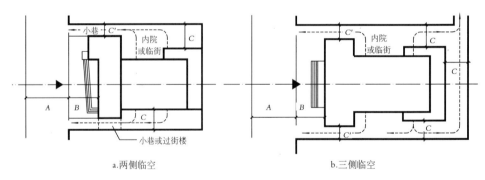

a.两侧临空　　　　　　　　　　　b.三侧临空

电影院主要入口前道路红线宽度A：中小型应≥8m；大型应≥12m；特大型应≥15m

电影院主要入口前从红线至墙基的集散空地面积，中小型应按0.2m²/座计，大型及特大型除按此值外，

深度B应≥10m　　　C≥防火间距　　　C'≥3.5m（消防道净宽）

（6）电影院主要入口前道路红线宽度A：中小型应≥8m；大型应≥12m；特大型应≥15m。且道路通行宽度不得小于通向此路安全出口宽度的总和。

（7）电影院主要入口前从红线至墙基的集散空地面积，中小型应按0.2m²/座计，大型及特大型除按此值外，深度B应≥10m，二者取其较大值(座数指观众厅满座人数)。当散场人流的部分或全部仍需经主入口侧离去，则入口空地须留足相应的疏散宽度。多厅电影院可能有一个以上的入口空地，则宜按实际人流分配情况计算面积。除场地特别宽敞外，一般不宜将主入口置于交通繁忙的十字路口。

（8）除主入口外，中小型电影院至少应有另一侧临空(内院、街或路)。大型、特大型至少有另两侧临空或三侧临空。出入场人流应尽量互不交叉。与其他建筑连接处应以防火墙隔开。临空处与其他建筑的距离C宜从防火、卫生和舒适角度考虑，条件差时也不能不满足防火间距(必要时设3.5m宽消防道；步行小巷可3m，但巷道两侧应为非燃烧体，

图2-1-2

图2-1-3

图2-1-2　德国汉堡爱乐音乐厅

(图片来源：http://www.archnewsnow.com)

图2-1-3　中国国家大剧院

(图片来源：http://www.wlmqwb.com)

无门窗洞，或虽有个别洞口，但已错开2m以上，或具有防火措施)。

（9）通风或空调、冷冻机房可独立设置，也可接在电影院主体的后、侧面，或置于观众厅、门厅的地下室内。采暖地区的锅炉房多数独置，设在对电影院干扰及污染最少的位置。

（10）以上情况一般适用于独建电影院或独立的多厅式电影院。若合建于其他建筑物之内(如大型商场的底层或楼层)，仍应从属于该建筑物的总平面要求和防火疏散要求(如电梯、楼梯、自动消防等)，以确保迅速、安全疏散至室外或其他防火分区之内。

2.1.3　功能组成

图2-1-4以中小型剧场为例说明观演建筑的三个基本组成部分组成，即观众活动部分、舞台部分和演出准备部分。大型剧院只是对上述功能的细化，并无本质区别。对于大型剧院的功能流线后面会有专门的章节介绍。

2.2　剧院建筑前厅设计

前厅是观众进入剧场等观演建筑首先到达的场所，从功能上说，前厅负责联系观众厅，售票处，卫生间，饮水间，寄存处，吸烟室等等功能用房，因此其流线设计就十分重要，既要使得流线合理，又要做到简洁明了，让人们能迅速地到达需要的地点。从空间造型上说，观众能够从前厅的设计中感受到一座观演建筑的性格。

从组成上来说，观众厅前厅的组成可分为以下几类：门厅及休息厅、售票处、文化娱乐部分、商业服务部分、贵宾休息室、观众用厕所、办公管理及建筑设备用房。

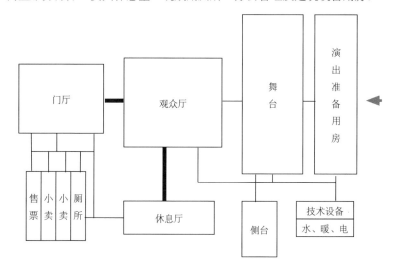

图2-1-4　观演建筑基本组成部分

(图片来源：吴德基编著.观演建筑设计手册 [M].北京：中国建筑工业出版社，2006)

2.2.1 门厅及休息厅

门厅和休息厅是观演建筑前厅的主体部分，也是观众使用部分的重要组成内容。门厅与休息厅可以合并设置，也可分开设置。

1. 门厅的设计要求

1）观众的入场及散场流线方向要明确快捷，通路分区明确，并应符合防火及疏散要求。

2）设在门厅中的服务房间(如小卖、存衣、饮料、厕所等)的位置要适当，避免人流穿行，应有足够的停留等候面积，以便于观众使用，同时不会影响室内环境的美观协调。对容易吸引观众形成人流聚集的辅助面积，应尽量布置在厅内人流相对较少的位置。

3）观演建筑的门厅是内部空间艺术处理的重点，它应该给人以开朗、活泼、亲切的气氛，墙面、地面、顶棚、楼梯、栏杆、踏步、灯饰等部位，均应缜密地予以设计，力求产生良好的艺术效果，反映出文化娱乐活动的特质。

4）门厅设计应考虑朝向、采光和通风等卫生条件的要求。在气候炎热的地区，如朝西向布局应设置防晒措施。采光以柔和的自然光线为宜。

门厅作为观演建筑的主入口，鲜明的反映出观演建筑的特色，因此在设计上，要选择合适的比例，在室内设计上要注意材料的选取、色彩的搭配等等。

图2-2-1　国家大剧院门厅

图2-2-2　荷兰安菲西恩剧院门厅

图2-2-3　爱尔兰都柏林大运河剧院门厅

图2-2-4　广州歌剧院门厅

（图片来源：http://www.archgo.com/）

图2-2-1　　　　　　　　　　　　图2-2-2

图2-2-3　　　　　　　　　　　　图2-2-4

2. 休息厅的建筑设计要求

休息厅主要的作用是：供观众等候开演、进行交谊、场间休息等等。其内可布置小卖部、饮水处、书报台等为观众服务的设施。其设计满足以下要求：

1）重视休息厅与观众厅组合的有机性，做到观众入场顺畅并具有设施完善的休息候场空间。

2）休息厅应具有良好的通风、采光条件，使观众感觉轻快、明朗。力求使内部空间形态及室内装修、家具陈设、色彩处理等等能体现出符合其个性的艺术效果。

3. 门厅及休息厅的面积要求

下面列出了剧院及电影院门厅及休息厅的面积指标供大家参考。这些数值的确定主要是根据观演建筑的性质、规模、等级等因素来确定的。

1）观演建筑规模

确定剧院规模等级有助于下一步控制投资、参考相应的面积指标、选购舞台设备

图2-2-5

图2-2-6

图2-2-5 新加坡Genexis
剧院休息厅
图2-2-6 墨尔本小型音
乐中心休息厅
（图片来源：http://
www.archgo.com/）

等，目前按照观众厅容量剧场可分为以下四类：

（1）特等剧场：属于国家级、文化中心以及国际性文娱建筑。其质量标准根据具体情况确定。

（2）大型剧场：属于省、市、自治区级重点剧场，具有接待国外文艺剧团和国内大型演出的能力。

（3）中型剧场：属于省、市、自治区级一般剧场，具有接待国内中型文艺团体演出的能力。

（4）小型剧场：主要接待一般文艺团体演出。

表2-2-1　　　　　　　　　　　　　　剧院规模划分

规模分类	特大型（人）	大型（人）	中型（人）	小型（人）
观众容量	1 600 以上	1 201～1 600	801～1 200	300～800

表2-2-2　　　　　　　　　　　　　　电影院规模划分

规模分类	特大型（人）	大型（人）	中型（人）	小型（人）
观众容量	1 200以上	800～1 200	501～800	500以下

表2-2-1 剧院规模划分
表2-2-2 电影院规
模划分
（数据来源：建筑设计
资料集4 [M]. 第二版. 北
京：中国建筑工业出版
社，1994）

2）观演建筑等级

观演建筑等级与耐火等级关系详见下表。

表2-2-3　　　　　　　　　剧场等级与耐久年限和耐火等级关系

等级	耐久年限	耐火等级
甲	>100年	≥二级
乙	50～100年	≥二级
丙	25～50年	≥三级

表2-2-4　　　　　　　　电影院等级与耐久年限和耐火等级关系

等级	耐久年限	耐火等级
甲	100年以上	一级、二级
乙	50～100年	二级
丙	25～50年	三级

表2-2-3 剧场等级与耐
火年限和耐火等级关系
表2-2-4 电影院等级与
耐火年限和耐火等级关系
（数据来源：建筑设计
资料集4 [M]. 第二版. 北
京：中国建筑工业出版
社，1994）

3）面积指标

在确定了观演建筑的规模和等级后就可以指定门厅及休息厅的面积指标了，如下表所示分别为剧院和电影院的门厅与休息厅面积指标。随着观演建筑大型化、综合化的发展，门厅休息厅的功能已从单一的休息功能扩大到多种服务功能。这种多功能的服务项目及面积指标的确定就要根据具体情况来确定。

表2-2-5　　　　　　　　　　　　　　　剧场门厅及休息厅的面积指标

类别	前厅			休息厅		
等级	甲	乙	丙	甲	乙	丙
指标（平方米/座）	0.2~0.4	0.12~0.3	0.12~0.2	0.3~0.5	0.2~0.3	0.12~0.2

表2-2-6　　　　　　　　　　　　　　　电影院门厅及休息厅的面积指标

等级	甲	乙	丙
指标（平方米/座）	0.4~0.7	0.3~0.5	0.1~0.3

4. 门厅及休息厅的布置方式

门厅及休息厅的布置方式大致分为两种，即二者分开设置和两者合并布置。在平面配置上，根据其相对于剧场平面的位置，它受城市规划和基地条件的限制，不仅是支配平面布局和空间组合的重要因素，也对建筑造型起重要影响。归纳起来，主要有以下六种基本布局：

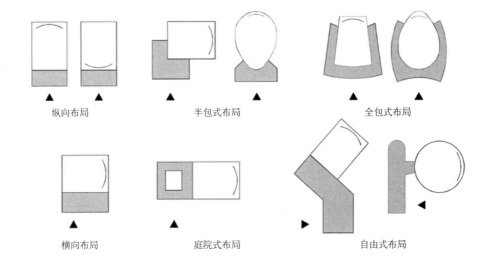

纵向布局　　　　　半包式布局　　　　　全包式布局

横向布局　　　　　庭院式布局　　　　　自由式布局

1）纵向布局：又称前接式布局，门厅、休息厅及观众厅布置在纵向轴线位置上。这种布局空间紧凑、占地少、路线快捷、管理集中方便、适用性大，是常见的建筑布局形式。其人流特征为：休息—入场—疏散，顺序十分通畅。其平面形式适合于观演建筑的长轴方向垂直于城市干道的纵长地段，正面临街的基地大多采取该布局方式。这种布局要求在基地纵深方向有足够的尺度。

2）半包布局：这种布局方式将门厅休息厅布置在观众厅的转角，由于基地限制或地段处于转角位置，为了适应人流进退场集中在一侧的特点，减少临街面的噪声，并处理好建筑沿街立面，常常采用这种布局方式。

3）全包式布局：该布局方式门厅休息厅围绕观众厅布置，适于标准较高、门厅及休息厅面积较大的观演建筑。其优点是使用方便、分散休息、互相干扰小、噪声隔离好，对剧场的空调有利。

4）横向布局：又称侧接式，其特征是门厅、休息厅的位置与观众厅纵向主轴线平行，布置在观众厅一侧。适用于基地进深较浅、临街面很宽的情况。

5）庭院式布局：将休息厅布置成回廊、单廊等形式，或将休息厅与室外休息廊及庭院绿化结合。庭院中可以点缀花草、山石、水面等景观要素。使建筑环境具有园林意境。尤其适合于南方炎热地区。

6）自由式布局：这种布局方式下，门厅及休息厅可根据地形作自由式布局构图。形态自由、具有良好的艺术效果。特别适合用地局促的场地。

2.2.2 售票处

观演建筑的售票处虽然面积很小，但其位置的选择十分重要，因为它关系着整个人流的动线是否合理，处理不当就会造成人流的拥堵。售票窗口前应该有足够的面积供人群聚集，要给排队购票的观众创造足够的活动空间与站队长度。

1. 布置方式

售票处的布置方式，售票处与主体门厅相结合布置，也可以独立设置。

1）与门厅结合布置

这种布置方式布局紧凑、节省面积，但是一定要处理好排队观众与进出场观众的人流交叉问题。可以采取休息厅与售票处分层设置的方式，或者留出较大的排队等候空间。

2）独立设置

这种布置方式对观众入场影响最小，方便购票。这种布置方式对购票和管理都比较方便。适合于规模比较大的观演建筑或是综合性的观演建筑群体。但要其位置要选择合适，不宜距离主体建筑过远，且要有明显的导向作用。造型上宜与主体建筑相呼应，体现出观演建筑的性格特征。

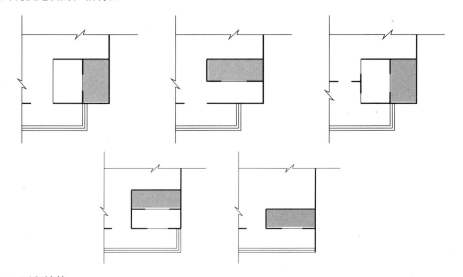

图2-2-8 售票处与门厅结合布置方式

（图片来源：吴德基编著. 观演建筑设计手册[M]. 北京：中国建筑工业出版社，2006）

2. 面积计算

售票窗口的面积与观演建筑的规模和等级等相关。其面积的大小与售票窗口的数量有关，如下表所示。

表2-2-7　　　　　　　　　　　　　　售票窗口数量

观众座位数（座）	售票窗口数（个）	观众席位数（座）	售票窗口数（个）
500以下	1~2	801~1200	3~4
501~800	2~3	1 200以上	4以上

表2-2-7 售票窗口数量

（数据来源：建筑设计资料集4 [M]. 第二版. 北京：中国建筑工业出版社，1994）

注：售票间面积每一窗口约1.5m²，售票口中距0.9~1.2m。

2.2.3 文化娱乐部分

随着社会的发展，人们的休闲生活日益多样化、个性化和时尚化。这时观演建筑的设计就要考虑到这些变化，丰富观演建筑的功能，满足人们的要求。

1. 功能组成与规模规定

文化娱乐部分的组成与规模有很大的灵活性，可根据观演建筑的规模、等级、投资等灵活控制，一般来说文化娱乐设施主要有：咖啡厅、音乐茶座、游艺室、歌舞厅、健身房、桌球室、展示空间等等。

图2-2-9　纽约林肯中心
爱丽丝塔利厅观众休息厅

（图片来源：http://
www.archgo.com/）

2. 布置方式

主要是两种布置方式，即独立布置或结合前厅布置，前者文化娱乐部分相对集中，有独立的出入口，人流干扰小；后者则可结合在观演活动前后、中间休息时有效开展所需要的文娱活动，提高经济效益。但是出现人流交叉是不可避免的。

2.2.4 观众用厕所

厕所作为辅助用房，有着很高的使用频率，如果处理不当就会出现位置不妥，面积不足，使用管理上的诸多问题。因此在设计上要充分考虑人流动线，选择最合理位置，并考虑无障碍设计。

表2-2-8　卫生洁具参
照指标

（数据来源：建筑设计
资料集4 [M]. 第二版. 北
京：中国建筑工业出版
社，1994）

表2-2-8　　　　　　　　　　　　　　卫生洁具参照指标

类别	男			女		附注
	大便器	小便器	洗手器	大便器	洗手器	
指标（平方/座）	1/100	1/40	1/150	1/50	1/150	男女比例1:1

2.2.5 贵宾休息室

观众休息室应尽可能靠近观众厅布置，并设置独立的出入口，避免同进出场的普通人流交差，且其应有比较安静的环境。房间功能组成上应有独立的卫生间、茶水间等。

图2-2-10　国家大剧院
贵宾休息室

(图片来源：http://
www.022show.com)

2.2.6 办公管理用房

办公管理用房的规模视观演建筑的规模和等级来考虑。通常应包括的房间有：党政工团、财会、宣传、值班、保安、总务、库房、美工等等。办公管理用房由于其性质主要是对内部员工使用，因此在位置布局上要与观演人流分开，独立布置出入口。

2.3 观演建筑观众厅设计

2.3.1 观众厅平剖形式

1. 观众厅平面形式

观众厅的平面形式主要参考观众厅容量、使用性质、视听质量要求、结构体系、施工条件以及建筑环境等等因素来选定。常见的平面类型用图表示，有矩形、马蹄形、钟形、卵形、多边形等等。

1）矩形平面

此类型平面体形简洁、结构简单，观众厅空间规整，与周围辅助房间的组合较易处理。矩形平面声能分布均匀，座区前部反射声空白区小，因侧墙早期反射声场均匀，从而提高了声音的亲切感和清晰度，是中小剧场和音乐厅常采用的平面形式，一般不设楼座。

此种平面适宜于中小型观众厅。如观众厅跨度加大至30m以上时，观众厅前、中区会出现早期反射声空白区音质变差；且直达声与反射声之间会产生较大声程差，音质设计时应注意避免出现回声等声学缺陷。受头排界限及斜视角的限制随跨度增加，不能布置座位的区域很大，同时两侧边座的声音方位感和清晰度很差。

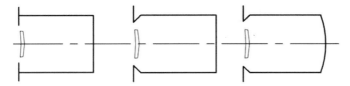

图2-3-1 矩形平面
（图片来源：建筑设计资料集4 [M]. 第二版. 北京：中国建筑工业出版社，1994）

2）钟形平面

钟形平面是矩形平面的变种，只是把前端侧墙及后墙作为内凹弧形，保留了矩形平面简单和侧向早期反射声均匀的特点，对减小反射距离很有效，并且减少了舞台两侧的偏座，形体优美。弧形墙通常采取衬墙，即结构体系仍为矩形，它适应于大、中型厅堂建筑。

钟形平面观众后墙呈弧形，为避免产生回声和声聚焦，其平面的曲率半径要大，通常与弧形排列的席位曲率半径相同，其曲率中心一般均在舞台后，否则需作吸声或扩散处理。矩形或钟形平面的池座或观众厅中，通常厅高为1/4厅长左右同时不应超过9m。

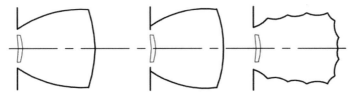

图2-3-2 钟形平面
（图片来源：建筑设计资料集4 [M]. 第二版. 北京：中国建筑工业出版社，1994）

3）扇形平面

该平面有良好的水平视角和视距，容纳观众多，适合于大、中型观众厅采用。扇形平面的容量及音质状况与侧墙倾角，即侧墙与大厅中轴线所构成的倾斜交角有着直接的关系。欲扩大容量，必须增大倾角，其所增加的观众，绝大部分是大厅后部偏远的两角区内，视、听条件都很差。扇形平面观众厅前后跨度不一，致使屋盖的结构系统和施工均较复杂，我国采用不多。合适的侧墙倾角，能使观众厅中前区获得较多的早期反射声。从音质考虑，倾角Φ可采取以下值：

Φ=5°~8°属佳倾角；

Φ≤10°声音反射效果好；

Φ≥15°在厅高度小时采用，因低顶棚有利于前次反射声；

Φ≤22.5°倾角极限，此角越大反射区域越小，席位质量愈加恶劣，偏座急剧增加，且看不到表演区的深处；

$Φ>22.5°$不少厅堂建筑$Φ$角超过此值，从理论上说只有在观众厅主要演出曲艺杂技或作伸出式表演时才允许采用。

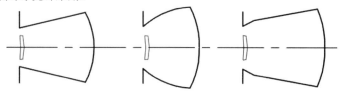

图2-3-3 扇形平面
（图片来源：建筑设计资料集4 [M]. 第二版. 北京：中国建筑工业出版社，1994）

4）楔形平面

楔形是由扇形切去后部偏远两角或矩形去掉前部两侧的无效视觉区所形成的平面形式，它兼有扇形与矩形两者的优点而少其缺陷。斜展墙的倾角一般采用5°～8°的优良倾角，如要加大应控制在15°限度内，楔形平面的音质与视觉质量都十分良好，优良席位指标高，有效面积能充分利用，内部空间处理完整、丰富，是国内外采用较多的平面形式。池座容量可在800～1 200座，楼座式则宜控制在1 500～1 800座；近些年小容量多厅式影视城或文化艺术中心的发展，容量一般在400～600座，即使楼座式观众厅也在1 200座以下。

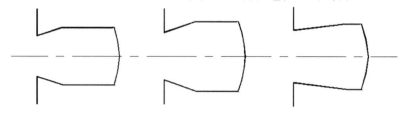

图2-3-4 楔形平面
（图片来源：建筑设计资料集4 [M]. 第二版. 北京：中国建筑工业出版社，1994）

5）多边形平面

六边形平面是多角形平面形式中的主要形式。图2-3-5所示为六边形平面示意图。六边形平面是在扇形平面的基础上去掉后部偏坐席而形成的。此类平面形式使早期反射声分布均匀，声场扩散条件较好，特别座区中部能接受较多的反射声能；平面比例改变时，反射声区域亦因之改变。为使池座中、前区得到短延时反射声，应控制观众厅宽度和前侧墙张角。此种平面形式适用于视听质量要求较高的剧场及会堂。

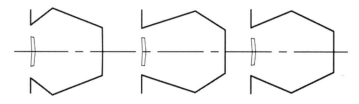

图2-3-5 多边形平面
（图片来源：建筑设计资料集4 [M]. 第二版. 北京：中国建筑工业出版社，1994）

6）曲线形平面

这类平面包括马蹄形、椭圆形、圆形及其他各种变形。它们均为对称曲线形，其前部曲线的向里收，使席位区前端偏座去掉，与其他平面形式相比，它突出的优点是偏远座位最少，观众席位质量指标高。

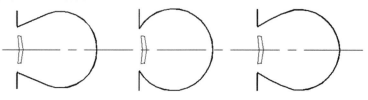

图2-3-6 曲线形平面
（图片来源：建筑设计资料集4 [M]. 第二版. 北京：中国建筑工业出版社，1994）

下表为容量相同的各种平面形式的池座席位质量计算表。

表2-3-1　　　　　　　　　　　　　　　　池座席位质量计算表

容量相同的四种观众厅平面形式	各级席位百分比				
	优级	I	II	III	IV
矩形(D=0.7L)	12.9	22.2	38.0	26.0	0.9
扇形(中心角=30°)	10.9	16.8	28.2	33.1	11.0
圆形(D=L)	12.4	21.3	34.3	30.7	1.3
卵形(D=0.8L)	16.3	22.9	40.5	19.9	0.4

注：D为池座大厅宽，L为池座大厅长

表2-3-1 池座席位质量计算表

（数据来源：吴德基编著. 观演建筑设计手册 [M]. 北京：中国建筑工业出版社，2006）

2. 观众厅剖面形式

观众厅的剖面和平面是相适应的。除了考虑形态之外，还要满足声学的基本要求。表2.3.2列出了常见的几种剖面形式，但剖面设计具有很大的灵活性，可以从以下常见形式中进行混合或衍生，做到因地制宜。

设计要点：

1）观众厅的剖面形式应与平面形式相适应。当平面形式有明显声学缺陷时，剖面形式应予以适当调整。平剖面设计应当同步进行。

2）观众厅的剖面形式应与剧场使用要求相适应。特别是音乐厅剖面设计与平面设计一样具有更大的灵活性。观众厅天棚，一般根据自然声声源早期反射声要求与建筑艺术要求进行设计。大中型剧场以电声为主时，须对电声设计易出现声学缺陷处调整设计。

3）设置楼座的观众厅，楼座上下两空间的高深比不宜过小。楼坐下空间的高深比≥1:1.2～1.5；楼座上部空间高深比不宜小于1:2.5。

表2-3-2　　　　　　　　　　　　　　　　观众厅的常见剖面类型

剖面类型	说明
	一般中小型剧场或者多功能剧场使用较多，音乐厅有时也会采用这种形式，比如中国国家大剧院中的音乐厅的观众厅形式。这种观众厅会被拦板分为前后两部分，丰富了观众厅的组织方式，也改善了前中区观众席的早期反射声的效果
	被大多数剧场所采用，楼座可有一层、两层或多层。这类观众厅中有较多正视的观众席，可增加观众容量和缩小视距。但是观众厅被分成几个空间，减弱了和演员的交流，另外要控制好楼座上下空间的高深比，以改善视听质量
	在出挑式剧场的基础上增加了侧墙上的挑台楼座，一般挑台较浅。可以容纳较多的观众，但是偏座或俯角较大的座席比较多。大、中型剧场或歌舞剧场常采用这种形式。例如中国国家大剧院的歌剧院、东方艺术中心的歌剧院等等
	这种观众厅形式常和包厢结合在一起，丰富了内部空间的形式，增强观众厅内声扩散，对改善音质起到了很好的作用。包厢内的观众也有不错的视线

表2-3-2 观众厅的常见剖面类型

（图片来源：建筑设计资料集4 [M]. 第二版. 北京：中国建筑工业出版社，1994）

2.3.2 视线

　　观演建筑的设计很大程度是"看"的设计，因此如何让解决好观众视线问题：避免遮挡、看的清楚、景象不失真，就要从下面三个方面入手，即视距、视角和地面坡度。

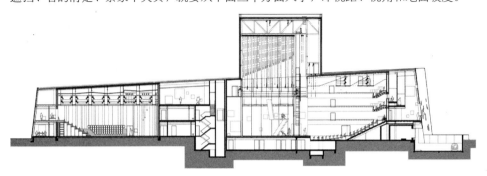

图2-3-7 西班牙,莱里达,La Llotja会议中心剖面

（图片来源：http://www.022show.com）

1. 视距

　　视距是指观众眼睛到设计视点的水平距离，一般是观众厅最后一排至大幕中心线的直线距离，电影院则是到银幕中心。

　　观众看剧除了要看到演员的动作，还要看清面部表情变化，因此视距远近对观看效果至关重要。最大视距就是考虑各种剧种的不同特点，照顾到人眼实际的最远可看距离。考虑到表演方式的不同，各类型的剧场视距要求不同。下表列出了不同类型剧场最大视距的限定。

表2-3-3 不同剧场类型的最大视距限定

（数据来源：刘振亚主编. 现代剧场设计 [M]. 北京：中国建筑工业出版社，2000）

表2-3-3	不同剧场类型的最大视距限定	
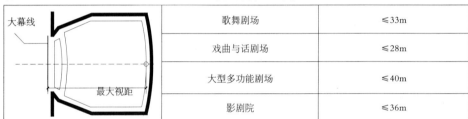	歌舞剧场	≤33m
	戏曲与话剧剧场	≤28m
	大型多功能剧场	≤40m
	影剧院	≤36m

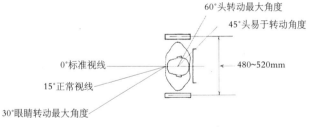

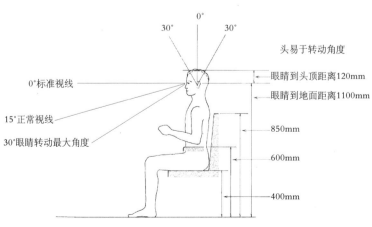

图2-3-8 观众视野及座位高度常用尺寸

（图片来源：建筑设计资料集4 [M]. 第二版. 北京：中国建筑工业出版社，1994）

2. 视角

设计视角主要从三方面进行考虑，即水平视角、垂直控制角、水平控制角。它们对观剧效果有着重要的影响

1）水平视角

就座时，在人眼不动的情况下，水平视角为30°~40°，转动眼睛的情况下可达60°。人头舒适转动的范围是90°，最前排的水平视角最大不宜超过120°。对于镜框式舞台来说，水平视角主要控制观众眼睛与台口两侧框的连线所成夹角；对于电影来说，则为观众眼睛与银幕两侧边形成的夹角。

因此按照上述数据，在剧场设计时，水平视角在30°~60°之间的坐席是比较好的座位区，观众头部不需要转动就能看清表演。小于30°时，台口部分以外会进入观众视线，分散注意力；对于头排来说，视距较近，视野也很大，由于人头转动舒适角度为90°左右，考虑到正常视野范围，最前排的水平视角宜不超过120°。

根据视听质量的不同，观演建筑有着不同的坐席分区，好的坐席意味着较好的视听享受，不同表演类型的坐席分区是不同的。

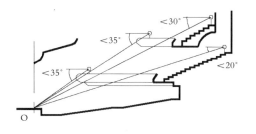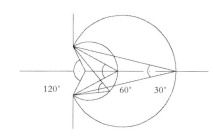

图2-3-9　观众厅最大俯角与水平控制角

（图片来源：建筑设计资料集4 [M]. 第二版. 北京：中国建筑工业出版社，1994）

表2-3-4　　　　　　　　　　　　　　坐席分区示意

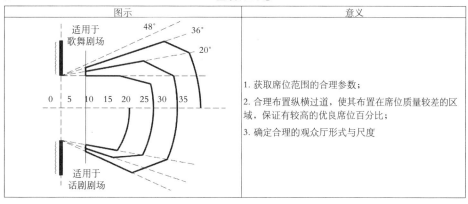

图示	意义
	1. 获取席位范围的合理参数； 2. 合理布置纵横过道，使其布置在席位质量较差的区域，保证有较高的优良席位百分比； 3. 确定合理的观众厅形式与尺度

表2-3-4　座席分区示意

（数据来源：建筑设计资料集4 [M]. 第二版. 北京：中国建筑工业出版社，1994）

2）垂直控制角

由俯视角和仰视角共同组成。俯视角控制楼座后排观众的观看条件，仰视角控制池座前排的观众视线。

观众的垂直视角正常范围是15°~30°，超过此范围就要仰头或者低头，容易造成身体疲劳。由于楼座位置较高，会出现明显的俯视现象。尤其是楼座后排，如果俯角过大还会造成演员面部表情失真。因此要控制的俯视角主要是指观众视线与大幕下沿中点的舞台面的连线与水平线所形成的夹角。尤其是楼座最后一排中间座位的俯视角，话剧演出应控制在20°以内，歌舞剧表演幅度较大，可放大至25°。俯角过大也会造成楼座升起较高，观众穿行时会感到不安全，此时要考虑设置栏杆。对于有二层以上的楼座，俯视角应控制在≤30°，楼座边排和侧包厢俯角应≤35°。

3）水平控制角

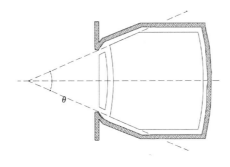

图2-3-10 水平控制

（图片来源：吴德基编著.观演建筑设计手册[M].北京：中国建筑工业出版社，2006）

水平控制角也成偏座控制角。如右图所示，一般座位布置在两夹角边之间，一般是由台口两侧向观众厅同侧各引一条直线所形成的夹角θ。θ角越小，表演区及天幕区被台口侧框遮挡的部分越小，视线也越好，但座位损失也越多一般要求偏座至少能看到天幕背景1/2以上。因此水平控制角θ取值范围一般是41°~48°，实际设计中还要综合考虑台口宽度、舞台深度、观众厅容量及平面形式、跨度等因素。

例如实际中有的剧场水平控制角取值接近50°，视觉质量依然良好。

3. 地面坡度设计

影响观众厅地面升起的因素主要有：第一排观众到视点的距离、设计的视高差值、视点的高度以及排距。若第一排观众到视点的距离越小，则升起越大；反之相反。若视高差越小，则升起越小；反之相反。视点高度越低，则升起越大；反之相反。若排距越小，则升起越大；反之相反。

1）设计视点

正确的选择设计视点关系到观众可见于不可见的范围。关系到观众能看到的舞台范围和地面坡度的升起大小。

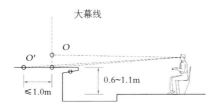

图2-3-11 设计视点选择示意

（图片来源：作者绘制）

舞台设计视点的确定是决定观众席升起高度的决定因素。视点越高、距舞台边越远，则观众席升起越小；反之则相反。对镜框式舞台而言一般选在舞台面上大幕投影线中点O处，也可以在O′处，但提高的尺度不超过0.3m；也可以退后大幕投影线，但不得超过1m。突出式或中心式舞台可选在距舞台边缘2~3m处。舞台高度应小于第一排观众眼睛高度，镜框式舞台高度在0.6~1.1m范围内，突出式和中心式舞台在0.15~0.60m范围内。楼座处于俯视情况下，提高视点对它影响有限，因此视点可高于舞台以减少升起值，有利于减小俯角。

2）头排座席的确定

表2-3-5   确定头排的几种类型

类型1	无乐池舞台的池座第一排的排距到舞台台唇边沿的距离≥1.5m，当伸出式舞台时≥2.0m	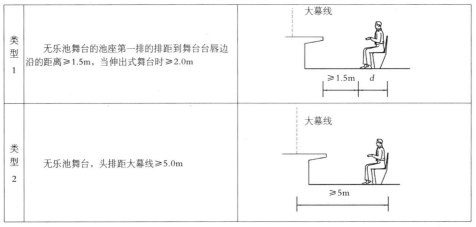
类型2	无乐池舞台，头排距大幕线≥5.0m	

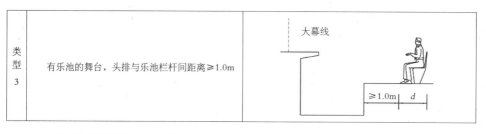

类型3	有乐池的舞台，头排与乐池栏杆间距离≥1.0m	

表2-3-5 确定头排的几种类型

（图片来源：作者绘制）

3）地面坡度设计标准

视线设计的另一个问题就是遮挡，如左页图2-3-11所示,当观众厅地面不起坡时，前排观众会遮挡住后排观众的视线，影响观看的效果，这种情况是不允许出现的，可以通过地面起坡的方式，提高后排观众座椅标高来解决。

因此设计地面坡度时就要考虑C值，它代表地面坡度设计标准，大小等于观众视线（落到设计视点的视线）与前一排观众眼睛之间的距离。

通常，当前后排座位对齐排列时，后排观众的视线要越过前排观众的头顶，才能不受前排观众的遮挡，那么后排观众眼睛的抬高值要不小于前排观众的眼睛至头顶的距离。在目前的建筑设计中，这一数值通用为9~12cm。

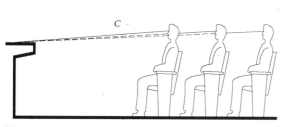

图2-3-12

图2-3-12 视线遮挡示意

（图片来源：作者绘制）

图2-3-13 德国汉堡爱乐音乐厅观众厅

（图片来源：http://www.archnewsnow.com）

图2-3-13

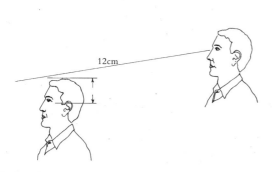

图2-3-14

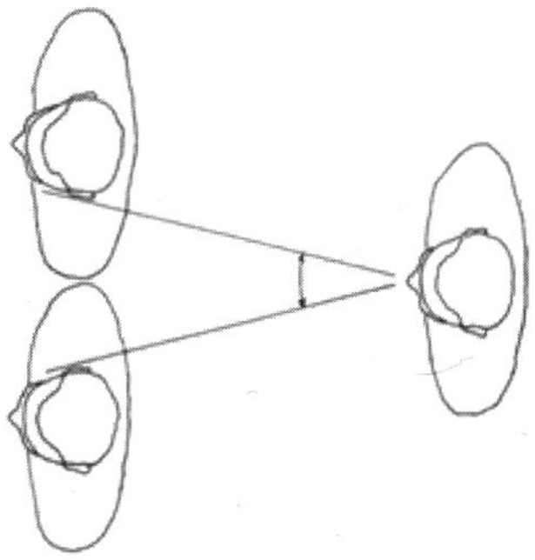

图2-3-15

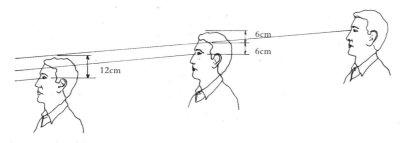

图2-3-16

图2-3-14 逐排升起示意

图2-3-15，图2-3-16 隔排升起示意

（图片来源：George C. Izenour *Theater Design*，Mcgraw-hall Book Company,1977）

图2-3-17 不同的升起方式对观众视线的影响
（图片来源：George C. Izenour *Theater Design*，Mcgraw-hall Book Company,1977）

视线无升起　　　　隔排升起12cm　　　　逐排升起12cm

图2-3-17

在实际设计中，由于可以采取正排和错排两种座席排列形式，因此C值的选取也有两种。前页图2-3-12示意了采用逐排升起时C值的变化。

错排法即后排观众座席与前一排错开布置，使得后排观众视线可以从前排观众头部之间的空隙穿过后，再擦过前面第二排观众的头顶，落在设计视点上。采用这种方法就可以隔排升起以降低C值，这种情况下C值可选取6cm。观众厅两侧座位存在斜视情况，一般不需要错位布置。关于错排法将在下面详细介绍。

4）计算方法

（1）图解法

图解法是比较简单的求升起的方法，现在可以用计算机方便的做出来。基本原理就是直接运用后排观众的视点比前排观众高0.12m的原则。不过此方法只能从头排开始依次算出观众厅升起高度，而不能从最后排算起或者求出任意一排观众席的升起高度。对于视线升高差在条件允许的情况下可以比0.12m稍大些，以改善视线效果。

设计过程为：假设设计视点在O点，C值为12cm，观众眼睛距地面高度为h'，设计视点至第一排观众眼睛的水平距离为a，排距为d，具体步骤为：

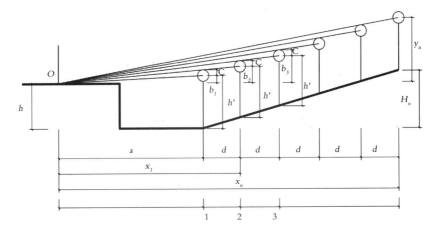

图2-3-18 图解法示意
（图片来源：吴德基编著. 观演建筑设计手册 [M. 北京：中国建筑工业出版社，2006）

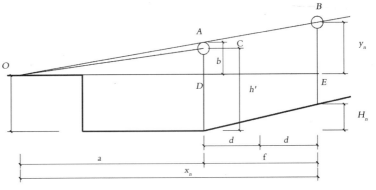

图2-3-19 相似三角形数解法示意
（图片来源：吴德基编著. 观演建筑设计手册 [M]. 北京：中国建筑工业出版社，2006）

① 将上述数值按选定比例画出；

② 将设计视点与第一排观众眼睛连线，向上加$C=12\text{cm}$，为点A；

③ 由OA连线并延长与第二排观众位置直线相交，交点即为第二排观众双眼位置，再向上加$C=12\text{cm}$，为点B，以此类推直到最后一排；

④ 画出各排观众眼睛距地面的高度h'，各排h'下端即地面标高。它们的连线就是地面坡度线。

图解法由于工作量大，常常用来作为检验性的工作。当结合了电脑辅助设计时，图解法就成为一种精确方便的地面坡度求法。

（2）相似三角形数解法

就是根据相似三角形的原理，用计算的方法直接求得观众厅的升起高度。这种方法应用最广，比较简易、精确。设计者也可以通过编程来减少中间的计算工作，提高效率。

$$\triangle OAD \sim \triangle OBE$$
$$OD:OE=AD:BE$$
$$a:x_1=(b+C):y_1$$
$$x_1:x_2=(y_1+C):y_2$$
$$x_2:x_3=(y_2+C):y_3$$
$$y_1=[(b+C)\,x_1]/a$$
$$y_2=[(y_1+C)\,x_2]/x_1$$
$$y_3=[(y_2+C)\,x_3]/x_2$$
$$yn=[(y_n+C)\,x_n]/x_{n-1}$$

地面总升高如式2-3-1所示：

$$H_n=y_n+h-h'=y_n-b$$

式中 O——设计视点；b——第一排观众眼睛与设计视点的高差；

h——设计视点距第一排观众地面高差；a——第一排观众距视点的距离；

d——排距；f——所求各段间距（计算起坡可每排或分组计算，也即$f=d$或$f=nd$）；

x_n——任一所求点距设计视点的水平距离；y_n——任一所求点观众眼睛和视点的高差；

H_n——观众厅地面总升起值（与第一排坐席地面的高差）。

将上述各排H_n连线即可得到地面坡度曲线。

无论用哪种方法，观众席地面升起都是一条斜率越来越大的抛物曲线。观众席中有横过道时，要考虑过道宽度对升起的影响。

（3）谢克尔公式法

利用谢克尔公式可以直接求出任意一排观众眼睛离设计视点的高度，如式2-3-2所示：

$$b_n=a_n\left[\tan\alpha+C\left(\frac{1}{a_1}+\frac{1}{a_2}+\cdots+\frac{1}{a_{n-1}}\right)\right]$$
$$=a_n\left[\tan\alpha+C\left(2.3026\frac{1}{d}\times\ln\frac{a_n-0.5d}{a_1-0.5d}\right)\right]$$

式中 a_1，$a_2\cdots$，a_n——各排观众眼睛离设计视点的水平距离；

b_1，$b_2\cdots$，b_n——各排观众眼睛距离设计视点高度；

C——升起值；d——升起段长度；α——起始角；$\tan\alpha=b_1/a_1$。

按此公式可求出任意一点地面标高，结果准确。但要得出地面坡度曲线，除非应用谢克尔制定的专用图标，否则仍需着点计算，比较麻烦。

（4）坡度标高调整的方法

在地面坡度设计中，常常会出现设计标高与实际标高出现出入，如观众厅最后一排的标高与前厅地面标高有出入，这时就需要调整标高，具体方法如下（只适用于最后一排标高低于前厅标高的情况）：

如图所示，将最后一排观众双眼分别与设计视点及第一排观众双眼连线，则只要倒数

第二排观众头部不超过最后一排与第一排观众视线的高度就不会干扰最后一排的视线，这里还是用到了相似三角形的方法。

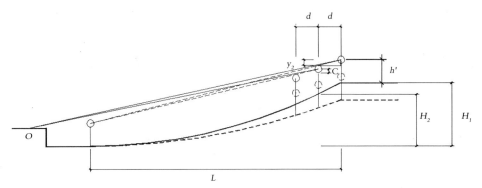

图2-3-20 坡度标高调整法

（图片来源：作者绘制）

如式2-3-3所示：

$$y_2=(H_1+h'-h') \times d/L$$

即

$$y_2=H_1 \times d/L$$

则

$$H_2=H_1-y_2-C$$

依次求出

$$y_n=H_{n-1} \times d/[L-(n-2)d] \qquad (n \geqslant 2)$$
$$H_n=H_{n-1}-y_n-C$$

式中 O——设计视点；H_1——最后一排观众标高；h'——观众眼睛距离地面高差；

C——视线升高差；y_n——第n排观众头顶距离后排观众双眼垂直距离；

H_n——第n排观众新的标高。

楼座地面坡度设计计算方法与池座相同。要先定出楼座第一排的位置和地面标高。其标高要位于池座最后一排观众视线与舞台口上沿连线之上（考虑结构厚度，如前页图2-3-19）。此时，楼座下空间的高深比要满足在自然声条件时：

$H:L=1:1.2$；在采用扩声系统时：$H:L=1:1.5$。楼座栏杆不能遮挡视线。

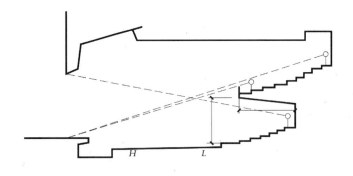

图2-3-21 楼座下空间高深比示意

（图片来源：刘振亚主编. 现代剧场设计 [M]. 北京：中国建筑工业出版社，2000）

2.3.3 坐席设计

不论何种观演建筑，坐席的排列无外乎下列四种基本形式及其组合，在实际设计中应根据实际情况灵活选择应用。

图2-3-22

图2-3-23

图2-3-22 美国达拉斯音乐厅坐席

图2-3-23 柏林爱乐音乐厅坐席

(图片来源：http://hend-rarayana.wordpress.com)

1. 意义与设计原则

坐席设计的意义在于：席位设计的是否科学合理，直接影响观众视觉质量的优劣和充分利用有效面积的好坏；良好的席位设计质量是保证观众厅内合理组织进出场流线的必要条件；通过席位排列形式及坐椅标准与色彩等的选定，能创造观众厅完整而优美的空间艺术形态。

坐席设计原则包括：

（1）根据观看演出及银幕的视觉质量要求，正确控制席位界限，力求获取优良席位的百分比达到最高限；

（2）通过对席位质量的分级原则，掌握优良席位区的范围，把纵横过道配置在视觉质量较差的席位区里；

（3）纵横过道要与进出口有机结合，通常进口对应纵向过道，出口对应横向过道。这样处理不仅流线组织顺畅明晰，也为人流提供缓冲面积；

（4）保证观众厅内的通道有足够的通行宽度，符合防火规范的有关规定。

2. 排列法

选择排列形式时，要结合观众厅的几何形体、尺度大小、使用性质及装修状况综合考虑，力求创造出完美的空间艺术形态。众席位排列有四种基本形式。

表2-3-6　　　　　　　　　　　　　　坐席排列种类及比较

基本形式	说明	图例
直线	有利于地面升起的标高控制和座椅安装，施工便利。最好用在跨度18m以下的观众厅内，因为过大会导致边座的观众视线很差	
弧线	目前最常用的排列方式，适用于任何形式及规模的观众厅。每排视距大致相等，有良好的舒适度，有优美柔和的空间艺术形态	
折线	这种排列方式可认为是直线排列和弧线排列的折中方式	
混合	一般以横过道为界，前后采用不同的排列方式。一般前区大多采用弧线或折线形式	

表2-3-6 座席排列种类及比较

（图片来源：作者绘制）

3. 座椅、排距与走道尺度

1）座宽和排距

确定座位宽度和排距关系到疏散、视线、起坡等很多因素。对于无空调剧场和北方的剧场，考虑到冬季衣着厚重。需要较大的座宽和排距，一般排距不宜小于80cm，座宽不宜小于48cm，通常取50cm。增加座宽不但有利于调节视野，还能增加舒适度，但会减少观众厅座席容量。

随着观众对舒适度要求的提高，目前的观演建筑大多采用软椅，因此排距就要相应加大，一般要增加7cm左右，较为高级的观演建筑甚至取到了1m，座宽可取55cm。

当考虑地面起坡时，前排观众后倾的椅背可能会正好位于后排观众通行时的膝盖部位，通行空间就会减小，疏散时不够安全，此时应当增加排距，宜大于85cm，如果是楼座地面，起坡会加大很多，这时在通道外侧要增加防护栏。

图2-3-24 坐席尺寸及排距

（图片来源：建筑设计资料集4 [M]. 第二版. 北京：中国建筑工业出版社，1994）

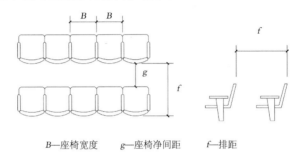

B—座椅宽度   g—座椅净间距   f—排距

表2-3-7 坐席排列方式及比较

（图片来源：作者绘制）

表2-3-7   坐席排列方式及比较

短排法		长排法	
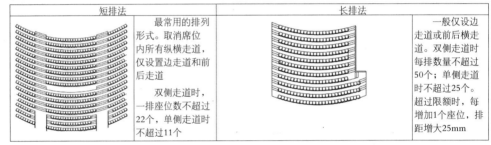	最常用的排列形式。取消席位内所有纵横走道，仅设置边侧走道和前后走道。双侧走道时，一排座位数不超过22个，单侧走道时不超过11个		一般仅设边走道或前后横走道。双侧走道时每排数量不超过50个；单侧走道时不超过25个。超过限额时，每增加1个座位，排距增大25mm

2）长排、短排及正排、错排

座位的布置方式主要有长排法和短排法两种方法。表2-3-8列出了两种排列方式的各自特点。

此外，座椅排列方式还有正排和错排两种形式，两种形式的选取主要和地面起坡有关，后者可以明显降低地面坡度。

表2-3-8 正排法与错排伐

（图片来源：作者绘制）

表2-3-8   正排法与错排法

正排法	错排法
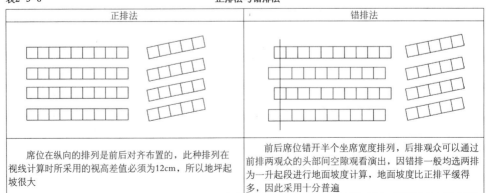	
席位在纵向的排列是前后对齐布置的，此种排列在视线计算时所采用的视高差值必须为12cm，所以地坪起坡很大	前后席位错开半个坐席宽度排列，后排观众可以通过前排两观众的头部间空隙观看演出，因错排一般均选两排为一升起段进行地面坡度计算，地面坡度比正排平缓得多，因此采用十分普遍

3）座椅的设计

观演建筑的座椅设计从美学上延伸着文化和艺术的结合，功能上要舒适、人性化，带给人舒适的享受。图2-3-25所示为根据人体工学设计的座椅，很好地体现了美观与实用的结合。

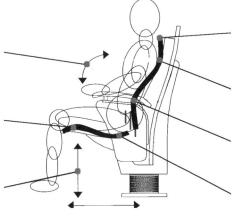

开放式角度（背和座椅的张角状况）：一般观看演出的姿势适合在105°~110°

座位前端：不压迫腿内侧，前端下垂的形状可适应不同体型

座椅高度：410~460mm

座椅深度：400~450mm

颈部：为提高舒适度，采用接近垂直或尽可能减少角度的形状

背部：与人体背中形状相吻合的曲面来分散体重。

腰部：支持骨骼上部，在座的时候还原成S形。

坐部：与背部同样的曲面分散体重。

图2-3-25 座椅设计
（图片来源：浙江大丰实业观众厅汇报书）

透空织物，满足吸音要求

背座结合紧密，防止物体掉入

座席底部采用孔型板具有吸音作用

同样采用吸音材料，抗菌设计

圆角曲线设计避免对观众造成伤害

座椅翻起缓起立装置，消除噪声

开场的下部空间，便于清理

图2-3-26 座椅设计
（图片来源：浙江大丰实业观众厅汇报书）

当下比较先进的室内通风装置也是结合座椅设计的，图2-3-26就是一种座椅送风柱的构造示意，这类座椅送风脚适用于固定座椅的房间送风，可以和室内装潢配合，根据用户和建筑要求采用不同颜色。它同时可以作为座椅的支撑，座椅可直接安装在送风柱的上方。其特点是安装位置隐蔽，送风效果好。

参　数：

（1）结构：由内套、外套和可调节的孔阀片组成；

（2）内套：开口率大于42%，孔径为2mm，材料为1.2mm厚冷轧镀锌板；

（3）外套：开口率大于42%，孔径为4mm，材料为4mm厚冷轧镀锌板；

（4）孔板阀片可调节，材料为12mm厚冷轧镀锌板；

（5）均流孔板采用优质钢板，黑色粉末喷涂；结构板采用喷塑处理；

（6）内径：160mm。

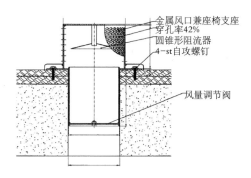

金属风口兼座椅支座
穿孔率42%
圆锥形阻流器
4-st自攻螺钉

风量调节阀

图2-3-27 座椅出风
口设计

（图片来源：浙江大丰
实业观众厅汇报书）

噪声：

风量为50m³／h时，噪声低于12dB(A)；

风量为60m³／h时，噪声低于20dB(A)；

压降值小于20Pa。

座椅送风柱的送风原理是置换通风技术，因此具有空气品质好、舒适性强、低噪声节能等优点。室内形成的流场可以有针对性地将局部负荷快速消除。送风气流经过均流板从静压箱或送风管进入送风口，均流板起着增加阻力、稳定气流场和各风口风量分配的作用，保证了所有送风口的送风量一致，均流阻尼膜使气流处于低紊流状态，并且均匀地向四周扩散，这样送风筒送出的气流十分低速、平缓，送风气流贴附在地板上很薄的一层，在浮力的作用下上升到人员活动区。

2.3.4 人流组织与疏散设计

人流组织与疏散两者是相互关系的，前者主要解决的是正常情况下，观演建筑的人流组织问题，既要做到迅速，又要方便观众。后者主要考虑的是发生意外事故时，保证观众迅速安全地撤离。

1. 人流组织

观演建筑容纳的观众数量众多而且人流集中在开演前及观演结束后两个时间节点，具有瞬时人流大的特点，因此观演建筑设计必须考虑一下五个方面：

（1）人流路线要明确、简洁，进出场口要明显易找（常见的观众厅进出场流线组织如下表2-3-9所示），并且有足够的数量和宽度；

（2）厅的布置要符合人流方向和使用特点，避免厅与厅交接处形成人流拥堵。

（3）有楼座的观众厅至少要设置两个分开的出入口，且不宜穿越池座疏散，避免上、下的人流交叉。

（4）采用短排法的观众厅，要充分发挥中间纵过道和前厅的作用，方便观众按照单双号找座；长排法时要发挥侧厅的作用，避免由单侧进、退场；

（5）电影场次密集的影剧院应注意解决上下场观众候场与散场的矛盾，保证人流不交叉干扰。

表2-3-9　　　　　　　　　　　　观众厅进出场流线示意

后进前出	后进侧出	侧进侧出
后墙入场，厅前设出口。使用普遍。此种形式有利于厅内外标高的处理，可利用席位区前空地作疏散缓冲面积	观众厅后部入场，侧面和前面出场，散场人流较平均。这是最常用的形式	在特定情况下使用，如遇到特殊基地，或与其他功能空间横向组合等等

表2-3-9 观众厅进出场
流线示意

（图片来源：吴德基编
著. 观演建筑设计手册
[M]. 北京：中国建筑工
业出版社，2006）

2. 安全疏散

观众厅还应该考虑当意外发生时，观众能够迅速安全的撤离，这就要满足相关的防火和有关规范对安全出口和疏散通道的规定，并要计算疏散时间。

1）剧院建筑的疏散规定

观众厅出口应符合下列规定：

（1）出口均匀布置，主要出口不要靠近舞台；

（2）楼座与池座分别布置出口。楼座至少有两个独立的出口，不足50座时可设一个出口。楼座不应穿越池座疏散。当楼座与池座疏散无交叉并不影响池座安全疏散时，楼座可经池座疏散。

观众厅出口门及疏散外门尚应符合下列规定：

（1）应设双扇门，净宽不小于1.40m，向疏散方向开启；

（2）紧靠门不应设门槛，设置踏步应在1.40m以外；

（3）严禁用推拉门、卷帘门、转门、折叠门；

（4）宜采用自动门闩，门洞上方应设疏散指示标志。

观众厅外疏散通道应符合下列规定：

（1）坡度：室内部分不应大于1:8，室外部分不应大于1:10，并应加防滑措施，室内坡道采用地毯等应加阻燃处理。为残疾人设置的通道坡度不应大于1:12；

（2）2m以下不得有任何突出物。不得设置落地镜子及装饰性假门；

（3）疏散通道穿行前厅及休息厅时，设置在前厅、休息厅的小卖及存衣不得影响疏散的畅通；

（4）疏散通道的隔墙耐火极限不应小于1小时；

（5）装修材料宜采用非燃材料或难燃材料，如采用可燃材料时应加阻燃处理，不得采用在燃烧时产生有毒气体的材料；

（6）疏散通道应有自然通风及采光，当没有自然通风及采光时，应设人工照明，超过20m长应采用机械通风排烟。

主要疏散楼梯应符合以下规定：

（1）踏步宽度不应小于0.28m，踏步高度不应大于0.16m，连续步数不超过18级，超过18级时，每增加一级，踏步放宽0.01m，踏步高度作相应的降低，但最多不得超过22级。楼梯平台宽度不应小于梯段宽度并小于1.10m；

（2）不得采用螺旋楼梯，采用弧形梯段时，离踏步窄端扶手0.25m处踏步宽度不应小于0.22m，宽端扶手处不应大于0.50m，休息平台窄端不小于1.20m；

（3）楼梯应设置坚固、连续的扶手，高度不应低于0.90m。

其他：

（1）后台应有不小于两个直接通向室外的出口；

（2）乐池和台仓出口不应少于两个；

（3）舞台天桥、栅顶的垂直交通，舞台至面光桥、耳光室的垂直交通应采用金属梯或钢筋混凝土梯，坡度不应大于60°，宽度不应小于0.60m，并有坚固、连续的扶手，不应采用垂直爬梯。

（4）剧场与其他建筑合建时应符合下列规定：

① 观众厅宜建在底层或二、三层；

② 出口标高不应高于所在层的标高；

③ 应保证有专用疏散通道通向室外空地。

2）电影院建筑的疏散规定

电影院的池座、楼座均应设置足够数量、足够宽度并分布合理的内、外安全出口和相应的疏散通道及疏散楼梯。出入场人流避免交叉和逆流。

计算安全出口、疏散通道、疏散楼梯的宽度所取人数应符合下列规定：

（1）池座、楼座观众人数各按满座计算；

（2）门厅、休息厅(廊)内候场人数应符合以下规定：门厅、休息厅(廊)内的面积计算时所取人数：一个观众厅时等于该观众厅的容量；两个观众厅共用门厅、休息厅时，等于较大一厅的容量；三个观众厅共用门厅、休息厅时，等于观众厅总容量的60%。

如果其中一个观众厅独用门厅、休息厅，则仍按观众厅实际容量计算。

池座和楼座应分别设置至少2个安全出入口（楼座坐席数少于50时可只设1个）。每个安全出口的平均疏散人数不应超过250人。有候场需要的门厅，其观众厅入场门不应作为安全出口（紧急疏散时例外）。

观众厅每一安全出口尚应符合下列规定：

（1）采用双扇外开门、门的净宽不应小于1.40m；门口正面1.40m内不应设踏步；

（2）严禁用推拉门、卷帘门、折叠门、转门等；

（3）门内外标高应一致或和缓过渡；门道内应无门槛、凸出物及悬挂物；

（4）在门头显要位置设置灯光疏散指示标志；

（5）安全出口门上应设自动门闩。

观众厅走道尚应符合下列规定：

（1）纵横走道的布置应有利于分区疏散。短排法主要横走道的端头应对安全出口。长排法两侧及侧前方应均匀布置安全出口；

（2）袋形走道的长度在不逐步加宽其宽度的条件下不宜大于6m；

（3）坐席地面与其相邻的侧方或前方走道的高差大于0.50m时，应设坚固的防护栏杆，其水平荷载应取1kN/m。

观众厅外疏散道应符合下列规定：

（1）电影院休息、存衣、小卖等活动的布置不应影响疏散；

（2）每段疏散通道不应超过20m；各段均应有通风排烟窗；

（3）2m高度内应无突出物、悬挂物；

（4）通道内不宜设假门及落地式镜子；

（5）各段应设灯光疏散指示标志。

室内楼梯应符合下列规定：

（1）观众使用的主楼梯净宽不应小于1.40m；

（2）有候场需要的门厅，座厅内供入场使用的主楼梯不应作为疏散楼梯。

室外疏散梯净宽不应小于1.10m。下行人流不应妨碍地面人流。

剧场、电影院、礼堂等人员密集的公共场所、观众厅的疏散内门和观众厅外疏散外门、楼梯和走道各自总宽按下表的规定计算：

表2-3-10 疏散口宽度指标

（图片来源：中国建筑西南设计研究院编. 剧场建筑设计规范 JGJ67-2001 [S]. 上海：人民出版社，2001）

疏散部位 \ 耐火等级	一、二级	三级
平地、坡地	0.65m/100人	0.85m/100人
踏步	0.75m/100人	1.00m/100人
楼梯	0.75m/100人	1.00m/100人

注：有候场需要的入场门，不应作为观众厅的疏散门列入计算

剧院、电影院、礼堂的观众厅安全出口的数目均不应小于两个，且每个安全出口的平均疏散人数不应超过250人。容量超过2 000人时，其超过2 000人的部分，每个安全出口的平均疏散人数不应超过400人。

3）疏散过程和时间估算

疏散过程：对于无楼座和休息厅的剧场，观众从观众厅就可以直接疏散到建筑外面。有楼座和休息厅的，观众要通过楼梯和休息厅甚至门厅才能到达室外。走出观演建筑物后，再通过室外场地和街道疏散到城市各方向去。

疏散时间计算：直接疏散与间接疏散的疏散时间计算方式不同。

（1）直接疏散

直接疏散是指观众通过疏散口直接到达室外空间的疏散形式。因为席位区地坪是起坡的，这就产生每个疏散口有室内外标高差。通常采用踏步来处理标高差。　直接疏散的计算公式如式2-3-4：

$$T = N/(A \times B)$$

式中　T——疏散总时间（分钟）；N——疏散总人数；A——单股人流通行能力(人/分钟)；

B——外门可以通过的人流股数。

人流疏散的关键在于"人流运动的速度"，它与人流密度成反比，详见下表所示。

表2-3-11　　　　　　　　　　　观众疏散的人流密度，速度和通行能力

人流密度（人/平方米）	状态	行走速度（米/分）		单股人流通行能力（人/分钟）
		平地	下楼梯	
3	饱和	16	10	30~40
1	不饱和	60~65		75

表2-3-11 观众疏散的人流密度，速度和通行能力

（图片来源：中国建筑西南设计研究院编. 剧场建筑设计规范 JGJ67-2001 [S]，上海：人民出版社，2001）

① 单股人流通行能力

根据观众厅疏散特点为人群密集的情况进行的疏散，也即饱和疏散，可按30人/分钟计算。在公共建筑中一般可按40人/分钟。通行能力不仅受人流密度的影响，还与单股人流的宽度、疏散口附近及内外的地面的平整度、高差、光线亮度等有直接关系，各国均无统一的标准。一般选用40~45人/分钟的参数进行计算。为安全计，设计人员习惯选用低值，以留有安全系数。

② 单股人流的宽度

此值各国采用的数值也不统一，一般可取0.5m，0.55m，0.60m。我国建筑科学研究院提出：在正常情况下，当疏散口人流股数在3股或3股以下时，单股人流宽度可采用0.55m；在3股以上时，由于人流之间的紧缩增大，可采用0.50m。

③ 疏散人流的通行速度

人的自由行动速度无法准确取值，有的测定数据为75m/分钟；国外资料提出60~65m/分钟，计算时通常选用60m/分钟；饱和状态下，平地行走速度为16m/分钟，下楼梯的速度为10m/分钟。

（2）间接疏散

观众厅疏散口不是直接通向户外，而是通过厅内各疏散口(内门)先到达厅外的疏散通道，然后经由此通道从其端部的出口(外门)抵达户外，这种方式相对于观众厅来说疏散是间接的。

间接疏散的计算公式如下式2-3-5所示：

$$T = \frac{\bar{S}}{V} + \frac{N}{A \times B}$$

式中　T、N、A 与直接疏散算式含意相同；

$\bar{S}$——使外门达到饱和的几个第一道内门到外门距离的加权平均数(m)；

即

$$\bar{S} = \frac{b_1 S_1 + b_2 S_2 + \ldots + b_n S_n}{b_1 + b_2 + \ldots + b_n} = \frac{\Sigma_b S}{\Sigma_b}$$

$\bar{S}$ 等于使外门达到饱和的各第一道疏散口到外门的距离S与该疏散口人流股数b的乘积

之和，除以使外门达到饱和的第一道疏散口人流股数之和。

V——不饱和时的人流行走速度；V值可取自由行动速度和饱和时行动速度的平均值，即$(60+30)/2=45$米/分钟

B——外门可通过的人流股数。当$B>\sum_b$时，应按$\sum_b$计算；

S/V——为B个第一个人到达外门总出口所平均浪费的时间，$N/(A\times B)$才是起疏散作用的有效疏散时间。

2.4 观演建筑的声学设计

2.4.1 人耳听觉特性

人耳的听觉特性虽属生理学范围，但了解某些最基本的、与音乐听闻有关的属性，对设计音乐建筑和音质评价，是十分必需的。

1. 频率、音调、音色

频率、音调和音色是声音的重要属性，常称声音的三要素。

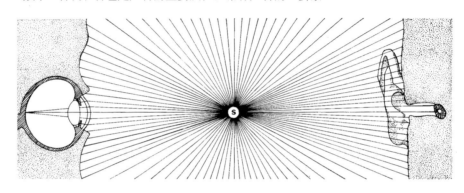

图2-4-1 人耳听觉特性
（图片来源：George
C. Izenour *Theater
Design*，Mcgraw-hall
Book Company,1977）

质点在一秒钟内位移或振动的次数称为频率，单位为赫兹（Hz）。正常的人耳对声音的反应是在20~20 000Hz的音频范围内，可听频率范围随不同的人和年龄而异，年龄越大，可听频率的上限越下降，频率高于10 000Hz对语言的可懂度和欣赏音乐无重大影响，因此，在建筑声学设计中，常以具有代表性的下述频率为指标进行设计和计算：125, 250, 500, 1000, 2000和4000Hz，即6个倍频带的中心频率。但对于音乐建筑，特别是音乐厅、歌剧院和音乐录音等建筑，由于演唱声和乐器演奏声的泛音较宽，频率范围通常需在上述的上、下限（即125, 4000Hz）频率各延伸一个倍频程，即增加63Hz和8 000Hz。

频率高低的听觉属性是音调，这是主观生理上的等效频率，频率越高，音调越高。具有某种音调的声音称为音。纯音（或单音）是单频的声音，它的特点是单一音调，鼓击音叉或吹奏柔和的低音长笛都可产生单一音调。很多音乐的声音不会只是纯音，乐声包括某些附加的频率，称为复音。复音中的最低频率称为基音。比基音音调高的成分称为泛音，不同的乐器有不同的泛音，某些乐器比另一些乐器产生更多的泛音。泛音对音调增加了有特色的音质，即为音色。如果人们在钢琴上弹奏基音G时，除了听到基音外，即使不弹奏其它键板，仍能听到其他几个键板的泛音。泛音的数目、突出高峰、音调和强度，汇合成钢琴的音色。不同的乐器具有不同的音色。人的声带发声，其音色也各不相同，这是人们辨别不同人和乐器的听觉依据。

2. 响度

响度是声音强度这一物理量给人的主观感觉。声音响度与声压（声强）有关，声压越大，响度也就越大。但人耳对不同频率声音的响度感觉（灵敏度）是不同的，频率越低、灵敏度越差，而频率很高时，则又会降低，只有在中频（1000Hz）时，声压与响度才接近相当。

为了模仿人耳的这一灵敏度特性，在测量声压级的仪器中加入对各种频率具有"计

权"性质的网络，由此，可直接读出接近人耳响度感觉的计权声压级，又称A档dB值或A声级dB，见图2-4-2。

此外，人耳所判断的声音响度，同声压级和频率两者都有关系。例如一个40dB的1000Hz纯音，要比声压级相同的100Hz纯音响得多。要使100Hz声音听起来与40dB的1000Hz纯音有同样的响度，必须把声压级提高到51dB；反之，要使1000Hz声音听起来与40dB的100Hz声音有同样的响度，则必须把声压级降低25dB。用这种对比试验的方法，可得出如图2-4-3所示的一组等响曲线，每条曲线代表不同频率和声压级的纯音听起来有相同的响度。为了便于说明和区别各等响曲线，分别加上一个编号，如图中1000Hz垂直线旁所注明的从0

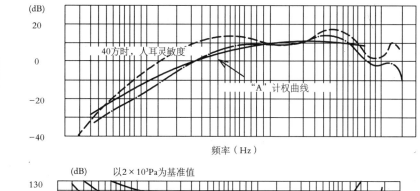

图2-4-2 计权曲线

（数据来源：项端祈编著. 音乐建筑——音乐·声学·建筑 [M]. 北京：中国建筑工业出版社，2000）

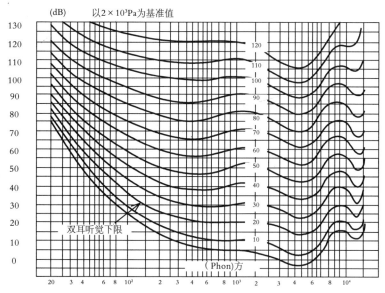

图2-4-3 等响曲线曲线

（数据来源：项端祈编著. 音乐建筑——音乐·声学·建筑 [M]. 北京：中国建筑工业出版社，2000）

至120dB所示。在声学上用"响级"表示各个编号，并给出一个单位称为"方"。

3. 人耳的听觉效应

1）双耳听闻效应

人耳在头部的两侧，相距约200mm，由于到达双耳的声音有微小的时差、强度差和相位差，人们就能辨别声音的方向，确定声源的位置。特别是左右水平方向的分辨方位能力要比上下垂直方向强得多，因而声源左右移动时在两耳引起的声压、时间和相位差比较明显，通常可分辨出水平方向5°~15°的变动，在安静无回声的环境中可提高到1°~3°；但在垂直方向，有时要大于60°才能分辨出来。

听觉上具有方位感这一特性，使人们有可能在嘈杂的噪声环境中分辨出来某个方向的一个比较特殊的声音。单耳听闻就不易辨别声音的方位。

双耳效应在厅堂声学设计中占有重要的地位，特别是音乐录音和广播的大厅，由于接收对象是单耳听闻的传声器，因此，在确定音质指标时，必须考虑这一特性。此外，立体声系统也是根据人的双耳效应而发展起来的。

2）掩蔽效应

人耳具有一种不寻常的能力，能在噪声环境下有选择性地分辨出他所感兴趣的某些"信号"，而目前的精密仪器还做不到这一点，这是因为人耳对声音除了有方位感外，还有注意力集中的心理因素。例如坐在播放着较响音乐的收音机旁，仍可用不大的声音交谈。当然，这时要求注意力集中才能听到对方的讲话，并且还容易疲劳。这种排除部分噪声干扰(这里把音乐看作扰噪声)的能力与噪声的特性有关。

噪声对语言的妨害程度，在声学上称为"掩蔽效应"。它不仅取决于噪声的总声压级大小，而且还取决于它的频率成分和频谱分布。通过实验，得到下述规律：

（1）低音调的声，特别是响度相当大的，会对高音调的声产生较显著的掩蔽作用；

（2）高音调的声对低音调的声只产生很小的掩蔽作用；

（3）掩蔽和被掩蔽的声音频率越接近，掩蔽作用越大；当它们的频率相同时，一个声对另一个声的掩蔽作用最大。

上述这些规律可用来解释日常生活中的经验：例如很强烈的低频声或杂音（通风机噪声或扩音器的交流声）是听音乐和报告时特别令人讨厌的干扰噪声源，因为它几乎对全部可听频率范围的声音都起掩蔽作用。又如观众厅内听众的交谈声，由于频谱与台上报告人的语言频率有较大的一致性，交谈声所起的掩蔽作用也就很大，成为听报告时最大干扰之一。

3）最小可辨阈

对于频率在50～10 000Hz的任何纯音，在声压级超过可听阈50dB时，人耳大致可鉴别1.0dB的声压级变化。在理想的实验室条件下，声音由耳机供给时，在中频范围内，人耳可觉察到0.3dB的声压级变化。测量方法不同，其结果会有较大的出入。表2-4-1给出了一组试验结果。在中频，强度可辨别的纯音大约为325个。

表2-4-1　　　　　　　　　　　强度差阈（最小可辨别的声压级差，dB）

声压级高于听阈的dB值	纯音频率（Hz）							白噪声
	35	70	200	1000	4000	7000	10000	
5			4.75	3.03	2.48	4.05	4.72	1.80
10	7.24	4.22	3.44	2.35	1.70	2.83	3.34	1.20
20	4.31	2.38	1.93	1.46	0.97	1.49	1.70	0.47
30	2.72	1.54	1.24	1.00	0.68	0.90	1.10	0.44
40	1.76	1.04	0.86	0.72	0.49	0.68	0.86	0.42
50		0.75	0.68	0.53	0.41	0.61	0.75	0.41
60		0.61	0.53	0.41	0.29	0.53	0.68	0.41
70		0.57	0.45	0.33	0.25	0.49	0.61	
80			0.41	0.29	0.25	0.45	0.57	
90			0.41	0.29	0.21	0.41		
100				0.25	0.21			
110				0.25				

表2-4-1 强度差阈

（数据来源：项端祈编著.音乐建筑——音乐·声学·建筑[M].北京：中国建筑工业出版社，2000）

当频率约为1000Hz而声压级超过40dB时，人耳能觉察到的频率变化范围约为0.3%。声压级相同，但频率低于1000Hz时，人耳约能觉察3Hz的变化。在中等强度，频率可辨率可辨别的纯音约为1500个。

在高频和低频，可辨别强度的纯音要比中频的少；在低强度和高强度，频率可辨别的纯音数也比中等强度的1500个少。在整体听觉范围内，强度、频率可辨别的纯音大约有34万个，这大致和人眼可辨别的明暗、色彩的颜色数量相当。

2.4.2 室内声学

1. 声反射

当声波在前进的方向上碰到坚硬的壁面时，几乎把所有的入射声能反射出来。由于声线的入射与反射均在同一平面上，且声波的入射角等于反射角（几何声学的反射定律），这种声反射现象与光反射十分相似。然而，应当指出，声波的波长远大于光波，只有声波波长小于反射面的尺寸时，反射定律才能成立。因此，在反射面的设计中，必须充分考虑与声波波长相对应的尺度关系。凸弧形的反射面使声波散射，而凹弧形的反射面则使声波聚焦，图

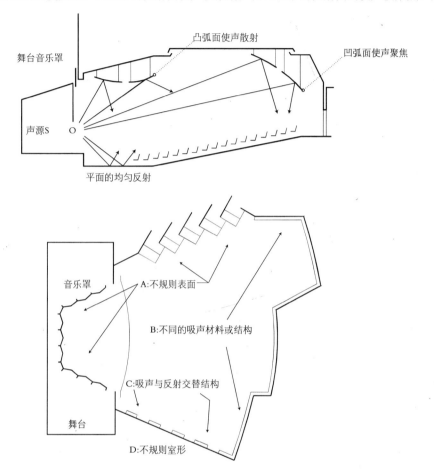

图2-4-4 室内声反射
（数据来源：作者绘制）

图2-4-5 室内声扩散
（数据来源：作者绘制）

2-4-4形象地显示出厅堂内平面、凸弧面和凹弧面的声波反射的状况。

2. 声扩散

当声源在室内发声时，声波由声源到各部位形成了复杂的声场。对于任一部位，所接收到的声音均是由直达声、反射声（早期反射声）和混响声（50ms以后的反射声）三部分组成。如果室内各部分的声压接近相同，且声波是无规律地在各个方向传播，这种声场可以说是均匀的，也可称室内达到声扩散。因此声扩散包括两种含义：即室内声场的均匀分布和各部位的方向性扩散。前者是指整个室内各部位，都有接近相同的声压级（即在允许的最佳范围之内）；后者则是指室内某一位置上来自各个方向（0°～360°）的声压都很接近。

为使室内达到良好的声扩散，可采用如图2-4-5所示的几种处理手法：

（1）不规则的房间形体、不规则的表面处理和设置扩散结构；

（2）在室内界面上交替配置反射面和吸声材料（或结构）；

（3）无规律地配置吸声材料（或结构）。

3. 混响时间设计

1）混响时间

混响时间（T_{60}）是指声源停止发声之后，声强级衰减60dB所需要的时间。观众厅的容

积对混响时间影响很大，合适的容积能保证厅堂获得最佳的混响时间，并且减少对吸声材料、声反射板等辅助手段的使用。最佳混响时间是以500Hz的声音频率测得的参考数值，但是对这个指标不能绝对化。因为听感是很主观的感觉，而且单一频率的混响时间不能表明厅堂的音质。因此人们通常用多个频率的声音来计算和检查厅堂的混响时间。

（1）交响乐厅：一般选用1.7～2.0s（中频500Hz），低频125Hz提升1.1～1.3倍；对于不同的音乐作品，还有一些变动：莫扎特和其他古典作曲家的乐曲，混响时间较短，通常为1.5～1.7s，以展现这些作品的清晰、细致的特点；而勃拉姆斯、施特劳斯和马勒的后期浪漫主义音乐适宜选用2.0～2.1s较长的混响时间，为这些作品提供融洽、浑厚的声音；对于现代音乐则取1.8～1.9s。

（2）室内乐厅：室内乐有弦乐室内乐和管弦乐室内乐。室内乐的混响时间由于容积的幅度变化较大，小的100名听众左右，约600~700m³，大的可容纳600~800名听众，容积达3600～4800m³。因此，混响时间的幅度较大，一般为1.2~1.6s，低频（125Hz）提升1.1~1.2倍。

（3）合唱、独奏（唱）厅：通常在室内乐厅或更小的演唱厅内演出，取较短的混响时间，一般在1.2～1.4s范围内变动。

（4）管风琴演奏厅：由于管风琴的很多作品，适合于在教堂内演奏，因此，要求有很长的混响时间，经验值为4.0～4.5s，因此，一般配置在交响乐厅内的管风琴都达不到最佳的演奏效果。目前仅有少数国家设有专业的管风琴演奏厅，混响时间选用最佳值。

（5）歌剧院观众厅：对于歌剧院观众厅混响时间至今有两种观点：一种认为应以唱词的清晰度为主，采用短混响，1.1～1.3s，并列举国际上很多传统歌剧院的测定值为例证。另一种则认为应以音乐的丰满度为主，采用较长的混响，例如1.5～1.6s，持这一观点的人认为，欣赏歌剧的听众，早就熟悉唱词内容，强调清晰度，没有意义，同时，也列举国际上一些混响较长的歌剧院为例。两种观点各树其见，没有共识。因此，近代所建歌剧院往往选用上述两种观点的折衷值，即1.4s左右。

表2-4-2

<table>
<tr><th colspan="5" style="text-align:center">著名音乐厅音质的分级</th></tr>
<tr><th>"A+" 顶级</th><th>时间</th><th>座位数</th><th>容积</th><th>混响时间(s)</th></tr>
<tr><td>阿姆斯特丹音乐厅</td><td>1888</td><td>2047</td><td>18780</td><td>2.0</td></tr>
<tr><td>波士顿交响乐厅</td><td>1900</td><td>2625</td><td>18750</td><td>1.8</td></tr>
<tr><td>维也纳金色大厅</td><td>1870</td><td>1680</td><td>15000</td><td>2.0</td></tr>
<tr><td>"A" 优异</td><td></td><td></td><td></td><td></td></tr>
<tr><td>巴塞尔都市俱乐部(瑞士)</td><td>1876</td><td>1448</td><td>10500</td><td>1.8</td></tr>
<tr><td>柏林音乐厅</td><td>1986</td><td>1575</td><td>15000</td><td>2.0</td></tr>
<tr><td>卡迪夫圣大卫音乐厅(英国)</td><td>1982</td><td>1952</td><td>22000</td><td>2.0</td></tr>
<tr><td>克利夫兰 塞费伦斯音乐厅</td><td>1931</td><td>2101</td><td>15690</td><td>1.6</td></tr>
<tr><td>纽约 卡内基音乐厅</td><td>1891</td><td>2804</td><td>24270</td><td>1.8</td></tr>
<tr><td>国立剧场音乐厅</td><td>1997</td><td>1636</td><td>15300</td><td>2.0</td></tr>
<tr><td>苏黎世大音乐厅</td><td>1895</td><td>1546</td><td>11400</td><td>2.1</td></tr>
</table>

表2-4-2 几何声学分析中常见的声学缺陷（数据来源：作者绘制）

2）混响时间的计算

赛宾是美国哈佛大学的助理教授，一次哈佛大学校长请赛宾帮忙改进一个博物馆礼堂的音响效果，赛宾做了非常细致的调查研究，并发现了混响时间和房间容积、吸声材料之间的关系，改造最终取得成功。之后他就被波士顿交响乐团聘为声学顾问，合作设计了著名的波士顿交响音乐厅。波士顿交响音乐厅有2600座，满场中频混响时间达到了1.8s，有力地论证了赛宾的混响时间理论。这是世界上第一座在建造前就进行声学设计的音乐厅，也就在建造前的1898年，赛宾发现了著名的混响时间公式（赛宾公式）。如式2-4-1：

$$Rt = C \times V/(A \times a)$$

式中 Rt——混响时间；V——房间的容积；A——吸声材料的表面积；

a——吸声材料的吸声系数；C——常数，0.161。

但是赛宾公式在室内吸声量不大、室内各点声音能量一致以及接近假设条件下算是正确的，但是若a（吸声系数）大于0.2 时，用赛宾公式计算就会出现很大误差，此时通常会使用依林公式来代替计算。赛宾公式最大的作用还是在于控制厅堂的最大容积和每座容积指标，因为吸声量通常能占总声量的1/2～1/3，故每座容积指标对混响时间影响是很大的。

2.4.3 声学计算方法

1. 观众厅平面和剖面的声线作图

几何声学的原理就是将声音看成像光线一样的直射和反射，然后将这些声线投射到各反射面，检查反射声线分布是否均匀，是否存在音质缺陷。根据几何声学的结果来调整反射面的位置和角度。不过，几何声学只是声学设计的手段和验证方法之一，对于建筑师来说可以作为一种剧场声学初步设计的方法，可以用来验证观众厅的形体是否合适。真正要完善声学设计还需要靠其他设计方法和设备检验。

声线作图法就是从声源处向反射面作直线，同光线反射类似，反射角与入射角分别位于法线两侧，且二者相等，法线则是垂直于反射面的直线。其中的一些术语和基本原理如下：

声源——发出声音的点；

虚声源——反射声反向延长线的交点，并不是真正的声源，但其效果等效于声源；

无效声线——不能进行反射的声线或者反射后无法到达观众厅的声线；

反射声的密度——反映声场均匀程度；

反射声的时间——延迟时间大于50ms或声程差大于17m，通过图上距离可以按比例换算；

反射声的方向——反映了早期反射声、侧向反射声的方向。

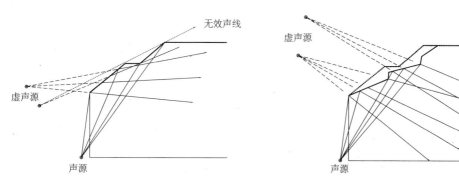

图2-4-6 声线法示意
（数据来源：作者绘制）

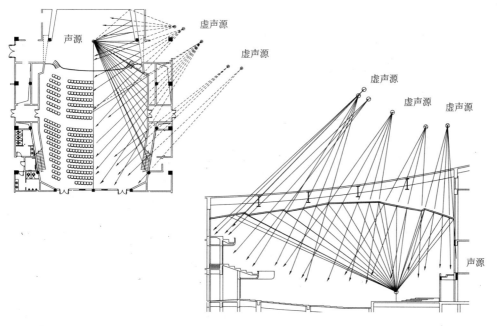

图2-4-7 音乐厅声线法作图示意
（数据来源：同济大学声学研究所提供）

表2-4-3　　　　　　　　　　　　几何声学分析中常见的声学缺陷

1	回声	声音经过顶棚和后墙反射回前座，声程差超过17m，且反射声能较强
2	长延时反射声	顶棚比较高，反射声声程较长，但反射声能不很强，还没有形成回升，但对语言有干扰作用
3	声影	挑台过深，反射声被遮挡
4	声聚焦	弧形顶棚使反射声线聚焦，声能分布很不均匀
5	反射声	两平行反射面间有时也会形成颤动回声
6	反射声	不平行反射面间有时也会形成颤动回声

表2-4-3 几何声学分析
中常见的声学缺陷
（数据来源：同济大学
声学研究所提供）

2. 声学专业方法

1）计算机声线模拟

早期的室内声场模拟主要依靠室内统计学理受缩尺模型(scale model)来完成，该技术已经发展得较为成熟。不过，由于成本较高，所需实验设备多，该技术往往只能在一些重要建筑结构设计中使用。随着计算机技术的发展，利用数字技术对室内声场环境进行计算机模拟成为可能，这种方法大大降低经济成本，减少时间，为建筑设计提供必要的指导。

（1）声线法

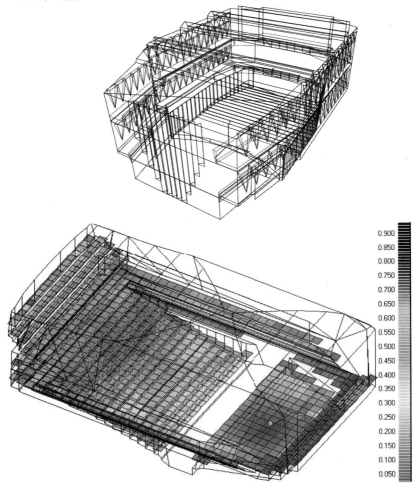

图2-4-8 计算机声线
模拟
（数据来源：同济大学
声学研究所提供）

声线法假定从声源发出大量向不同方向传播的声粒子，声粒子与界面发生碰撞，能量和传播方向均发生改变。在接收点记录声粒子的能量和经历的时间，即可得到该接收点的能量时间分布。为提高接收点能量响应的准确度，声线法有许多改进的模型，如圆锥形、三角锥形声束跟踪法等。

（2）声像法

声像法是基于这样的原理，即某一反射面的镜像反射路径可由该反射面的镜像声源和接收点的位置确定。对于一个矩形房间，可以很直观地确定任何反射阶次的所有镜像声源，接收点的声能量为各声像产生的声能量之和，各个声像与接收点的距离决定了反射声到达接收点的时间延迟，这样通过接收点与声像空间中的各声像位置即可得到反射声序列。

利用Odeon软件进行室内声场模拟分析，首先需建立实际厅堂的三维声学模型，三维声学模型可由Odeon软件内置的参数建模语言或由通用的AutoCAD软件完成，再转换成Odeon软件所能接受的文件格式。Odeon对输入的模型进行自动检查，自动合并一些相关的面，找出不符合该软件所定义的面及进行模型密封性检查，经修正符合软件的要求后，才能进行接下来的各类模拟分析计算；对于声源类型、位置、声功率及指向性、接收点位置等参数，根据实际情况进行设置；厅堂各表面材料需输入相应的吸声系数和散射系数。Odeon软件的吸声材料数据库、声源数据库均是开放的，用户可根据实际情况，添加或修改相应的数据库。该软件可自动计算出选定接收点的一些主要声学参数，也可按预先定义的网格布置接收点，给出63~8,000Hz各个频带中心频率各声学参量的彩色网格图。

2）实物缩尺模型

厅堂声学模型实验的基本原理

厅堂音质模型是指在厅堂音质设计阶段，为预测所设计的厅堂建成后的音质状况而制作的三维缩尺模型。模型的内部形状及内表面材料的吸声系数与所设计的实际厅堂一一对应，模型内声传播介质仍为空气。模型制作的一个主要参量就是缩尺比，其定义为所设计的实际厅堂线性长度与厅堂模型的线性长度之比，以整数表示。例如，实际厅堂的长度为30m，厅堂模型的长度为3m，则缩尺比为10。厅堂音质模型的内表面各个部分，包括观众席的吸声系数，在所测量的频率范围内应尽可能与相对应的实际厅堂内表面各部分及观众席的吸声系数相一致。在厅堂音质模型中，其测试频率和混响时间应根据模型的缩尺比进行相应的变化。

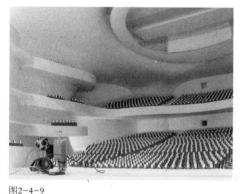

图2-4-9

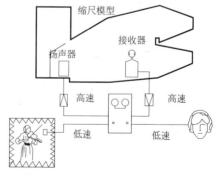

图2-4-10

图2-4-9 缩尺模型实际应用

（图片来源：建筑与都市：伊东丰雄/建筑与场所 [M]. 武汉：华中科技大学出版社，2010）

图2-4-10 缩尺模型原理示意

（图片来源：作者绘制）

其变化关系为：

频率如式2-4-2：

$$f' = nf \text{ (Hz)}$$

时间如式2-4-3：

$$t' = t/n \text{ (s)}$$

其中f'和t'为模型中的测试频率和混响时间，f和t为实际厅堂中的测试频率和混响时间，n为缩尺比。如上图所示，测试人员在一密闭无反射声房间内演奏，声音频率按照缩尺比调整后提高n倍进入缩尺模型中，通过接收器后在以缩尺比换算后以正常频率进入人耳，从而模拟出在真实条件下人耳的听闻效果。

第3章 歌舞剧场设计
Chapter 3

3.1 歌舞剧场的基本概况

　　常见的剧场类型主要有歌舞剧场、话剧剧场、戏剧剧场。由于三者在功能空间划分和舞台设备上有很多相同点，故在此一起介绍，并以歌舞剧场为例。

3.1.1 歌舞剧场的简述

　　通常的剧场的功能关系主要由三大部分组成，分别是：观众厅部分、舞台部分、演出准备部分。三者紧密结合，有机联系。本书对剧场的介绍也大致按此三部分展开叙述。

　　下面以现代歌剧院为例介绍现代剧场的平面功能关系。

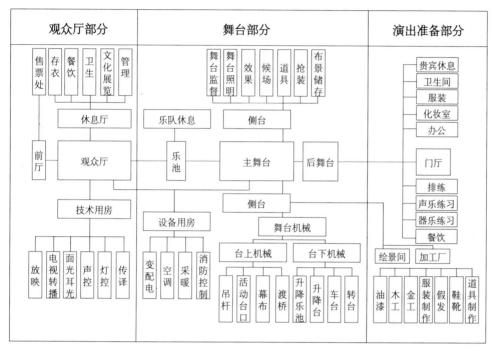

图3-1-1 现代剧场的平面功能关系

（图片来源：《建筑创作》杂志社承编. 国家大剧院—设计卷 [M]，天津：天津大学出版社，2008）

　　（1）观众厅部分：观众厅部分最主要的是观众厅，围绕观众厅布置前厅、休息厅、技术用房等服务房间。其中又包含售票、存衣、餐饮、卫生间等具体功能用房。

　　（2）舞台部分：舞台部分一般包括主台、侧台、后舞台、乐池、舞台机械设备及相关技术用房，这里集中了剧院建筑最复杂的机械系统。

　　（3）演出准备部分：主要包括化妆室、服装间、道具室、排练厅和库房等等房间，有些剧场可能结合需要设置演员餐饮、食堂等房间。

　　图3-1-2和图3-1-3显示了一个典型的现代歌舞剧场的平面和剖面的空间模式。

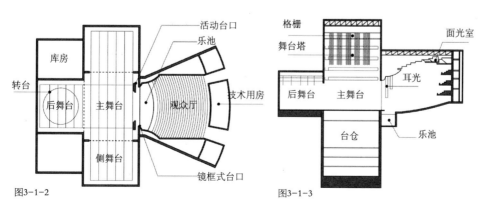

图3-1-2　图3-1-3 东京国立剧院平面与剖面

（图片来源：（日）服部纪和著，张三明、宋姗姗译. 音乐厅·剧场·电影院 [M]. 北京：中国建筑工业出版社，2006）

3.1.2 歌舞剧场的分类

确定剧院规模等级有助于下一步控制投资、参考相应的面积指标、选购舞台设备等，目前按照观众厅容量剧场可分为以下四类。

1. 特等剧场：属于国家级、文化中心以及国际性文娱建筑。其质量标准根据具体情况确定。

2. 大型剧场：属于省、市、自治区级重点剧场，具有接待国外文艺剧团和国内大型演出的能力。

3. 中型剧场：属于省、市、自治区级一般剧场，具有接待国内中型文艺团体演出的能力。

4. 小型剧场：主要接待一般文艺团体演出。

表3-1-1   剧院规模划分

规模分类	特大型	大型	中型	小型
观众容量	1600以上	1201～1600	801～1200	300～800

表3-1-1 剧院规模划分

表3-1-2 剧场等级与
耐久年限和耐火等级
的关系

（数据来源：建筑设计
资料集4 [M]. 第二版. 北
京：中国建筑工业出版
社，1994）

表3-1-2   剧场等级与耐久年限和耐火等级的关系

	耐久年限	耐火等级
特等	另定	另定
甲等	>100年	≥二级
乙等	50～100年	≥二级
丙等	25～50年	≥三级

3.2 现代歌舞剧场的舞台设计

3.2.1 基本概念

1. 舞台空间组成关系图

现代歌舞剧场中，典型的舞台平面关系和剖面关系，如前页图3-1-2和图3-1-3所示。

2. 舞台的种类

现代剧场的舞台主要有以下四种类型：

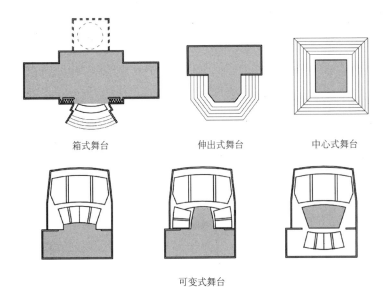

箱式舞台   伸出式舞台   中心式舞台

图3-2-1 现代剧场舞
台种类

（图片来源：作者绘制）

可变式舞台

1）箱形舞台

箱形舞台是一个独立的箱形空间，观众通过镜框式台口观看表演。它包括台口、台唇、主台、侧台、栅顶、台仓等。其应用十分广泛，从剧院到音乐厅都能找到此种类型的舞台。

优点：有利于布置各种布景道具，台口和表演区的各类幕布能满足演剧时分幕分场的要求，迁换布景十分方便。

缺点：台口与大幕把观众和演员分割于两个不同的空间中，割断了两者之间的感情交流，使得舞台艺术表演力受到一定限制。

2）伸出式舞台

舞台的一部分伸入观众席内成半岛状。观众可以从三个方向观看表演。

优点：布景简练、无大幕、道具少。适用于风格化、抽象化的戏剧演出。

缺点：适用性较弱。

3）中心式舞台（全开敞式舞台）

与观众厅处于同一空间中，舞台周围被观众席位所包围。

优点：舞台开敞，演员与观众能够直接交流。

缺点：不能装置丰富多彩的场景，无法上演歌剧、芭蕾等舞剧，在演出类型上有较大的局限性。

4）可变舞台

可变舞台适合于多功能剧场，它可以根据不同的剧种改变舞台的形式。

优点：具有最大的灵活性。

目前比较常见的还是箱形舞台，它可以装置相对丰富的场景和利用舞台机械来实现多种特技效果，后面将以箱形舞台为例详细介绍剧场的舞台设计。

3. 舞台的设计要求

现代舞台设计要求很高，往往集中了结构学、机械学、声学、光学、电子技术的最新科技成果。设计难度非常复杂，需要配合的学科、工种更多，它已经绝不是单一的建筑师所能完成的。所以，在舞台设计时，建筑师除了要满足舞台演出空间的要求以外，还要做要各学科、工种的协调配合工作，满足舞台所要求的技术条件和空间限制。

参见下表：

表3-2-1 　　　　　　　　舞台设计中要着重考虑内容

选定舞台类型	在设计前要与建设方研究剧场使用功能、性质，是综合性剧场还是专业性剧场，然后还要和演出部门的导演、演员、舞美、灯光设计师等合作确定舞台类型、功能组成和大小
确定舞台机械系统	现代舞台机械一般由舞台机械工程师配合完成。建筑师要与机械师共同研究确定舞台机械系统和舞台技术所需的空间；确定制造和安装舞台机械的专业厂家，并协同厂方一起研究机械化舞台的系统问题和对建筑设计的要求
选定舞台照明及控制系统	建筑师要配合电气工程师及舞台照明专家选择舞台照明系统及布置灯光控制系统，确定灯控室的位置
考虑空调系统	通风采暖降温是表演环境基本的设备要求，冷暖气管道的布置会与舞台工艺布置产生矛盾，要协调解决好
处理好电声和建声系统	要根据电声设计的工艺要求，选用性能优质的电声器材，布置好位置恰当的声控室。由于舞台空间大，要注意建声设计，校验舞台混响时间，不要超过耦合空间的观众厅
注意舞台防火排烟设计	舞台消防设施包括防火幕、防火门、水幕、消火栓、自动喷淋系统、报警系统及消防控制室、防烟及排烟系统等都应与消防部门协商解决

表3-2-1 舞台设计中要着重考虑的内容

（数据来源：吴德基编著.观演建筑设计手册[M].北京：中国建筑工业出版社，2006）

3.2.2 主舞台基本设计

主舞台的是舞台设计中的参照,其他如侧台、后舞台的尺度确定都与主舞台有关。下图3-2-1和图3-2-2为典型的传统箱形舞台的各比例关系图,这是一组常用的数值关系。

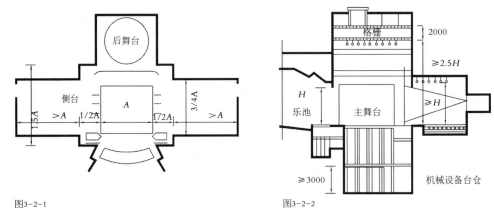

图3-2-1 舞台设计中平面常用比例关系

图3-2-2 舞台设计剖面中常用比例关系

(图片来源:建筑设计资料集4 [M]. 第二版. 北京:中国建筑工业出版社,1994)

图3-2-1   图3-2-2

1. 主舞台的功能分区

主舞台是舞台最主要的表演区,其功能区域划分如图3-2-3所示。主舞台的尺度包括台深、台宽和舞台高度。

台深是指台口大幕线到天幕后墙的距离。沿台深方向可分为台口大幕部分、表演区、远景区、天幕灯光区及天幕至后墙部分。主舞台宽度包括表演区、边幕宽度和舞台工作区。

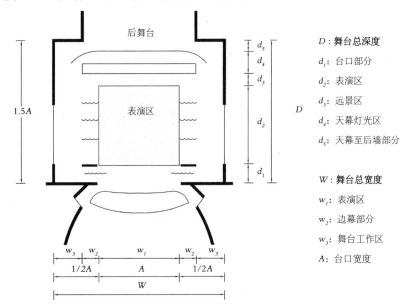

D:**舞台总深度**

d_1:台口部分

d_2:表演区

d_3:远景区

d_4:天幕灯光区

d_5:天幕至后墙部分

W:**舞台总宽度**

w_1:表演区

w_2:边幕部分

w_3:舞台工作区

A:台口宽度

图3-2-3 主舞台的功能分区

(图片来源:吴德基编著. 观演建筑设计手册 [M]. 北京:中国建筑工业出版社,2006)

2. 主舞台的尺度确定

1)舞台宽度

主要由表演区宽度、遮挡前排观众视线的侧幕、舞台两侧上部的工作天桥宽度与演员及工作活动区域构成。其中侧幕宽度一般为2~3m,工作天桥宽度一般为1.2~1.5m,另需增加天桥侧光及其与吊杆端部间隙1m左右。单式吊杆装置占用宽度约0.6m。侧幕及吊杆装置之间需留出3~4m的演员及工作区。

2）舞台高度

舞台高度是指舞台面至栅顶（又称葡萄架）或顶部工作天桥底面之间的高度。其取值与台口高度密切相关，下图列出了舞台高度选取的两种常见情况。

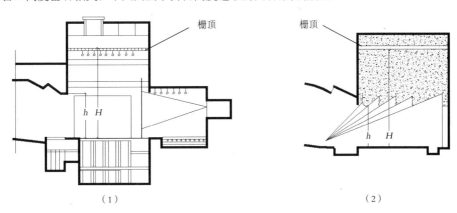

图3-2-4 舞台高度的选取

（图片来源：吴德基编著. 观演建筑设计手册 [M]. 北京：中国建筑工业出版社，2006）

（1）$H=2h+2m$ ；（2）檐幕倒八字布置时 $H=2h+2\sim4m$；H——舞台高；h——台口高

3）舞台深度

舞台深度是由大幕区、表演区、远景区、天幕灯光区、天幕至后墙区共同决定的，表演区深度取决于不同规模和剧种的演出要求，下图列出了不同剧种表演区的尺度选择范围。

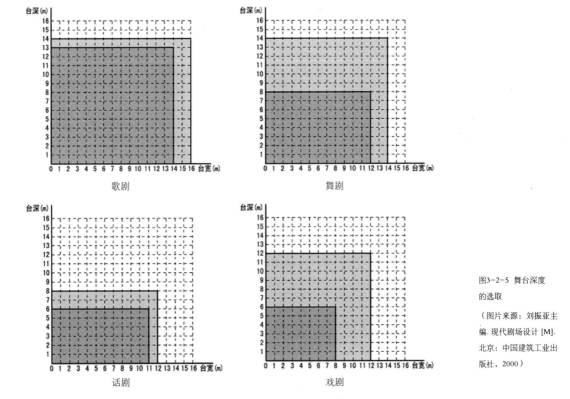

图3-2-5 舞台深度的选取

（图片来源：刘振亚主编. 现代剧场设计 [M]. 北京：中国建筑工业出版社，2000）

景区所占深度也随剧种不同而有所不同。对于舞剧来说，外景戏比重较大，中远场景比较重要。歌剧景区有时比舞剧还要大些。话剧除了外景戏以外，一般布景与表演区结合，景区深度要求不高。后页表3-2-2列出了不同剧种的表演区和景区尺度。

表3-2-2　　　　　　　　　　　　　　　　不同剧种的表演区和景区尺度

剧种	规模	表演区大小（m）		景区大小（m）	
		宽度	深度	宽度	深度
京剧	中小型	6~8	12	16	3.5~4.5
歌剧	大型	10~12	14	18~21	4.5~6
舞剧	中小型	8~10	12	16	3.5~4.5
	大型	14~16	14~16	18~21	6~10

表3-2-3和表3-2-4分别列出了主舞台各组成部分尺度说明和不同规模的主舞台尺度要求，便于大家参考。

表3-2-3　　　　　　　　　　　　　　　主舞台各组成部分尺度说明

尺度方向	代号	内容名称	尺度说明
舞台深度方向 $D=d_1+d_2+d_3+d_4+d_5$	d_1	台口部分大幕区	包括台口幕所占空间深度和假台口厚度。大型机械化舞台，包含防火幕、台口檐幕、收缩大幕、场幕、假台口等。建筑台口内皮至假台口内皮一般约2.2~2.8m。一般舞台，包含台口檐幕、大幕、场幕和假台口等，共深1.4~1.6m
	d_2	表演区深度	见表3-2-2不同剧种表演区尺寸图
	d_3	远景区	深度随剧种而定。歌剧、舞剧的中远景场面较重要，话剧、戏曲等景区较浅。景区通常深度为2.0~3.0m
	d_4	天幕灯光区	可采用正投式，也可采用背投式天幕。深度约3.5~4.0m
	d_5	天幕至后墙区	一般≥1.0m
舞台宽度方向 $W=w_1+w_2+w_3$	w_1	表演区宽度	见表3-2-2不同剧种表演区尺寸图
	w_2	边幕宽度	主要用来遮挡前排偏座观众的视线，防止观众看到表演区外的演出准备活动。通常宽2.0~3.0m，大型舞台可加宽至3.0~4.0m
	w_3	舞台工作区宽度	3.0~4.0m
舞台高度方向	h	台口高度	和台口的宽度成一定比例关系
$H=2h+2~4m$	备注		台深大时：$H=2.5~3h$。H在$3h$时，演出效果好，场景开阔

表3-2-4　　　　　　　　　　不同规模的主舞台尺度要求

舞台类型	特点	舞台宽度(m)	舞台高度(m)	舞台深度(m)
小型	以演戏剧为主，这类演出简练夸张，是写意性表演艺术。表演小，对布景不要求	21~24	≥18	12~15
中型	适合话剧或综合性演出，乐池可设可不设，此规模的舞台适应性较强	24~27	≥22	16~18
大型	通常以歌舞剧为主，表演区要求大，景区也要求深	27~30	≥24	19~26

3. 台口设计

台口的宽和高需要结合观众厅和舞台两者综合进行考虑，总体上台口宽度应大于或等于表演区。此外，台口尺度与演出剧种及观众厅规模相关。台口高宽比例可参照下图3-2-6。

台口高度除了和宽度有一定比例关系外，还要满足最低限值：

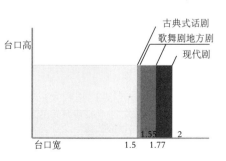

图3-2-6

图3-2-7

表3-2-5　　　　　　　　　　　　　　台口高度限值

小型舞台	中型舞台	大型舞台
6m	7.5m	8m

表3-2-5 台口高度限

（数据来源：刘振亚主

编. 现代剧场设计 [M].

北京：中国建筑工业出版

社，2000）

话剧的台口宽比其他剧种要小，其台口宽度可用式3-2-1计算：

$$A=\sqrt{(N/(6\sim7))}$$

式中 A——台口宽度；N——观众厅容量。

歌舞剧院的台口宽度：A=话剧台口宽度×1.25。一般台口宽度约大于观众厅宽度一半，比表演区稍宽，使观众能看全表演。台高约为台宽2/3~3/4。

此外台口和主台尺度还同演出剧种、观众厅容量、舞台设备、使用功能及建筑等级有着密切关系。箱形舞台设计可参照下表：

表3-2-6　　　　　　　　　　　不同剧种及容量对台口及主台尺度的要求

剧种	观众厅容量（人）	台口（m）		主台（m）		
		宽	高	宽	进深	净高
歌舞剧	1200~1400	12~14	7~8	24~27	15~21	18~20
	1401~1600	14~16	7.5~8.5	27~30	18~21	17~22
	1601~1800	16~18	8~9	30~33	21~24	18~24
话剧	500~800	10~11	5.5~6.5	18~21	12~15	13~17
	801~1000	11~12	6~7	21~24	15~18	14~18
	1001~1200	12~13	6.5~7.5	24~27	15~18	15~19
戏剧	500~800	8~10	5~6	15~18	10~12	12~15
	801~1000	9~12	5.5~6.5	18~21	12~15	13~16
	1001~1200	10~12	6~7	21~24	15~16	14~17

表3-2-6 不同剧种及

容量对台口及主台尺度

的要求

（数据来源：建筑设计

资料集4 [M]. 第二版. 北

京：中国建筑工业出版

社，1994）

4. 假台口设计

假台口的主要作用是调节舞台台口的大小和比例，适应不同的演出要求。这就大大提高了舞台使用的灵活性。

如图3-2-8和图3-2-9，假台口由左右侧框和上框三片组成，左右可平移，上下可以升降，可构成不同大小的台口尺度。假台口上框朝舞台方向可布置照明灯具，用来弥补面光和耳光的不足。

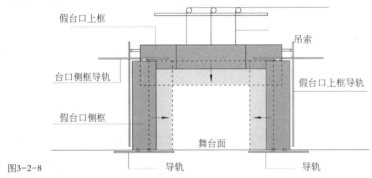

图3-2-8

图3-2-9

图3-2-10

图3-2-8，图3-2-9 假

台口的组成示意

（数据来源：作者绘制）

图3-2-10 合肥大剧院多

功能厅假台口

（图片来源：作者拍摄）

5. 天桥设计

天桥是位于舞台上空的通廊，用来安装、操纵和检修舞台上部机械和灯光等设备。下页图3-2-10是天桥布置示意图。普通剧场中天桥层数一般设2~3层，大型剧场设5~6层。天桥上下之间设梯子联系，条件好的剧场可以设电梯解决垂直交通问题。天桥的宽度一般为1~1.2m，栏杆高1m。

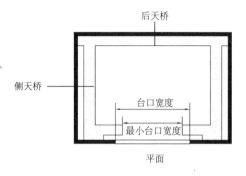
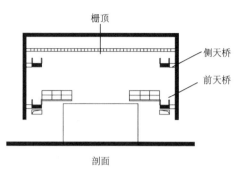

图3-2-11天桥设计平面与剖面的组成示意

（图片来源：吴德基编著.观演建筑设计手册[M].北京：中国建筑工业出版社，2006）

6. 栅顶（葡萄架）设计

栅顶通常也称葡萄架，一般位于舞台结构层内，如图3-2-12至图3-2-14。该楼面的作用是为舞台安装、维修吊杆，还可设置电力、消防管线等设备。栅顶的工作净高不应低于1.8m，以方便人员安装、检修。

图3-2-12，图3-2-13
绍兴大剧院栅顶

（图片来源：作者拍摄）

图3-2-12   图3-2-13

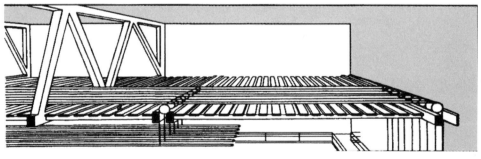

图3-2-14 栅顶示意图
（图片来源：吴德基编著.观演建筑设计手册[M].北京：中国建筑工业出版社，2006）

图3-2-15 栅顶常见位置示意

（图片来源：建筑设计资料集4[M].第二版.北京：中国建筑工业出版社，1994）

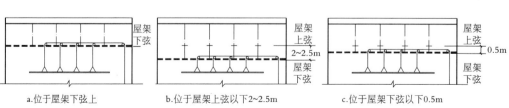

a.位于屋架下弦上   b.位于屋架上弦以下2~2.5m   c.位于屋架下弦以下0.5m

3.2.3 台唇的基本设计

台唇是舞台在台口大幕线以外的延伸部分。台唇两侧可设台阶作为舞台和观众厅的联系通道。

表3-2-7 台唇的基本功能

	京剧、地方戏可在台唇上表演，贴近观众
台唇的功能	演唱效果比在表演区内好
	演员利用台唇演过场
	报幕和谢幕的空间

表3-2-7 台唇的基本功能

（数据来源：刘振亚主编. 现代剧场设计 [M]. 北京：中国建筑工业出版社，2000）

1. 台唇的设计要求

（1）台唇空间具有演出功能时，必须有相应的面光、耳光，脚光照明。

（2）歌舞剧一般都不在台唇上表演，因受剧情及场景的限制。此类剧场均有乐池，因此台唇不宜做得太大，以免增加观众视距。

（3）现代剧场的乐池可以设计为升降式。升降用机械式的液压传动提升池面；也可以乐池上铺板扩大台唇或增设席位，以适应不同剧种的演出要求。

（4）台唇的边沿应设置脚光灯，上铺活动盖板，台唇厚度除结构和台板厚度外，必须考虑脚光灯槽的深度，一般总厚约0.35m，不宜太厚以免影响乐池净空。

（5）舞台的台仓内要设灯光控制室、效果间、提词间时，舞台面上应设观察孔，以便观察到台上演出及观众厅内情况。

2. 台唇的形式和尺度

台唇的平面形式和尺度见下图。B为台唇的最宽处，最好为2.0~2.5m。

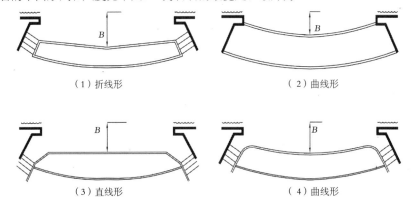

（1）折线形　　　　　　　（2）曲线形

（3）直线形　　　　　　　（4）曲线形

图3-2-16 常见台唇形式与尺度

（图片来源：吴德基编著，观演建筑设计手册 [M]. 北京：中国建筑工业出版社，2006）

3.2.4 乐池的基本设计

乐池是作为乐队演奏和合唱队伴唱的场所。舞剧、歌剧都需要乐队和乐池，京剧和地方戏常在舞台的上下口处伴奏，可以不设乐池，但是有些如越剧、沪剧、黄梅戏等常在乐池中伴奏。

乐队乐位的布置是根据乐队规模由指挥来排列的。建筑设计时，建筑师不必花费精力去研究具体的乐位布置和尺寸等问题。常用乐池乐位分区，如图3-2-17。

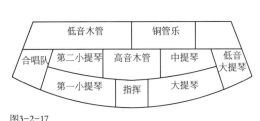

图3-2-17

图3-2-18

图3-2-17 乐池乐位分区

（图片来源：建筑设计资料集4 [M]. 第二版. 北京：中国建筑工业出版社，1994）

图3-2-18 乐池实景

（图片来源：http://rmiles.wordpress.com）

1. 乐池的平面设计

乐池的设计主要考虑的是有足够的面积与合适的长宽比例，下表列出了乐池的面积及长宽比例关系。

表3-2-8 乐池平面关系

（数据来源：吴德基编著.观演建筑设计手册[M].北京：中国建筑工业出版社，2006）

表3-2-8   乐池平面关系

平面示意图	L:B	L	B
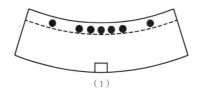	2:1~3:1	乐池宽度过宽，指挥困难，对两端演员配合不利，演奏不易平衡；过窄无法满足合理的乐位	乐池最大进深处：至少应布置两排乐位需4m，三排乐位需5~6m

表3-2-9 乐池面积指标

（数据来源：建筑设计资料集4[M].第二版.北京：中国建筑工业出版社，1994）

表3-2-9   乐池面积指标

剧场类型	L	B	乐池面积m²
一般中型综合性剧场	11~13	5	55~60
大型歌舞剧场	14~15	5~6	75~80
特大型歌舞剧场	15~16	6.5~7.5	100~120

乐池有以下两种基本平面形式，如图3-2-19：

（1）乐池后墙为弧形，有利于声音扩散，但不利于演奏者左右听音的配合。

（2）后墙成直线。比较普遍的形式，有利于乐队排列和左右演奏者的配合。台唇轮廓线可以为直线或者曲线。

图3-2-19 乐池平面形式

（图片来源：建筑设计资料集4[M].第二版.北京：中国建筑工业出版社，1994）

（1）

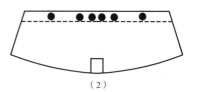
（2）

乐队组成有交响乐队、民族乐队之分。交响乐队根据双簧管或单管的多少分为单管、双管、三管、四管乐队等，其编制及人数在一定范围内变动。民乐队分大型、小型两类。在乐池中伴奏歌舞剧最大为三管乐队；四管乐队或特殊编制的乐队是交响乐演出。

表3-2-10 伴奏的交响乐队组成情况

（数据来源：建筑设计资料集4[M].第二版.北京：中国建筑工业出版社，1994）

表3-2-10   伴奏的交响乐队组成情况

组成	类型			
	单管乐队（人）	双管乐队（人）	三管乐队（人）	四管乐队（人）
第一小提琴	4~6	8~12	10~16	20
第二小提琴	2~8	6~10	8~14	16
中提琴	2~3	4~8	6~12	14
大提琴	1~2	4~6	6~10	12
低音大提琴	1~2	2~4	4~6	10
木管乐	4	8	12	16
铜管乐	5~7	9	11	18
打击乐	1	2	3~4	6
竖琴及其他	0	0~1	1	8
总人数	20~29	43~60	61~86	120

图3-2-20 绍兴大剧院升降乐池

（图片来源：作者拍摄）

表3-2-11　　　　　　　　　　　　　　　　　　民族乐队组成情况

乐组		大型(人)	小型(人)
弦乐组	高胡	8	4
	二胡	6	4
	中胡	4~8	1
	马头琴	3	2
	低音马头琴	2~3	0
色彩性乐器	板胡椰胡	1~2	
弹拨组	扬琴	2	2
	大扬琴	1	0
	高音扬琴	1~2	
	琵琶	4	2
	大琵琶	1	0
	中阮	4~6	1
	小阮	1	1
	大阮	2	1
	三弦	2	2
管乐组	唢呐	2	2
	笛	2	0
	海笛	2	1
	新笛	2	1
	改良喉管	4	1
	笙	3	1
	高音笙	1	1
	低音笙	1	1
	倍低笙	1	0
打击组	鼓锣钹铃	10	2
总人数		70~78	29
乐队所占面积		>70~78	>29

表3-2-11 民族乐队组成情况

（数据来源：建筑设计资料集4 [M]. 第二版. 北京：中国建筑工业出版社，1994~1998）

2. 乐池的剖面形式与设计

乐池常见的剖面形式主要有半封闭式、半开敞式和开敞式，其中半封闭式由于音质效果差而很少采用，实际之中通常采用后两者。下表列出了乐池的剖面比例关系及优缺点说明。

表3-2-12　　　　　　　　　　　　　　　　　　乐池剖面形式与设计

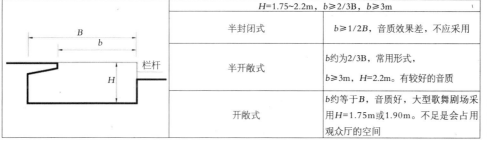

		$H=1.75\sim2.2m$，$b\geq2/3B$，$b\geq3m$
	半封闭式	$b\geq1/2B$，音质效果差，不应采用
	半开敞式	b约为2/3B，常用形式，$b\geq3m$，$H=2.2m$。有较好的音质
	开敞式	b约等于B，音质好，大型歌舞剧场采用$H=1.75m$或1.90m。不足是会占用观众厅的空间

表3-2-12 乐池剖面形式与设计

（数据来源：刘振亚主编. 现代剧场设计 [M]. 北京：中国建筑工业出版社，2000）

常见的乐池开敞和半开敞式布置形式示意如下页图3-2-21所示，需要注意的是台唇下乐池的高度应不小于1.9m，以满足低音提琴手操作活动要求。必要时可以局部降低其标高，处理成台阶式。此外乐池深度不宜过浅，否则乐队的演奏活动会会分散观众的注意力。

由于我国传统剧的伴奏位置通常在舞台的下场口甚至舞台上的屏风后面，所以一般不需要布置上述类型的乐池。但要处理好声音向观众厅的扩散和遮挡观众视线使其不暴露出来。

3. 活动升降乐池

乐池地面可升降，以满足不同的演出要求。但需要注意的是当乐池全部升起作为台唇的扩大时，面光耳光也应随着需要增设多道，否则这种前扩的台唇还是会受到舞台表现的限制。

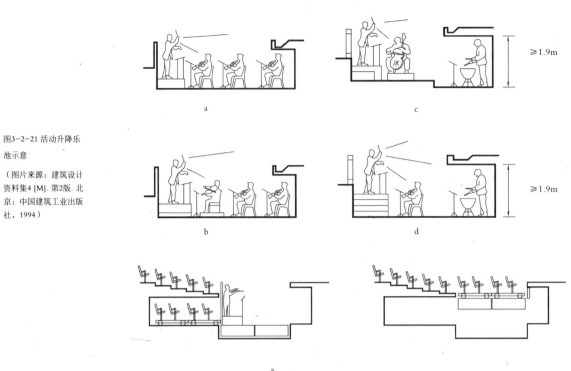

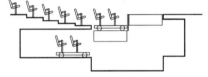

图3-2-21 活动升降乐池示意

（图片来源：建筑设计资料集4 [M]. 第2版. 北京：中国建筑工业出版社，1994）

图3-2-22 升降乐池不同演出状态的使用

（图片来源：作者绘制）

图3-2-23 升降乐池实景

（图片来源：http://www.nytimes.com）

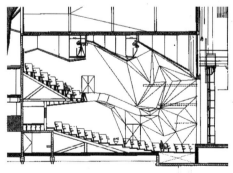

图3-2-24 荷兰阿哥拉剧院及其升降乐池

（图片来源：http://www.hallucinate.com.cn）

3.2.5 侧台的基本设计

侧台位于主舞台的两侧或一侧，主要是用来存放和变换舞台布景，是存放车台、气垫车台的空间。对于话剧等使用立体景片比较多的演出，侧台具有重要作用。需要上场的影片可以在侧台预作准备，尤其是使用机械化舞台或气垫式车台的舞台，景片可以在侧台内的平台车上搭好，换景时就可以迅速推向主台，一方面缩短了换景时间，另一方面减轻了劳动量。

1. 侧台的形式

侧台的形式主要有正对式、错开式和单侧台，比较常见的是正对式侧台，如表3-2-13。图中显示了侧台和主舞台的基本尺寸关系。

表3-2-13　　　　　　　　　　　　　　　　侧台的形式示意图及说明

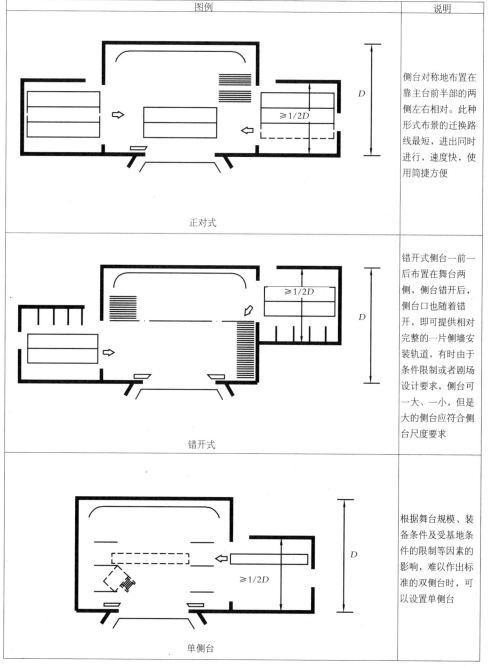

图例	说明
正对式	侧台对称地布置在靠主台前半部的两侧左右相对。此种形式布景的迁换路线最短，进出同时进行，速度快，使用简捷方便
错开式	错开式侧台一前一后布置在舞台两侧，侧台错开后，侧台口也随着错开，即可提供相对完整的一片侧墙安装轨道，有时由于条件限制或者剧场设计要求，侧台可一大、一小，但是大的侧台应符合侧台尺度要求
单侧台	根据舞台规模、装备条件及受基地条件的限制等因素的影响，难以作出标准的双侧台时，可以设置单侧台

表3-2-13 侧台的形式示意图及说明

（数据来源：吴德基编著. 观演建筑设计手册 [M]. 北京：中国建筑工业出版社，2006）

2. 侧台的尺度确定

一般每个侧台的面积不要小于主舞台面积的1/3。宽度一般应大于等于台口宽度。在使用车台的情况下更应该如此。因为不仅要放下车台，还要考虑放置布景等。侧台深度应等于表演区深或等于台口宽度的3/4左右。在使用车台的情况下，不应小于车台总宽加1.2m。侧台高度要考虑硬景片的拼装，一般要有7m，其开口高度一般不应小于6m，方便景片出入。侧台具体尺寸关系见下表。

表3-2-14　　　　　　　　　　　　　　　　　侧台的基本设计

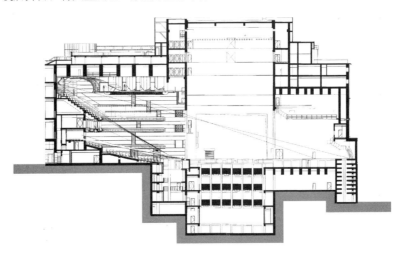

侧台宽	$W \geqslant A$（台口宽度）；机械化舞台时 W=车台长+4~5m；$W=A+2$~4m
侧台深	$D_1=1/2$~2/3D；$D_1=D$
侧台口	$d \geqslant 6$m；$d=d_1+1$m
侧台高	

表 3-2-14 侧台的基本设计

（数据来源：建筑设计资料集4 [M]. 第二版. 北京：中国建筑工业出版社，1994）

3. 侧台的对外出口

侧台最好设置对外出口，主要是装卸布景用。侧台进出景物的门净宽至少2.4m，净高不低于3.6m。如果搬运布景卡车开进侧台，则侧台外门最好宽3m，高4.5m，此时应设坡道。

3.2.6 后舞台的基本设计

后舞台主要用在大型歌舞剧院当中，它是主舞台的延伸部分，可以达到深远壮丽的场景效果。随着舞台布景和灯光技术的迅速发展，后舞台的重要性已相对减弱，中小型剧场多不设后舞台；特大型剧场一般需设置后舞台。

图3-2-25 国家大剧院歌舞剧院剖面

（图片来源：《建筑创作》杂志社承编. 国家大剧院——设计卷 [J]. 天津：天津大学出版社，2008）

1. 后舞台的功能

（1）伸景区和表演区，展示深远壮丽的场面。

（2）可设置背景幻灯和放映机。从天幕背后投射画面，加强真实感及身临其境的感觉。

（3）平时用隔声防火幕隔开就可存放车台、气垫车台、转台或布景，也可兼作排练厅。

2. 后舞台的尺度确定

宽一般比前台口的宽度大4m左右。进深由舞台机械种类而定，深度一般≥1/2宽度。考虑到排练及延伸布景的需要，后舞台高度宜做到8~12m，并且要设置部分吊杆、灯光设备和工作天桥。后舞台可以有直接对外的出入口。

3.2.7 舞台机械设备

在科技高度发达的今天，舞台机械设备设计、制作与安装是由专业技术厂家来承接的，并且该厂家要和建筑、结构、声学、灯光等密切配合，协同完成整个舞台的设计。对建筑师来说，主要应了解舞台设施的种类、相关概念和大致布局（图3-2-26）。

舞台机械主要分为台上和台下两部分。重要的剧场在台上、台下都要设置舞台机械，称之为机械化舞台。如中国国家大剧院、上海东方艺术中心等等。若只有台上舞台机械而无台下者，谓之半机械化舞台。我国普通剧场一般多为半机械化舞台，可以节省一定的投资成本。

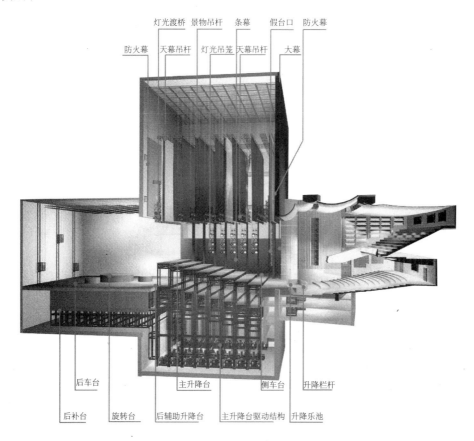

图3-2-26 舞台机械示
（图片来源：浙江大丰
实业提供）

1. 舞台上部的机械设备

主要有吊杆系统和幕布系统。可以认为吊杆系统是支撑体系，幕布系统是舞台表现体系，两者互为依靠。

图3-2-27 绍兴大剧院吊
杆系统

（图片来源：作者拍摄）

1）吊杆

吊杆是平行于台口能升降的用来悬挂各种幕布、景片、灯具等的水平横杆，如图3-2-27展示了现代剧场的吊杆系统。吊杆一般采用直径为5.08~6.35m的钢管，用高强而柔软的多股钢丝绳吊挂。其长度应不小于台口宽加两个边幕宽度，为台口宽度加4~6m，必要时可在吊杆端部加接套管来进行调整。吊杆间距为250~300mm，灯光吊杆不小于450mm。数目根据舞台深度和工艺设计而定，一般景物吊杆30~60榀，灯光吊杆3~5榀。由导轨和滑轮来控制吊杆上下滑动，吊杆行程一般自栅顶下0.5m至舞台地面上1.4~1.6m。

目前比较常见的吊杆系统为电动吊杆系统，其主要特点为程序化、自动化。电动吊杆有带平衡锤与不带平衡锤两种。前者由于加了配重，所需的马达功率较小。一般为了减少增减平衡锤的麻烦，设计时常把锤重固定为满载和空载之半，利用电动机自身来克服不平衡力。对于不带平衡锤的吊杆系统，电动机功率大、耗电多，但同时也简化了结构。

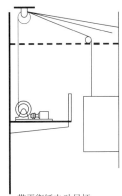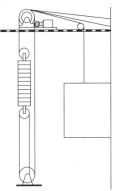

图3-2-28 常见的吊杆
系统示意

（图片来源：建筑设计
资料集4 [M]. 第2版. 北
京：中国建筑工业出版
社，1994）

a.带平衡锤电动吊杆   b.无平衡锤电动吊杆

2）幕

人们在舞台不同部位设置了各种功能的幕，主要作用是为了提供各种舞台效果。下图显示了标准舞台里幕的种类和位置。不同的幕有不同功能，见右页表3-2-15，今后随着表演艺术的发展，幕的种类和布置还会发生变化。

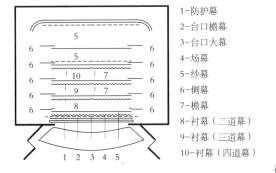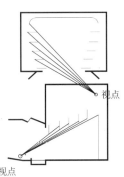

图3-2-29，图3-2-30
幕的种类和位置

（图片来源：吴德基编
著. 观演建筑设计手册
[M]. 北京：中国建筑工
业出版社，2006）

1-防护幕
2-台口檐幕
3-台口大幕
4-场幕
5-纱幕
6-侧幕
7-檐幕
8-衬幕（二道幕）
9-衬幕（三道幕）
10-衬幕（四道幕）

图3-2-29   图3-2-30

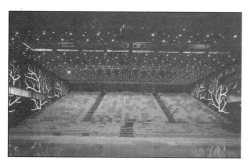

图3-2-31 西班牙莱里达会议中心

（图片来源：http://www.archgo.com）

表3-2-15　　　　　　　　　　　舞台不同幕位概念说明

类型	说明
大幕	在开场、闭幕时用来开闭舞台空间，是分隔观众厅与舞台空间的屏障
纱幕、衬幕	位于大幕之后，各种效果灯照射在此幕上可形成雨、雪、水等效果
檐幕、边幕	有平行布置和倒八字布置良种方式。平行布置如图3-2-29；倒八字布置如图3-2-30，可以避免观众视线看到侧台和舞台上空的设备
场幕、表演区幕	一般剧场以大幕代替场幕，场幕是换景与休息时用。表演区幕是用作改变表演区深度
银幕	用来放电影，常设置在多功能剧场中
天幕	是整个演出的背景画面。有圆天幕和平天幕两种。圆天幕较大时可以省去边幕，一般剧场中使用平天幕较多

表 3-2-15 舞台不同幕位概念说明

（数据来源：吴德基编著. 观演建筑设计手册[M]. 北京：中国建筑工业出版社，2006）

幕的开启方式主要有三种形式：垂直升降、斜拉对开和水平对开。目前的三动作大幕机可以完成下述动作。

a.垂直升降　　　　　　　　　b.斜拉对开　　　　　　　　c.水平对开

图3-2-32 舞台幕开启方式

（图片来源：浙江大丰实业提供）

3）灯光吊杆与灯光渡桥

灯杆是悬吊顶排光或天幕灯光用的吊杆。灯光渡桥除了装顶排灯外，还装聚光灯、幻灯和走云灯等，它是能上人去操纵灯具的灯桥。大中型舞台多将假台口的升降部分做成活动的灯光渡桥。灯光吊杆和灯光渡桥都是为舞台空间提供灯光效果的系统。在先进的剧场中，这些灯光主要有计算机编程控制，能够自动和舞台表演结合在一起。

舞台空间可分为若干景区，它直接影响台上机械设备的布置。布景吊杆和灯光按照景区布置，这样可以给不同景区创造出不同效果。对于机械化舞台，通常每一景区设置一块升降台、一块车台、一道灯光吊杆（或灯光渡桥）和一组布景吊杆。如图3-2-33所示，零景区指台口内皮至假台口内皮。中间景区主要位于舞台表演区，一般设单个景区的整数倍。天幕灯光区是舞台上最后的景区。每个景区一般深度为2～2.5m。

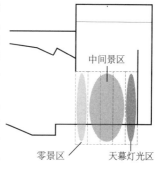

图3-2-33 景区位置说明

（图片来源：作者绘制）

2. 舞台下部的机械设备

随着高新技术的发展及新材料、新工艺、新配置在现代化舞台上的大量应用，为演艺事业的需求和发展提供了先进的硬件平台，使得台下设备的功能得到进一步发挥，作用得到进一步体现。因此，台下设备配置的合理性显得尤为重要。

舞台下部机械是舞台机械化设施的组成部分。其作用是让舞台面的一部分能旋转或升降以达到快速换景、创造特殊表演艺术的效果。是否需要设置这些设备要视演出剧种而定，京剧、地方戏不必使用这些设备，歌剧、话剧在经济条件允许的情况下可以使用这些装置。目前，较先进的机械设备都是由可编程序的计算机控制系统来进行控制。图3-2-34是机械舞台常用形式。

图3-2-34 机械舞台常用形式

（图片来源：作者绘制）

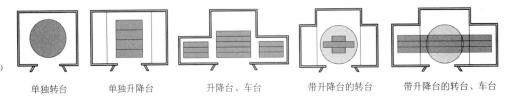

单独转台　　　　单独升降台　　　　升降台、车台　　　　带升降台的转台　　　带升降台的转台、车台

1）转台

顾名思义，转台是可以在水平面上旋转的平台，上面可以同时搭2~4个场景，换景不用闭幕，只需要将灯光调暗转动到下一场的布景即可。它的换景速度比车台、升降台要快。转台一般设置在主舞台或后舞台上，前边缘不超过大幕线，后缘距舞台后墙约4m以不影响安放天幕地排灯。

转台直径依主舞台的尺度来定，比较实用的转台直径应比舞台台口的宽度稍大。直径9~16m，一般是在台口宽度上加2~5m。例如，剧院台口宽11~12m，转台直径可为16~18m。转台的常见类型如下图3-2-35。鼓筒式转台是大型剧场中常见的转台形式。它是圆桶状结构，围绕中心轴转动，内设若干升降块，这样升降台可以随着转台转动，起到转台和升降两种效果。

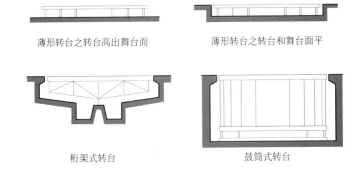

薄形转台之转台高出舞台面　　　　薄形转台之转台和舞台面平

图3-2-35 机械舞台常用形式

（图片来源：作者绘制）

桁架式转台　　　　　　鼓筒式转台

2）车台

车台的主要作用是快速换景。其被设置在侧台或后舞台中，使用时被推拉到表演区。左右车台和后车台可以交替换景，而不影响舞台演出效果。车台每块一般宽3~6m，总长度为舞台台口宽加1m。块数依演出要求而定，宽度总和相当于基本台常用表演区的深度。车台的几种常见结构形式如下图所示：

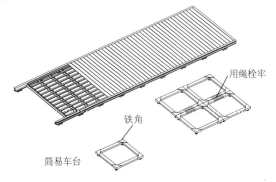

用绳栓牢

铁角

简易车台

图3-2-36 车台构造示意

（图片来源：作者绘制）

3）升降台

升降台是可升降的舞台台板，它主要功能是创造舞台的特殊场景，如通过台板升起，可构成大的起伏地形，形成山坡、台阶、表演楼上楼下、桥上桥洞；下降可以表演河湖、海岸。从而大大丰富表演空间，提高艺术表现力。

升降台分单层与双层两种，以前者居多。综合性机械化舞台的升降台有一个重要的作用就是承托车台和移动式转台，通过下降台面使车台及移动式转台的台面与主台齐平。升降台的台板之间缝隙应小于8mm。升降时噪声要小，升降平稳，安全可靠。升降台的几种常见结构形式如下图3-2-38所示。

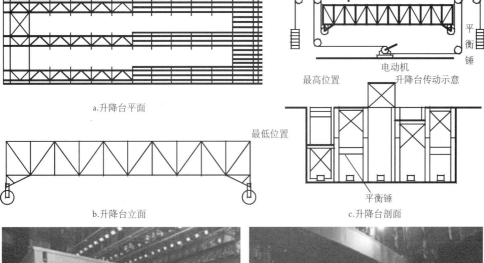

a.升降台平面

最高位置　升降台传动示意

最低位置

b.升降台立面

c.升降台剖面

图3-2-37 升降台构造示意

（图片来源：吴德基编著. 观演建筑设计手册 [M]. 北京：中国建筑工业出版社，2006）

图3-2-38 常州大剧院升降台

（图片来源：作者拍摄）

3.2.8 舞台灯光

舞台灯光的主要作用是为剧种照明和造型，利用光色效应配合演出创造各种光环境。灯光布置设计需要建筑师和舞台工艺师、灯光师及电气工程师相配合共同完成。舞台灯光技术总是随着演出内容和技术的发展而发展的。舞台灯光设计也是一门艺术，是为演出内容服务的，是舞台艺术的重要表现方式。目前，我国从国外大量引进了先进的舞台灯光技术，国内最近投入使用的新剧场，其舞台灯光的计算机自动化控制技术水平已非常高。灯光系统通过编程在排演过程中不断地和表演内容磨合，最终达到非常好的效果。

图3-2-39

图3-2-40

图3-2-39，图3-2-40 舞台灯光效果

（图片来源：http://farm4.static.flickr.com）

1. 舞台灯光的位置

不同功能作用的灯光，有其不同的位置，能够为演出活动创造各种效果。图3-2-41是我国典型的剧场灯光布置图。从图中可清晰了解剧场所需要的灯的种类和数量，表3-2-16详细说明了剧场灯光的概念和设计要求。

图3-2-41 舞台灯光的位置

（图片来源 建筑设计资料集4 [M]. 第二版. 北京：中国建筑工业出版社，1994）

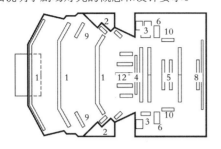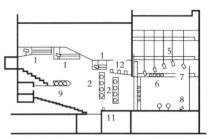

1—面光 2—耳光 3—台口内侧光 4—第一道顶光 5—顶光区 6—天桥侧光 7—天幕顶光
8—天幕地排光   9—挑台灯光   10—流动光   11—脚光   12—外顶光

表3-2-16 舞台灯光的位置和设计

表 3-2-16 舞台灯光的位置和设计

（数据来源：吴德基编著，吴德基编著. 观演建筑设计手册 [M]. 北京：中国建筑工业出版社，2006）

灯光类型	概念和位置	设计要求
面光	面光设在观众厅天棚位置，是照射表演区前部的灯光，是演员面部照明的主要光源	一般设1~3道，也有设计3道以上的； 投射角：面光至演员脸上的光线与水平面的夹角宜≤45°。第一道面光线射至表演区中心夹角为30°~45°。面光开口宽度不应小于台口宽度； 第二道面光线和大台唇前沿夹角为50°~60°，如图3-2-42和图3-2-43
耳光	是从观众厅侧面射向舞台的重要光源，照射演员的侧面，用来强调人物的立体造型。对称的布置在台口两侧，在观众厅侧出挑墙上挑形成耳光室	一般设置1~2道。如果为伸出式舞台，则需要设置第二道； 投射角：耳光光线能射至表演区中心线的2/3处，或大幕线后6m处，宜深为好。通常要求光线经台口边缘与观众厅中轴线所成夹角≤45°，如图3-2-44和3-2-45； 甲、乙等剧院耳光开口宽度≥1.2m，丙等≥0.9m。装2个灯具净宽为1.2m，3个灯具净宽为1.5m~1.8m，5个灯具为2.5m； 开口高度同耳光室净高，一般为2.20m
台口内侧光	台口内假台口侧框上的灯具	主要用于补充面光和耳光的不足
第一道顶光	台口内上部或假台口的上框上	一般为通道或渡桥形式，宽度>1m
顶光	舞台正上方的灯具	依舞台规模大小设置2~5道。每道顶光照亮一个景区，以消除面光、耳光及台口灯光产生的阴影，加强空间层次。挂置方式有吊杆和灯光渡桥两种
外顶光	位于台口外的顶棚上	伸出式舞台，或者镜框式舞台的大台唇作表演区时设置
天幕区光	用于照射天幕的灯具	一般布置于天幕前3~6m处，有后舞台的采用背投式
流动光	临时的能灵活移动的灯光	依演出需要用以创造特殊的舞台效果
脚光	位于台唇边缘的灯具	在台面上从下往上照射演员，脚光槽开口约0.5m
天桥侧光	位于边幕间隙、安装在两侧天桥栏杆上的灯具	通过边幕间隙投射到舞台，辅助演员面部照明，加强立体感和特殊效果
暗场地灯	演出幕间换景时用	安装在表演区两侧地板上，盖以厚的散光玻璃
工作灯	准备演出时用的照明	演出开始时自动关闭。安装在天桥、栅顶、侧台、台仓、控制室、机房等

2. 舞台灯光艺术

舞台艺术归根到底是一门光影艺术，再好的布景也需要光线来表现出来。舞台上的戏剧演出是一个整体画面，舞台灯光应该考虑画面的空间感和纵深感。而且随着剧情的发展，灯光展现出来的是一种四维的时空画面。

例如，投射于舞台表演区中景、后景上的舞台灯光称为背景灯光。观众主要依靠这些背景灯光获得舞台的纵深感。要体现背景光的纵深感可以有以下几种方式：①利用光的强弱存在距离感的原理。中国评剧院灯光师程乃先生说"从纵深方面看，应是前区亮、中区显、后区托……"；②利用人物和景物的影子来提高纵深感；③利用色彩的冷暖、深浅来创造纵深感。

随着技术的发展，灯光系统愈加复杂，可以创造出各种光效果。灯光系统要与剧场的总体技术要求和经济条件相适应。例如，美国盐湖城会议中心拥有目前世界上最大、最复杂的剧院灯光系统——ETC(Electronic Theater Control) Obsession II灯光控制系统，由6 000个控制回路和一个负责剧院建筑照明系统的中央网络组成。

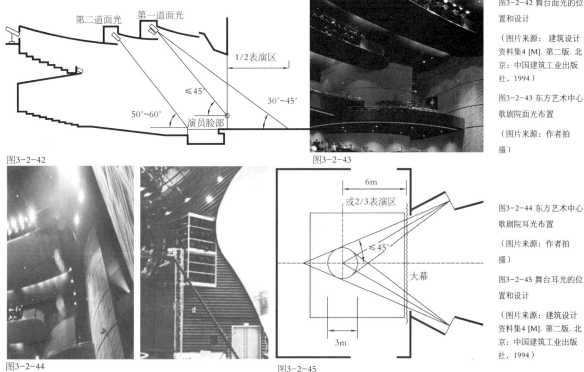

图3-2-42 舞台面光的位置和设计

（图片来源：建筑设计资料集4 [M]. 第二版. 北京：中国建筑工业出版社，1994）

图3-2-43 东方艺术中心歌剧院面光布置

（图片来源：作者拍摄）

图3-2-44 东方艺术中心歌剧院耳光布置

（图片来源：作者拍摄）

图3-2-45 舞台耳光的位置和设计

（图片来源：建筑设计资料集4 [M]. 第二版. 北京：中国建筑工业出版社，1994）

3.3 歌舞剧场声学设计

歌剧院观众厅的声学设计与音乐厅有相同之处，仅在声学指标的取值上有所差别，此外，增加了乐池及其周围反射面的设计。至于舞台上的声学处理主要通过舞美设计得到声学上的支持。

歌剧院的声学设计包括体形设计、容积的控制、混响时间的选择、早期反射声设计以及噪声和振动控制。

3.3.1 体形设计

体形设计关系到大厅的声场分布、后座的音量、声扩散的优劣和音质缺陷的消除等方面，也是歌剧院建筑设计首先涉及的问题。

歌剧院的体形比较单一，无论是传统的或是现代的，不外乎马蹄形、扇形和钟形等三种形式，且这三种形式均采用多层包厢。

（1）马蹄形：马蹄形多层包厢的形式是传统歌剧院的定型模式。对于大容量的歌剧院来说，它可以充分体现其优越性。近代的马蹄形多层包厢，已在传统的基础上作了改进，它包括池座地面的升起；减少台口两侧视觉不良的坐席；适当减少层数；组织乐池的声反射等。这种形式在歌剧院建筑中所占比率最高。

（2）扇形：切去了马蹄形平面靠近台两侧音质和视觉最差的听众席部位。使所有听众席都在展开角120~140°的最佳视听范围内(舞台表演中心向台口两侧的展开角)。但缺点是前侧墙不能给池座前、中部提供早期侧向反射声。因此，如果选用这种形式，必须对扇形前侧墙上追加反射面，以弥补这一缺点。

（3）钟形：在矩形平面大厅的台口两侧切角，通常称谓钟形。切角部位为耳光和舞台楼梯必须占用的面积和最佳位置。这种形式仅在靠近台口的两侧墙上配置，座席很少的包厢（挑台和跌落包厢）起到减少平行墙的面积、丰富空间处理和增加声扩散的目的。而把大量的坐席配置在舞台的正前方，使之获得最佳的视听效果。

（4）其他：除了上述三种形式外，也有采用多边形的，即靠近台口处为扇形，在观众席区则为倒扇形，构成不等边六角形平面。这种形式更有利于池座获得早期侧向反射声。

3.3.2 每座容积

自然声演出的歌剧院规模不宜过大。每座容积相应地比较小，理由是：容积小可使每个听众能获得较大的自然声能；其次是歌剧以演唱为主，混响时间较短，没有必要增大每座容积；另外，歌剧演员在舞台上演唱与交响乐队在演奏台上所处的声学条件相比差很多。因此，无论是传统的或现代的歌剧院观众厅每座容积一般都较小。通常每座容积在5.5~6.5m³取值是比较适宜的。

3.3.3 混响时间

歌剧院观众厅要考虑音乐和唱词的丰满度，同时要求唱词有足够的清晰度。因此，混响时间应在音乐丰满和唱词清晰的最佳值之间取值。至于如何取值则有如下两种不同观点：

一种观点认为歌剧演出，唱词贯穿全剧，要了解剧情，应首先确保唱词的清晰度，适当兼顾配乐和唱词的丰满度。对此，应取音乐丰满和唱词清晰之间的下限值，也即取较短的混响时间。主张混响时间取1.2~1.3s（中频500Hz满场）。

另一种观点则认为歌剧纯属音乐范畴，自然地应以音乐丰满为主，且歌剧听众一般都了解剧情，故适当兼顾唱词的清晰度即可。对此，应取较长的混响时间，为1.5~1.6s（500Hz满场）。

一般认为，传统歌剧院的混响时间过短，如1.1~1.2s，会影响音乐的丰满度，同时也不利于加强直达声的强度。而现代一些歌剧院混响时间偏长，如1.6~1.7s，也不利于唱词清晰度。因此，应取其拆衷值，即1.4~1.5s是适宜的。

3.3.4 声扩散设计

传统歌剧院的声扩散是借助于周墙柱廊上的多层凸弧形包厢栏板和均匀地配置听众席（周墙的包厢内和池座）而获得的。近代的歌剧院，规模大的多数仍采用马蹄形或改进的马蹄形，或者通过不规则的大厅形式或多层跌落包厢的栏板，以及墙面设置各种扩散结构达到声扩散，也有几种扩散措施相组合的形式。以上多种形式的扩散设计实际上是体形设计的重要部分和补充。通常在体形设计时，同时考虑声扩散和消除音质缺陷。

3.3.5 早期反射声的设计

早期反射声包括侧向和垂向（天花）两部分。侧向早期反射声，主要依靠窄的观众厅侧墙提供。一些传统的歌剧院观众厅很窄，通过侧墙和两侧包厢的凸弧形栏板获得足够的反射声，从而也有较好的空间感（环绕感）。现代的大容量歌剧院，观众厅跨度很大，池座的前、中区难以获得侧向和顶部的早期反射声，这种情况有两种补救措施：

1）利用升起的侧厢栏板和矮墙得到改善。

2）在宽的池座区，把两侧座局部升高，用矮墙分隔，矮墙即作为前、中区座席的侧向早期声反射面。此外，在台口前侧墙处理得当，也可给池座前、中区座席提供侧向早期反射声。

对于顶部（天花）的早期反射声，其覆盖面通常在池座的中、后区。前区只能借助于悬吊在台口外的顶部反射板。常见的顶棚处理形式如下表所示。

表3-3-1　　　　　　　　　　　　　　　　不同类型的顶棚及特点

形式	特点
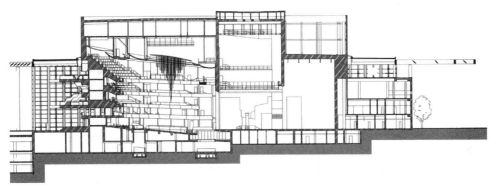	声反射式天棚。根据几何声学早期反射声原理设计天棚。在以自然声为主的厅堂中，常采用此手法，无楼座剧场易实现
	反射、扩散式天棚。舞台台口前天棚作早期反射声面，远离台口的观众厅天棚作声反射、扩散面设计，以改善观众厅的音质。有楼座的观众厅天棚设计，常采用此形式
	空间声反射体形式。混响时间较长、观众厅体积大的厅堂内，设置空间反射体以弥补天棚早期反射声的不足和缩短早期反射声的延迟时间。音乐厅常采用此种形式；现代多用途剧场观众厅也常采用

表 3-3-1 不同类型的顶棚及特点

（数据来源：项端祈编著. 音乐建筑——音乐·声学·建筑 [M]. 北京：中国建筑工业出版社，2000）

图3-3-1 达拉斯Winspear
歌剧院顶棚

（图片来源：*Architectural Record — Bold New Acts–A Theater,an Opera House,and a Concert Hall* 2010–02）

3.4 歌舞剧场后台等辅助空间的设计

3.4.1 当代剧场后台部分的功能关系

后台空间设计往往被设计师所轻视，这些空间常会被硬塞到一个已经设计好的几何形体当中，而设计师经常忽视这些空间包括什么内容、谁来使用它们、它们之间的关系是怎么样的。后台空间是后勤工作空间，它们能否有效地被利用取决于它们是否有最佳的面积、足够的空间高度、足够的电力设备支持等。因此，设计师一定不能放松对后台空间的设计思考。

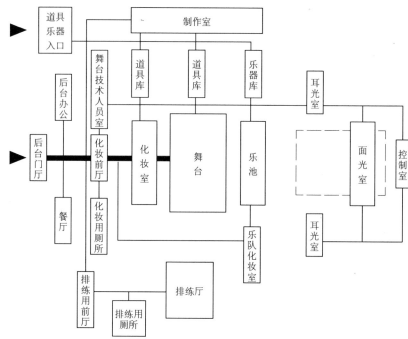

图3-4-1 歌舞剧院后台流
线关系示意

（图片来源：作者绘制）

3.4.2 房间布置

1. 化妆室

化妆室起初是从服装室分离出来的。化妆室一般要尽量靠近舞台，宜和舞台面同层。化妆室有大小之分，主角往往都有独立的小化妆间，有利于酝酿情绪。化妆室的位置可以在舞台的后面或侧面，也可以在中心位置或两个剧场之间，这样几个剧场可以共用化妆间，提高使用效率。化妆室内要提供盥洗槽，而且能够很方便地到达更衣室。不同种类的剧场对化妆室的要求也不同。歌剧院的演员比较多，需要有大面积的化妆室；以话剧和传统戏曲为主的剧场化妆室面积则不必过大。

单人带卫生间化妆室   单人化妆室   双人化妆室

图3-4-2 歌舞剧院后台
流线关系示意

（图片来源：建筑设计
资料集4 [M]. 第二版.
北京：中国建筑工业出
版社，1994）

四人化妆室   大化妆室

表3-4-1　化妆室人数、间数、面积选用表

类别		规模	人数	面积（m²）	间数	总面积（m²）	总人数
歌舞剧场	甲等	小化妆室	1～2	12	6～10	72～120	6～20
		中化妆室	4～8	16～20	6～10	96～200	24～80
		大化妆室	10～20	24～30	6～10	144～300	60～200
		总　计			18～30	312～620	90～300
	乙等	小化妆室	1～2	12	2～4	24～48	2～8
		中化妆室	4～8	16～20	4～8	64～160	16～64
		大化妆室	10～20	24～30	6～8	144～240	60～160
		总　计			12～20	232～448	78～232
	丙等	中化妆室	4～8	16～20	2～4	32～80	8～32
		大化妆室	10～20	24～30	4～6	96～180	40～120
		总　计			6～10	128～260	48～150
话剧剧场	甲等	小化妆室	1～2	12	4	24～48	2～8
		中化妆室	4～6	16	2～4	32～64	8～24
		大化妆室	10	24	2～4	48～96	20～40
		总　计			8～12	104～203	30～74
	乙等	小化妆室	1～2	12	2	24	2～4
		中化妆室	4～6	16	2～4	32～64	8～24
		大化妆室	10	24	2～4	48～96	20～40
		总　计			6～10	104～184	30～68
	丙等	中化妆室	4～6	16	2	32	8～12
		大化妆室	10	24	2～4	48～96	20～40
		总　计			2～6	80～128	28～52

表3-4-1 化妆室人数、间数、面积选用表

（数据来源：建筑设计资料集4 [M]. 第二版. 北京：中国建筑工业出版社，1994）

表3-4-2　大型歌剧演员化妆室布置要求

演员类别	演员人数（人）	每间容纳人数（人）	备　注
男主角	3	1	应在舞台面同层。每一性别最少有一间带钢琴及会客室的化妆室
女主角	3	1	
男次要演员	20	4	平舞台面布置，每间容纳2～3人
女次要演员	20	4	
男合唱队员	35	20	属群众演员大化妆室
女合唱队员	35		
后备合唱队员	30		
男舞蹈演员	10	20	在不同房间分别进行化妆
女舞蹈演员	10		
男配角演员	40		
女配角演员	12		
儿童演员	20	10～20	一般由家长陪同，与其他演员分开。最好设专用浴厕

表3-4-2 大型歌剧演员化妆室布置要求

（数据来源：建筑设计资料集4 [M]. 第二版. 北京：中国建筑工业出版社，1994）

表3-4-3　芭蕾舞演员化妆室布置要求

演员类别	演员人数（人）	每间容纳人数（人）	备　注
男主角	3	1	平舞台面，设专用卫生间及会客室
女主角	3	1	
男女独舞演员	24	4	尽可能平舞台面，多数为每间容纳2～3人
男群舞队员	25	大化妆室人数不限	根据剧团编制与舞台大小确定人数
女群舞队员	25		
儿童演员	20	人数不限	家长陪同，与其他演员分开，设专用浴厕

表3-4-4　轻歌剧，音乐剧演员化妆室布置要求

演员类别	演员人数(人)	每间容纳人数（人）	备　注
主要演员	4	1	可以2人一间，平舞台面
次要演员	30	3～6	平舞台面
合唱队（群众演员）	60	可达30	根据演出规模而来
儿童演员	不定	可以作为合唱队房间之一	

表3-4-3 芭蕾舞演员化妆室布置要求

表3-4-4 轻歌剧，音乐剧演员化妆室布置要求

表3-4-5 话剧演员化妆室布置要求

表3-4-5　话剧演员化妆室布置要求

演员类别	演员人数（人）	每间容纳人数（人）	备　注
主要演员	2～6	1～2	平舞台面
次要演员	16～20	2～6	平舞台面
群众演员	20～40	15～20	可分成小间

（数据来源：建筑设计资料集4 [M]. 第2版. 北京：中国建筑工业出版社，1994）

2. 服装室

服装室应该能够方便快捷地到达洗衣房，并且要有良好的通风系统。房间的大小要能存放一定数量的工作箱，能够放置两张用来整理洗衣的桌子和三张放置戏服的桌子。服装室的面积参数表如表3-4-6所示。

表3-4-6   服装室面积、间数布置要求

剧种	名　称	面积（m²）	间数		总面积（m²）
歌剧舞剧	小服装室	12~20	1~2		24~80
		女	1~2		
	大服装室	24~35	1~2		48~140
		女	1~2		
	合计		4~8		72~220
话剧戏剧	小服装室	12~16	1~2		24~64
		女	1~2		
	大服装室	20~24	1~2		40~90
		女	1~2		
	合计		4~8		64~160

表3-4-6 服装室面积、间数布置要求

（数据来源：建筑设计资料集4 [M]. 第二版. 北京：中国建筑工业出版社，1994）

3. 道具室和存放间

道具室靠近主台和侧台布置，规模大的剧场还有道具制作空间。存放间用来临时存放一些道具、工具箱、车台等。中小剧场可不设存放间，利用侧台临时存放。常见的存放间布置形式如下图所示。

图3-4-3 存放间布置位置示意

（图片来源：刘振亚主编. 现代剧场设计 [M]. 北京：中国建筑工业出版社，2000）

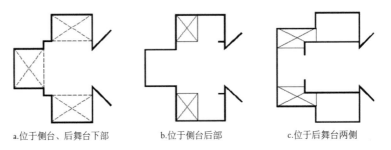

a.位于侧台、后舞台下部　　　b.位于侧台后部　　　c.位于后舞台两侧

4. 乐队用房

乐队用房包括调音室、休息室及乐器存放处等等，这些房间与乐池的联系要方便。调音室需要做音质设计，墙面及天花做必要的吸声处理，使得调音准确。通常可以将上述几个空间合于一室，集中使用。

5. 候场空间

这是演员演出前的等候空间，一般在演员的出场口旁。如果将舞台旁的走道加宽到3m以上，也可以作为候场空间。单间后场，应不小于30m²，门的净宽不宜小于1.5m，门的净高不宜低于2.4m。室内应设置沙发、穿衣镜以及饮水处。

6. 其他用房

其他如排练室、布景制作车间、管理用房等，按照剧场设计的实际情况而定。如排练室的布置位置常见的有舞台后部、舞台侧面或下面、后舞台上面或侧面及后面、侧台附近等等。

3.5 剧场的消防设计

3.5.1剧场消防设计的发展历史和经验教训

剧场是群众聚集的公共场所，剧场火灾往往造成生命和财产的惨重损失，而舞台又是剧场火灾发生的危险区。据统计，19世纪欧洲因火灾烧毁的剧场在1000座以上，对400次火灾进行具体分析后，确认由舞台引起的火灾达307次，舞台易发生火灾的主要原因是：舞台内幕布、景片、道具等均为易燃材料制成，舞台上空及两侧灯多，灯具产生的高温容易烤燃与之相邻的幕布等易燃物；演出中经常使用效果烟火，可能因明火使用不当造成火灾；舞台内设备多，电器及电路复杂，电线或电器失火也多有发生；由于塔台很高，一旦舞台失火，台

口产生的抽力会促进燃烧，扑救困难，火势极易向观众厅蔓延，加之观众厅使用了大量易燃装饰材料，所以火势更难以控制。此外，管理不善也是发生火灾的原因之一。因火灾造成的人员死亡人数中，90%是由于浓烟造成中毒窒息死亡和疏散中被挤踩踏而死亡。

3.5.2 防火分区设置和防火幕

剧场一般被分为两个防火区域——舞台和观众厅，两者之间用防火幕分隔。这样，在发生火灾时能迅速隔离舞台与观众厅，避免观众厅的氧气被舞台抽走（舞台的塔台高，能产生类似烟囱效应的结果），阻止有害气体蔓延，有效组织观众疏散。

防火幕是一种有效的防火隔离手段。世界上第一台防火幕于1794 年在DruryLane 皇家剧院中使用。之后，欧洲国家陆续制定法规，将防火幕作为剧场建筑防火设计的主要内容之一。我国剧场建筑设计规范中明确规定：甲等及乙等的大型、特大型剧场舞台台口应设防火幕。超过800个座位的特等、甲等剧场及高层民用建筑中超过800 个座位的剧场舞台台口宜设防火幕。设置防火幕有困难的部位宜设置防火分隔水幕。

舞台和观众厅之间必须要设置防火幕，如下图所示，可以有三个位置：台口内、台口外和乐池外边沿。主舞台和侧台之间的防火幕可以根据情况可设可不设。通常一些大型的重要的歌剧院会将侧台和主台用防火幕或者水幕分开。不同国家对防火幕的耐火时限要求也不一样。苏联、德国、奥地利、英国等国家将防火幕的耐火极限规定为2小时，而美国将防火幕的耐火极限规定为30分钟。

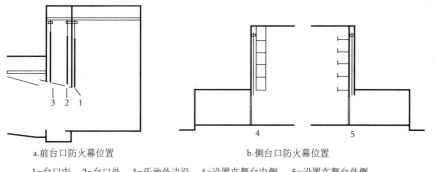

a.前台口防火幕位置　　　　　　　　　　b.侧台口防火幕位置

1-台口内　2-台口外　3-乐池外边沿　4-设置在舞台内侧　5-设置在舞台外侧

图3-5-1 防火幕位置示意

（图片来源：吴德基编著.观演建筑设计手册[M]，北京：中国建筑工业出版社，2006）

目前使用的防火幕有两种类型：柔性防火幕和刚性防火幕。主要区别在于设计理念和幕体结构与材料的不同。柔性防火幕设计的基本思想是：在设有排烟口的情况下，火灾发生后不会对幕体产生较大的水平压力，防火幕的作用主要是隔离舞台台口和观众厅，阻止有害烟气从舞台向观众厅蔓延，以免观众看见火光，减少观众惊慌。幕体材料采用耐火织物，同时考虑到城市高效率的消防能力，防火幕的耐火极限不要求很高（据消防部门介绍，不少国家大城市均适用15分钟消防的概念，即接到火警报告后，10分钟内到达现场，了解情况，布置消防机具及人力，15分钟后开始扑救火灾）。刚性防火幕设计的基本思想是：防火幕除了能隔烟和遮光外，还必须能承受由火灾产生的幕体内外压力差。幕体结构采用钢结构，其耐火极限也长得多。刚性防火幕的历史较久，使用也更为广泛。

柔性防火幕主要是在美国使用。西欧、日本等其他国家主要使用刚性防火幕。

3.5.3 其他防火措施

除了防火幕外，还需要在主台塔台上方设置排烟窗。排烟窗的作用是排除失火时高温膨胀的烟气，减轻防火幕水平压力，并避免火势向观众厅等蔓延，平时则作为自然通风之用。

3.6 剧院实例

3.6.1 广州歌剧院

广州歌剧院的建设基地位于广州新城市中轴线与珠江北岸交汇处的西侧。广州歌剧院以歌剧表演为主，同时兼有芭蕾舞表演、大型交响乐演奏、大型综合文艺演出、实验性话剧、文化艺术交流、研究、培训、新闻发布等辅助功能。两个观演厅分别为1 800座的歌剧场和400座的多功能剧场。

图3-6-1 广州歌剧院
（图片来源：http://
www.zaha-hadid.com）

1. 舞台和观众厅设计

歌剧场按照甲等剧场设计，采用"品"字形舞台的工艺布置形式，分为主舞台、左、右侧舞台和后舞台4个部分。台下舞台机械系统配置包括主舞台升降台、侧台车台、后舞台车载转台；台口前设置乐池升降台。主升降台与车台间设辅助升降台，车台下设置补偿台。后舞台下方还设有芭蕾舞台板和冰舞台板。舞台上部设有3层天桥，并设有栅顶和吊点层，具有世界一流的舞台设施水平。

有别于矩形、钟形等平面设计，观众厅采用多边形平面，不仅能优化视线设计，并能为演员营造围和感和亲密感。池座两侧的升起部分和楼座挑台的"交错重叠"的设计手法延续了多边形平面的不对称设计理念，在观众厅内产生独特的"行云流水"般艺术效果，活跃了空间气氛。观众厅座位总数1800座，其中二层楼座307座，三层285座。

不规则的体形设计也为声学设计创造了良好的先天条件，厅内墙的形状和角度有利于提供侧向反射声。在确保视线不受阻挡并可以使观众获得足够的直接声的状态下，观众厅侧墙和楼座挑台侧板提供了充足的早期反射声。平面不对称的座位布置避免了回声的干扰。

图3-6-2 广州歌剧
院室内
（图片来源：http://
www.zaha-hadid.com）

2. 声学设计

1 800座的主观众厅共3层——池座和两层看台。主观众厅打破了传统剧场矩形、钟形、马蹄形等形式，采用多边形平面的概念，首创不规则的"双手环抱形"观众席。池座两侧的升起部分和楼座挑台的"交错重叠"，犹如双手环抱，在观众厅内产生独特的"行云流水"般的艺术效果，活跃了空间气氛。主持广州歌剧院声学设计的是国际声学界最高奖"赛宾奖"获得者——国际声学大师马歇尔先生（Harold Marshall），称广州歌剧院是他梦寐以求的观演厅堂。

不规则的体形设计不但为声学设计带来惊喜，也带来了挑战。为了获得第一次反射声和混响声的平衡，反射声在空间内的合理分布以及合理的声反射序列，经过声学设计的多番计算测试，结合建筑设计的反复修改，并制作了一个1:100的小模型来进行声反射的初步测试研究，终于得到了一个能延续扎哈·哈迪德建筑风格，计算机模型声学测试又能达到设计理想值的厅堂。观众厅内表面看起来很随意没有规律可言，但没有一块是随意确定的，深化设计及施工中不可以任意改动主观众厅内的墙、天花板、看台边缘和观众席的分割拦板等的几何形状，除了座椅外，内表面基本上是一个声反射表面。

　　声学缩尺模型试验设计要求严格按1:20的缩尺比建立观众厅和舞台的声学缩尺模型，模型界面用GRG（预铸式玻璃纤维加强石膏）材料制作，GRG预铸件是观众厅墙面及吊顶主要装修材料。初步测试发现，多数测点的声场均满足要求，但其中有6个测点的脉冲响应存在能量较集中的长延时反射声。三维模型必须进行修改，声学设计建议在舞台台口两侧墙面、天花的某些部位增加了扩散构件。重新测试修改后的缩尺模型，各测点的声脉冲响应终于达到较满意状态。

表3-6-1　　　　　　　　　　　　　　　　　　声学设计指标

设计体积	每座容积	座位数	乐池面积	中频满场混响时间	明晰度	强度指数	背景噪声
15 000m³	8.3m³	1 800	110m²	1.4～1.6s	C80 ≥+2dB	G ≥+2dB	≤NR20

表3-6-1 广州歌剧院声学设计指

（数据来源：张桂玲. 从疑惑到实现——广州歌剧院设计实施之路 [J]. 建筑学报，2010年8期 ）

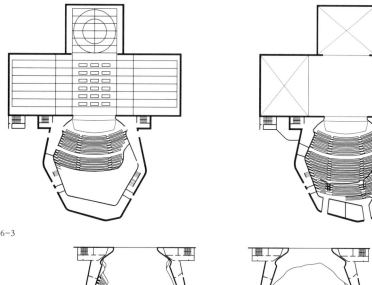

图3-6-3

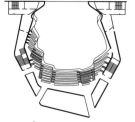

图3-6-4

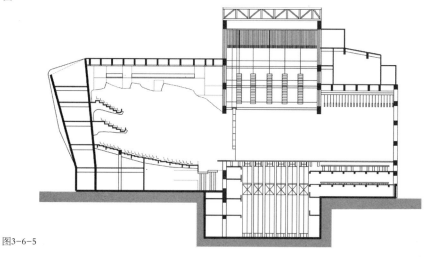

图3-6-5

图3-6-3 广州歌剧院池座平面

图3-6-4 广州歌剧院二、三层楼座

图3-6-5 广州歌剧院剖面

（图片来源：黄捷. 圆润双砾——广州歌剧院设计 [J]. 建筑学报，2010年8期 ）

3.6.2 河南艺术中心大剧院

图3-6-6 河南艺术中心大剧院

（图片来源：于一平. 与蝶共舞——河南艺术中心建筑设计 [J]. 建筑学报，2009年10期）

　　河南艺术中心位于郑州市郑东新区CBD中心区，2007年建成并投入使用。艺术中心配置有歌剧院、音乐厅、多功能小剧场、艺术馆、美术馆以及其他配套用房。艺术中心的功能设置、技术参数及关键舞台设备配置水平先进，可以满足国内外大型歌舞剧、芭蕾舞剧、交响乐等的演出。艺术中心总建筑面积为75 000m²，投资约为10亿元人民币。

1. 舞台和观众厅设计

　　歌剧院采用世界上常用的"品"字形镜框式舞台，分为主舞台、左侧台、右侧台和后舞台四个场景的工艺布置。主舞台设有6块主升降台，侧台各设有6块车台，后舞台设有1块车载转台，在主舞台与侧台之间左右各设有6块侧辅助升降台，在主舞台与后舞台之间设有3块后辅助升降台，车台下方对应位置均设有同等数量的车台补偿台，车载转台下方设有6块后台补偿台，台口前设有乐池升降栏杆及乐池升降台。

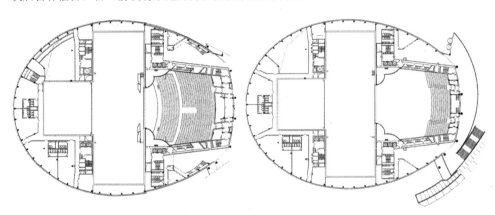

图3-6-7 河南艺术中心大剧院池座及楼座平面

（图片来源：张三明，俞健，童德兴 编著. 现代剧场工艺例集：建筑声学·舞台机械·灯光·扩声 [M]. 武汉：华中科技大学出版社，2009）

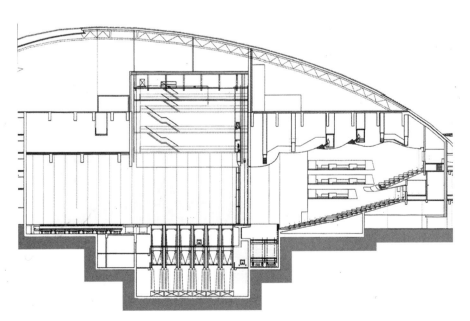

图3-6-8 河南艺术中心大剧院剖面

（图片来源：张三明，俞健，童德兴 编著. 现代剧场工艺例集：建筑声学·舞台机械·灯光·扩声 [M]. 武汉：华中科技大学出版社，2009）

主舞台上空布置4道灯光吊杆、2道灯光渡桥、10台灯光吊笼、52道电动吊杆、12台单点吊机、4道二道幕、一台大幕机、4道侧吊杆、一道天幕等吊挂设备，供演出时使用。另外还有一套活动台口、一道防火幕及活动式反声罩等舞台机械设备。侧舞台上空各布置行车2台、环链葫芦4台，后舞台上空设有行车2台、环链葫芦2台、15道电动吊杆等。

表3-6-2

河南艺术中心歌剧院舞台基本参数

	宽（m）	高（m）	进深（m）
舞台口	18	12	—
主舞台	31.5	—	24.5
左、右侧舞台	19	—	24.5
后舞台	24		24

表3-6-2 河南艺术中心歌剧院舞台基本参数

（数据来源：张三明，俞健，童德兴 编著. 现代剧场工艺例集：建筑声学·舞台机械·灯光·扩声 [M]. 武汉：华中科技大学出版社，2009）

观众厅包括一层池座、一层楼座、两侧各三层包厢。观众厅容座为1,731座（使用乐池模式），包括残疾人座椅4个。其中池座1,159座，二层楼座452座，两侧包厢共有座椅120个。观众席到舞台大幕线最远水平投影距离池座为33m，楼座为37m。

图3-6-9 河南艺术中心大剧院室内

（图片来源：于一平. 与蝶共舞——河南艺术中心建筑设计 [J]. 建筑学报，2009年10期）

2. 声学设计

歌剧院音质设计目标是：音乐会演出时，使用舞台声反射罩，完全采用自然声演出；歌剧演出时，具备自然声演出条件；其他用途如话剧、地方戏剧等，采用扩声系统。设计中频满场混响时间为1.5s，使用舞台声反射罩时，预计有0.2s的提升，中频满场混响时间可以达到1.7s，基本满足交响乐演出需要。歌剧院观众厅背景噪声控制在NR20以下（背景噪声是指空调、灯光等正常开启，没有演出时的室内噪声。NR为国际标准化组织推荐的噪声评价指标）。

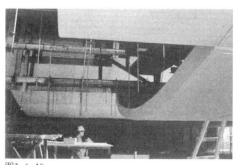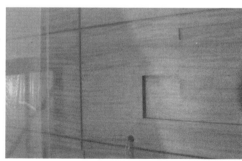

图3-6-10　　　　　　　　　　图3-6-11

图3-6-10 大剧院顶棚吸声；

图3-6-11 大剧院墙面吸声

（图片来源：张三明，俞健，童德兴 编著. 现代剧场工艺例集：建筑声学·舞台机械·灯光·扩声 [M]. 武汉：华中科技大学出版社，2009）

观众厅设计有效容积13 825 m³，每座容积为8立方米/座。音质设计具体措施如下：

（1）观众厅吊顶是观众厅的主要反射面，其形状须满足给整个观众席提供早期反射声，有利于把乐队声适当地反射给观众席。吊顶采用40mm厚预制的GRG板，板面密度大于40kg/m²，板面为毛面喷涂；

（2）观众厅两侧墙均为强反射面，为了能起到很好的反射效果，减少对低频声的共振吸收，舞台口两侧墙面为40mm厚造型石材，其他侧墙面为30mm厚中密度板，外实贴10～25mm厚造型实木板（见上页图3-6-11）。后墙为穿孔木板吸声结构；

（3）观众厅地面为实贴木地板；

（4）舞台墙面从舞台面至一层天桥为穿孔FC板吸声结构；

（5）升降乐池、升降舞台台仓墙面为穿孔FC板吸声结构，为降低观众厅背景噪声，采取了一系列噪声控制措施。为防止外部环境噪声传入观众厅，观众厅墙壁和屋顶均为混凝土结构，观众厅的出入口均设置声闸，并采用隔声门。为降低空调噪声，观众厅空调采用座椅下低速送风方式。观众厅与其他部分在结构上分开。所有振动较大的设备均采取良好的隔振措施。

3.6.3 绍兴大剧院

绍兴大剧院位于绍兴城市广场南侧，解放北路405号，占地30余亩，建筑面积26 400m²。

设计构思是先对乌篷船的构成要素——空灵飘逸的篷和坚实沉稳的舷进行提炼和加工，并利用剧院前厅、观众厅、舞台等建筑空间的特质，形成四块富有韵律、层层跌落、相互穿插的折棱形屋顶，覆以银灰色铝板，尖峭高耸，简洁而充满张力。

1. 舞台和观众厅设计

绍兴大剧院舞台呈现"品"字形，镜框式舞台，台口宽16.6m，台口高11m，台深24m。舞台栅顶离舞台面25m，设有主舞台、侧舞台、后舞台，台面设置静音高稳定链传动主升降台，被动式薄型侧车台、转台．并备有行走式音响反射板。主舞台上部设三层天桥，并设有栅顶及吊点层，具有一流的舞台设施水平。大剧院这些先进的设备为创造舒适而富有特色的观演空间提供了有利条件。乐池面积约为140m²，可容115人同时演奏，乐池地面可抬升至与舞台面齐平，做为伸出式舞台使用。

绍兴大剧院观众厅容座1349座，其中池座857座，楼座492座。绍兴大剧院剧场观众厅平面为六边形，台口到大厅后墙距离：池座区长约31m，楼座区长约35m，大厅宽26~30m。声学有效容积(从防火铁幕算起)约为10 700m³，每座容积为7.8m³。剧场包括一个有升起的池座座位区，一层中央楼座和两层跌落式包厢。楼座挑台深度D=5.8m，楼座下开口空间高H=3.4m，D/H=1.7。观众席座位排距为950mm。

图3-6-13　　　　　　　　　　　　　图3-6-14

2. 声学设计

绍兴大剧院音质设计与内部装饰设计密切协作，在获得良好音质的同时，创造出富有个性的室内空间。观众厅吊顶采用35mm厚水泥钢板网抹面；两侧墙面为厚基层外贴实木板，并结合装饰造型做扩散反射；后墙为吸声结构，采用木板饰面，木板之间留出缝隙，缝隙面积占总面积的30％，木板后为离心玻璃棉；观众厅地面采用木地板；舞台下部墙面做强吸声结构，为穿孔Fc板吸声结构。

　　大剧院舞台配置端室式活动声反射罩，反射罩前端宽16m，净高89m，后端宽12.8m，高6.5m，反射罩深8.6m。反射罩面板采用铝蜂窝板，顶板、侧板及后板的下部做微扩散处理。

表3-6-3　　　　　　　　　　　绍兴大剧院观众厅空场混响时间实测结果

频率/Hz	125	250	500	1000	2000	4000
无声反射罩	1.66	1.62	1.47	1.40	1.49	1.34
有声反射罩	1.73	1.68	1.63	1.68	1.75	1.59

表3-6-3 绍兴大剧院观众厅空场混响时间实测结果

（数据来源：张三明，俞健，童德兴 编著. 现代剧场工艺例集：建筑声学·舞台机械·灯光·扩声 [M]. 武汉：华中科技大学出版社，2009）

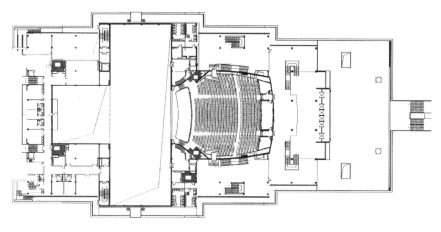

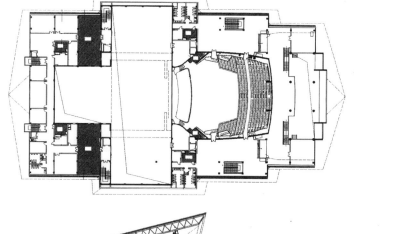

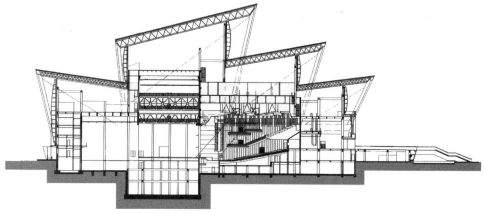

图3-6-15 绍兴大剧院平面及剖面图

（图片来源：张三明，俞健，童德兴 编著. 现代剧场工艺例集：建筑声学·舞台机械·灯光·扩声 [M]. 武汉：华中科技大学出版社，2009）

3.6.4 世博中心大会堂

图3-6-16 世博中心

大会堂

（图片来源：http://

www.expo2010.org.cn）

中国2010年上海世博会世博中心是2010年上海世博会最具规模的综合性核心功能场馆，位于浦东世博园主会场黄浦江沿岸。在世博会举办期间将接待各国来宾并举行大型活动，承担会议庆典、论坛交流、新闻发布和接待宴请等主要功能，全方位地服务于世博会的筹备和举办。世博中心在世博会后将转型成为国际一流的会议中心，为上海的国际交流和大型政务活动以及推动现代服务业发展起到积极作用。世博中心大会堂（2 600人厅）又称作红厅，兼有演出和会议两大功能。

1. 舞台和观众厅设计

世博中心大会堂功能的切换，主要通过舞台的4个移动台口完成（注：共5块台口，其中1块是固定的）。舞台分为1个主舞台和2个侧舞台，主舞台为升降式，尺寸约为44m×24m×32.4m，其中44m为台口宽度，24m为舞台进深（包括6m左右的演员跑道），32.4m为舞台台面至格栅层的高度。格栅层上部为起吊设备层，层约7m，靠近观众席侧为升降式乐池；主舞台的两侧为侧舞台，侧舞台尺寸约为15m×3m×9.6m，主要用作演员候场。

演出状态：4块移动台口收缩，层叠在一起，在舞台两侧各形成5m的遮挡，形成32m左右的演出台口，露出舞台上方的天桥、幕架、幕布以及灯光等；

会议状态：4块台口展开，将主舞台完全笼罩在4块移动台口所形成的穹顶下方。移动台口的装修与观众席一致，展开的移动台口与观众席联成一体，此时大会堂的顶部高度从观众席中部的26.6m向前后两侧下降，到达舞台台口时的高度为22.2m，然后每块台口以1.25m的高度下降，最后一个台口的高度为17.2m。

图3-6-17 世博中心大

会堂室内

（图片来源：《建筑师》

2010年 07期）

2. 声学设计

中频满场混响时间RT：1.45±0.10（会议状态），1.50±0.10（演出状态）。室内声场不均匀度：LP≤±4dB

由于大会堂的体积比较大，每座容积19.7立方米/座，因此经过音质计算地面、墙面和顶面军需要做吸声处理，具体措施为，墙面和顶面均做穿孔GRG板吸声结构，具体构造为：15mmGRG穿孔板（穿孔率28%）+空腔，内填充50mm厚48kg/m³离心玻璃棉（外包玻璃丝布）+建筑墙体。

表3-6-4　　　　　　　　　　　　观众厅混响时间相对于500~1000Hz的比值

频率（HZ）	125	250	2000	4000
混响时间比值	1.0~1.3	1.0~1.15	0.9~1.0	0.8~1.0

表3-6-4 观众厅混响时间相对于500~1000Hz的比值

（数据来源：章奎生编著. 章奎生声学设计研究所——十年建筑声学设计工程选编 [M]. 北京：中国建筑工业出版社，2010）

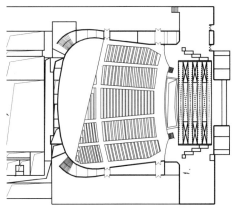
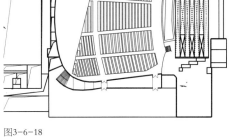

图3-6-18

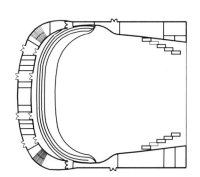

图3-6-19

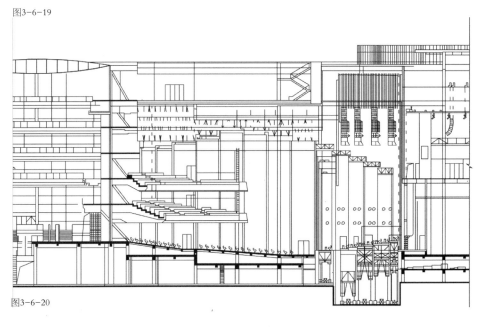

图3-6-20

图3-6-18 大会堂池座平面

图3-6-19 大会堂楼座平面

图3-6-20 大会堂剖面

（图片来源：图片来源：《建筑师》2010年07期）

3.6.5 重庆大剧院

图3-6-21 重庆大剧院
（图片来源：重庆大剧
院——德国冯·格康;玛
格及合伙人建筑师事务
[J]. 城市建筑，2010年
09期）

　　重庆大剧院地处长江和嘉陵江交汇的重庆市江北区江北嘴，包括一个传统马蹄形的1850座的大剧场（含乐池88座）和一个930座的中剧场(含乐池75座)，总投资约16亿元人民币。大剧场具备接待世界级优秀艺术表演团体演出的条件和能力，主要供大型歌剧、舞剧、芭蕾舞、交响乐演出及大型综合性文艺演出。中剧场主要用于中小型歌舞、戏曲、话剧、声乐、小型管弦乐、室内乐和民乐等演出。

　　重庆大剧院项目业主为重庆市江北嘴中央商务区开发投资有限公司；该项目由德国gmp国际建筑设计有限公司和华东建筑设计研究院有限公司联合设计；德国昆克（Kunkel）国际顾问公司负责舞台技术及舞台灯光系统设计；德国米勒BBM声学顾问公司负责建筑声学及室内声学设计。

1. 舞台和观众厅设计

　　主要供大型歌剧、舞剧、交响乐及大型综合性文艺演出的大剧场和用于中小型歌舞、戏曲、话剧、小型管弦乐、室内乐和民乐等演出的中剧场设计一致，舞台都确定为品字型，包括一个主台、左右两个侧台和一个后台。

　　观众看到的是主舞台，而两侧隐藏着的舞台，能随时转动方向——后舞台能往前移，左右两侧舞台能相互交叉，可以升降、倾斜、推拉、旋转、平移，还可以进行不同形式的组合。全自动的舞台能迅速把演员推到观众的眼前，也可以迅速退回，让观众欣赏到真正立体的表演。台前的三层幕布，开闭方式多样化，对开、斜拉、提升等等。舞台上空有60根吊杆，背景可以瞬间变化，让观众在短时间内看到不同的场景变化。

表3-6-5 重庆大剧院大
剧场舞台基本参数

（数据来源：张三明，俞
健，童德兴 编著. 现代剧
场工艺例集：建筑声学·
舞台机械·灯光·扩声
[M]. 武汉：华中科技大
学出版社，2009）

表3-6-5　　　　　　　　　　　　重庆大剧院大剧场舞台基本参数

项目	宽（m）	高（m）	进深（m）
舞台口	18	12	—
主舞台	33	33.9	24
左、右侧舞台	20	16.3	24
后舞台	20	23	16

　　大剧院舞台机械的情况如下：

　　电动吊杆系统，电动吊机驱动的电动吊杆系统是舞台上方广泛使用的机械设备。电动吊杆系统包括主舞台吊杆、侧吊杆，天幕吊杆和台口吊杆。吊杆数量根据舞台尺寸来确定，满足舞台上方区域的最佳使用目的。如此一来，舞台场景或软景可以布置在舞台上方任何位置，将场景展现在观众前或将场景移出观众视线时，可以实现快速安静换景。

　　剧院中台下机械包括：双层升降台；活板门和演员升降小车；侧台车台和辅助台；一带转台和辅助台的后台车台，乐池升降机和座椅车台；观众厅升降栏杆；软景储存；提词间。

　　主舞台升降台设定为双层台板位于主舞台区域。用于演出时更换场景或实现舞台倾斜。为了确保快速安静运行，甚至在不均匀加载时安全运行，主舞台升降台设计为卷扬类型系统，每个升降台配备两台卷场机。卷场机电动同步运行。

　　活板门和演员升降小车，双层升降台配备活板门系统。可以人工搬开活板门，在舞台木地板上形成一个开口。

　　侧台车台和辅助台，两个侧台都配备了可以在演出时运行到舞台上方的侧车台。为了能够实现这个功能，相应的双层升降台和位于车台和双层升降台之间的辅助升降台必须向下降。以便侧车台可以运行到双层升降台上层台面上，然后侧台停车位下方的补偿升降台上升到与其他舞台面同样的标高。

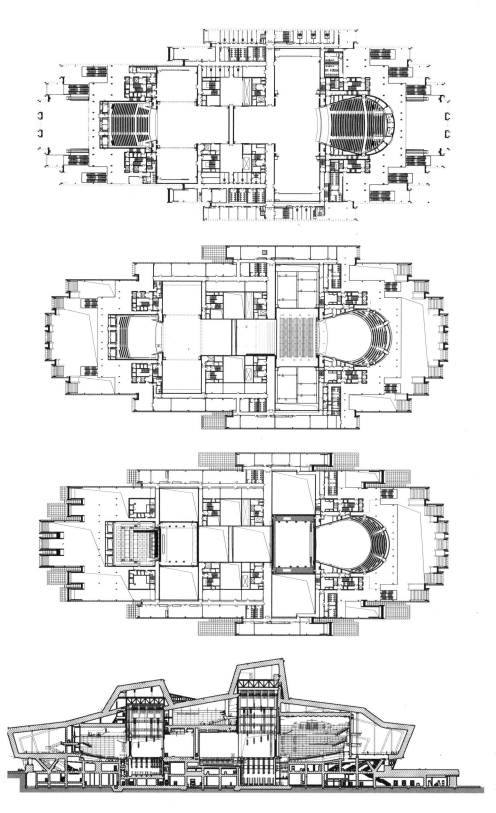

图3-6-22 重庆大剧院各
层平面及剖面
（图片来源：浙江大丰实
业提供）

2. 建筑声学

重庆大剧院建筑声学设计包含三个阶段，即方案阶段、扩初阶段以及配合建筑装修设计阶段，在每个阶段分别进行了剧场建声环境的计算机模拟、1:20实物缩尺模型、装修材料的声学特性、座椅的声学特性以及隔声减振的构造提出具体声学要求等各项内容的具体实施。通过以上各阶段科学严谨的设计，确保重庆大剧院具有良好的建声环境，满足各类演出的需要。

图3-6-23 重庆大剧院观众厅；

图3-6-24 重庆大剧院舞台

（图片来源：浙江大丰实业提供）

图3-6-23　　　　　　　　　　　　图3-6-24

表3-6-6 大剧场混响时间值

（数据来源：章奎生编著. 章奎生声学设计研究所——十年建筑声学设计工程选编 [M]. 北京：中国建筑工业出版社，2010）

表3-6-6　　　　　　　　　　　　大剧场混响时间值

频率	125	250	500	1000	2000	4000
空场混响时间（s）	2.06	1.76	1.83	1.89	1.93	1.64

重庆大剧院大、中剧场的建声环境通过计算机模拟，并计算在ISO3382：1997(E)规范中列出的物理可测量值，包括混响时间、低音比、清晰度、明晰度、重心时间、侧面声级和强度指标。通过调整大、中剧场模型界面的声学参数，对以上指标分别进行了计算，使这些参数的取值尽可能达到经典剧场所要求的范围。

3.6.6 常州大剧院

图3-6-25 常州大剧院

（图片来源：http://www.jzcad.com）

2009年建成的江苏省常州大剧院包括大剧场、多功能厅、电影厅等主要部分，其中最重要的大剧场总容座约1500座，是一座以大型歌剧为主、兼顾芭蕾舞剧、大型文艺演出及会议等综合性的剧场。

1. 舞台和观众厅设计

大剧院采用标准"品"字形舞台，即整个舞台由主舞台、左右侧舞台和后舞台组成。主舞台台口宽18m，高12m；主舞台宽32m，进深24m，栅顶净高28m；主舞台台仓深度15m，设有上下两层演员跑场道和台下机械电气室；主舞台上空设有四层天桥，其中三层侧天桥作为台上机械电气室，四层侧天桥作为台上机械设备房使用。

　　左右侧舞台宽20.6m，进深20m，净高12m；侧舞台台仓深度1.3m；在左侧舞台前部距舞台面4m处设置有舞台机械总控制室，面积约20m²。在左侧舞台后部与演员候场区间设运景升降台，可把外来布景从一层平面运送到二层舞台平面。后舞台台口宽20m，高12m；后舞台宽25m，进深20.2m，栅顶净高16m；设有一层侧天桥用于安装后舞台吊杆卷扬机；后舞台台仓深4.5m；在后舞台前部靠近主舞台位置设置演员跑场道。在主舞台与观众厅间设有面积约120m²台唇和乐池区域。台口前设置2块乐池升降台，总面积约90m²，能容纳三管制乐队演出。两个乐池升降台均有4个预停位点，可利用不同的台面高度变化，形成多种使用形式。两个升降台的台面都可上升到与舞台台面齐平，形成舞台的延伸部分；或停在与观众席前排地面齐平的高度，用于增加观众席前区的座位；或下降一定高度以形成不同深度的乐池；或降到台仓处用于运送座椅。

图3-6-26

图3-6-27

图3-6-26 常州大剧院舞台；

图3-6-27 常州大剧院观众厅

（图片来源：浙江大丰实业提供）

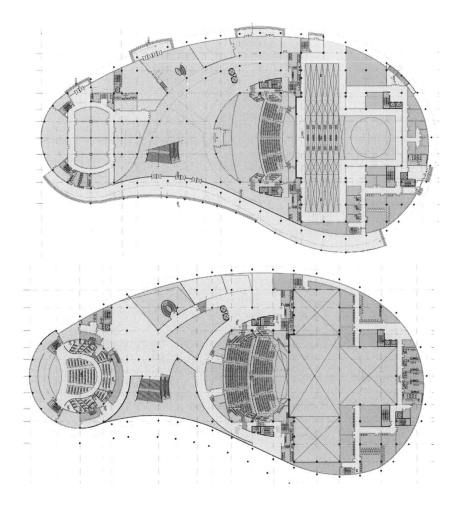

图3-6-28 常州大剧院池座平面

（图片来源：http://www.zhulong.com）

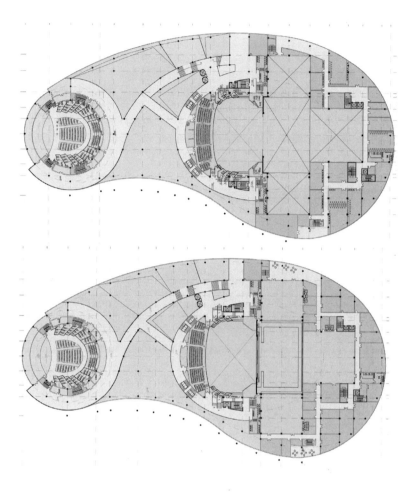

图3-6-29 常州大剧院
楼座平面

（图片来源：http://
www.zhulong.com）

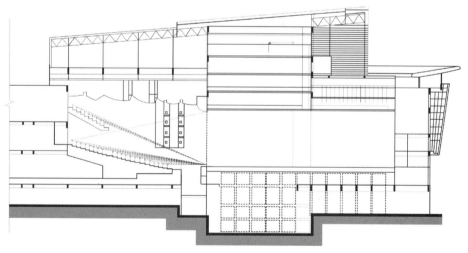

图3-6-30 常州大剧
院剖面

（图片来源：刘欣. 常州
大剧院 [J]. 城市建筑，
2010年 09期 ）

表3-6-7 常州大剧院大
剧场舞台基本参数

（数据来源：浙江大丰实
业提供）

表3-6-7　　　　　　　　　　常州大剧院大剧场舞台基本参数

项目	宽（m）	高（m）	进深（m）
舞台口	18	12	—
主舞台	32	28	24
左、右侧舞台	20.6	12	20
后舞台	25	16	20.2

观众厅分为两层，呈矩形，长约33.2m，宽约36.3m。观众厅后侧中央布置了控制室，南北两侧为光控室和声控室。池座共有746个，楼座共有548个座位，跌落式包厢贵宾席216个座位，前排设残疾人轮椅坐席6个。

2. 建筑声学

大剧场建声设计主要技术指标如下：

（1）根据本剧场演出的功能定位以及观众厅的规模和容积，设计中频混响时间（满场）为：$T_{60}=1.40\pm0.10s$（f=500~1000Hz）。且要求混响时间频率特性为中高频基本平直，但高频混响允许下降10%~20%，低频混响要求有一定提升，提升比例为15%~25%。其混响时间频率特性，如下表所示：

表3-6-8　　　　　　　　　　　　　　　　混响时间频率特性

中心频率（Hz）	125	250	500	1000	2000	4000
T_{60}（s）	1.75	1.61	1.40	1.40	1.26	1.19
混响比	1.25	1.15	1.00	1.00	0.90	0.85

（2）本底噪声允许值：$NR\leqslant25$号噪声评价曲线。其噪声频率特性如下表所示：

表3-6-9　　　　　　　　　　　　　　　　噪声频率特性

中心频率（Hz）	31.5	63	125	250	500	1000	2000	4000	8000
倍频程声压级（dB）	72	55	43	35	29	25	21	19	18

观众厅的音质应保证观众席各处有足够的声音响度、均匀的声场分布、合适的混响特性、足够的早期反射声和侧向反射声，有良好的清晰度和丰满度。在演出时观众厅内任何位置上不得出现回声、颤动回声、声聚焦等声缺陷，且不应受到剧院内设备机房噪声或外界城市环境噪声的干扰。

（3）侧向反射系数LF：在15%~25%之间。

（4）声场强度G：大于0dB。

（5）早期反射声延迟时间$\triangle t$：$\leqslant$20ms。

（6）剧场观众厅单座容积值宜控制为7.5~8立方米/人。

另外，舞台空间内的混响时间要求大幕下落及常用舞台设置条件下舞台空间的中（500Hz~1000Hz）混响时间与观众厅的空场混响时间相接近，本底噪声与观众厅基本相同。

3.6.7 嘉兴大剧院

嘉兴大剧院位于嘉兴南湖中心区，东临南湖大道，北临中环南路。嘉兴大剧院包括大剧场、多功能小剧场、4个电影厅、排练厅及其他配套用房。大剧院占地面积70余亩，总建筑面积28 000m²。建筑设计为浙江省建筑设计研究院承担，建筑声学设计为浙江大学建筑技术研究所和杭州智达建筑科技有限公司，舞台工艺顾问为浙江舞台设计研究院有限公司。

表3-6-8 常州大剧院混响时间频率特性

表3-6-9 噪声频率特性

（数据来源：章奎生编著. 章奎生声学设计研究所——十年建筑声学设计工程选编 [M]. 北京：中国建筑工业出版社，2010）

图3-6-31 嘉兴大剧院

（图片来源：张三明，俞健，童德兴 编著. 现代剧场工艺例集：建筑声学·舞台机械·灯光·扩声 [M]. 武汉：华中科技大学出版社，2009）

1. 舞台和观众厅设计

舞台区包括一个主舞台以及两个侧舞台和一个后舞台，后台兼作木工绘景间。舞台口宽18m，高11m，设活动假台口。乐池面积约为78m²，其中开口部分约为62m²，乐池地面可以升降，可抬升至观众席地面及舞台面。舞台配有升降、平移、旋转功能的舞台机械和先进的控制系统，舞台灯光采用ETC控制台、金舞台调光立柜、扩声系统采用R＆H音箱，配置完善，可以满足国内外大型歌舞演出及其他各类演出。配置的舞台机械如表3-6-10所示。大剧场观众厅的平面大致为"钟"形，长约35m（从舞台边缘算起），宽约32.4m，容座1406座，见下图。

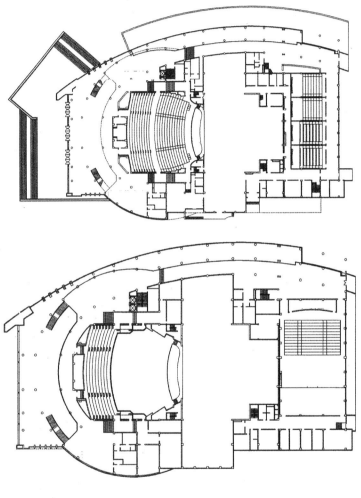

图3-6-32

图3-6-32 嘉兴大剧院
各层平面

图3-6-33 嘉兴大剧
院剖面

（图片来源：张三明，俞健，童德兴 编著. 现代剧场工艺例集：建筑声学·舞台机械·灯光·扩声[M]，武汉：华中科技大学出版社，2009）

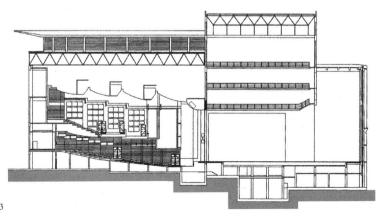

图3-6-33

表3-6-10　　　　　　　　　　　　　　　台下舞台机械设备表

设备名称		数量（台）
主舞台升降台		3
母子式升降台	母台	1
	子台车台	1
补偿台		4
微动台		4
车转台	前后移动台	4
	圆环式转台	1
	小旋转台	1
车转台补台1		1
车转台补台2		1
升降乐池		1
升降栏杆		1
提词间		1

表3-6-10 台下舞台机械设备表

（数据来源：张三明，俞健，童德兴 编著. 现代剧场工艺例集：建筑声学·舞台机械·灯光·扩声 [M].武汉：华中科技大学出版社，2009）

2. 声学设计

声学有效房间容积(从防火铁幕算起)约为10 000m³。每座容积为7.1立方/座。楼座挑台深度D=76m，楼座下空间开口高H=44m，D/H=1.73。楼座挑台两边有两层跌落式包厢。观众席排距1 050mm，座位排列比较宽敞。

大剧院吊顶为反射面，采用双层石膏板。

观众厅两侧墙中下部为木饰面扩散反射结构，上部为穿孔板吸声结构。观众厅后墙为阻燃织物面吸声结构外加木条。吸声材料为阻燃羊毛吸声板。观众厅地面为地胶板实贴在水泥地基层上。观众厅面光室、耳光室内部壁面为强吸声结构。舞台墙面为穿孔FC板吸声结构。

大剧院舞台配置端室式活动声反射罩，声反射罩前端开口宽18m，高10.8m，后部宽14m，高7.8m，深10m。反射罩平时不用时存储在后舞台后部。

大剧院配置完善的电子可变建声系统，其作用是：给舞台区提供反射声；给观众席提供早期反射声，特别是早期侧向反射声；延长观众厅混响时间。系统在舞台及乐池上方设置传声器，用于拾取直达声。在观众厅上方设置传声器，用于拾取混响声。系统在舞台布置音箱，给舞台提供早期反射声。在观众厅侧墙、后墙、吊顶布置音箱，一方面给观众席提供早期反射声，另一方面给观众厅提供混响声，以增加混响时间。电子可变建声系统音箱与装修结合十分成功，不会引起观众的注意。可变建声系统对音质有明显的改善，根据听音效果，系统开启时，声音层次感增强，更加亲切。

3.6.8 东莞玉兰大剧院

2000~2005年建成演出使用的东莞玉兰大剧院是东莞市的重要标志性建筑，占地面积68 600m²，总建筑面积44 000m²，总投资约6.18亿元，内建1600座大剧院、400座小剧场及三个排练厅、练琴房等配套用房。其中大剧场主要用于歌剧、音乐剧、芭蕾舞及交响音乐会等多功能演出。

图3-6-34 东莞玉兰大剧院

（图片来源：http://gd.people.com.cn）

1. 舞台和观众厅设计

观众厅平面呈不对称钟形，台口两侧墙呈三段逐级扩大展斜状，前中区吊顶也呈三段逐级向上的台阶状，以利于产生丰富的侧向反射声和早期反射声。由于观众厅平面较宽，设计将池座两侧中后区地面局部升起并设两侧矮墙和栏板，以缩小池座后区宽度。观众厅设一层楼座，两侧各设三个凹入式侧包厢，池座及楼座后墙、挑台栏板和顶棚吊顶均设成三段式不对称设计形式，既丰富了观众厅的体形设计，也有利于声场扩散。剧场设品字形舞台、主音箱桥、两道面光桥和二道耳光。

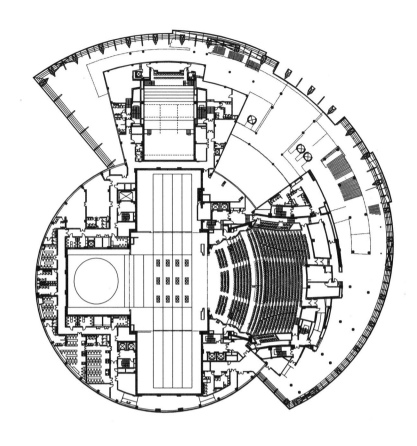

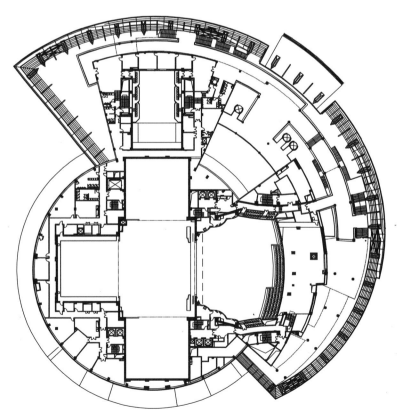

图3-6-35 东莞玉兰大剧
院池座平面

图3-6-36 东莞玉兰大剧
院楼座平面

（图片来源：张三明，俞
健，童德兴 编著. 现代剧
场工艺例集：建筑声学·
舞台机械·灯光·扩声
[M]. 武汉：华中科技大
学出版社，2009）

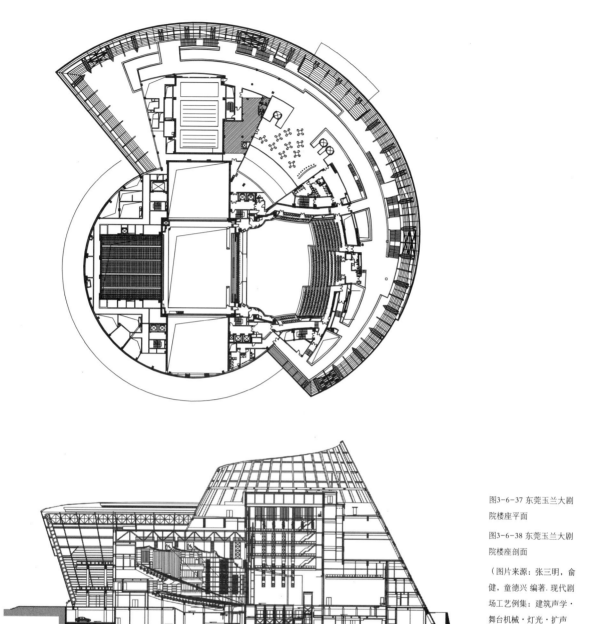

图3-6-37 东莞玉兰大剧
院楼座平面

图3-6-38 东莞玉兰大剧
院楼座剖面

（图片来源：张三明，俞
健，童德兴 编著. 现代剧
场工艺例集：建筑声学·
舞台机械·灯光·扩声
[M]. 武汉：华中科技大学
出版社，2009）

2. 声学设计

其观众厅的有效总容积为15 465m²，单座容积为9.66立方/人。池座和楼座均采取地面座椅下送风方式，有效降低空调噪声。为了满足玉兰大剧院的多功能使用要求，除了在舞台上设置音乐反射罩外，在观众厅的楼座后部两侧墙共设置了10组电动翻转百叶式可调吸声装置，以适应不同演出功能的混响时间变化要求。观众厅的主要音质设计技术指标包括：中频满场混响为1.3～1.8s，调幅为0.5s、声场强度占=3.5～4.5dB、明晰度C80(3)为−2～2dB、早期反射声延迟时间为$t \leqslant 20ms$、声场不均匀度为$\leqslant \pm 4dB$、本底噪声$\leqslant 30dB(A)$。

东莞玉兰大剧院在建声设计过程中先后做了计算机模拟分析和1/10缩尺模型试验工作。2005年底建成使用后进行了空场音质测试。测试结果表明：由于体形设计得当，厅内早期反射声丰富，声场分布均匀，音质效果优良。实测厅内空场有音乐罩条件下，中频混响时间为1.50～1.80s，推算满场中频混响为1.29～1.55s，平均吸声可调幅度为0.27s，加上乐罩作用总的混响调幅约为0.45s；混响特性也比较满意，观众厅内的C80(3)值为0.77dB，声场不均匀度略高于±4dB，楼座声级略低于池座，总体音质效果十分满意。

3.6.9 特立尼达和多巴哥国西班牙港国家艺术中心

图3-6-39 特立尼达和多巴哥国西班牙港国家艺术中心

（图片来源：李瑶，吴正，刘芳. 特立尼达和多巴哥西班牙港国家现代表演艺术中心 [J]. 城市建筑，2010年 09期）

国家现代表演艺术中心项目建设用地位于西班牙港的东北角，北临皇后公园，西临外交部大楼，南临齐特大街，东临国家纪念塔。用地面积39 860m²，规划总建筑面积为26 212m²。由一座1 500座的剧场、多功能厅及排练厅等59间客房的宾馆和表演学院及以上三部分的附属功能设施所组成。主体建筑高度21m，外壳最高点34.5m。剧场部分为4层，宾馆部分为4层布局，表演学院为3层。

项目建成后主要用于本国民族艺术之国粹——钢鼓乐的表演、教授和艺术培训。另外还兼顾剧场、影剧院、行政管理及宾馆功能，建筑设计将充分考虑到当地民族文化艺术的特点、旅游业发展的需求及其艺术场馆的表演、教授和艺术培训等的使用功能要求。

1. 舞台和观众厅设计

剧院内设有固定台框舞台，舞台开口范围为22m×9.5m（宽×高），舞台分主台、两侧台及后台。主舞台尺寸为：18m×15m（宽×深），左右两侧侧台及后台与主舞台呈1:1比例对应，尺寸为18m×15m（宽×深）。考虑到钢鼓乐表演特征需要主舞台与侧台、后台整体移位换景的要求，项目采用了机械活动舞台，同时结合特多当地海岛地况开挖2.0m就碰到岩石地基的特征，舞台台仓深118m，仅作移动舞台考虑。舞台与池座间设有固定乐池，乐池尺寸为13m×4.2m（长×宽），深1.8m，在特殊需求时可作为突出舞台使用。

1 500座剧院主要以综艺演出为主，特别是需要适合该国民族乐器及舞蹈——钢鼓舞的演出，兼顾各类音乐、戏剧、文艺演出等使用功能。通过合理的建筑声学设计，使歌剧院具有良好的建筑声学环境，在各类使用功能条件下，均有较好的主观音质效果。

图3-6-40 特立尼达和多巴哥国西班牙港国家艺术中心观众厅

（图片来源：李瑶，吴正，刘芳. 特立尼达和多巴哥西班牙港国家现代表演艺术中心 [J]. 城市建筑，2010年 09期）

　　观众厅的平面形状总体呈钟形，该平面形式的特点是在保证具有良好视角和视距的条件下，可以容纳较多的观众，并且绝大部分听众均在直达声的覆盖范围内，因视距较短，密切了观众与表演者的交流，有较好的亲切感。

　　观众厅长度约28m，最大宽度约32m，观众区包括一个有起坡的池座区和二层楼座区，两侧墙各设有两层侧包厢，整个观众厅共计座位1,500座。

　　观众厅池座后方设有灯控室、音控室、追光室等用房。厅内声学有效体积约为10 461m³，每座容积约7立方米/座，见图3-6-41。

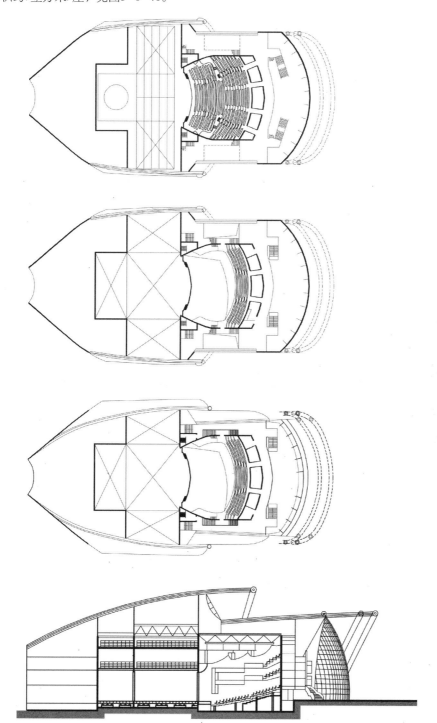

图3-6-41 特立尼达和巴哥国西班牙港国家艺术中心观众厅平面及剖面（图片来源：李瑶，吴正，刘芳. 特立尼达和多巴哥西班牙港国家现代表演艺术中心 [J]. 城市建筑，2010年 09期）

2. 声学设计

本剧院建声设计的音质指标如下：

1）设计混响时间及其频率特性

本厅为一多功能剧院，从声学角度来说，对于不同的使用功能所要求的最佳混响时间应是不同的。如根据本厅的容座和体积，对于自然声演出，如交响乐和室内乐演奏，最佳混响时间为1.8s左右较为合适；歌剧演出最佳混响时间为1.4s左右较为合适；而对于会议、报告等活动，最佳混响时间为1.2s左右会有较好的语言清晰度。

为了满足各类使用功能均有较好的音质效果，往往设计混响时间取一折中值，希望以此兼顾音乐的丰满度和语言的清晰度。

对于本厅，$T_{60}=1.4±0.1s(f=500Hz～1kHz)$

厅内满场混响时间频率特性如下表所示：

表3-6-11 艺术中心满场混响时间频率特性

（数据来源：章奎生编著. 章奎生声学设计研究所——十年建筑声学设计工程选编 [M]. 北京：中国建筑工业出版社，2010）

表3-6-11　　　　　　　　　　　　满场混响时间频率特性

频率（Hz）	125	250	500	1000	2000	4000
T_{60}（s）	1.65	1.55	1.40	1.40	1.25	1.20

2）声场不均匀度

对于以扩声系统为主的厅堂，声场不均匀度主要取决于扩声系统扬声器的配置，建声设计建议本主会议厅的声场不均匀度应符合语言和音乐兼用的扩声系统一级标准，即：$f=1kHz$、$4kHz$，$△LP≤±4dB$。

3）厅内本底噪声

在空调、通风系统正常运行的状态下，厅内本底噪声应不大于NR20噪声评价曲线要求，相应的A声级不超过30dB(A)。

4）厅内不应出现明显的音质缺陷，如声聚焦、回声、颤动回声等。

3.6.10 温州大剧院

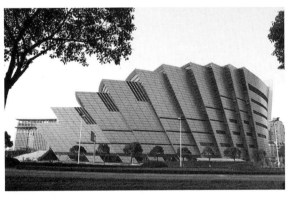

图3-6-42 温州大剧院

（图片来源：http://photo.wenzhou.gov.cn）

温州大剧院是温州市标志性文化设施，位于城市中心区世纪广场东侧，占地两万多平方米，总建筑面积32 000m²，主体设施有1 500座的歌剧院、650座的音乐厅、200座的小剧场。歌剧院将承办国内外顶级交响乐、音乐剧、歌剧等。音乐厅则承办小型音乐会。多功能小剧场一般承接单位联欢、产品推介展示以及新闻发布会等。

大剧院是一座凝聚瓯越文化的标志性建筑，代表了城市形象和城市品位，温州大剧院的外形，从上向下看像一条鲤鱼，其建筑构思就是取自于金色的鲤鱼；从侧面观赏，又似拉开的手风琴。

1. 舞台和观众厅设计

舞台开口：18m×11m，舞台面比池座第一排高1m；厅内建筑尺寸：舞台大幕线至池座后墙最大水平距离为35.5m（其中两层挑台后墙均向后延伸4.1m；最大宽：26m；高：13.5～19.5m）。台口侧墙设一道耳光，顶棚设圆形面光天桥，无追光，观众席前部设升降乐池，开口面积为80m²。

舞台包括主舞台、侧舞台和后舞台。主舞台尺寸：长26m，深23m，高30m；左右侧

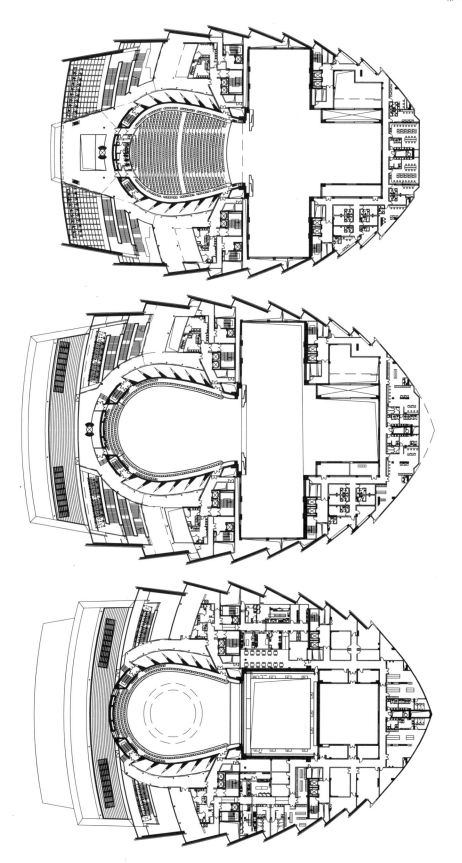

图3-6-43 温州大剧院
各层平面

（图片提供：同济大学建
筑设计研究院）

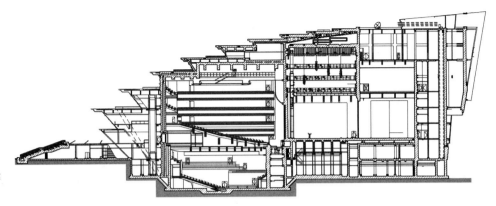

图3-6-44 温州大剧院剖面

（图片提供：同济大学建筑设计研究院）

舞台尺寸：长18m，深18m，高11.7m；后舞台尺寸：长18m，深18m，高13m；主舞台栅顶：电机马道标高为33.5m，栅顶标高为36m；三层灯光渡桥标高分别为：21m，24.5m及28.5m；舞台上设升降舞台及旋转车台等机械化舞台。

歌剧院观众厅容座为1 502座，属大型剧场，其中池座966座，一层两侧设升起包厢共96座，二层楼座220座（其中贵宾席90座）；三层楼座220座。观众厅平面呈马蹄形，详见图3-6-43。

观众席后部设两层挑台，两侧墙各设三层侧包厢；二层挑台开口高深比：2.5:4.1=1:1.64，大于规范要求的1:1.2；三层挑台开口高深比为1:1.12，符合规范要求的≤1:1.2。

池座观众席为全台阶形式，共28排，第一排标高为5m，最后一排标高为11m，前后高差（总起坡）为6m，平均起坡为0.22m；二层挑台（贵宾包厢）共4排，第一排标高为15.58m，最后一排标高为16.84m，前后高差（总起坡）为1.26m，平均起坡为0.42m；三层挑台共4排，第一排标高为20.475m，最后一排标高为22.05m，前后高差（总起坡）为1.575m，平均起坡为0.525m。各层观众席末排的视点俯角分别为池座12°，一层挑台20°，二层挑台27°。

2. 声学设计

剧场主扬声器设于台口前部顶棚主音箱桥内，为暗藏式。音控室、灯控室设于池座后墙的中部。

歌剧院建声设计的主要技术指标如下：

（1）中频满场混响时间：$T_{60}=1.4\pm0.1s$；

（2）低频比BR：在1.1～1.3之间；

（3）透明度C_{80}：在-1～3dB之间；

（4）侧向反射声系数LP：在15%～25%之间；

（5）声场强度占：$G\geqslant 0dB$；

（6）初始时间延迟间隙Δt：<25ms；

（7）本底噪声：≤$NR20$曲线。

混响时间频率特性如下：

表3-6-12 大剧院混响时间特性频率

（数据来源：章奎生编著. 章奎生声学设计研究所——十年建筑声学设计工程选编 [M]. 北京：中国建筑工业出版社，2010）

表3-6-12 混响时间特性频率

中心频率（Hz）	125	250	500	1000	2000	4000
混响时间（s）	1.70	1.50	1.40	1.40	1.30	1.2
混响比	1.21	1.07	1.0	1.0	0.93	0.86

建筑声学装修用料及配置设计：

（1）观众厅内地坪及走道

地板面料为木地板，需注意将龙骨间隙填实，以避免地板共振吸收低频。观众厅内走道部位建议可铺设薄地毯，以防滑并避免脚步走动噪声。

（2）池座及楼座后墙面：观众厅内后墙除门及观察窗外，均应做吸声性能较高、吸声频带较宽的吸声墙面。

（3）侧墙面：中部侧墙面均做硬的反射面，装修面层的面密度≥40kg/m²。以避免对低频声能的吸收。具体做法可为：三层12mm厚石膏板衬里，前做木饰面层。

（4）后部的弧形侧墙面：后部的弧形侧墙面易形成声聚焦，从而造成声能分布不均匀。因此建声建议在这部分侧墙上做声扩散体，使声能均匀分布，避免声聚焦等音质缺陷。

（5）顶棚：顶棚在建声上会起到重要的前次反射声作用，因此建声设计要求在屋架荷载允许的条件下，尽可能采用较为厚重的反射型顶棚，以避免过多的低频声能被吸收。

（6）挑台栏板：挑台栏板是厅内容易在前区造成回声的部位，建筑及室内设计中都应予以注意。建议本剧场的挑台栏板结合表面装饰做一些局部扩散处理，以有利于扩散声波，不至于产生回声。

（7）舞台墙面：由于舞台包括1个主舞台、2个侧舞台和1个后舞台，空间体积比较大，大大超过了剧场观众厅体积。为了避免舞台空间与观众厅空间之间因耦合空间而产生的不利影响，声学设计要求舞台空间内的混响时间应基本接近观众厅的混响时间。声学设计要求在舞台（包括主舞台、侧舞台及后舞台）一层天桥（标高为21m）以下墙面做吸声处理。

（8）观众席座椅：在选择观众厅座椅时，既要考虑其用料、色彩、装饰及舒适性，同时也应重视座椅本身的声学性能，因为座椅的吸声量占整个观众厅总吸声量的比例最大（通常占到1/2到2/3左右），因此对观众厅内的混响时间指标起到决定性因素。声学要求座椅在空座和有人坐时，其吸声量变化尽可能较小，以便不同上座率条件下，观众厅混响时间变化不明显。座椅靠背的上边及两侧边宜留一段装饰木框边，以减少声吸收。建议座椅采用木靠背及硬木扶手，靠背内软垫层尽可能薄一些，面积小一些。座椅的底面宜做吸声处理，底面选用穿孔板。座椅垫翻动时应不产生噪声，也无碰撞声。

3.6.11 湖北东湖国际会议中心

东湖国际会议中心包括1个300人音乐厅、1 200人大会议中心及歌舞剧场、500人同声传译，300人报告厅及20个70~100人不等的会议室。五部分功能以线形公共空间串联，同时穿插五个休息大厅。

东湖国际会议中心的设计充分体现了对自然、地理、生态条件的尊重，最大限度保留原有绿化和古树，建筑依山就势，实现人与自然的交流和对话。设计中将功能与动线全面融合，将现代技术与传统文化精髓完美融汇，实现"自然、和谐并高效运转"的目标。

舞台台口尺寸：宽16m，高9m；舞台深度：18m；主台尺寸：18m×24m；升降乐池深

图3-6-45 湖北东湖国际
会议中心
（图片来源：作者提供）

度为7m。

　　大礼堂座位数1200座，其中池座828座，楼座372座，最远视距为32m，排距采取了两种计算方法，即前排950mm，后排900mm，座椅也采取了两种尺寸分别为前排650mm×550mm，后排600mm×500mm。观众厅设计最大俯角为17.3°。

　　大礼堂布置耳光两道，面光三道，追光室一间，天桥三道。大礼堂设计容积11 150m³，每座容积9.25m³。

图3-6-46 会议中心首层平面

（图片来源：作者提供）

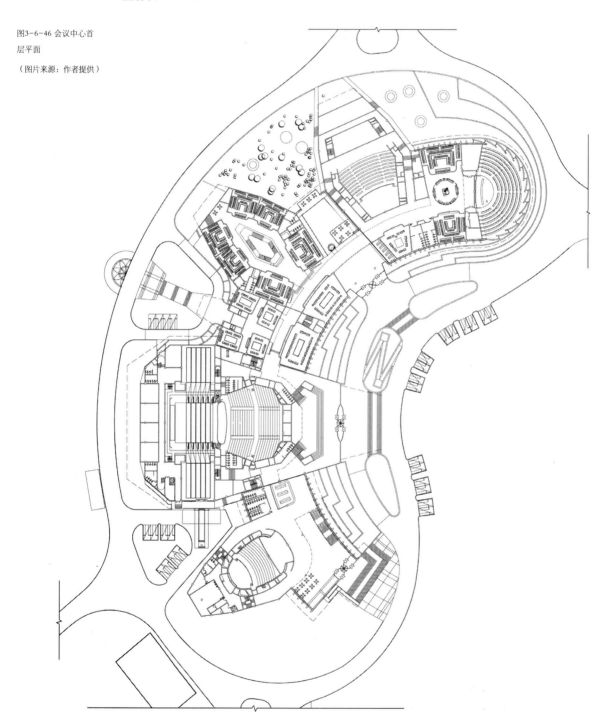

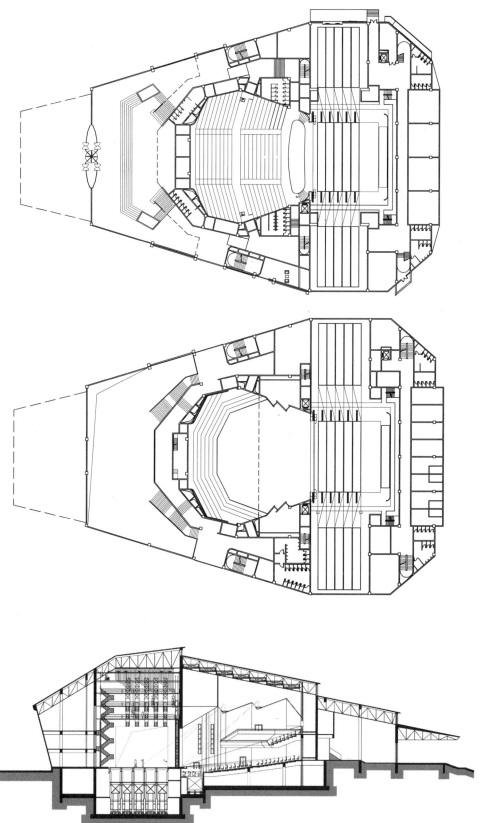

图3-6-47 大礼堂各层平
面及剖面

（图片来源：作者提供）

3.6.12 江苏南通熔盛大厦会议中心

图3-6-48 江苏南通熔盛
大厦会议中心

（图片来源：作者提供）

本工程基地位于南通市世纪大道与工农路交口地块，北侧为世纪大道，西侧为工农路，毗邻新城区中央景观绿轴，靠近南通市政府，是中央行政区范围内的重要建筑。是集高标准酒店、高级办公楼和现代化国际会议中心于一体的大型综合项目。

会议中心底层为会议中心入口大厅、消防安保中心、产品展示等；二层为产品展厅、会议中心贵宾室、舞台底部空间、服装、道具等；三层为舞台底部空间、服装、道具等；四层为1877人大报告厅池座及前厅、化妆室等；五层为1877人大报告厅楼座、化妆室、小会议室等，六层为大报告厅楼座、化妆室、小会议室等；七层为大、中、小会议室等。

1. 舞台和观众厅设计

大会议厅台口至观众厅后墙的最大长度为33.5m；观众厅最大宽度：36.2m;平均高度为17.2m；观众厅最大高度为17.7m；大会议厅一端设置镜框式舞台，台口宽度18m；台口高度10m。主舞台深度为18m；至栅顶高度20m，宽度为24.4m。侧舞台宽18.8m及9.8m，深12.2m。舞台前设升降乐池。

观众座位：观众厅设置两层眺台，池座固定座位1075座；一层眺台437座；二层眺台386座。

2. 声学设计

大会议厅平面体形为多边形。大会议厅平面、剖面形式要求早期反射及侧向反射声在观众席有均匀的分布，同时避免由于反射声组织不当产生的回声、聚焦等声学缺陷。大会议厅平面体形为多边形，台口侧墙与大会议厅纵轴线呈21°，为池座中前区提供早期侧向

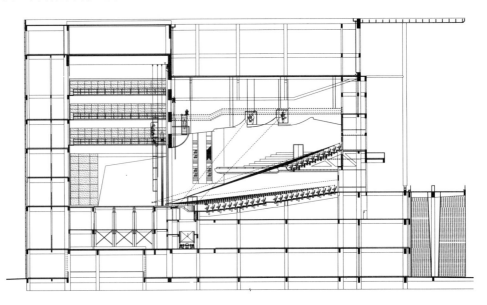

图3-6-49 大会议厅剖面

（图片来源：作者提供）

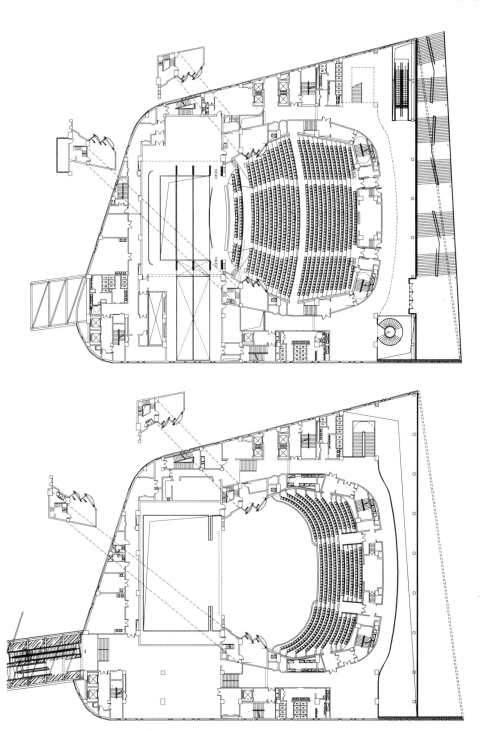

图3-6-50 大会议厅平面

（图片来源：作者提供）

反射声能。观众厅吊顶形式也可为观众厅池座和楼座各区域提供短延时早期反射声，台口上方天花为池座前区观众席提供来自顶面的一次反射声，中后部天花则为池座中后区楼座提供早期反射声，通过顶面形式的设计使各区域观众席均能获得均匀的反射声分布。为控制大会议厅观众厅的混响时间，同时为避免后后墙面的强反射声，在后墙面做部分吸声处理。为避免眺台栏板产生长延迟的强反射声，将其设计为扩散形式。

根据观众厅的体形和布置声学控制的有效声学容积为14 528m³；有效表面积为5 081m²。每座容积为：7.7m³。

大会议厅室内音质以语言清晰度为主，设计满场中频（500Hz）混响时间为满场1.2s，低频可适当提升，而高频则相对下降。各频带的混响时间如下：

表3-6-13 大会议厅混响时间特性频率

（数据来源：上海市声学学会）

表3-6-13   混响时间特性频率

频率（Hz）	125	250	500	1k	2k	4k
设计满场混响时间（s）	1.55	1.35	1.20	1.20	1.10	1.00
混响时间比	1.29	1.13	1.00	1.00	0.92	0.83

1）观众厅声学

大会议厅观众厅的混响时间通过表面声学材料的布置和吸声性能控制，观众厅内声学材料的配置要求如下。

顶面：顶面为观众席提供早期反射声，除面光、扬声器开口外要求顶部封闭。台口天花和大会议厅前区天花要求具有较高的反射系数，以增强乐池和舞台中演出时向观众席的声反射。所选用材料要求具有较高的面密度以减少声吸收，特别是高频的吸收。设计采用密度大于30kg/m²的增强纤维石膏板。观众厅中后部天花以吸收低频为主，降低高频吸声量使混响时间的频率特性符合设计要求，设计采用密度20kg/m²的增强纤维石膏板。同时顶面的形式需考虑声扩散的要求。

墙面：台口侧墙要求为声反射，可采用硬木装修或采密度大于40kg/m²的增强纤维预制式石膏板，以减少对早期侧向反射声的吸收。观众厅池座和楼座的后墙，为控制长延迟反射声采用宽频带吸声材料，如穿孔或开缝木质开孔板后衬阻燃织物吸声板。侧墙面后区采用250m²吸声材料以控制厅内的混响时间，其余墙面则采用木装饰。

地面：观众厅地面除座椅外的走道部分可采用石材或木地板，采用木地板时应实贴。为防止走动时产生噪声，观众厅内走道可采用地毯其吸声性能需符合声学要求。

挑台栏板：要求硬质声反射材料，如硬木面层，表面声扩散处理。

乐池：乐池内位改善乐队之间的相互听闻条件，墙面做局部吸声，同时为了控制打击乐过高的声级，在乐池靠台口一侧墙面配置低频高吸声声学结构。另一侧墙面为声扩散结构以提高乐池向观众厅的声传输效率。

观众席座椅：观众席是观众厅内最重要的吸声面，其中高频吸声量占到整个观众厅内总吸声量的1/3~1/2，因此对观众厅内的混响时间控制具有决定作用，而观众席吸声量的大小又取决于座椅本身的吸声性能。座椅的形式及用料必须满足建筑声学设计要求，并要求座椅上下翻动时无明显碰撞噪声，有人无人坐时吸声性能的变化应尽量小。大会议厅要求的座椅声学性能指标为：

表3-6-14 座椅声学性能指标

（数据来源：上海市声学学会）

表3-6-14   座椅声学性能指标

频率（Hz）	125	250	500	1 000	2 000	4 000
单座吸声量（m²）	0.2~0.25	0.35~0.40	0.50~0.55	0.50~0.55	0.48~0.55	0.45~0.5

2）主舞台声学

主舞台空间容积高达12 470m³，为了避免舞台空间与观众厅空间之间因耦合空间而产生的不利影响，声学设计舞台空间内的混响时间接近观众厅的混响时间。舞台空间控制中频混响时间在1.4s左右。为控制舞台空间内的混响时间，主舞台后墙面、侧墙面及侧舞台墙面需做吸声处理布置穿孔吸声板，舞台顶面为吸声喷涂。

3.6.13 "土楼"多功能伴餐剧场

由成都市人民政府和成都置信集团联合打造的"非物质文化遗产国家公园"项目位于成都市青羊区，光华大道与绕城高速（四环）交汇处，距离市中心天府广场约12km，距三环路仅3km，项目占地1 780亩（约118.67万m²），连接青羊新区和温江新城。

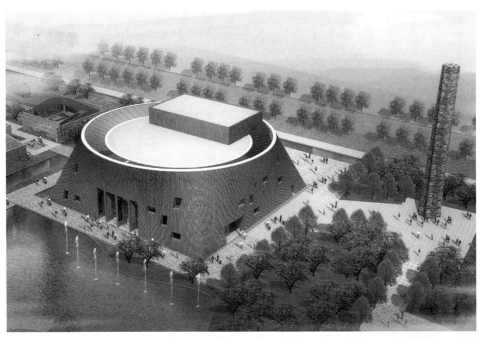

图3-6-51 "土楼"多功能伴餐剧场

（图片来源：作者提供）

　　公园共设计五大组团，分别为"五洲情"、"西城事"、"百味戏"、"时空旅"、"世纪舞"。多功能剧场（伴餐剧场）位于公园"西城事"组团。

　　舞台形式为标准的镜框式舞台，舞台台口尺寸为宽16m，高9m。主表演区进深14m，舞台进深19m。

　　伴餐剧场舞台采用国际上通行的"品"字形舞台，并进行了变化。包括主舞台、左右侧舞台和简化了的后舞台，根据伴餐剧场的特点及现代舞台设计的流行趋势，特别强化了台口外的表演区域，增强了与观众的互动理念。舞台配置有先进的现代化大型舞台机械设备，具备推、拉、升、降、转等功能，并配备了水池，为表演中加入水的元素提供了条件。

　　主舞台由4块升降台组成，四块升降台即可整体升降又可分别单独升降，左右侧台各有2块侧车台，侧车台下设有补偿台，侧车台与主台之间设有微动台。第一块与第三块、第四块升降台采用子母台方式设计，即台中有台。第一块与第三块升降台分别设有3块、1块用于魔术表演及其他使用效果的魔术洞升降块；第四块升降台上设有5块升降块。

　　后舞台配置后车台，后车台上设置车载升降转台，后车台下方设置2块后车台补偿台。

　　台口外左右两侧各设置1块升降转台，紧靠观众席的台唇处设置可升降的升降乐池护栏，在升降乐池护栏后设置3级自动升降阶梯，与升降乐池护栏一起组成观众席到舞台的阶梯；阶梯后设置乐池升降台，升降乐池近60m²可以容纳双管乐队使用，同时也可作为活动座椅区。靠近台口处设置1个水池，水池上方设置水池活动盖板，水池内可设置音乐喷泉，也可成为台口水幕的收纳装置；喷泉及水幕表演结束后水池活动盖板自动将水池盖上成为舞台台面的一部分。

　　主舞台上方设置有26道电动吊杆、9道灯光吊杆，5道吊点可移动式单点吊机。主舞台上还设置了2台飞行器，1道会标吊杆，1台天幕吊杆，2套侧灯光吊杆、1套具有升降、对开功能的大幕机、1套活动柱光架装置等。舞台边顶幕位置设置了可提升式LED彩屏的吊装设备。舞台后区设置了1套可提升5吨载荷的升降机构，为以后设置LED屏或其他大型、重型道具提供条件。

　　台口前舞台上方设置了4台台口单点吊机，2台吊点可移动式单点吊机。为表演杂技或临时吊装道具提供条件。

　　所有舞台机械通过计算机数字控制可以实现升降、旋转和移动，能够完成复杂的剧幕场景变换，充分满足了各种文艺演出的不同需要，使观众能够享受全面的舞台艺术魅力。

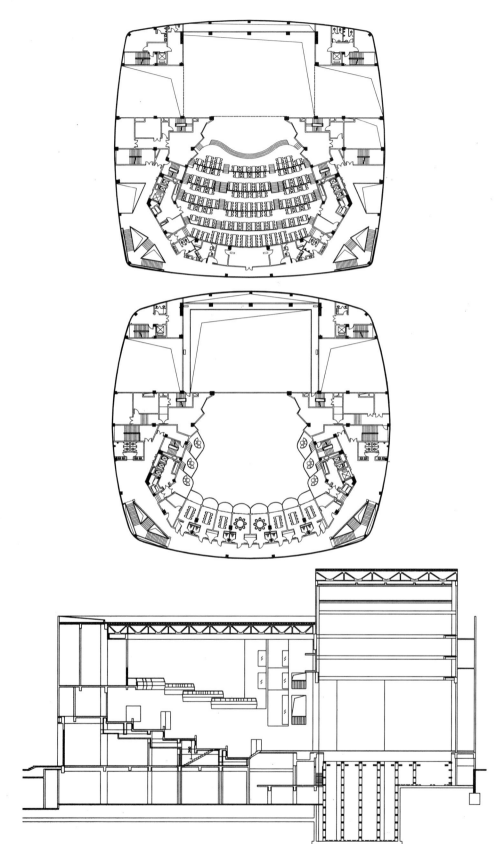

图3-6-52 "土楼"多功
能伴餐剧场各层平面

（图片来源：作者提供）

图3-6-53 "土楼"多功
能伴餐剧场剖面

（图片来源：作者提供）

1. 台上设备

1）台口单点吊机：4套

台口单点吊机安装在升降乐池上空，固定位置安装。通过装修面局部开孔设置悬两排吊点，每排设置四个吊点。平时吊点位于开孔内暗藏（与装修配合制作），使用时放下参与演出。用来悬吊三维舞台布景、灯具等导演需要的景物、道具。

台口单点吊机主要由电动机、减速机、钢丝绳滚筒、滑轮组、吊点装置、数字控制装置组成。台口单点吊机定速运行。每台台口外单点吊机都可以单独运行，也可以几台台口外单点吊机组合同步运行。

技术规格：行程——12m；定位精度——±3mm；吊点速度——0.2m/s；

吊点活载荷——2.5kN；噪音——< 50dB(A)。

2）会标吊杆：共1套

在主舞台台口处设置1套可以用于提升前檐幕、会标幕的电动吊杆。会标吊杆系统主要由电动机、减速机、钢丝绳滚筒、滑轮组、吊杆桁架、数字控制装置组成，定速运行。

技术规格：长度——18.0m；行程——约20m；定位精度——±3mm；

载荷——5.0kN；速度——0.4m/s；噪 音——< 50 dB(A)。

3）可升降对开大幕机：共1套

该设备安装于舞台台口，具有无级调速均匀对开（关）、提升（下降）功能。对开（关）功能可电动驱动，也可手动操作。可升降对开大幕机系统主要由电动机、减速机、钢丝绳滚筒、滑轮组、大幕轨道、均匀伸缩连锁臂、拉幕机等装置组成。

技术规格：提升载荷——8kN（含结构架自重）

开/闭时间——对开 9s/9s(max) 提升：15s/15s(max)；

对开运行噪音——≤50dB；

重复定位精度——≤±10mm（对开），≤±5mm（提升）；

重叠部分长度——2.2m。

4）电动吊杆：共26套

电动吊杆是舞台机械中重要的设备之一，同时也是舞台演艺设备中使用最频繁的设备，其主要功能是用于吊挂幕布、布景、道具。在演出场景变换时，单台或多台吊杆按预先排练时设定的速度、位置、方向参数自动运行，完成舞台换景工作。

电动吊杆系统主要由电动机、减速机、钢丝绳滚筒、滑轮组、景杆杆体、数字控制装置组成。电动吊杆调速运行。

技术规格：长度——23.0m（前檐幕吊杆的杆长为21m）；行程——约20m；

定位精度——±3mm；载荷——5.0kN；速度——0.006～0.6m/s。

5）灯光吊杆：9套

在主舞台区共设计配置电动灯光吊杆6套，灯光吊杆主要用于提升各种舞台灯具。灯光吊杆系统主要由电动机、减速机、钢丝绳滚筒、滑轮组、灯光桁架、数字控制装置组成。灯光桁架上配备收线筐，并设置线槽、灯具插座（强电）、DMX512（弱电）信号插座、接线箱，在每一端加设易于辨认的荧光号牌，标明吊杆数字号码。灯光吊杆定速运行。

技术规格：长度——21.0m（一顶光吊杆的杆长为16m）；行程——约12m；

定位精度——±3mm；载荷——10.0kN；速度——0.2m/s；

噪 音——< 50 dB(A)。

2. 台下设备

1）乐池升降护栏：1套

设置于乐池升降台外侧，作为保护屏障，可与乐池升降台联动，也可单独运行。同时也可作为舞台与观众席联络的第一级台阶。乐池升降护栏由驱动系统、导向机构、钢架及数字控制装置组成。乐池升降护栏定速运行。木装修由装饰单位完成。

技术规格：长度——约20m（异形）；行程——0.9m；速度——0.02m/s；
水平载荷——1kN/m。

2）升降阶梯：3套

在升降乐池护栏后设置3级自动升降阶梯，与升降乐池护栏一起组成观众席到舞台的阶梯。升降阶梯由导向机构、钢架组成。由乐池升降台带动，无独立驱动机构。木装修由装饰单位完成。

3）乐池升降台：1套

乐池升降台近60m²可以容纳双管乐队使用，同时也可作为活动座椅区。乐池升降台与主舞台平，可形成舞台的扩展部分，加大主表演区面积；与观众席第一排地面平，形成观众席的扩展部分，增加观众席面积；降至低于主舞台台面2.2m，为乐队演出高度。同时乐池升降台中心位置设置1套直径3m的升降式旋转舞台，可相对乐池升降台升起1.2m。

技术规格：

升降台

尺寸——约20m×5m（弧形，以建筑图为准）；

行程——2.20m，行程范围内任意定位，在标高+2.00m、+1.10m、-0.20m有预停位点；

定位精度——±2mm；速度——0.05m/s；噪音——< 50 dB(A)；

载荷——运动时2.0kN/m²，静止时4.0kN/m²。

升降转台

尺寸——直径3m；行程——升降1.20m；旋转——无限；速度——升降0.05m/s；

旋转——0.05~0.5m/s(最大外圆处)；噪音—— < 50 dB(A)；

载荷：运动时 2.0kN/m²，静止时 4.0kN/m²。

4）旋转升降台：2套

台口外左右两侧各设置1块升降转台，直径1.5m；可降至舞台台面以下2.2m处，升起至舞台台面。升降转台由升降和旋转两个机构组成。升降机构由电动机、减速机、链条提升机构、机架及数字控制装置组成。升降系统定速运行。旋转机构由电动机、减速机、运行轨道、托轮、齿轮齿销传动机构及数字控制装置等组成。旋转舞台调速运行。

技术规格：尺寸——直径1.5m；行程——升降2.20m；旋转——无限；
速度——升降0.05m/s；旋转——0.05~0.5m/s（最大外圆处）；
噪音——< 50 dB(A)；
载荷——运动时2.0kN/m²，静止时4.0kN/m²。

5）主升降舞台：共4套

在主舞台主表演区设置规格为16m×2.5m的升降台，升降台可上升至台面以上1.5m，下降至台面以下4.5m。演出人员、场景道具可通过台下的演员通道进出。在演出场景变换时，单台或多台主舞台按预先排练时设定的速度、位置、方向参数，自动运行，完成舞台换景工作。演出中，升降台可以方便地承载景物搭设出"亭、台、楼、阁"等舞台效果，可以营造出大动态、更逼真、更富有感染力的舞台效果。第一块与第三块、第四块升降台采用子母台方式设计。第一块与第三块升降台分别设有3块、1块用于魔术表演及其他使用效果的魔术洞升降块；第四块升降台上设有5块升降块。

主舞台升降台下降侧车台高度时，侧车台可以在主舞台平面运行至主舞台升降台上，并可以随之升降；下降到车载转台的厚度后，车载转台可以在主舞台平面移动到主舞台区域。下降到主舞台台仓-2.60m处，将存储于舞台下部的布景或演员等移动到主舞台升降台上，并可以随之上升。4块升降台可以单独升降，也可以编组升降、同步运行。主舞台升降台由驱动系统、导向系统、机架及数字控制装置等组成。

技术规格：尺寸——16m×2.5m；

行程——6m，行程范围内任意定位，在标高+3.5m、+2.00m、+1.70m、
-0.50m、-2.6m有预停位点；

定位精度——±2mm；速度——0.0015-0.15m／s；

噪 音—— ＜ 50 dB(A)；

载荷——运动时2.0kN／m²，静止时4.0kN／m²。

6）侧车台：共4套

侧车台是搭景储景、迁换布景的重要设备之一，设置在第二块与第三块主升降台两侧
侧舞台，平面尺寸与升降台相同；在主舞台与侧台区域之间移动，参与演出活动。主舞台
车台可以配合升降台使用。

侧车台由钢结构、驱动装置、行走装置和控制系统组成，调速运行。

技术规格：尺寸——16m×2.5m；行程：20.5m，行程范围内任意定位；

定位精度——±2mm；速度——0.05-0.6m/s；噪 音——＜ 50 dB(A)；

载荷——运动时2.0kN/m²，静止时4.0kN/m²。

第4章 音乐厅设计
Chapter 4

4.1 音乐厅的基本概况

4.1.1 音乐厅的简述

音乐厅，顾名思义就是音乐的厅堂，是举行音乐会及音乐相关活动的场所，是人们感受音乐魅力的地方。音乐厅通常都装潢典雅，由音乐大厅和小剧场等组成，并配备各种乐器及专业的音乐设备，同时提供舒适的座椅，在优雅的环境里为人们带来音乐的精神盛宴。一座建筑精美风格独特的音乐厅本身就是一件艺术品。

图4-1-1 波兰华沙巴索维亚交响音乐厅

（图片来源：http://www.archdaily.com）

4.1.2 音乐厅的分类

1. 音乐厅是专供音乐演奏用的建筑，可按演奏的内容、演奏台的配置方式和用途分类。

（1）按演奏（唱）内容可分为：交响乐大厅、合唱厅（或称演唱厅）、室内乐厅、多重奏或独奏（唱）厅等四类。也有一些国家设有专门演奏管风琴的音乐厅，但规模均不大于400座。此外，重奏和独奏(唱)等音乐通常都在室内乐厅内演出，很少设置单独的音乐厅。考虑到不同的音乐各有独自的声学要求，因此，一般建造音乐厅同时都备有2～3个音乐厅，而绝大多数则有交响乐厅和室内乐厅两个音乐厅。

（2）按音乐厅的形式常分为：传统音乐厅，即"鞋盒"式的音乐厅；非鞋盒式，即其他各种形式的现代音乐厅两类。近代的音乐厅由于要容纳更多的听众，且要求有比传统音乐厅更舒适的条件，窄长的鞋盒式大厅，后排听众离演奏台过远而难以获得足够的响度，从而出现了很多突破传统形式的音乐厅，如圆形、椭圆形、扇形、三角形、多边形和完全不规则形的音乐厅。但其设计宗旨是相同的，既要继承传统鞋盒式音乐厅的良好音质，又能满足近代音乐厅所提出的各种需求。

（3）按音乐厅演奏台的配置方式，可分为"尽端式"和"环绕式"（或称中心式）两种音乐厅。前者是把演奏台设在观众厅的尽端部位。这是一种传统的布置方式，所有的传统音乐厅均为这种配置方式，它便于在台的周围设置有利于乐师相互听闻，并使前排听众获得融台声音的各种声扩散结构，因此，至今很多音乐家仍坚持要求选用这种形式，是有根据

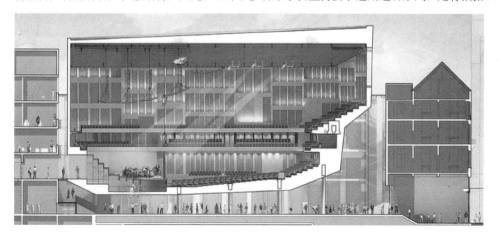

图4-1-2 比利时安特卫普音乐厅

（图片来源：http://www.archgo.com）

图4-1-3 悉尼歌剧院音
乐厅；

图4-1-4 北京音乐厅

（图片来源：http://
pica.nipic.com）

图4-1-3　　　　　　　　　　　图4-1-4

的。但这种形式的最大弱点是在大容量厅堂内，后排听众的直达声强太低，难以获得良好的
听闻效果。这与窄的鞋盒式形体，不能适应大容量厅堂是同样的原因。对此，出现了环绕式
音乐厅，即听众席围绕中央的演奏台配置，这种形式有可能使大容量厅堂内的后排听众尽可
能接近演奏台，从而获得足够强度的直达声，并保持与乐师更亲密的关系。而窄厅所固有的
侧向反射声则通过周围逐渐升起的侧厢拦板获得，乐师间的相互听闻通常借助于顶部悬吊的
反射板来实现，这显然不如尽端配置的方式。因此，从乐师演奏时的自我感受，可以肯定环
绕式不如尽端式。对此，当音乐厅容量不大（少于1200座左右时），应尽可能采用尽端式配
置的接近鞋盒式形体的音乐厅。

4）按音乐厅的用途可分为专业音乐厅(单一用途)和多用途音乐厅两类。传统的（古典
的）、约在70年代以前修建的音乐厅，绝大多数是单一用途的音乐厅，例如专供交响乐和
室内乐演奏的音乐厅等。但近20年来，业主们（甲方）为了经营上的目的，要求建造多功
能音乐厅，同时要求建筑师能适应功能多得近乎不可能的程度，包括交响乐、室内乐、合
唱音乐、独奏（唱）和摇滚音乐、戏剧、芭蕾舞、电影展、商业表演、会议、舞会和体育
竞赛等等。甚至连那些为专业乐团、剧团使用的单一用途表演厅也通常要求它能从其他不
太专业化的用途上获得收益。因此，近年来建造的音乐厅多数设有可调混响、分隔空间和
多种升降设施，以适应多用途的需要，从而使音乐厅的建造更为复杂化，并大幅度提高投
资费用。

**2. 音乐厅的规模包括容积和容纳听众人数两方面，它与演奏（唱）的内容和乐队规模有
关。**

1）交响乐大厅

交响乐大厅是音乐厅中规模最大的一类，其容量通常在1 200～3 000名听众的范围内。
但近10年来的工程设计实践表明，要获得良好的听闻效果，控制在2 000名左右，较有把
握。由于交响乐大厅要求有较长的混响时间和适度的低音比，因此，需要有较大的每座容
积。目前多数取7～10m³，而近年超过10m³的也占有相当的比例。根据每座容积，即可粗
略求得大厅的容积。但当仔细推敲大厅的容积时，在考虑到听众人数的同时，还应考虑经
常演出的乐队规模，否则当乐队人数较少时，便会感到音量不足。根据经验，可按乐队人

图4-1-5 迪士尼音乐厅

（图片来源：http://
en.wikipedia.org/wiki）

数核算大厅的容积,以与按听众人数确定的容积大体相当。 即为一些专家提出的音乐厅容积与乐队人数关系的建议值。

2)独奏(唱)和重奏(唱)音乐厅

这类演奏厅的规模通常没有明确的规定和建议值,原因是乐器的声功率差别很大,例如钢琴和铜管乐声功率很大,甚至可在交响乐大厅内演奏,而小提琴和某些民乐器等就只能在较小容积的厅内演奏。因此,其规模应根据主要演奏的内容和听众人数来定。

3)管风琴演奏厅

目前交响乐大厅内均配备不同规格的管风琴,但管风琴演奏要求有很长的混响时间,最佳值为4.0~4.5s,因此,在交响乐大厅内演奏管风琴均达不到应有的效果。对此,有些国家,设置单独供管风琴演奏的厅堂。在东欧一些国家,如波兰、捷克到处可见小型的管风琴演奏厅,但多数属于宗教系统的。在日本大阪艺术大学冢本英世纪念馆内的管风琴演奏厅是目前规模较大的一个,最大可容纳400名听众,但通常为250名听众,有效容积为5 500m³,每座占容积为13.8~22m³。至于这类演奏厅究竟应确定何种规模最为适宜,目前尚无足够的素材。但为了获得长的混响时间,每座容积应远大于交响乐厅,这一点是可以肯定的。

4.2 音乐厅的功能关系

音乐厅主要由前厅部分、演奏厅部分及后台部分组成,其组成关系图参见右图。不同音乐厅具体的组成内容以及各组成部分的规模、形式则由于各自的使用要求而有所不同。一般来讲,音乐厅各部分的组成情况如下:

1. 前厅

前厅包含有门厅、大厅、休息厅、售票处、展览陈列室、存衣处、小卖部、公用电话、公厕、管理值班间等用房及相应的配套设施。功能较完备的音乐厅还会设置音像、书报销售处、图书阅览室及咖啡厅等。前厅中休息厅的设计还应考虑设置具有单独出入口的贵宾休息室和适当隔离的吸烟室。另外,大厅或休息厅宜考虑到开展群众性活动的可能性,如音乐沙龙,音乐家即兴献艺,签名售书,音像制品以及为迟到听众在场外能欣赏厅内音乐演出而提供必要的条件。

2. 演奏厅

演奏厅是音乐厅的核心,它包括席位区及演奏台和相关的技术设备用房。前两者在同一空间中,这与箱形舞台剧场的观众厅与舞台的空间关系有着很大的区别。技术设备用房主要包括声控、同声传译室、灯控室、录音室、转播室、机械设备控制室及管理间等用房。

3. 后台

后台包括演出准备用房和音乐厅的行政、设备用房。前者包括化妆室、服装室、乐器室、道具室、候场室、休息室、更衣室、浴厕及供平时练习用的排练厅、琴房等用房。此外,还有供乐团领导及管理人员使用的办公室、会客室等。行政管理部分的主要职能是经营管理的策划和行政业务,组织演出活动和创收。因此除了配备警卫、传达、办公、会

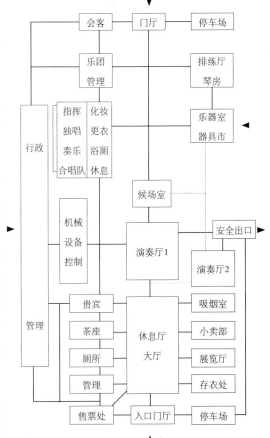

图4-2-1 音乐厅功能流线图

(图片来源:建筑设计资料集4 [M].第二版.北京:中国建筑工业出版社,1994)

议、经理、储藏、浴厕、消防控制室等用房外，还应设置经营策划的房间，同时对附设在音乐厅内的展览陈列室、图书馆、排练厅、视听教室、欣赏室等进行管理。行政管理用房的布置应有独立的出入口；各部分既要有方便的联系，又要适当的分区。

4.3 演奏厅设计

图4-2-1 新世界交响乐团

（图片来源：*FRANK GEHRY RECENT PROJECT*，ADA Editors，2011）

图4-2-2 迪士尼音乐厅室内

（图片来源：http://www.nomattertheoccasion.com）

图4-2-2   图4-2-3

4.3.1 演奏厅的平面形式

音乐厅中的演奏厅应综合考虑音乐厅规模、视听要求、观演关系及建筑环境等影响因素来选择最合适的平面形式。

1. 矩形

矩形平面具有平面规整、结构简单、声能分布均匀与周围辅助房间的组合较易处理等优点。当矩形平面横向跨度不大时，声线通过两侧墙易产生大量的早期侧向反射声，有利于创造良好的音质。18-19世纪的传统"鞋盒式"音乐厅均采用这种最简单的平面形式。如现存三座最优秀的传统"鞋盒式"音乐厅——维也纳音乐厅，阿姆斯特丹音乐厅和波士顿音乐厅均采用矩形平面的演奏厅。

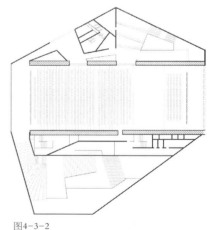

图4-3-1，图4-3-2 波尔图音乐厅实景及平面

（图片来源：董晓霞. OMA的波尔图音乐厅建筑设计 [J]. 时代建筑，2006年04期）

图4-3-1   图4-3-2

矩形平面的演奏厅，长宽比接近于2:1，演奏台通常配置在演奏厅的尽端，当其面宽较窄时具有以下的优点：

（1）室内声场均匀，听众席拥有较强的早期侧向反射声，且覆盖面较大。

（2）演奏台的前部听众均在演奏台中轴展开角120°的范围内，能较好地顺应乐器和演唱声的指向特性。

（3）演奏台配置于大厅尽端，使得乐师间有良好的相互听闻及场所感，有利于演奏的平衡及整体性。

应注意矩形平面的平行侧墙如不作相应构造处理易产生颤动回声；演奏台尽端式布局的矩形平面不应过度地扩大容量以免造成两侧墙相距太宽或后墙距演奏台过远的情形而影响视、听效果。

2. 钟形

钟形平面的演奏厅与矩形平面基本相似，它结构简单，声场分布均匀，前区张开一定角度的侧墙有利于将演奏台声音反射至演奏厅中后部。当演奏台为尽端式布局时，减少了演奏台两侧前区的边席，增加了视距较远的正席，这也符合演奏声指向性特点。此种平面形式也常用于大容量的音乐厅。图4-3-3所示为钟形大厅。

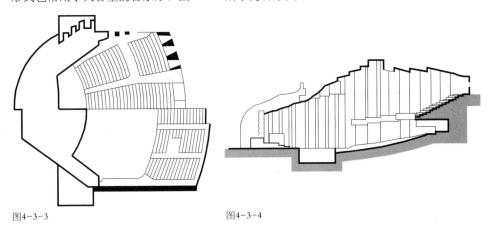

图4-3-3　　　　　　　　　　图4-3-4

图4-3.-3，图4-3-4 奥地利萨尔兹堡节日大厅平面及剖面

（图片来源：（美）白瑞纳克著，王季卿、戴根华等译. 音乐厅和歌剧院[M]. 上海：同济大学出版社，2002）

3. 扇形

扇形平面曾是历史上重要厅堂平面形式之一，古希腊的扇形露天剧场以其整齐的秩序和强烈的震撼力给后来的设计者以无穷的灵感。扇形平面音乐厅是20世纪20年代随着扇形电影院的问世而出现的新音乐厅类型。演奏厅采用扇形平面并不是出于音乐本身及新声学理论的产物（尽管有一些定向声厅堂也采用了扇形平面），而主要是为了将两侧墙向外推开，在控制后部听众与演奏台距离的情况下，以容纳更多的听众。扇形平面演奏厅前后跨度不一，给结构和施工带来一定困难。

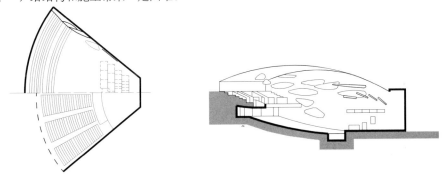

图4-3-5　　　　　　　　　　图4-3-6

图4-3-5，图4-3-6 委内瑞拉卡拉加斯大会堂

（图片来源：（美）白瑞纳克著，王季卿、戴根华等译. 音乐厅和歌剧院[M]. 上海：同济大学出版社，2002）

扇形平面的音乐厅具有以下的特点：

（1）演奏厅可以保证较小长度的情况下，容纳更多的听众。这也是大容量音乐厅采用此类平面的主要原因所在；

（2）声音沿张开的侧面墙向后传播，墙面反射能力减弱，绝大部分听众席很难获得早期侧向反射声；

（3）后区听众坐席的比重很大，相反，声压随距离的增大而快速降低；厅堂后部宽度过大，声音多次反射的机会减少，导致演奏厅中后区听众严重缺乏早期反射声；

（4）演奏厅后墙为内凹曲面，须做相应的构造或吸声处理，防止产生声聚焦现象。

扇形平面的作为音乐演奏空间在声学上存在着诸多弊端，尤其是在大倾角的扇形平面中，其声学缺陷愈加明显，故近年来所建大型音乐演奏厅很少采用此类平面形式。

4. 多边形

多边形平面多以六边形、八边形两种平面形式出现。

六边形平面的演奏厅多采用不等边形式，声场扩散性较好，被广泛采用于音乐厅中。

与六边形平面相比，八边形平面演奏厅则在两侧之间增加了一对平行墙面，扩大了平面容纳听众的规模。演奏厅因两平行侧墙距离过大，使演奏厅中部听众难以获得足够的侧向反射声。

5. 圆形、椭圆形

圆形、卵形、椭圆形平面的演奏厅在其空间造型上容易获得优美、流畅、浑然一体的特点。此类平面在声学的处理上较为麻烦，容易造成沿边反射，甚至出声聚焦，使得声场分布极不均匀；且结构、施工也较为复杂。

图4-3-7，图4-3-8 美国丹佛波切埃音乐厅平面及剖面

（图片来源：吴德基编著. 观演建筑设计手册[M]. 北京：中国建筑工业出版社，2006）

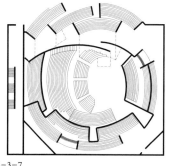
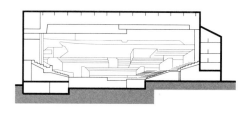

图4-3-7   图4-3-8

圆形、椭圆形平面演奏厅具有以下特点：

（1）两者都必须通过运用大尺度的分段或大尺度的扩散体来破坏凹弧形表面，以避免产生聚焦现象；

（2）"中心式"布局的此类平面能缩短观众与乐师间的距离；

（3）椭圆形平面观众席的分布状况与厅内声压分布较吻合；经过处理的侧墙有利于形成大量侧向反射声。

6. 马蹄形

早期马蹄形平面的演奏厅主要是受到马蹄形剧场，歌剧院的影响而产生。此种平面形式试图在前区获得传统音乐厅侧向早期反射声的条件下解决大容量的问题，即将后区设计成半圆形。

马蹄形平面的演奏厅具有以下共同的特点：

（1）空间形态与传统马蹄形剧场、歌剧院类似，一般具有多层大型圆弧形挑台，挑台上的坐席呈连续分布，空间高敞，气氛热烈；

（2）由于多层挑台的存在，致使演奏厅平面尺寸较小，节约用地；

（3）演奏厅后部的弧形墙和弧形拦板须追加声扩散构造，以消除声聚焦现象。

7. 不规则平面

不规则平面的演奏厅产生于20世纪五六十年代，主要基于以下原因：

1）根据德国声学家梅耶等的方向性扩散理论，认为要获得均匀的声场分布，有效地防止音质缺陷，声源应位于室内不对称的位置上——即所谓的不对称原则，而推崇此理论的设计者们一般通过采用不规则的厅堂体型和与不同波长相适应的扩散结构等来达到这一目的；

2）现代观演关系的革新致使演奏厅演奏台采用"中心式"布局，观众席采用台地式布

图4-3-9   图4-3-10

图4-3-9，图4-3-10 柏林爱乐音乐厅

（图片来源：http://hendrarayana.files.wordpress.com）

置方式，也有力地促使了不规则平面演奏厅的出现。

图4-3-9和图4-3-10所示为柏林爱乐音乐厅（1963，德国），中心式演奏台是第二次世界大战后最重要的音乐建筑作品。大厅突出地考虑了声学上的要求，为了声扩散和避免房间共振，大厅的平、剖面形状及坐席的布置都是不规则的，所有的天花均为凸弧形的。建筑有着独特的，雕塑性外观。升起的观众席底面也给大厅带来了一系列异形的顶棚造型。交响乐大厅可容纳听众2 300名，有效容积16 810m³。

4.3.2 演奏厅的剖面形式

演奏厅的剖面形式与地坪的起坡状况、楼座的设置与否及其形式、顶棚的形式、演奏台的布置位置等密切相关。本节就演奏厅的剖面形式及池座和楼座的剖面形式分别展开讨论。剖面形式主要分为池座式大厅和楼座式大厅两类。

1. 池座式大厅

池座式大厅不设楼座，在相同听众容量的情况下比楼座式大厅占地面积更大，适于中小型音乐厅。

根据池座的地坪起坡状况，可以有以下几种形式。

1）平地式

常见于传统"鞋盒式"音乐厅及现代一些以音乐演奏为主的多功能厅，它兼用于舞会、交际、会议等其他功能的使用。其规模不会太大，演奏台台面通常较高，多在1m以上，以缓解池座后区直达声严重不足。它具有以下的特点：

（1）当座椅设置成活动式时，演奏厅可兼作多功能使用。应为座椅设置足够的贮藏空间；

（2）池座后部座区声压明显减小，后区听众难以获得充分的直达声，其声能主要是其他界面到达的反射、扩散声；

（3）由于视线遮挡，部分听众难以看清演奏者的表演情况，影响了听众与乐师之间的交流；

（4）演奏台如设计过高，使得前面几排听众仰视角加大，并且产生声音从头顶掠过的听音效果。

2）斜坡式

地坪起坡是保证获得良好视听质量的必要条件。音乐厅的设计视点较高（可定于演奏台面以上50cm左右），所需起坡比剧场平缓。

3）阶台式

当地坪设计升起较大，为保证座椅的舒适性必须将其做阶台式地坪。阶台式池座能有效减少声音掠过听众席时的被吸收量，并使得听众看到乐师的演奏情形。由于地坪设计升起较大，视觉质量高，同时也常能满足观看演剧的视线要求。

4）混合式

所谓混合式池座指演奏厅池座前区的地坪设计平地或起缓坡，而后区则根据视听需求而设计成阶台状，即采用混合式池座剖面设计。这种设计方式有利于兼顾实用性、经济性及多功能使用的要求。

5）散座式

这种剖面形式在现代音乐厅设计中运用广泛。所谓散座式池座是将观众席分区布置在许多以矮墙、拦板围隔的大起坡阶台式地坪上。

2. 楼座式大厅

楼座式大厅室内空间高敞，气氛热烈。在楼座出挑合适的情况下可以提供更多的声反射界面，有利于室内声场分布。楼座式大厅结构、施工较为复杂，造价也随之增高。

各种演奏厅的平面形式，均可设置楼座，特别是在大、中型演奏厅中运用广泛。

1）悬挑式

即楼座后墙与池座后墙在同一垂直面，楼坐席位都位于池座上空。悬挑式楼座出挑多少将受到声学和结构上的限制。对于专业演奏厅而言，应严格控制楼座下部空间的进深与开口高度的比例。我国剧场建筑设计规范规定的进深与开口高度比为不大于2:1，这不适用于音乐演奏厅，因为：

（1）顶部反射声难以投射至凹进较深的楼厅下部，降低了音量，致使声场不均匀；

（2）凹进的小空间混响较短，并与大厅构成耦合空间，开口处的声场起伏很大，改变了音乐固有的音色。

因此，采用悬挑式楼座设计时，楼厅下凹的空间不能太大，同时其开口挑出比，据国外著名声学家里奥·巴拉内克（Leo Beranek）提议，应不大于1:1（图4-3-11）；并应考虑到楼座下界面的设计有助于一次反射声投入到其后部坐席。更有甚者，楼座下不设坐席而作它用。

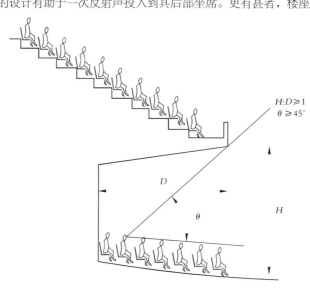

图4-3-11 楼座出挑距离与高度的关系

（图片来源：（美）白瑞纳克著，王季卿、戴根华等译. 音乐厅和歌剧院 [M]. 上海：同济大学出版社，2002）

2）后退式

楼座后墙与池座后墙不在一个垂直面上，而是向后退。这种楼座结构合理，出挑少而容量大，缩短了听众视距，池座后部听众的视、听条件受楼座的影响也较小。演奏厅设置后退式楼座还有利于丰富室内空间及声场扩散，并可利用楼座拦板为池座中部席位提供前次反射声。

3）浅廊式

这种楼座形式在传统"鞋盒式"音乐厅及马蹄形平面的音乐厅中较为常见，它是平面进深小且坐席呈连续分布，多以沿边挑出的形式出现。浅廊式楼座，进深不大，往往在2～4座，并多呈半环绕或环绕于演奏厅的形式出现。其特点为：·

（1）浅廊式楼座的设置，缩小了大厅的平面规模，缩短了视距；

（2）挑出式浅廊的拦板和底面为大厅增加了重要的声反射、扩射界面，有利于声场分布均匀；

（3）多面沿边或环绕式楼座，特别是当其呈多层布置时，使得演奏厅空间效果丰富，观演气氛热烈，并便于分隔作包厢使用；

（4）在马蹄形平面的演奏厅设计中，浅廊式楼座还可与柱廊相结合，追求传统歌剧院的空间效果。

4）包厢式

包厢在使用上具有独立性与一定的私密性，往往在其中安置贵宾席或其他高等级席位。并且形式上具有一定的节奏感与美感，其中以跌落式较为常见。下图为跌落式包厢图示。

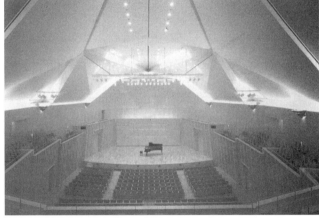

图4-3-12   图4-3-13

图4-3-12 东京大都会艺术中心音乐厅；

图4-3-13 日本雾岛国际音乐厅

（图片来源：现代建筑集成（观演建筑）[M].沈阳：辽宁科学技术出版社，2000）

4.4 演奏台设计

4.4.1 布局方式

从平面布局方面考虑，音乐厅和歌舞剧院有很多相似之处。但由于音乐演奏的方式和内容不同，也有很多特殊的地方。音乐演出与戏剧、歌舞表演不同，它既无变化多彩的布景和效果作陪衬，又无丰富、易懂的词句让听众理解，在表情方面也受到一定的限制。音乐家在演奏时是沉湎于将他的感情、思想和对乐曲的解释等通过每一个音符的细微处理传达给听众，而听众对音乐的欣赏，除了偶尔注意到音乐家的某些明显的表情外，绝大部分的注意力都集中在音乐家所奏出的每一个音符的领会上。所以音乐家感情的诉诵和它所引起的共鸣，不是凭借语言和形象，而是通过音响效果来实现的。正因为音乐演奏的这一特殊性，就有可能使演奏厅听众席的配置更灵活一些，不必像剧院那样将观众席配置在舞台的正前方。从音乐厅建筑发展的过程来看，演奏台的布局方式基本有三种形式：尽端式、伸出式和中心式。三种布局方式各有各的适用范围，在现代音乐厅建筑中都使用。

1. 尽端式

尽端式演奏台是音乐厅建筑中最早的演奏台布局方式，即将演奏台布置于演奏厅的一端，听众席则布置于演奏厅的另一端。传统"鞋盒式"音乐厅都采用此种演奏台布局方式。

尽端式演奏台布局方式适用于演奏厅观众容量较小的情形。而当演奏厅观众容量较大时，此种布局方式必将迅速加大视距或是演奏厅的跨度，从而影响到听觉效果。尽端式演奏台布局容易满足演奏时乐器声或歌唱声的指向性特征，并有利于加强乐师演奏时的整体性和平衡感。

尽端式演奏台布局方式其观演模式很像传统剧场，即观演双方被分开，缺乏多层次、多相位的融会与交流，致使观演气氛不够热烈，这也是现代音乐设计突破传统"鞋盒式"音乐厅的一个重要因素。

2.伸出式

伸出式演奏台是将演奏台一部分突入席位区中，座席三面围绕演奏台布置。这种布局方式兼有尽端式演奏台与中心式演奏台的优点：一方面有利于缩小后部听众至演奏台的距离，从而改善其视、听条件；另一方面也使得演奏台上的乐音能较好地融合并增强乐师与听众间的交流，活跃演出气氛。

3.中心式

中心式演奏台是一种新型的演奏台布局方式，即演奏台被听众席全部或绝大部分包围着，从而使乐师深入到听众之中，相互融为一体，使听众能最大限度地接近乐师，这为需看清楚乐师演奏姿势和动作的音乐爱好者提供了条件。在部分音乐厅演奏厅中，有些演奏台后设有为大型合唱团所用的合唱席，当不作合唱使用时可以当作观众席使用，从而使原本尽端式演奏台向中心式演奏台转变。在音乐演奏厅中，演奏台布局的方式相对池座、各层楼座听众席位的布置不同而产生变化，如对池座而言为尽端式布局，而相对楼座而言又可为中心式布局。

4.4.2 面积指标及相关数据

演奏台的面积应根据演出时乐队的规模来确定，交响乐厅一般均按三管制(70～80名乐师)和四管制（120名乐师）的规模设计演奏台，每个乐师演奏的乐器不同，所占的面积也不同，但平均可按1.2m²设计。这时，四管制乐队的演奏台约需144m²（不包括合唱台），追加一些交通面积，总量约为160m²左右。

关于合唱队所占的面积，有两种配置方式：一种是作为演奏台的组成部分，设置在打击乐后面升起的台阶上。没有合唱时，台面不升起。这时演奏台就要追加合唱队的面积，每个合唱队员（站着）约占0.25～0.3m²。如果按100名合唱队考虑，就要增加25～30m²，使演奏台增加至185～190m²。这部分面积在没有合唱时，不能发挥作用。因此，目前常采用另一种方式，即把合唱队按听众席形式配置在演奏台打击乐后面，作为演奏厅听众席的组成部分。当没有合唱时，按听众席出售。这时，合唱队不占演奏台的面积。这比较经济，但它的缺点是，合唱队前、后排之间间隔大（一般排距在850mm以上），不能贴紧，影响演唱和听音效果。考虑到有合唱的几率不高，因此，这种方式，目前仍被广泛采用。

乐队在演奏台的配置是，弦乐组在最前面的台面上，木管、铜管乐在弦乐后面升起的台阶上，打击乐和合唱队则在最后的升起部位。乐队乐器的组成和在演奏台上的位置是根据其声功率的大小和音域确定的，弦乐、小提琴、中音提琴声功率最小，因此数量最多，且排在最前面，此外，高音乐器在前，低音乐器在后，作为一个乐队的整体，声音是平衡的。

演奏台应设计得很紧凑，一般宽度在13~18m范围内，最大不超过20m。太宽容易使两侧听众听到就近乐器的声音，影响整体效果。演奏台上木管、铜管和打击乐升起的台阶一般不超过450mm，宽不超过1400mm。

在交响乐大厅中，在演奏台后，通常要设置管风琴，适应一些有管风琴乐器的音乐作品。它所占的面积要根据设计的音栓数来确定。一般管风琴高为5～7m，深3～5m，宽8～16m。管风琴室内应设有人行通道，以便调整检修。在机械室内，主要有一个电动鼓风机供给管风琴所需的风量。

4.5 音乐厅声学设计

传统音乐厅具有良好的音质，是在特定的历史条件下获得的，试图抄袭传统音乐厅的某些做法，或按比例增大其尺寸去再现"鞋盒"式音乐厅的特色是不可能的。因此，如何继承传统音乐厅的品质，又能适应现代音乐厅的各种需求，必须通过声学家和建筑师密切协作的创造性劳动才能实现。音乐厅的声学设计涉及到建筑声学的全部内容，而声学测量、混响时间的控制和音质评价又分别与计算机技术、机电专业和生理、心理学科以及音乐等相关联，因此声学设计是多学科综合技术的设计。

4.5.1 体形设计

1. 设计音乐厅，首当其冲的问题是选定何种体形，在体形设计前就要明确体形设计应解决的声学问题，主要考虑如下四方面：

（1）要使听众席有足够的响度，因为自然声音乐演奏其声能是有限的，因此，充分利用有限的自然声能，使听众席，特别是最后排的听众有足够强的直达声是获得良好听闻效果的最基本的起码的条件。

（2）要使听众席有均匀的声强分布和良好的声扩散，避免出现"死角"，没有音质缺陷，包括回声、颤动回声和声聚焦等。

（3）为听众和乐师提供足够强的侧向早期和晚期反射声，前者可提高直达声的强度和声源宽度；后者则为获得空间感的重要条件。

（4）演奏台应有良好的声扩散，并为乐师提供即时相互听闻的条件。

2. 明确了体形设计所要解决的上述问题，就可以根据设计任务书要求的规模进行选择

对于容量小于1000座的音乐厅，可以沿用传统的"鞋盒"式形体，在尽端配置演奏台，但要特别注意平行侧墙间引起的颤动回声。因为传统音乐厅的侧墙上设置了很多有利于声扩散的装修。因此，如果采用"鞋盒"式形体，必须在墙上做扩散处理。也可以将矩形平面作适当的改变，使两侧墙向大厅后墙倾斜，构成倒扇形的平面。这样不仅可以消除平行墙间的颤动回声，同时还可扩大听众席获得侧向早期反射声的覆盖面积。

对于大容量的音乐厅，特别是超过1500座以上的音乐厅，由于现代音乐厅要求舒适的程度远高于传统音乐厅，突出表现在每个听众所占的面积大，这是因为座椅的排距和宽度的增加引起的。如果采用传统的"鞋盒"式平面，势必造成后排离演奏台很远，而降低直达声强度。在这种情况下，就必须突破"鞋盒"式形体的框框，建立新的、适合于大容量音乐厅的形式。

4.5.2 每座容积

容积大小直接关系到声音的混响时间的长短，并与之成正比。每座容积是衡量指标。这项指标若选择得当，就可以在尽量少用吸声材料的前提下得到合适的混响时间，从而有效地降低造价。音乐演奏厅每座容积根据演奏音乐作品的种类不同，大致控制在$6 \sim 10m^3$／座。还应注意到，在满足最佳混响时间的同时，还应保证有良好的混响频率特性。在设计时应注意以下两点：

（1）大容积的演奏厅易使高频段声能衰减增大，从而造成混响频率特性曲线向高频区倾斜，而降低了声音的亮度和清晰度；

（2）为了提高音乐的温暖感，宜将低频（250Hz以下）混响时间适当的提升。这也需要在建筑处理上，特别是演奏厅的装修材料上，适当选择一些对低频声吸收比较少的材料或结构。

4.5.3 混响时间

混响时间是音乐厅声学设计中的一项重要指标。当大厅体形确定后，就要根据用途和容积研讨选用混响时间和混响频率特性。总体来说，音乐厅容积大的，应取较长的混响时间，反之应适当缩短，这从混响时间的计算公式即可得知。

不同的音乐或同类音乐的不同作品，对混响时间也有各自的要求，交响乐厅要求长混响，室内乐稍低，而合唱、独奏（唱）和重奏（唱）更低些。

表4-5-1　　　　　　　　　　　　　不同音乐作品对混响时间的要求

音乐种类	推荐混响时间（中频满场）（s）
管风琴音乐(Organ music)	>2.5
浪漫主义音乐(Romantic classical music)	1.8~2.2
早期古典主义音乐(Early classical music)	1.6~1.8
歌剧(Opera)	1.3~1.8
室内乐(Chamber musIc)	1.4~1.7
巴洛克音乐(Baroque music)	<1.5
戏剧(Drama theatre)	0.7~1.0

表4-5-1 不同音乐作品对混响时间的要求

（数据来源：项端祈编著. 音乐建筑——音乐·声学·建筑 [M]. 北京：中国建筑工业出版社，2000）

4.5.4 声扩散与反射板设计

1.扩散体设计

音乐演奏厅应具有良好的声扩散性能，以使大厅拥有均匀的声场和良好的频率响应并消除音质缺陷。为使大厅获得良好声扩散可以采取以下三种有效措施：

（1）采用不规则室形；

（2）在厅内或内界面上设置各种几何形体的扩散结构；

（3）不规则地配置吸声材料或结构。

采用不规则的内部空间能有助于声扩散，在现代演奏厅设计中，大量采用的措施是在演奏厅内或内界面上设置扩散结构。它可由各种几何形体构成，如棱锥体、楔体、多面体和球切面等多种多样。显然球切面具有最佳的扩散性能。古典音乐厅建筑中的壁柱、藻井、浮雕乃至大型的枝形吊灯等都是很好的扩散体。

为了使扩散对低频声有较好的扩散性能，需要扩散结构的尺寸必须与声波波长相适应。构成扩散结构的材料应尽量采用重而刚度大的材料，如钢筋混凝土、砖砌体抹灰、厚的钢板及天然石材等，避免增加结构本身对低频声的吸收。扩散结构的布置与造型应尽可能与厅内艺术装修相结合，使之融为一体。

图4-5-1 法国里昂音乐厅室内扩散体设计

（图片来源：项端祈编著. 音乐建筑——音乐·声学·建筑 [M]. 北京：中国建筑工业出版社，2000）

图4-5-2 常州大剧院扩散体设计

（图片来源：作者拍摄）

图4-5-1   图4-5-2

2.反射板设计

交响乐演奏厅需要较长的混响时间，其容积相当大。巨大的容积使得演奏厅既高又宽，这就可能造成经过侧墙和顶棚等界面的初次反射声相对某些听众席来讲比直达声迟得多，可能产生回声，对音质不利。为了缩短反射声与直达声的声程差，则须在演奏厅顶棚下吊置"浮云"反射板。它既可以有目的地增强指定区域的前期反射声，又允许声音透过板间空隙充满整个上部空间以形成混响。特别是当演奏厅演奏台为伸出式或中心式布局时，"浮云"反射板有助于加强乐师间的相互听闻，以达到演奏平衡。从声学理论上讲，若要使反射板能够反射各种频率的声音，则要求其设计的尺寸最小要大于低频声的波长。一般地在实际设计中，反射板的最小尺寸为2m左右。反射板可以用多种材料进行制作，但都要保证其有相当的质量与刚度。

图4-5-3 国家大剧院音乐厅顶棚及构造示意图

（图片来源：《建筑创作》杂志社承编. 国家大剧院—设计卷 [J]. 天津：天津大学出版社，2008）

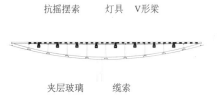

抗摇摆索   灯具   V形梁

夹层玻璃   缆索

a.音乐厅玻璃反声罩剖面

升降吊缆

电脑遥控舞台灯

夹层玻璃

横向V形梁

纵向V形梁

b.音乐厅玻璃反声罩平面

图4-5-4

图4-5-5

图4-5-4，图4-5-5 日本
雾岛国际音乐厅顶棚

（图片来源：现代建筑集
成（观演建筑）[M]. 沈
阳：辽宁科学技术出版
社，2000）

4.6 音乐厅后台设计

后台是音乐厅演出的准备部分，主要包括：化妆室、服装室、演员休息室、候场室、乐器道具储存室、调音室及排练厅、琴房、行政管理用房、技术设备用房等。后台的内容及规模与音乐厅的规模及是否供驻团使用直接相关。

4.6.1 化妆室

与戏（歌、话）剧表演不同，音乐表演对表演者的形象、造型及服饰的要求不那么复杂多样，一般乐师演出前通常仅是在脸部进行简要的化妆。在演出进行当中，大多数乐师也不需再次化妆。因此，音乐厅后台的化妆室相对而言，更为简化。音乐厅后台的化妆室应以大型化妆室为主，但每人不应小于2.5m²。室内可设大化妆台或墙镜，其平面布置可参考右图。化妆室内应设置反映演奏台动态的声光设备。化妆室每6~8

图4-6-1 国家大剧院音
乐厅服装室

（图片来源：《建筑创
作》杂志社承编. 国家大
剧院—设计卷 [J]. 天津：
天津大学出版社，2008）

人应设一个洗脸盆。化妆照明应与演奏台灯光色温相同，以使乐师面部化妆效果同演奏台灯光照明后的一致。

音乐厅后台应设有供乐团的重要人物，如指挥、独奏、独唱演员及著名音乐家等使用的单人化妆室或高档的套间化妆室。单人化妆室面积应不小于12m²。套间化妆室应设带有浴厕的专用盥洗间及会客室。化妆室内设有化妆台、衣柜、沙发、洗脸盆等，会客室主要是为了接待贵宾和接受采访使用。对于乐团的合唱队，则可以分性别设计成大间的化妆室。

4.6.2 服装、更衣室

服装室是用来贮存乐师的服装。音乐演出在服装的要求上比较简单，乐师着装比较统一、正式，仅仅是个别角色重要的乐师或音乐家需要着意的装扮，但与歌舞剧、民族戏剧演出时服饰的要求有着很大的差别。因此，音乐厅所备需的服装在种类及数量上都较之少得多，服装室的数量和面积也随之减少。

更衣室是乐师用来更换服装的用房，对音乐演出来讲，主要是为乐师在演出前后更换演出服装提供场所。如在上述各类化妆室内均设有衣橱，则这些演出人员可在化妆室内更衣，即化妆室和更衣室合二为一。为了方便使用，男女更衣室(化妆室)应分别设置或在大型的更衣室（化妆室）内设置若干数量的更衣小间。

4.6.3 乐器室、调音室

乐器室用来存放乐器。靠近演奏台布置，特别是存放大型乐器的用房如竖琴室、钢琴室、打击乐室宜优先布置在演奏台附近，以方便搬运。对于钢琴的贮藏和运送还可采用以下两种方法：

一种是在演奏台一侧设置专门的升降梯，另一种方法是将演奏台某一部分设计成升降台形式，将钢琴室设于演奏台的下层空间内。其他便于个人携带的乐器则通常分类别、分房间存放，如设置提琴室、木管室、铜管室等，存放乐器柜架的大小则应参照不同乐器的尺寸而定。

调音室是用来校准乐器的音高(频率)的用房。乐器的音高会因环境温、湿度的变化而发生变化，因此在演出和排练前都应对其校音。我国民族乐队常以笙做定音器，西方交响乐团常以双簧管作为定音器。调音室应靠近乐器室布置，并须对其进行声学处理。调音室的天花和墙面均需作吸声处理，以降低室内的混响时间，使调音师能清晰听到乐器的发音，保证调音的准确。

4.6.4 候场室

候场室是乐师准备完毕后在此集合、等候进场的场所，它宜靠近演奏台的进出口。当候场为单间时，其面积应不小于30m²。候场也可以利用通道放大（宽度大于2.7m）而形成开放厅的形式。候场室的设计应便于穿戴齐备的乐师（演员）活动、休息和最后一次整装。室内应设置穿衣镜、沙发和饮水设备等。由于候场室接近演奏厅，应充分考虑到两者交接处的隔声处理，较为有效的办法是在此处设置双道门，形成"声锁"。

4.6.5 排练厅

图4-6-2 国家大剧院音乐厅排练厅

（图片来源：《建筑创作》杂志社承编.国家大剧院一设计卷 [J].天津：天津大学出版社，2008）

音乐排练厅主要供演出的乐团进行适应性排练。大排练厅其面积按四管制乐队计算后，适当增加些乐器存放和交通面积，每位乐师面积2.0～2.4m²。对于乐团驻地的排练厅还应增加审查席的面积，以备乐团审查节目所用。排练厅应考虑单独对外服务。

排练厅一般不设坡度，以便自由地配置各声部。但有合唱队时则应设置活动的、可拼装的台阶，指挥台的设计应略高于排练厅地坪。排练厅的平面形式的选择较为灵活，如矩形、六角形、梯形、不规则形等，根据实际而定。

排练厅在声学上应能满足多种使用的要求。首先排练厅应具有与演奏厅相同的混响时间，以适应演出时混响时间的需求；其次又要能满足平常排练时短混响，声音清晰度高的要求，以便指挥能发现演奏过程中出现的差错，及时加以纠正。因此，音乐排练厅应设置可调混响装置，可调混响幅度可确定为0.5s（1.0～1.5s）。由于乐队在横向展开的距离较大，所以应考虑设计一定的反射、扩散声界面来加强乐师间的相互听闻并使得指挥能听到相互融合的声音。排练厅还应注意其隔声的要求及噪声控制。

由于通常乐团排练的时间较长，排练厅的地面宜采用木地板，且必须设置空气调节系统，以避免乐器因温度的突变而影响其发声特性，造成排练过程中的多次调音。

4.6.6 琴房

琴房是乐器演奏，声歌演唱用的个人或声部练习小室。建筑面积一般都较小，故又称练习室和演唱室。琴房的面积根据用途有所不同：个人琴房为7~10m²；中型琴房为11~14m²；大琴房，也即分声部琴房为15~30m²；四管制乐团也有设置40~50m²的琴房。

琴房尽可能集中配置，以便于管理。为防止琴房区对周围用房的干扰，通常把它们隔离在一独立的区域内。

4.7 音乐厅实例

4.7.1 河南艺术中心音乐厅

河南艺术中心音乐厅是供交响乐（包括民族乐）、室内乐及声乐演出的专业场所。建筑声学设计设计时充分考虑自然声演出的需要，即使独唱，独奏也有足够的响度，完全可以自然声演出。

图4-7-1 河南艺术中心音乐厅室内

（图片来源：张三明，俞健，童德兴 编著. 现代剧场工艺例集：建筑声学·舞台机械·灯光·扩声 [M]. 武汉：华中科技大学出版社，2009）

1. 音乐厅设计

音乐厅可容纳观众819座，其中包括残疾人座椅4座，侧包厢贵宾席42座。音乐厅设计有效容积为8 890m³，每座容积为11.4立方/座。加上演奏台上的演奏人员（按三管乐队85人计算）后，每座的容积为10.3立方/座。

音乐厅平面大致为长方形，长为39.6m，宽为24.3m，音乐厅演奏台面积约为310m²。

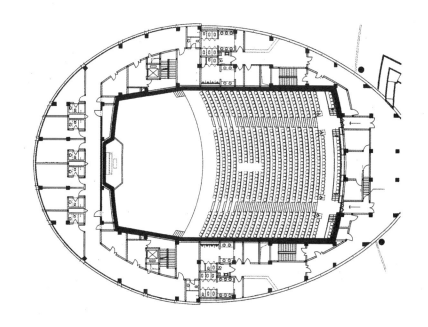

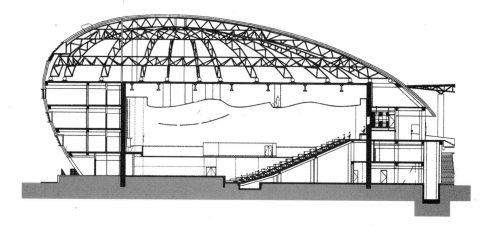

图4-7-2 河南艺术中心音乐厅平面、剖面

（图片来源：张三明，俞健，童德兴 编著. 现代剧场工艺例集：建筑声学·舞台机械·灯光·扩声 [M]. 武汉：华中科技大学出版社，2009）

2. 声学设计

音乐厅按照自然声演出设计，设计满场中频混响时间取1.8~2s，混响时间频率特性高频允许稍有下降，低频有较大提升。音乐厅倍频混响时间设计值如下表所示：

表4-7-1 音乐厅倍频混响时间设计值

中心频率/Hz	125	250	500	1000	2000	4000
混响时间/s	2.5	2.2	1.9	1.9	1.7	1.6

音乐厅背景噪声设计值取NR20。

音乐厅采取长方形平面，有利于侧向反射声的获得。音乐厅观众席地面升起很陡，观众席前后的高差为7.02m，直达声没有任何遮挡，并降低了观众席对直达声的掠射吸收。为达到较长的混响时间，音乐厅保证每座容积10.3立方/座（含乐队85人）。

为给舞台及观众提供早期反射声，音乐厅舞台设计了声反射板（见图4-7-3）。声反射板距离舞台面8~9m，采用12mm厚的透明聚丙烯酸板。

音乐厅吊顶采用波浪形，面板为40mm厚GRG板，面密度大于40kg/m³。舞台两侧下部墙面为40mm厚石材面层。舞台两侧上部墙面及舞台后墙基层为厚重密度板，面层采用实木板，面层结合装饰层效果做扩散处理。观众厅两侧墙采用40mm厚石材面层，结合装饰效果做扩散反射结构。为防止石材面层震动，石材固定后打胶，并在石材背部空腔填砂。观众厅后墙采用穿孔木板吸声结构。观众厅地面采用实铁木地板。对音乐厅座椅吸声进行了控制，并在使用前对座椅吸声量进行测量。

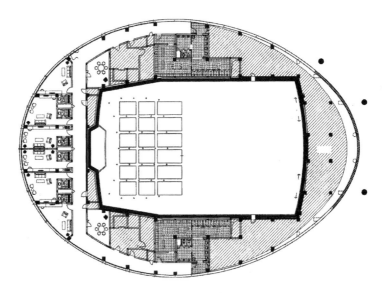

图4-7-3 河南艺术中心音乐厅吊顶平面

图4-7-4 音乐厅室内实景；

图4-7-5 音乐厅墙面声扩散反射结构

图4-7-4

图4-7-5

3. 舞台机械

音乐厅舞台根据乐队布置需要设置了升降舞台。

4. 舞台灯光

音乐厅照明考虑照度分布均匀，能达到电视转播要求，光源的选择以冷光源为主，以不影响乐器的演出质量和效果。

面光：调光12路、直通1路、工作灯调光1路、工作灯直通1路；

顶光：顶部设计安装4排灯光；

一排顶光：调光12路、直通1路、工作灯调光1路、工作灯直通1路；

二排顶光：调光12路、直通1路；

三排顶光：调光12路、直通1路、工作灯调光1路、工作灯直通1路；

四排顶光：调光12路、直通1路；

管风琴照明：因音乐厅舞台背部4.75m高台安放有管风琴，为达到管风琴主体及演奏员的照明要求，设计了能升降灯杆，调光4路、直通1路；

侧光：为满足其他音乐形式节目的演出，在观众席左右两侧各设计安装2台单点吊杆，可作为侧光用，吊杆能升降，演出需要时降低，不需要时升起；

左侧杆：调光3路、直通1路；

右侧杆：调光3路、直通1路；

备用：保证演出装台临时安装灯具和其他设备用电的需要；

舞台左侧备用：调光3路、直通1路；

舞台右侧备用：调光3路、直通2路；

舞台地面：调光4路、直通1路、150A备用电源2个。

4.7.2 杭州音乐厅

1. 音乐厅设计

杭州音乐厅位于西湖南岸杭州师范大学音乐学院校园内，音乐厅以音乐演出为主，兼顾小型歌舞、戏曲、会议等用途。音乐厅的观众厅为一不对称平面，宽27.6m，长23.7m。观众厅座位598座，容积4 179m³，每座容积为7立方/座。音乐厅设置活动声反射罩，音乐演出时采用自然声。由于音乐厅建在西湖风景区，建筑高度受到严格限制，并且建筑面积小、投资少，是在各种限制条件下设计完成的小型实验型音乐厅。

图4-7-6 杭州音乐厅
（图片来源：张三明，俞健，童德兴 编著.现代剧场工艺例集：建筑声学·舞台机械·灯光·扩声[M].武汉：华中科技大学出版社，2009）

2. 声学设计

针对杭州音乐厅诸多不利条件，声学设计单位杭州智达建筑科技有限公司进行了创造性的声学设计，不论观众厅还是舞台声反射罩都有独特设计。由于音乐厅建筑高度受到严格限制，音乐厅观众厅每座容积偏小，因此，音乐厅声学设计的重点之一是尽可能减少观众厅吸声，以获得较长的混响时间。为满足音乐学院教学需要，音乐厅必须具备歌舞演出的条件，设计好活动舞台声反射罩是又一重点。

建筑声学措施包括如下两点：

（1）为尽可能利用建筑高度，观众厅吊顶紧贴网架底，面光明装，以避免面光室吸声。

（2）为获得较长混响时间，吊顶、所有墙面均为强反射面。吊顶采用厚反射板。墙面采用厚反射板基层，外贴实木板，墙面表面做装饰性扩散反射面。观众厅地面为水泥地面实贴地胶板，舞台地面为双层木地板，总厚度50mm。

音乐厅设置较完善的活动声反射罩，由于舞台空间小，没有另外存放反射板的空间，声反射罩侧板翻转并适当平移存放在舞台条幕后，声反射罩顶板翻转并适当提升存放在舞台条幕后。虽然舞台空间小，但舞台声反射罩由于独特的设计，获得了很好的声学效果。

3. 舞台机械

音乐厅舞台机械包括活动舞台声反射罩、舞台后部的合唱席用升降台及舞台上部各种吊杆。合唱席用升降台每块宽600mm，共3块。

图4-7-7 音乐厅墙面及吊顶反射声设计

（图片来源：张三明，俞健，童德兴 编著.现代剧场工艺例集：建筑声学·舞台机械·灯光·扩声 [M]. 武汉：华中科技大学出版社，2009）

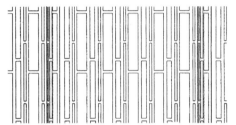

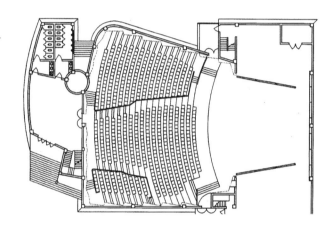

图4-7-8 音乐厅平面与剖面

（图片来源：张三明，俞健，童德兴 编著.现代剧场工艺例集：建筑声学·舞台机械·灯光·扩声 [M]. 武汉：华中科技大学出版社，2009）

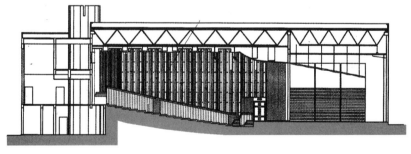

图4-7-9 杭州音乐厅室内

图4-7-10 音乐厅活动声反射罩

（图片来源：张三明，俞健，童德兴 编著.现代剧场工艺例集：建筑声学·舞台机械·灯光·扩声 [M]. 武汉：华中科技大学出版社，2009）

4.7.3 扬州文化艺术中心音乐厅

扬州文化艺术中心于2010年建成开放，占地54亩，包括图书馆新馆、美术馆、音乐厅三大功能区。音乐厅建筑面积7 386m²，设计观众座位658个，可满足双管制的交响乐团、钢琴独奏等专题音乐会演出。

图4-7-11 扬州文化艺术中心音乐厅

（图片来源：章奎生编著.章奎生声学设计研究所——十年建筑声学设计工程选编 [M]. 北京：中国建筑工业出版社，2010）

1. 音乐厅设计

音乐厅是一个以自然声演出为主的容座658人的专业音乐厅，建筑平面呈不规则六边形，长约34.5m，最宽处33.1m，舞台后墙高度为7.5m，池座平均高度约为10m，楼座高度为5~7m。观众厅前端设0.6m高扇形演奏台，面积约191m²，占观众厅面积的1/5。音乐厅采用"岛式"舞台设计，听众席布置在演奏台周围。音乐厅各个听众出入口及演员出入口均设置声闸，音乐厅四周墙面及屋面均采用双层墙面及双层混凝土屋面。

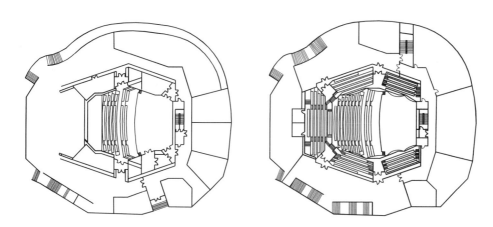

图4-7-12

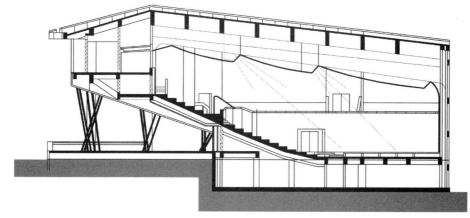

图4-7-13

图4-7-12，图4-7-13 扬州文化艺术中心音乐厅平面与剖面

（图片来源：章奎生编著.章奎生声学设计研究所——十年建筑声学设计工程选编 [M]. 北京：中国建筑工业出版社，2010）

2. 声学设计

音乐厅的音质设计原则确定为"自然声为主兼容扩声"，音质设计要求做到体型新颖合理、混响足够，厅内响度足够、声场扩散良好、有丰富的前次反射声和侧向反射声、厅内无声缺陷及本底噪声足够低等，主要建声设计技术指标如表4-7-2所示：

表4-7-2 建声设计技术指标

（图片来源：章奎生编著. 章奎生声学设计研究所——十年建筑声学设计工程选编 [M]. 北京：中国建筑工业出版社，2010）

技术指标	设计目标
	建声设计技术指标
每座容积V/N（立方米/人）	9~10
最佳混响时间T_{60}(s)	1.8±0.1
声场不均匀度$\triangle L_p$（dB）	≤±3
初始延时间隔$\triangle t$（ms）	≤25
音乐透明度C_{80}(3)	−1~1
侧向反射因子Lp	≥0.20
本底噪声	NR−25/NR−20

表4-7-2   建声设计技术指标

音乐厅建声设计的主要特点以及技术措施包括：

（1）将观众厅大顶棚设计成具有扩散反射的平板顶棚，局部结合顶部反射的需要设计成曲面。同时将演奏台上部顶棚设计成音乐反射罩顶板状，使顶棚产生很好的早期反射声效果；

（2）室内设计结合建筑设计风格，以大自然的水滴及露珠的形态来设计顶部扩散体，在延续自然和谐的建筑风格的同时，丰富了室内造型，改善了声场分布均匀度；

（3）楼座侧墙与顶部采用弧形连接，将顶部的扩散面很自然地延续到墙面，达到了天然合一的效果，同时将观众厅池座后部楼座全台阶起坡，使池座首末排高差达到7.3m，改善了视线和声场的均匀度；

（4）在侧墙、池座侧向矮墙、观众厅后墙及演奏台后墙均设置了扩散体，在丰富室内造型的同时改善了声场扩散效果。

4.7.4 中国音乐学院音乐厅

图4-7-14 中国音乐学院音乐厅室内

（图片来源：章奎生编著. 章奎生声学设计研究所——十年建筑声学设计工程选编 [M]. 北京：中国建筑工业出版社，2010）

中国音乐学院是以中国民族音乐教育和研究为特色均综合性高等音乐学府，位于北京北四环健翔桥畔的安翔路1号。学院于2005年筹建排演厅及综合教学楼工程，综合楼内包括937座音乐厅、300座演奏厅、录音棚及排练厅等，同时还设有国乐展厅、图书阅览室等公共空间。项目各专业的初步设计于2005年10月完成，2008年8月工程建设基本完成，其中的音乐厅、演奏厅于2008年10月投入使用。

1. 音乐厅设计

从规模来说，937座音乐厅属于中型音乐厅，该厅主要以音乐演出为主，为中国音乐学院排演厅及综合教学楼工程的一项重要组成部分。音乐厅平面形状呈椭圆形，观众厅池座长度约36m，最大宽度约28m。观众座席环绕演奏区布置，包括一个有起坡的、由栏板分隔的池座区和一层楼座区和两边侧包厢。音乐厅舞台演奏区的宽度约18m，最大深度约10.5m，面积约150m²，可满足一般交响乐团乐队演出。

图4-7-15 中国音乐学院音乐厅平面

（图片来源：章奎生编著. 章奎生声学设计研究所——十年建筑声学设计工程选编 [M]. 北京：中国建筑工业出版社，2010）

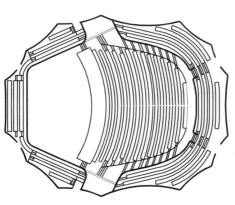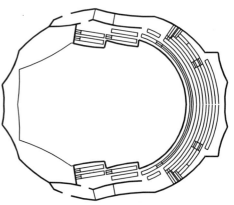

2. 声学设计

厅内声学有效体积约8750m³，每座容积9.3m³。通过合理的室内声学设计，使音乐厅具有良好的音质效果，在各类使用功能条件下，均有较好的主观音质效果。

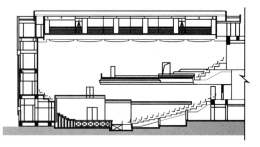

图4-7-16 中国音乐学院音乐厅平面

（图片来源：章奎生编著《章奎生声学设计研究所——十年建筑声学设计工程选编》，中国建筑工业出版社，2010）

音乐厅内部的平面形状呈椭圆形，按照基本的几何声学原理，椭圆形内凹墙面对声音反射均匀地分布是不利的，声音往往汇聚在特定的区域，形成局部声聚焦，使得声场分布极为不均匀，表现为厅内不同位置处，声音的响度及音质的主观感受差别很大。在建筑方案阶段，声学顾问就建筑的形体、厅的宽度及长度的最佳范围向建筑师提出了一些建议，并对厅的侧墙、两端端墙的几何形式进行了优化设计，以期在三维的空间内，有效地将反射声引导到观众区的主要区域，合理的观众厅宽度尺度，有利于向观众区提供足够的早期侧向反射声。对于中型音乐厅，需要有效地控制厅内的声场力度，因此合适的体量是非常重要的。特别是完整规模的交响乐队演出，为了降低乐队产生的高声功率级的声音，取得很好的音乐融合、平衡的效果，足够的体积是绝对必需的。如不能提供足够的体量，往往会在演奏台的后方开放一些空间，以吸收低音乐器和定音鼓等的声能量。因此不少新建的大型音乐厅都在演奏台区域考虑一些构造或空间形态可变的形式。作为音乐学院的音乐厅，由于投资或建筑空间本身的限制，对于演奏台区域还是以常规固定的方式处理，而重点考虑的是确保音乐厅内有足够体量的声学有效空间。

正如传统的藻井式天花的古典音乐厅，能很好地将声音均匀地送达厅内的各个部位，同时还具有一定的扩散反射作用。作为现代室内建筑装修风格的音乐厅，本厅的吊顶采用常规的平缓形式，为外凸的圆弧状顶棚排列，弧形轮廓内还配有条状的凹槽，犹如钢琴的琴键。总体上这样和缓的顶棚既有效地提高了厅内的体量，也能够使得声音均匀分布，从视觉效果来看，和中型音乐厅的建筑形态是非常和谐的。

本音乐厅主要的特征参数如下：

声学有效容积：约8750m³；座位数：937座；每座容积：9.3m³；

最大宽度：约28m；池座长度：约36m；楼座最后排到演奏台中心距离：约27m。

表4-7-3　　　　　　　　　　　部分室内声学参数模拟计算平均值

频程（Hz）	125	250	500	1000	2000	4000
混响时间T_{60}(s)						
空场无吸声幕帘	2.026	2.186	2.510	2.544	2.144	1.430
空场有吸声幕帘	1.909	1.908	1.989	1.995	1.743	1.224
空场吸声幕帘调节幅度	0.117	0.278	0.521	0.549	0.401	0.206
65%满场无吸声幕帘	1.840	2.014	2.037	2.060	1.820	1.340
明晰度C_{80}（dB）						
空场无吸声幕帘	−3.36	−1.75	−1.04	−1.4	−1.03	1.92
空场有吸声幕帘	−3.03	−0.88	−0.21	−0.12	0.31	2.84
65%满场无吸声幕帘	−3.87	−2.01	−1.21	0.08	0.01	1.83
侧向声能因子						
空场无吸声幕帘	0.16	0.25	0.24	0.29	0.35	0.38
声场强度G(dB)						
空场无吸声幕帘	1.58	2.84	2.27	1.76	3.51	3.08

表4-7-3 部分室内声学参数模拟计算平均值

（图片来源：章奎生编著. 章奎生声学设计研究所——十年建筑声学设计工程选编 [M]. 北京：中国建筑工业出版社，2010）

4.7.5 厦门海峡交流中心音乐厅

厦门海峡交流中心位于"会展北片区",地处厦门岛的南半部分思明区的东端,可眺望金门诸岛。厦门市东部域市副中心的新标志。用地周边道路为南侧的"会展北路"和东侧的"环岛路"。总建筑面积约14 000m²,功能包括会议中心、五星级酒店、音乐厅等三部分。音乐厅的外形为椭球形,外表面幕墙采用了双曲面玻璃幕墙及蜂窝铝板。

图4-7-17 厦门海峡交流中心音乐厅室内

(图片来源:章奎生编著.章奎生声学设计研究所——十年建筑声学设计工程选编[M].北京:中国建筑工业出版社,2010)

1. 音乐厅设计

音乐厅的使用功能为专业音乐厅,以室内乐为主,兼顾小型交响乐及合唱。建筑平面呈椭圆形。演奏台宽度:前宽22m,后宽12m;深度为11.66m。舞台面比池座第一排地面高0.6m。演奏台后墙至池座后墙水平距离40m;观众厅最大宽27m。音乐厅观众厅容座为768座,体积为13 000m³。

2. 声学设计

音乐厅主要建声设计技术指标:

中频满场混响时间:1.8~2.0s;早期衰变时间EDT:2.0~2.3s;明晰度$C_{80}(3)$:-1~4;双耳听觉相关系数:0.62~0.71;中频声场力度:$Gmid$:4~5.5dB;初始时延间隙$\triangle t$:≤20ms;低音比:1.1~1.25;表面扩散因子SDI:1.0;背景噪声:NR20。

演奏台侧、后墙均为折线形声扩散体,后墙扩散体深度为50~300mm不等,侧墙扩散体深度为300mm,且扩散体后部的空腔用细石混凝土捣实,装饰面层为18厚夹板贴实木皮。观众厅下部侧墙为锯齿形声扩散体,扩散体深度为50mm,且扩散体后部的空腔用细石混凝土捣实,装饰面层为18厚夹板贴实木皮。上部侧墙为GRG声扩散体,GRG面密度为50kg/m²,且GRG表面做波纹状微扩散处理。观众厅后墙采用QRD声扩散体。

图4-7-18 厦门海峡交流中心音乐厅平剖面

(图片来源:章奎生编著.章奎生声学设计研究所——十年建筑声学设计工程选编[M].北京:中国建筑工业出版社,2010)

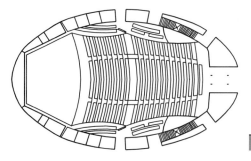

4.7.6 圣盖兹贺音乐厅

圣盖兹贺音乐厅位于泰茵河南岸。圣盖兹贺音乐厅由诺曼·福斯特主持设计,从1994年开始规划到2004年建成,再加上之前在世界各地的调研,花了将近15年的时间。圣盖兹贺音乐厅是诺曼·福斯特设计的首个音乐厅项目,这是座有着独特的曲线玻璃幕墙的钢筋混凝土建筑。单体的流线型屋顶将三个独立的音乐厅及场馆公众区、音乐教育中心、娱乐区、行政办公区及公共大堂连为一体,这个屋顶高高翘立在音乐厅上方,形状与泰茵桥相互呼应。在这个生动的形体之下,三个独立大厅,各有其独特的形状。

1. 音乐厅设计

圣盖兹贺音乐厅共有三个演奏大厅,分别是1号音乐厅、2号音乐厅及排练大厅。1号大厅

图4-7-19，图4-7-20 圣盖兹贺音乐厅外景与内景（图片来源：建筑六十六[M]. 大连：大连理工大学出版社，2006）

图4-7-19　　　　　　　　　　　　　　图4-7-20

具有先进的技术设备，提供民族音乐。爵士与蓝调表演场地，并可以容纳1 700人。1号音乐厅，用水曲柳木作内饰，特别适合于室内交响乐演奏，并且也可以调整适用于大型或小型的音乐表演或演讲。在2号音乐厅，用于更为亲密的小型音乐表演，比如民族音乐或是爵士乐，以及立体声音乐表演。早期的设计草图中，房间的平面图是长方形和一个椭圆形。为了回应现代的演奏形式。特别是环绕声和高保真立体声，最后房间的平面设计成了圆形，从而形成现在这个有10个面的音乐厅。其中的6面墙壁呈弓状，以协助扩散声音的反射。同时2号音乐厅也使用了吸音板，作为改变回音的手段。大楼还包括一个更小的"鞋盒"状的大厅，即北岩基金会大厅，用于排练和小规模的表演。这里尽可能的复制了1号音乐厅的环境状况。这里自然的声音效果，使它成为录音、个人表演或小型表演的理想场地。可变的吸引帘幕遮住了95%的墙面，以降低房间的回音，这些帘幕由一个控制器控制，以达到更好的声音效果。

2. 声学设计

材料的应用在建筑声学的设计中占据着重要的地位。材料的质量、品质、物理特性都直接影响着音乐厅音质的效果。在该音乐厅的设计中，选用的材料也很讲究，隔音板、吸音板、吸音帘幕、反射墙都有各自的声学设计要求。在圣盖兹贺音乐厅的声学设计中，使用了吸音帘幕与天花上的移动反射板。设计师在音乐厅的所有表演空间内都使用了吸音帘幕与反射天花结合的方式来减少回音。设计师使用吸音帘幕覆盖了90%的墙体，帘幕设计为可控制性。与可以移动的反射天花相结合，实现了声音的可调节性。

在建筑材料方面，使用了特别设计的海绵状混凝土，使墙面显出粗糙的纹理，进一步提升了建筑的声学效果。此外，在屋顶结构设计上，形似花生的屋顶壳状结构完全覆盖了三个主要大厅，而三个大厅本身则是三个独立的结构，大厅与大厅之间，大厅与屋盖之间形成声音的"间隔"，从而使各个大厅的活动互不干扰。6块移动天花板使厅的高度能在10~20m之间交换，以适应乐团规模和演奏的音乐类型，并优化声音反射。每块天花板可以单独调节到不同的高度，以改变厅内自然的声音效果，这能够为不同的表演团体创造出不同的表演环境，从大厅的交响乐到经典的室内交响乐以及独奏等。将这些天花板的高度降低，就可以提高早期反射声。这些木板还可以成组地移动，以调节天花板的高度。降低天花板可以降低回音，这对于小型表演是非常有利的，因为可以减少很多"现场"的噪声。

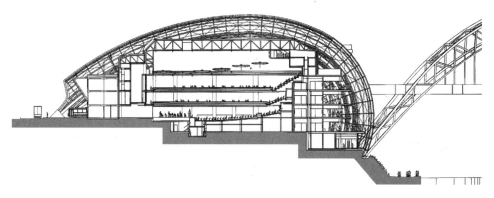

图4-7-21圣盖兹贺音乐厅二层楼座及剖面

（图片来源：建筑六十六[M]. 大连：大连理工大学出版社，2006）

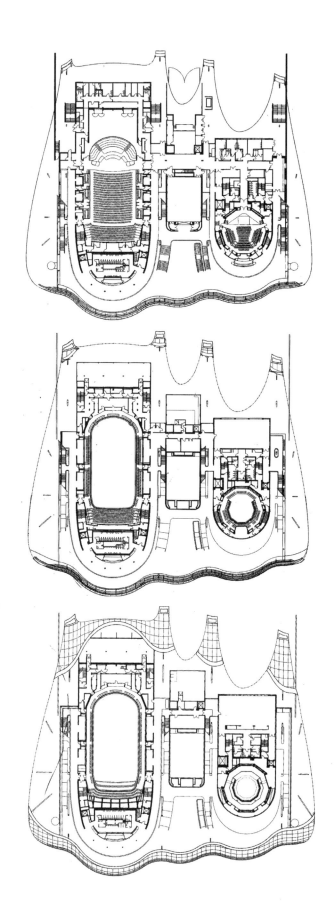

图4-7-22 圣盖兹贺音
乐厅池座及一层楼座

（图片来源：建筑六十
六 [M]. 大连：大连理工
大学出版社，2006）

4.7.7 日本雾岛国际音乐厅

雾岛国际音乐厅处在有自然森林的山间，周围有雾岛群山。占地面积44 800m²，地下一层，地上两层，是一个以古典音乐为主的专业音乐厅。

图4-7-23 日本雾岛国际
音乐厅

（图片来源：现代建筑集成（观演建筑）[M]. 沈阳：辽宁科学技术出版社，2000）

1. 音乐厅设计

音乐厅平面以鞋盒式比例为基础，采用树叶型的平面和船底形的剖面，这种形状结构能够最大可能扩散和发射来自舞台的声音。一层为单坡池座，二层为楼座。一层宽约18.5m，二层为24m。进深为23.5~26m，顶棚高约为16m。面积：一层池座为415m²，二层楼座为280m²。一共可容纳770个坐席，其中一层520座，二层250座。舞台形式为开放式舞台，进深约为9m，舞台面高为80cm，正面宽度12~17m。

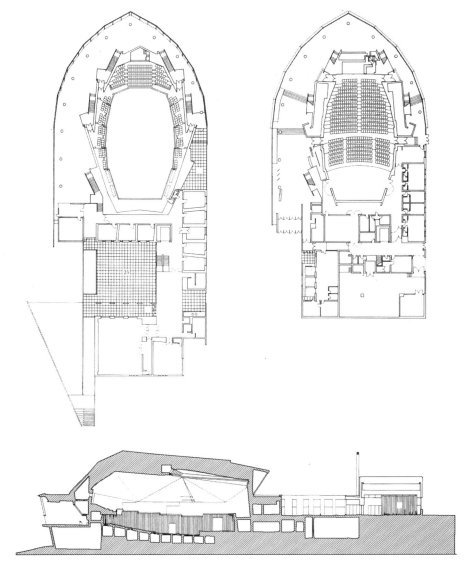

图4-7-24 日本雾岛国际
音乐厅平面及剖面

（图片来源：现代建筑集成（观演建筑）[M]. 沈阳：辽宁科学技术出版社，2000）

图4-7-25 日本雾岛国际音乐厅室内；

图4-7-26 日本雾岛国际音乐厅顶棚

（图片来源：现代建筑集成（观演建筑）[M].沈阳：辽宁科学技术出版社，2000）

图4-7-25   图4-7-26

2. 声学设计

音乐厅除了在平面设计与剖面设计中考虑了声学外，距离观众耳朵较近的侧壁进行了分段，并向内侧倾斜，用木条随机布置，形成了扩散反射面。另一方面，像折纸一样的顶棚面也被划分成多个三角形，这种形式是把从声学理论引出的条件创造性地运用到建筑设计中的结果。

此外在内部材料上，也采取了一些处理措施。

地面：木地板，下面空腔填充聚氨酯；

墙面：枫木条，随机分布并做成扩散体；

顶棚：双层石膏板；

舞台：枫木地板固定于龙骨上，地板下空腔填充聚丙氨酯。

音乐厅容积为8 470m³，其中每座容积为11立方米/座，混响时间（500Hz满座时）为1.7s。

4.7.8 东京大都会艺术中心音乐厅

图4-7-27 东京大都会音乐厅

（图片来源：刘星，王江萍著.观演建筑[M].南昌：江西科学技术出版社，1998）

东京大都会音乐厅是东京四大厅堂之一，供演奏交响乐使用。厅内可容纳听众2,017名。大厅配置在艺术中心的六层，入口是一个高达28m的玻璃维护结构的大堂，听众可坐自动扶梯直达五层，然后再换乘自动扶梯或楼梯上行至音乐厅。

1. 音乐厅设计

音乐厅的平面，池座呈倒扇形，楼座为矩形，演奏台配置在尽端。共有坐席数2017座，其中池座706座、二层楼座674座、三层637座。

2. 声学设计

音乐厅听众席座椅均按照直线排列，通过侧墙和多层跌落包厢的矮墙栏板，使得早期侧向反射声覆盖整个听众席。侧墙上设有大尺度的扩散体，演奏台上部悬吊可升降和调节倾角的大型反射板。它不仅可以加强后座的声级，同时也可以给观众席前部提供早期反射声。

音乐厅的有效容积为25 000m³，每座容积12.4m³。该厅的混响时间很长，中频满场（500Hz）混响为2.1~2.3s，低频（125Hz）为2.55s。由于混响时间较长，特别是低频稍大于中频，因此，低音提琴和大提琴的声音很强，池座均有足够的早期反射声。演奏台上的乐师有较好的自我感觉，而听众席有良好的音色。

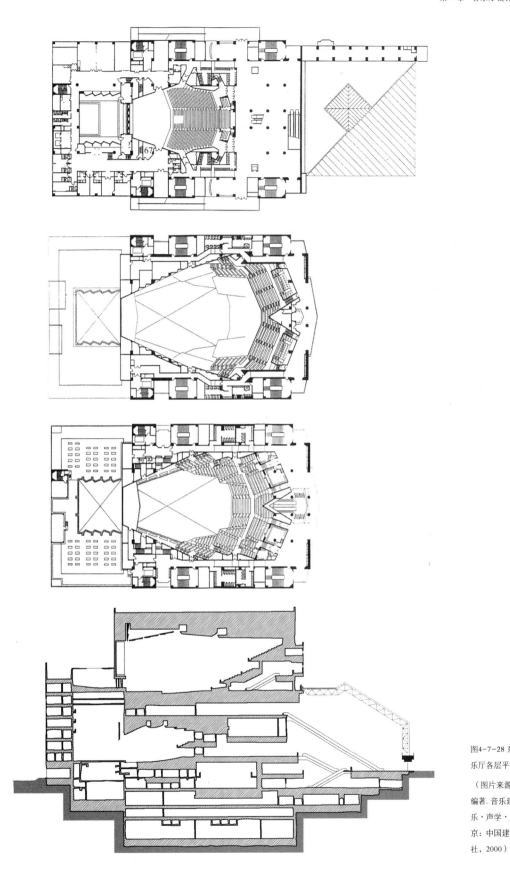

图4-7-28 东京大都会音
乐厅各层平面及剖面图

（图片来源：项端祈
编著. 音乐建筑——音
乐·声学·建筑 [M]. 北
京：中国建筑工业出版
社，2000）

4.7.9 梅尔森交响乐中心

梅尔森音乐厅是由贝聿铭设计的以交响乐、室内乐、独奏和独唱为主的音乐厅。该厅无论是大型交响乐的演出还是独奏音乐会，都有良好的音质，评价极高。

图4-7-31 梅尔森音乐厅及室内

（图片来源：冷御寒编著. 观演建筑 [M]. 武汉：武汉工业大学出版社，1999）

1. 音乐厅设计

演奏厅的平面形式，前面的2/3类似传统的矩形平面，后部的1/3则是传统的歌剧院多层平面。音乐厅一共可容纳座位数为2 065座，其中一层966座，二层353座，三层305座，四层441座。

面积：一层700m²，二层175m²，三层270m²，四层315m²。

尺寸：宽为25.6m，进深30.8m，高26.2m。

舞台：深13m，舞台面高138cm，面积250m²，开口宽度为12.5~18.3m 。

2. 声学设计

音乐厅容积为23 900m³，其中每座容积为11.6立方/座，混响时间（500Hz满座时）为2.8s。墙面的声学构造为15mm厚木屑板+合成板，混凝土门板，部分石灰石；顶棚采用140mm混凝土+石膏抹面。

大厅的声学设计的独特之处，除了在厅内设有450m²的可调吸声幕帘之外，还在绕最上层听众席的格栅墙后设有总计达7 200m³的混响空间，通过设在墙上的74个遥控电机操作开启的混凝土门（100mm厚）与后面混响空间连通。通过开、关门的方式改变大厅的的容积和回输混响室内

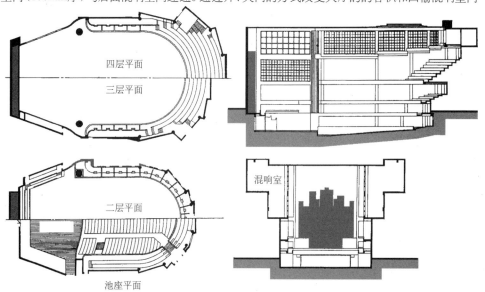

图4-7-32 梅尔森音乐厅首层各层平面及剖面

（图片来源：冷御寒编著. 观演建筑 [M]. 武汉：武汉工业大学出版社，1999）

的声能，达到大幅度改变厅内的混响时间的目的，可调范围为1.3~3.0s，满足各类交响乐、室内乐和独奏音乐对混响时间的不同要求。

在演奏台和大厅前区的上部，悬吊一块重达42t，可升降和调节倾角的混凝土反射板，以适应不同方向的声反射要求，同时也利用悬吊的反射板，侧墙和包厢栏板提供早期反射声。

4.7.10 札幌音乐厅

大音乐厅可容纳观众2 000人，正面安装管风琴。该音乐厅的造型象征了札幌的地貌，并使观众注意力集中于舞台，其建筑造型具有很强的向心力。

图4-7-33 札幌音乐厅

（图片来源：http://www.youabc.com）

1. 音乐厅设计

大厅平面接近矩形，环绕式配置听众席，主要的听众席在台的一侧。剖面采用类似柏林爱乐交响厅的帐篷形式，既满足了声学上的要求，又节省空间。大厅一共可容纳座位数为2 000座，其中一层512座，二层1 262座。

面积：一层512m²，二层1 408m²。

尺寸：一层宽为31m，二层宽为46m；进深59.5m，高4.5~23m。

舞台：深13.5m，舞台面高80cm，开口宽度为21m。

2. 声学设计

音乐厅容积为28,800m³，其中每座容积为14.34m³/座，混响时间（500Hz满座时）为2.0s。在演奏台上空12m的高度，悬吊10块（每块4m²）突弧形的有机玻璃反射板，以此，使得听众席获得早期反射声和满足乐师间的相互听闻。

舞台地面考虑声学要求，榉木地板顺着大厅纵向铺设。侧墙的设计根据声学要求进行，从舞台周边即声源附近开始向外张开，靠近舞台部分做小尺度凹凸扩散处理，远处墙面为大的弧形扩散体，并直通顶棚。为了使观众席能获得更多的早期反射声，观众席中间的栏板向内倾斜了10°~24°。

观众席中间栏板面实贴木板，同时在纵向每隔300mm设肋条，使得一层观众厅侧墙面设计成木条扩散面。

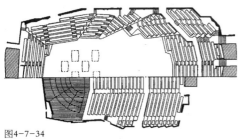

图4-7-34

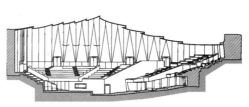

图4-7-35

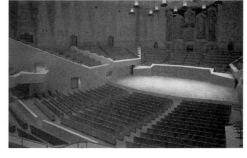

图4-7-34 札幌音乐厅楼座、池座及剖面图；

图4-7-35 札幌音乐厅室内

（图片来源：项端祈编著.音乐建筑——音乐·声学·建筑 [M]. 北京：中国建筑工业出版社，2000）

第5章 电影院设计
Chapter 5

5.1 电影院的基本概况

随着现代科技的蓬勃发展，在短短一个世纪的时间里，电影艺术就奇迹般地完成了从无到有的革命性历程，并已逐步取代传统艺术而成为当代大众的主要娱乐消遣方式。

在《机械复制时代的艺术作品》中，本雅明从对大众启蒙的角度来肯定电影的正面价值。作为技术发展的时代产物，此时此刻，电影正成为大众文化空前繁荣的重要推动力。电影院作为观看电影的空间载体，其设计变化中蕴含的时代意义不言而喻。

5.1.1 电影院简述

1. 电影院的概念

电影院即放映电影的场所。大部分电影院为企业所拥有，为一般大众提供服务，必须购买门票才能够入场。影像则由电影放映机投射在观众席前的屏幕上。某些电影院装有数字电影放映设备，可以不需要传统电影底片就能够放映。目前我国正处于多厅式影院发展的转折时期，国家鼓励电影院进行多种投资和经营。

2. 电影及电影院的发展历史

真正意义上的电影出现于1895年，然而电影的出现并不是一蹴而就的。

远在11世纪，科学家们就已经意识到将一束光透过小孔可以使一个外部的形象在内部显现出来。16世纪，雷纳多·达·芬奇（意大利）概略地描绘出"黑箱"的概念。"黑箱"出现于欧洲文艺复兴前的意大利。它是一个类似镜头式的暗箱，里面射出的光线可以在其对面的墙上形成颠倒的影像。

16世纪中叶至17世纪，钱巴蒂斯塔·德拉·波尔塔(意大利)通过"黑箱"放映了一组不长的风光图画，阿塔内休斯·基歇尔（德国）发明了他的"魔灯"，这是一种通过蜡烛和透镜放映画面的方法。1824年，彼得·马克·罗热（英国）向伦敦的皇家协会提交了名为"关于活动物体的视觉留影原理"的报告。1826年，约翰·艾尔顿·帕斯博士发明了"幻影转盘"，即在一圆盘上一面画有鸟笼，一面画一只鸟，旋转时产生"鸟在笼中"的感觉。

到了19世纪30年代，约瑟夫·涅普斯和路易斯·达盖尔（均为法国）发展了照相制版工艺，使被拍下来的影像可以保留在金属板上。威廉姆·亨利·福克斯·塔尔博特（英国）在纸板上制出了正片。1832年，约瑟夫·普拉图（比利时）制造出了"诡盘"。这是一只画有一系列动作分解图形的圆盘，圆盘的边缘有许多齿孔。操作者面对镜子，把眼睛对准任何一个齿孔，转动圆盘，可在镜中看到活动的影像。西蒙·里特·冯·施坦普夫（德国）发明了"圆筒动画镜"，这是一种与"诡盘"相类似的玩具。

1834年，威廉姆·乔治·霍纳（英国）发明了"活动连环画转筒"。它在一只圆筒状的内环中贴上画有一系列分解动作的纸片，通过圆筒的旋转使人看到连续活动的影像。1839年，达盖尔（法国）在巴黎展示了银板照像。1849年，朗根海姆兄弟在费城试验成功了玻璃板照像。1877年，托马斯·阿尔瓦·爱迪生（美国）发明了留声机录音机。埃德沃德·穆布里奇（英国）成功地用一组镜头拍下了一匹奔马的分解动作。

1882年，艾蒂安·朱尔斯·马利（法国）发明了"摄

图5-1-1

图5-1-2

图5-1-1 鲁米埃尔
（图片来源：www.flicker.com）

图5-1-2 镍币影院
（图片来源：http://image.baidu.com/）

影枪"。1884年，乔治·伊斯曼（美国）把柯达胶卷投放市场。1888年，伊斯曼为其在一种赛潞瑶片基上使用的胶片乳剂申请了专利。1889年，爱迪生实验室发明了活动电影摄影机。1891年，爱迪生发明了活动电影放映机，它放映出的影像只能通过一个小孔来窥视。1893年，世界上第一个电影制片厂，爱迪生的"黑玛丽"制片厂在新奥尔良的新泽西建成。

1895年是电影史上里程碑式的一年。在这一年中，奥古斯特和路易斯·卢米埃尔（法国）发明了手提式电影放映机。卢米埃尔兄弟拍摄了他们的第一部影片《工人离开卢米埃尔工厂大门》。伍德维尔·莱瑟姆（美国）发明了电影放映机上的胶片控制装置，解决了影片胶片在运行时发生画面跳动的现象。12月28日卢米埃尔兄弟在巴黎公开放映了电影，这次事件标志着西方电影的正式诞生。自此之后，随着这项新兴艺术的迅速发展，电影放映场所也由最初的酒馆咖啡馆变成了专业性的电影院。

4月23日，爱迪生（美国）的放映机在纽约城中的科斯特和比亚尔音乐厅进行了第一次放映活动。

1902年，出现了第一个真正意义上的电影院，即纯粹为电影放映而设计的建筑——加州洛杉矶建成的泰利发电厂戏院。

1905年，镍币影院在匹兹堡开张。这是美国第一家装备齐全的电影院，也是当代电影院的前身。放映厅设有专门的放映机，银幕及席位。由于票价低廉，客流繁荣，这种形式很快在美国各大城镇普及。到1908年，全美有8 000~10 000家相同形式的影院。

1909年，35mm胶片成为国际影片的标准。1910年初，镍币影院开始被更大更豪华的放映厅所取代。1913年，纽约统治者戏院揭开了美国电影院设计的20年全盛期。1918年，洛杉矶百老汇建成"百万戏院"（Million Dollar Theatre）。接下来的十年内，随着电影工业的获利爆发性成长，独立宣传经纪人和电影制片厂开始竞相建造奢华迷人的电影院，这种形式也成为了一种独特的建筑类别，电影皇宫，这类夸张的设计风格，直到经济大萧条才结束。电影院也成为首先安装空调系统的建筑，以便在夏季吸引顾客上门。

图5-1-4　　　　　　图5-1-5

电影在中国的真正出现，起始于1896年。1896年8月11日，上海徐园"又一村"茶楼内放映"西洋影戏"，这是文献记载电影在中国第一次出现。此后的百年里，在中国大地上，西洋电影技术开始被广泛应用，并成为民众生活，政治，文化的重要载体。

最初在茶馆戏楼放映电影的形式很快被专业放映厅所取代，看电影成了都市人的摩登行为，越来越多的影院投入建设，以满足日趋庞大的客流量。

1902年，哈尔滨建成的"考布切夫电影戏园"被有些学者认为是中国最早的电影放映场。1903年，林祝三将德国影片和放映机携带回国，租借北京前门打磨厂天乐茶园放映电影。1905年，天津权仙茶楼改名为"权仙电戏园"，是中国最早的由中国人经营并向大众开放的商业电影院。此后，商业电影院竞相在中国各大城市建成。百年后的今天，电影院已经在中国各个城市乡镇普及。

随着时代的进步，技术的更新，数字电影等新形式迅速发展，并大有取代传统电影类型的趋势。至2011年，我国数字电影已达到放映影片总数的30%左右，预计两三年内，国产数字立体声的影片数量将达到影片总数的50%以上。

由于数字影院的放映室较旧类型有更少的设计要求，所以观众厅，休息室等空间的舒适度成为设计的主要关注点。

多厅式综合功能影院（电影城）发展迅速。由于对传统单厅式大容量影院的辅助功能进行了进一步拓展，从而获得了比后者更优秀的经济效益。多厅化、小厅化、数字化、综合化已成为电影院的新趋势。

3. 电影院的功能关系

按照门厅、放映设备系统、声学系统、观众厅几大功能区域，电影院的功能关系图可以概括如图5-1-6：

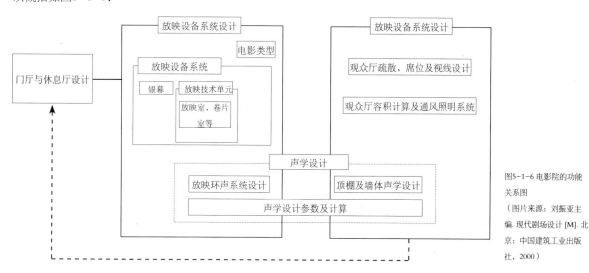

图5-1-6 电影院的功能关系图

（图片来源：刘振亚主编. 现代剧场设计 [M]. 北京：中国建筑工业出版社，2000）

5.1.2 电影院的分类

1. 电影院的等级分类

按照《中华人民共和国电影院建筑设计规范》（JGJ58-2008）中规定：电影院建筑的等级分为特、甲、乙、丙四个等级，其中特级、甲级和乙级电影院建筑的设计使用年限不少于50年，丙级电影院建筑的设计使用年限不小于25年。各等级电影院建筑的耐火等级不宜低于二级。

2. 电影院的规模分类

电影院的规模按总座位数可划分为特大型、大型、中型和小型四个规模。不同规模的电影院应符合下列规定：

特大型电影院的总座位数应大于1 800 个，观众厅不宜少于11 个；

大型电影院的总座位数宜为1 201～1 800 个，观众厅宜为8～10 个；

中型电影院的总座位数宜为701～1 200 个，观众厅宜为5～7 个；

小型电影院的总座位数宜小于等于700 个，观众厅不宜少于4 个。

但具体的规模和等级还需根据电影院所在地区的需求、使用性质、功能定位、服务对象、管理方式等各方面因素综合确定。由于电影院和商业综合体的联系越来越近，中型，小型成为当代电影院建筑的主要规模，这样的规模更有利于实现好的经济效益。

5.1.3 电影院的选址

电影院建筑作为文化建筑类型的重要组成部分（特别是特、甲级大、中型电影院），对当地文化建设起着重要作用，往往成为当地的重点文化设施，甚至是地标性建筑，应设置在相适应的城市主要地段。电影院选址首先要进行人口密度趋势预测和市场容量的分析。由于交通、人口密度、地段、多种经营状况等都会对电影院运营产生极大影响，所以在选址设计时要符合当地规划、文化设施布点要求，同时也要兼顾经济效益和社会效益。

5.2 电影放映设备系统设计

5.2.1 电影的类型

1. 胶片电影

1）35mm普通电影

银幕高宽比1:1.37，用标准35mm的4片孔胶片，普通电影摄影机和制片设备设置。影片上有一条光学声带。画幅尺寸如图所示。

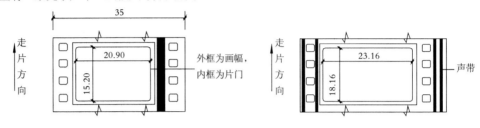

图5-2-1 35mm普通电影画幅；

图5-2-2 35mm西尼马斯科普宽银幕电影画幅I

（图片来源：建筑设计资料集4 [M]. 第二版. 北京：中国建筑工业出版社，1994）

图5-2-1   外框为画幅，内框为片门

图5-2-2   声带

2）35mm西尼马斯柯普宽银幕电影I，II（Cinema scope I,II）

属变形法宽银幕，I类型银幕高宽比1:2.55，II类型银幕高宽比1:2.35，用35mm标准胶片，普通电影摄影机另加变形光学镜头摄影。将所拍摄景物横向压缩，而高度不变。放映时需在普通电影放映机之前加还原镜头才能得到原来画面的尺寸比例。

3）35mm宽银幕电影

银幕高宽比1:1.66或1:1.85，采用35mm宽的标准胶片拍摄，摄影时将影片门上下遮去一部分，放映时用短焦距镜头放大，通过加大高宽比，也能得到宽银幕电影的效果。

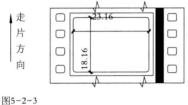

图5-2-3 35mm西尼马斯科普宽银幕电影画幅II；

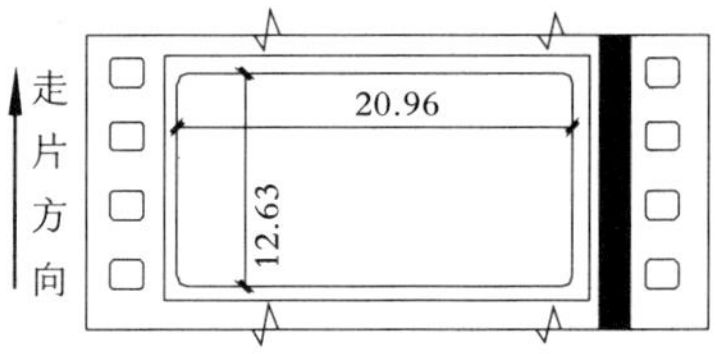

图5-2-4 35mm宽银幕电影画幅

（图片来源：建筑设计资料集4 [M]. 第二版. 北京：中国建筑工业出版社，1994）

图5-2-3

图5-2-4

4）35mm立体电影

银幕高宽比1:2.33或1:2.37，以带偏光镜的两台摄影机拍摄，放映时可采用带偏光镜的两台机器同步联动放映，或单机半幅法放映，观众需带偏光眼镜。采用金属银幕，放映光源应加强。观众厅不宜大。

5）35mm环幕电影

银幕高宽比1:1.37（每幅），观众厅为圆形平地，观众站立，银幕下缘可略有遮挡。环幕电影是一种能表现水平360度范围内全部景物的特殊形式电影。观看这种电影时，人们站在圆形观众厅的中央区域，被四周环绕的广阔画面所包围，再加上与影片内容相一致的全方位立体声效果的配合，能产生极强的身临其境感。采用35mm影片画幅组合成环形画面，一般有9台、11台、18台、22台放映机从画幅之间的缝隙处同步放映，18台及22台放映机是在水平画幅组合的上部再作上下垂直组合，扩大画幅高度。

我国目前采用9幅35mm影片的画幅，组成环形画面，由9台放映机从画幅之间的缝隙处同步放映。右页图所示为260座站席环幕观众厅平面和剖面。

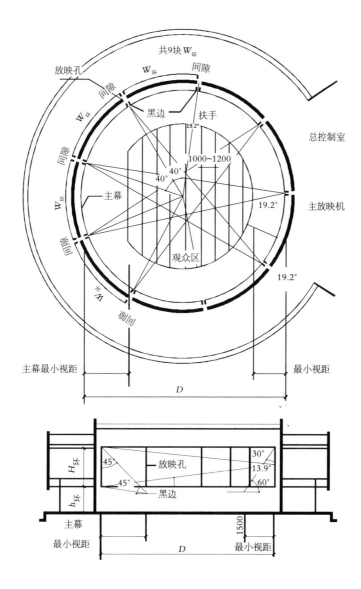

图5-2-5 260座站席环幕
观众厅平面图示意
（图片来源：建筑设计
资料集4 [M]. 第二版. 北
京：中国建筑工业出版
社，1994）

图5-2-6 60座站席环幕
观众厅剖面图示意
（图片来源：建筑设计
资料集4 [M]. 第二版. 北
京：中国建筑工业出版
社，1994）

6）70mm（宽胶片）宽银幕电影托特A.O（Todd　A.O）

　　高宽比1:2.2，用标准70mm的5片孔影片，以专门摄影机及制片设备设置，并用专放
70mm或兼放70/35mm的放映机放映在弧形银幕上。幕宽不宜小于20m。观众厅前部较宽较
高，地面坡升较陡，要求视线无遮挡，视角，视距，放映角等均应符合工艺要求。

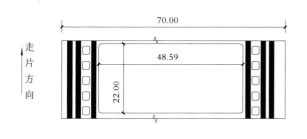

图5-2-7

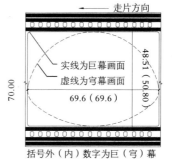

括号外（内）数字为巨（穹）幕

图5-2-8

图5-2-7 70mm（宽胶
片）宽银幕电影托特
A.O片幅；
图5-2-8 70mm穹幕电
影片幅
（图片来源：建筑设计
资料集4 [M]. 第二版.
北京：中国建筑工业出
版社，1994）

7）70mm穿幕电影（欧尼麦克斯）

穿幕电影，亦称球幕电影。具有代表性的是欧尼麦克斯（Omnimax），用65mm底片横向输片拍摄，用70mm拷贝横向输片放映。影片画幅面积比标准35mm的大10倍。由于摄影和放映都采用鱼眼镜头，故放映出的影像呈半球形，有如苍穹；影院类似天文馆，半球形银幕由观众前面伸向身后，并伴有立体声效果，观众犹如身临其境，不仅眼前物体似伸手可取，而且有些物体有移至身后的感觉。

图5-2-9 中国航海博物馆穿幕电影观众厅；
图5-2-10 广西科技馆穿幕电影院；
图5-2-11 穿幕观众厅
（图片来源：http://image.baidu.com/）

图5-2-9　　　　　　　　　图5-2-10　　　　　　　　图5-2-11

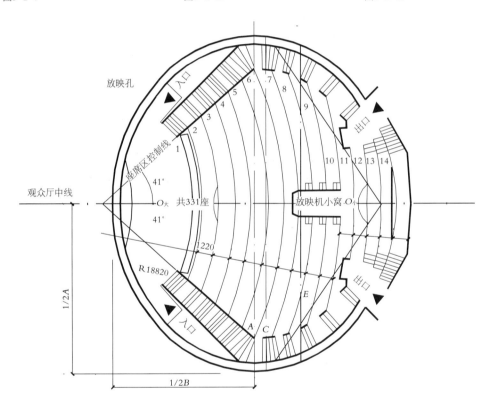

图5-2-12　260座站席环幕观众厅平面
（图片来源：建筑设计资料集4 [M]. 第2版. 北京：中国建筑工业出版社，1994）

基本工艺要求：

画幅：为一个半圆加一个半椭圆穹窿倾斜度为20°~30°；最小视距：0.6~0.7D（D为穹隆半径）；

最大视距：1.9D；最大水平视角：$O_{大}$=180°；

小水平视角：$O_{小}$=120°；垂直视角：80°~140°；画面下缘：±0.00；

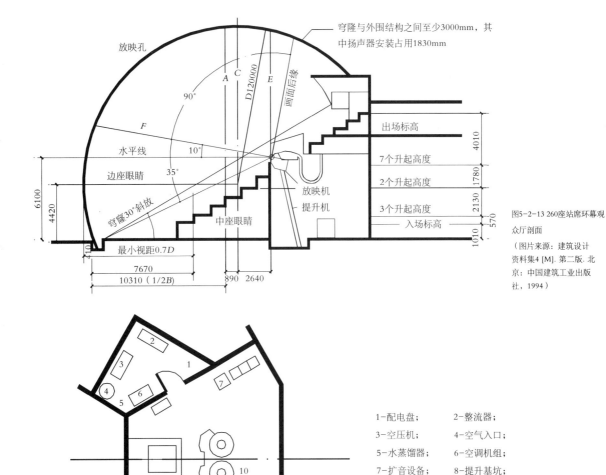

图5-2-13 260座站席环幕观众厅剖面

（图片来源：建筑设计资料集4 [M]. 第二版. 北京：中国建筑工业出版社，1994）

1-配电盘；　　2-整流器；
3-空压机；　　4-空气入口；
5-水蒸馏器；　6-空调机组；
7-扩音设备；　8-提升基坑；
9-贮片柜；　　10-大片盘

图5-2-14 环幕电影放映厅平面

（图片来源：建筑设计资料集4 [M]. 第二版. 北京：中国建筑工业出版社，1994）

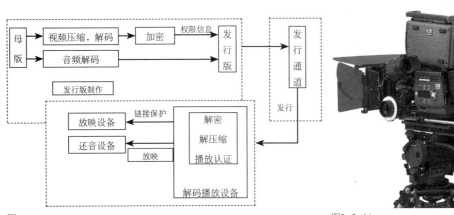

图5-2-15

图5-2-16

图5-2-15 数字电影放映过程；

图5-2-16 Sony F23 数字电影摄影机

（图片来源：http://image.baidu.com/）

2. 数字电影

1）数字电影的概念

数字电影，又称数码电影，是使用数码技术制作、发行、传播的电影。其载体不再是以胶片为载体，发行方式也不再是拷贝，而代之以数字文件形式，通过网络、卫星直接传送到电影院以及家庭。数字电影的播映，是由视频投影机实现的，具有高亮度、高清晰度、高反差的特点。

数字电影是一个系统的概念，不能简单理解为系统中的一个局部。因为电影的数字化不只是体现在数字影片的放映上，影片放映只是一种形式，数字电影贯穿于影片从拍摄到放映的各个环节，而这个综合的系统并不像胶片电影那样各环节相互分离，相对独立，互不干涉，而数字电影的系统会相互穿插，相互影响，紧密关联，所以数字电影应理解为一个广义的、系统的概念。

2）数字电影的特点

数字电影与传统胶片电影相比较，其特点主要在于：

（1）降低制作和发行成本

由于采用了数字化方式拍摄，数字电影的后期制作加工变得更为方便，减少了胶片和数字的转换环节，降低电影制作成本。此外，数字电影采用数字方式发行，不需要印制大量拷贝，也不需要跑片，从而又降低了电影发行成本。

（2）有利于后期再加工

数字电影以数字方式进行后期加工，为电影后期再创作再加工提供了方便。

（3）灵活的发行方式

数字电影可以采用卫星、磁盘、光盘等更具有灵活性的发行方式，使节目资源更丰富多彩。数字电影可以通过卫星实现一对多点"广播式"同时发行电影节目，可使观众最迅速地观看到最新影片。从而大大节约发行时间，提高发行效率。

（4）高质量无损伤传输

以数字方式传输节目，整部电影在传输过程中不会出现质量损失。采用数字信号传输方式意味着无论多少放映场所和放映场，所有不同地区的观众都可以欣赏到同一高质量的数字节目。

（5）影像的空间稳定性和时间稳定性更好

数字电影的影像质量优良，无抖动、无闪烁、无重影，画面空间稳定性高，具有恒定不变的放映质量。数字电影由于不使用胶片，不存在划伤、脏点、霉点和灰尘的积累，不存在因放映光源的照射出现褪色现象。无论放映多少场次，其影像质量永远不变，不随时间推移而降低影像的质量。

（6）有利于版权保护

数字电影以数字文件的形式发行和放映，可方便地利用加密技术保护节目不被非法使用，也可利用水印技术保护节目内容不被非法复制。

（7）有利于院线开展增值服务

利用数字传输和放映技术，改变了胶片电影放映的单一模式，使之向多功能多渠道多方位的经营模式转变，为院线和放映点提供增值服务，扩展新的经营领域提供了新的可能性。增值服务包括大型活动的现场直播、体育比赛、演唱会、远程教育、大型会议、插播广告等。

（8）利于环保

数字电影不采用胶片，在生产过程中无废液废气排放，因而是环保的。数字电影的发行不再需要洗印大量的胶片，既节约发行成本又有利于环境保护。

（9）拍摄现场及时回放

为拍摄大大解除后顾之忧，提高工作效率。

3）数字电影类型示例：70mm巨幕电影阿麦克斯(IMAX)

（1）IMAX的历史

IMAX技术由加拿大首先研制，现在加拿大IMAX公司独家拥有该项技术，世界各地的IMAX影院均由IMAX公司提供技术和设备。IMAX的研制与推广一直与大型的展览会、科技馆等公益性活动及场所分不开，而且至今遍布全球的IMAX影院几乎平均分为两大类：科技馆、博物馆为主的公益科普性场馆和用于商业放映的普通影院。

历史上第一部IMAX电影在1970年日本的富士展览馆上播放，第一套正式的IMAX投影设备于1971年安装在多伦多的安大略圆形剧场。在1974年美国华盛顿州世界博览会上，美国馆展出了一块27.3m×19.7m的巨型IMAX银幕，观众向正前方观看时，画面足以充满整个视界。其间共有5百万人次观看，绝大部分观众认为它呈视了强烈的动感，甚至有少部分观众身上发生了类似晕船的现象。1973年，首个IMAX球形银幕出现在美国加利福尼亚州圣迭戈公园的科技中心太空剧场。1986年在温哥华的加拿大展览馆，IMAX公司以The IMAX Experience技术第一次展示IMAX的3D电影效果。

IMAX尽管影像质量优秀，而且问世的时间也较长，但是由于制作和放映IMAX的成本较高以及运输困难使得IMAX影片的播放时间比较短（一般为40分钟），因此IMAX一直未能普及，大多为适合于科技馆、天文馆等科普机构播放的纪录片。

20世纪90年代后期，出现了一股IMAX娱乐的风潮，几部娱乐性题材电影出现，如1998年的《霸王龙：重返白垩纪》、2001年的《鬼堡》等IMAX3D电影。而1999年，迪斯尼制作了《幻想曲2000》的IMAX版本——首部正常长度的IMAX动画问世。2002年，IMAX公司与环球公司联手推出的《阿波罗13号》IMAX版本，是利用IMAX公司DMR（Digital Re-mastering）重新制作技术把传统电影转换成IMAX格式的第一部作品。此后，借助这一技术，不少好莱坞视效大片也陆续被转制成IMAX格式上映。由于技术上的原因，早期通过DMR处理的影片长度最长不能超过2小时。但在2003年，《黑客帝国2：重装上阵》终于突破了这一限制，成为IMAX技术发展史上的重要里程碑。2003年末，《黑客帝国3：革命》成为第一部在IMAX和传统影院同步上映的影片。观众非常欢迎这些利用DMR技术转制的IMAX版好莱坞大片。其视听效果远胜传统的35mm电影。

图5-2-17

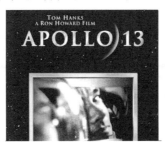
图5-2-18

图5-2-19

图5-2-17 幻想曲2000电影海报
图5-2-18 阿波罗13号电影海报
图5-2-19 黑客帝国3电影海报
（图片来源：http://image.baidu.com/）

图5-2-20

图5-2-21

图5-2-22

图5-2-20 IMAX影院观众厅
图5-2-21 IMAX影院入口
图5-2-22 IMAX影院观众厅
（图片来源：www.flicker.com）

（2）IMAX的概念

由于IMAX主要应用于数字电影放映（胶片形式也存在，但今后会逐步被数字形式所取代），所以将其归类于数字电影类型。

IMAX是一种能够放映比传统底片更大和更高分辨率的电影放映系统。标准的IMAX银幕为22m宽、16m高（72.6英尺×52.8英尺），但可以在更大的银幕播放。IMAX是大格式及需在特定场馆播放的图像展示系统中最为成功的。

① IMAX3D电影

IMAX3D电影技术属于立体版本的IMAX技术。为营造出立体景深，IMAX3D采用了双摄影机及双投映机拍摄及放映。目前IMAX3D放映时采用偏振光式放映，观看时以配戴偏光眼镜来分析立体图像。多数IMAX3D影院采用线偏振镜片。而另外有的公司采用的是圆偏振眼镜，圆偏振眼睛受眼镜旋转角度影响较小，当观众歪头时基本不影响效果，而不像线偏振眼镜在观众歪头时会出现立体画面的虚影。

② 数字IMAX（IMAX Digital）

IMAX公司于2008年发表的最新IMAX技术，这种技术仅作用于IMAX放映规格，目前并没有IMAX数码摄影机。

数字IMAX可以以DCI格式发布2D及3D电影，投映机以DLP技术支持，其技术免除了一般70mm底片笨重的缺点，就如今的数字影院一样。但是数字IMAX的出现也引起了许多争议，有的国外IMAX铁杆爱好者甚至称IMAX数字影院为假IMAX，这是由于IMAX的画面比例为1.44:1，而数字IMAX的画面比例为1.78:1，如果观赏全屏画面时数字IMAX的图像会被裁切，并且数字IMAX的画面效果也不如IMAX优秀，许多观众抱怨前排的画质已经无法忍受。

用于放映的DLP放映机一般采用的是两台2k分辨率的DLP投映机，两台放映机画面叠加，相对于胶片版的IMAX，数字版主要的优势在于亮度加倍和兼容3D放映。而IMAX的大画面高分辨率的优势则丧失了。数字IMAX的分辨率只相当于普通35mm底片的水平，而IMAX15/70mm底片至少达到了6K~10K分辨率。而现在使用的IMAX数字放映机的2k（2048像素×1152像素）分辨率仅仅比HDTV（1920像素×1080像素）的分辨率略高，甚至没有达到Sony 4k（4096像素×3072像素）影院的分辨率。

中国大多 IMAX 影院采用的是数字IMAX播放系统。

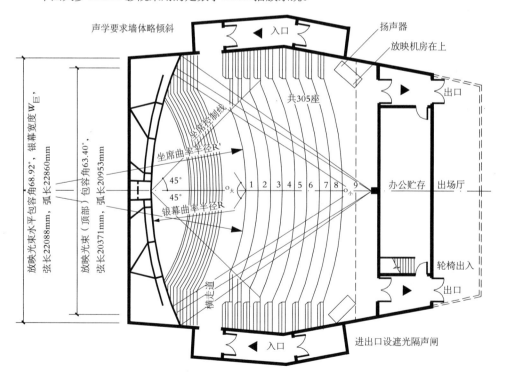

图5-2-23 IMAX观众厅平面

（图片来源：建筑设计资料集4 [M]．第二版．北京：中国建筑工业出版社，1994）

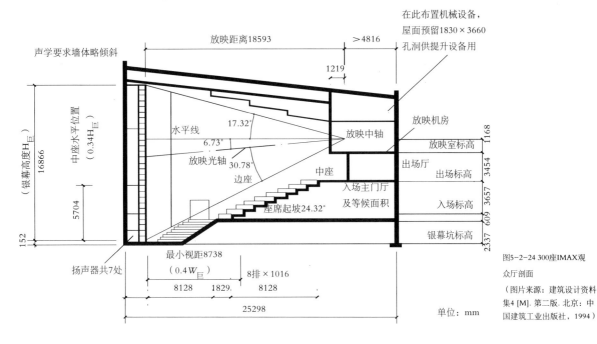

图5-2-24 300座IMAX观众厅剖面

（图片来源：建筑设计资料集4 [M]. 第二版. 北京：中国建筑工业出版社，1994）

（3）IMAX巨幕观众厅的基本工艺要求

画幅高宽比：1:1.43（15片孔，70mm影片）或1:1.78（数字IMAX），最小视距：$0.33 \sim 0.5W_{巨}$

最大视距：$1W_{巨}$

最大水平视角：$O_{大}=120° \sim 130°$

最小水平视角：$O_{小}=50° \sim 70°$

垂直视角：$40° \sim 80°$

地面坡升：$20° \sim 25°$等斜率（长排法排距约1m，中排中座观众的眼睛高度达$0.2 \sim 0.3$幕高）

座位弧线：首排曲率半径等于放映距离，圆心在幕后轴线上，以后各排同心圆。

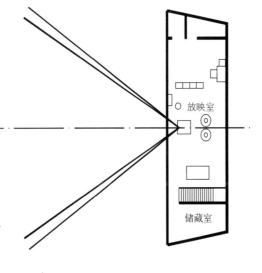

图5-2-25 IMAX放映机房平面

（图片来源：建筑设计资料集4 [M]. 第二版. 北京：中国建筑工业出版社，1994）

幕下缘标高：低于 ±0.00；

放映俯角：$6° \sim 7.5°$；

放映光束水平包容角：$60° \sim 70°$；

放映光束垂直包容角：$40° \sim 50°$；

还音：6路磁性立体声

混响时间：300座以下为0.5s，大型为0.7s；

银幕：乙烯基塑料穿孔银幕；

交通与疏散：宜下部入场，上部出场。

IMAX的构造与普通电影院有很大分别。由于画面分辨率提高，观众可以更靠近银幕。一般所有座位均在一个银幕的高度内（传统影院座位跨度可达到8~12个银幕）。此外，座位倾斜度较大（在半球形银幕的放映室可倾斜达23°），以便观众能够面向银幕中心。

IMAX继续发展后出现了新的表现手法，例如立体图像及每秒高达48格的画格数。音响系统方面则新出现了Sonic-DDP（Direct Disc Playback，无压缩LPCM环绕声轨）、立体音响系统及呈椭圆形分布的扬声器群。

（4）全球著名的IMAX影院

鲁宾福利特太空剧院和科技中心，首家IMAX全天域影院，1973年落成，位于美国加州圣迭戈。

自由科技中心，拥有世界上最大的IMAX全天域银幕，位于美国新泽西州新泽西市。

强生IMAX剧院：主要放映自然和历史类影片，位于美国史密斯索宁协会的国立自然历史博物。

威廉全天域剧院：拥有一个双银幕系统，可以放映IMAX影片，可旋转穹顶放下后可放映全天域电影，此剧院位于美国明尼苏达州科技博物馆内。

中国科学技术馆IMAX球幕影院：拥有世界最大IMAX球幕，球幕直径30m，总面积约1 000m²。

中国科学技术馆IMAX巨幕影院：亚洲最大IMAX矩形幕，银幕高22m，宽29.58m，总面积650m²。

表5-2-1　　　　　　　　　　　中国商业影院IMAX影厅概况

影城	开业时间	宽度（m）	高度（m）	面积（m²）	座位数（个）	IMAX胶片	IMAX数字
上海和平影都	2003.12	20	15	300	360	有	—
北京华星影城双安店	2006.5	26	18	468	387	有	有
中国电影博物馆	2007.2	27	21	567	403	有	—
武汉环艺影城	2007.2	22	15	330	648	有	有
东莞万达影城	2007.5	28	22	616	561	有	—
苏州科技文化中心	2007.10	21.3	13.3	283	384	有	—
长春万达影城	2008.3	21.8	13.4	292	556	有	—
长沙万达影城	2008.5	22.5	16.5	371	425	有	—
北京万达影城石景山店	2008.12	21.3	12.6	268	433		有
昆明百老汇影城	2009.9	21	12	252	294		有
天津中影国际影城	2009.9	21.5	13	279.5	377		有
无锡大世界影城	2010.1	19.1	10.6	202	378		有
广东科学中心	2010.2	29	22	638	600	有	—
重庆科技馆	2010.2	22	16	352	401	有	—
杭州新远国际影城	2010.7	20	11	220	350	—	—
杭州百老汇影城	2010.8	12	22	264	460	—	—

表5-2-1 中国商业影院
IMAX影厅概况
（数据来源：http://
wikipedia.org/zh-cn/
IMAX）

5.2.2 放映设备系统

1. 银幕

1）银幕的定义和性能

所谓银幕，是指能接受幻灯、投影、电影等设备所投射出的光束，并在其表面显示图像的白色特制平面，也称之为放映银幕。它的性能将直接影响电影画面的清晰度、对比度、亮度及色彩还原的质量。

一个好的银幕，除需具备良好的反射性能外，还应有较高的色彩还原能力及较少的闪光和光晕，这些特性又都与银幕材料息息相关。使用优秀银幕的目的是提高电影放映画面的清晰度，明亮度和色彩还原效果。银幕的尺寸和特性也对观众厅席位排列及空间形式设计起决定性作用。

2）银幕的类型

（1）按幕面材料的光学特性分类

按幕面材料的光学特性可将银幕分为两类：反射式银幕和透射式银幕。反射式银幕：不受尺寸限制，但受环境光线影响，包括各种类型规格的手动挂幕和电动挂幕。按照光学原理可以将其分为漫散反射银幕和方向性漫散反射银幕。

透射式银幕：不受环境光线影响，画面整体感较强，能正确反映图像质量。画面色彩艳丽，形象逼真，包括各种规格的硬质透射幕和软质背投幕。透射式银幕按照光学原理分类则为方向性漫散透射银幕。

（2）按光学原理分类

漫散反射银幕：是放映电影和幻灯投影中常用的一种银幕。其特点是银幕表面能将照射到幕面上的光线在较大扩散角范围（扩散角概念见图5-2-27）内均匀分散地反射到各个方向。在银幕的前方任何不同的角度观看银幕影像时，其亮度不随方向和角度而改变，散射角大，颜色准确自然。

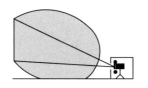

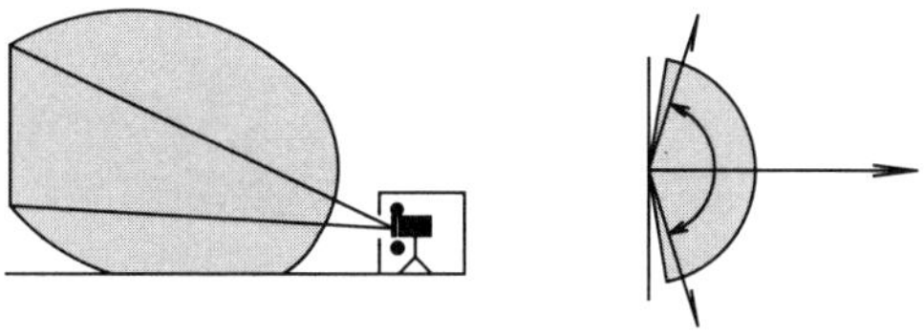

a. 扩散反射银幕 穿孔银幕

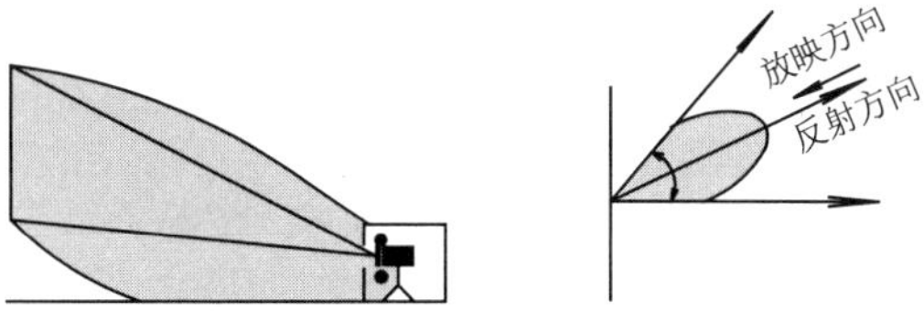

方向性漫散反射银幕：特点是将照射到幕面上的光线经过反射并重新分配后集中于一定方向的角度内，因而在这个角度内银幕亮度高，观众在这一角度内观看时图像清晰明亮。但偏离这一特定的角度时，银幕亮度有明显下降。另外，有一些方向性漫散反射银幕对某些颜色具有排斥作用，会使彩色影像的颜色失真。

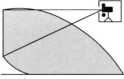

b. 方向性反射银幕 玻珠银幕

方向性漫散透射银幕：特点是当光线照射到银幕上时，在以入射光线为中心的立体角内都有透射光，在入射光方向上透射光强有最大值，偏离此方向越远透射光强越小，因此看起来入射方向最亮，远离此方向则变暗。这种幕放映时，可不用遮暗。

c. 方向性反射银幕 金属银幕

图5-2-26 不同类型的银幕放映时光流反射状况

（图片来源：建筑设计资料集4 [M]. 第二版. 北京：中国建筑工业出版社，1994）

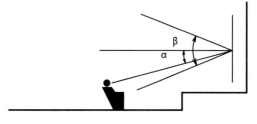

图5-2-27 扩散角

（图片来源：建筑设计资料集4 [M]. 第二版. 北京：中国建筑工业出版社，1994）

3）按幕面材料分类

（1）白色布幕、白色塑料幕、布基涂塑幕：白色布幕由白布精漂而成，白色塑料幕是由白色聚氯乙烯制成，布基涂塑幕是在幕基(布或其他织物)上喷涂一层白色聚氯乙烯或白色硫酸钡涂料而成。这些银幕都属漫散反射式银幕，光线反射柔和，亮度均匀，增益不高，对放映环境透光遮挡要求严，反射系数在0.7～0.85，散射角在140°左右。

（2）金属银幕

金属银幕均属方向性漫散反射银幕，金属银幕可提供更大的辐射强度，就像镜子反射光一样，这种银幕的亮度系数范围较广，一般在1.5～10之间。使用这种银幕时应注意，增益越高，散射角越窄。该银幕的缺点是密度不易做均匀，从而造成平整度受影响，因此，建议不要用这种材料制作太大的银幕。

金属银幕分为铝箔反光幕和银粉幕。铝箔反光幕是在幕基(如麻布、白细布、漆布、塑料等材料)上喷涂一层铝反射层或刷一层铝粉漆。也可将铝板表面腐蚀或喷砂形成白色无光泽表面。这种银幕反射系数通常不超过0.65，随制作工艺不同，亮度系数可在1.5～4.5，散射角一般不超过50°。银粉幕是在幕基上均匀涂上银粉使之反射投影光。

金属银幕中有一种金属光栅银幕，是在幕基上涂一层含有增塑剂的白色聚氯乙烯，再涂含铝粉的清漆，干燥后在专门的机器中加热到200℃并压出光栅网格。这种幕的散射角水平方向为1 000，垂直方向为500，在此范围内亮度系数平均为1.3，在法线方向为1.5。这个范围内反射光占全部反射光的81%，占放映机有效光通量的52%，因而金属光栅银幕光效高，均匀性好。

（3）玻璃微珠幕

玻璃微珠幕是在幕基上涂一层白胶漆，然后再均匀喷上一层直径为0.02～0.03mm的透明玻璃珠，经干燥后而成。玻璃微珠幕属于方向性漫散反射银幕，具有耐老化、不易褪色、色彩还原性好的优点。银幕增益为2~4，幕前中心亮度为580E左右，反射系数0.75以下，散射角为50°左右。此类银幕玻璃珠直径越大，散射角越小，亮度系数越大。这种银幕不能折叠，不能用手指、锋利硬物碰触幕面，否则容易造成污痕和裂纹。

（4）穿孔银幕

放映时为了使声音与画面效果协调一致，扬声器最好放置在银幕后的正中央处，这时就会影响声音的高频特性。为了提高声音保真度，可使用穿孔银幕。银幕穿孔既要获取最佳的声学特性，又要使观众观察不到幕孔。穿孔银幕的构造是在幕面均匀打上很多小孔，一般孔的直径在0.5~1.2mm，小孔之间应有5.5mm的间隔；小孔面积总和占银幕面积的2%~5%，这样观众在观看影像时看不到小孔。穿孔银幕有不同的幕面构造。常见的有橡皮穿孔幕、塑料穿孔幕、玻璃珠穿孔幕、金属穿孔幕等。银幕经穿孔后，其表面特性不变，只是改变了音响效果。穿孔银幕因幕面有孔，透光较多，亮度降低。

（5）毛玻璃银幕

属方向性漫散透射银幕，用毛玻璃制成，一般尺寸不大，方向性很强，最大亮度系数可达13。

图5-2-28~图5-2-31金属银幕、玻璃微珠、毛玻璃银幕、穿孔银幕（图片来源：http://www.google.com.hk/imghp?client=aff-360daohang&hl=zh-CN&ie=gb2312&tab=wi）

  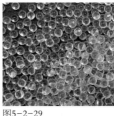  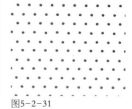

图5-2-28　　　　　　图5-2-29　　　　　　图5-2-30　　　　　　图5-2-31

3）银幕的选择

银幕上的影像受银幕类型、形状和尺寸三个因素影响。

（1）银幕类型的选择

方向性漫散反射银幕，由于亮度系数大，散射角小，所以适合用于窄而长的放映场所。对于宽而短的放映场所，则应选择散射角大、亮度系数均匀的漫散反射银幕，这种银幕能使各个方位的观众都获得满意的视觉效果。对于无任何遮光条件而又明亮的放映场所，可考虑选择透射式银幕，其抗杂光干扰性能特别好。放映立体幻灯或电影，则必须选择金属银幕，因为金属银幕的反射不改变光的偏振情况，其他材料的银幕反射改变光的偏振情况。

（2）银幕形状的选择

银幕的外形一般有长方形和正方形，长方形适用于电影放映，正方形适用于幻灯、投影放映。银幕的宽高比例要适合于放映设备显示的图像比例。

银幕形状应遵守漫反射银幕为平面、增益银幕为弧形这一准则。如果漫反射银幕采用弧形设计，银幕上相互之间由于光的散射会使亮度降低，而且有可能使对比度下降，所以漫反射银幕通常为平面设计。

增益银幕弧深为弦长的5%（弦高比20:1）。弧形大的银幕可容纳更多的观众。所以，选择弧形银幕设计时推荐使用增益银幕。

（3）银幕大小的选择

银幕尺寸是指银幕对角线的长度。适宜的银幕尺寸取决于使用的空间面积及观众座位的数量、位置安排等因素。

银幕尺寸的选择原则：银幕宽度大约等于从银幕到观众席最后一排座位距离的1/6，银幕到第一排座位的距离应大于2倍银幕的高度，银幕底部应距观众席所在地面应为120cm左右。

4）银幕的光学指标

（1）银幕的反射系数、透射系数和吸收系数

表5-2-2　　　　　　　　　　　　　　　　　　　　　银幕大小与影像格式的关系表

影像格式	银幕宽高比例
计算机VGA信号	4:3
模拟视频信号	4:3
HDTV（高清数字电视信号）	16:9
数字电视（宽银幕）信号	16:9

表5-2-2 银幕大小与影像格式的关系表

（数据来源：http://www.lunwenfb.com/lunwen/yishuxue/dianshidianyan/5872_2.html）

光线投射到银幕上，通常分成三部分：一部分被反射，一部分被吸收，还有一部分穿透银幕。分别用反射系数、透射系数和吸收系数表示银幕材料对入射光线的反射、透射和吸收程度。

反射系数=银幕反射的光通量/照射到银幕的总的光通量

透射系数=银幕透射的光通量/照射到银幕上总的光通量

吸收系数=银幕吸收的光通量/照射到银幕上总的光通量

对于任何一种幕面光学材料，这三个系数之和都等于1。即：

$$反射系数+透射系数+吸收系数=1$$

各种银幕的光学材料都可用上述三种系数表明其特性，某种材料的吸收系数大，说明射到它上面的光通量损失大。无论是何种银幕都要求吸收系数值越小越好。吸收系数的大小与银幕光学材料的吸光性、厚度和颜色有关：材料吸光性高、厚度大、颜色深，则吸收系数大。与其他材料相比，白色材料吸收系数值最小。反射型银幕要求反射系数大，透射系数尽量小。在同样的光照条件下，反射系数越高，银幕反射的光线就越多。幕面就越亮。透射型银幕则要求透射系数尽量大，反射系数尽量小。

（2）银幕的亮度系数R_α

银幕亮度系数R_α，就是在同一照明条件和规定的观察条件下，当入射光线沿银幕法线方向时，在观看银幕一侧与银幕法线方向成α角方向的银幕亮度B_α与同样条件下理想漫散幕的亮度B_0的比值。即$R_\alpha=B_\alpha/B_0$。理想漫散幕是抽象出的一种理想银幕，即反射系数(或透射系数)为1，并且能将全部入射光能量以完全均匀的亮度反射（或透射）到半球空间内。显然，由上式看出亮度系数R_α是角度α的函数，不同银幕的亮度系数R_α可用亮度系数特性曲线表示，它表明银幕表亮度系数根据观察方向不同而变化的情况。

当银幕是理想漫散银幕时：$B_\alpha=B_0$，$R_\alpha=1$。当银幕是实际漫散银幕时：亮度B_α在近法线的较大幅度内与α角无关，仅在α接近90°时，亮度才有所降低，所以漫散反射银幕的光能量分配在一定范围内是均匀的。观看者在此范围内观看银幕时，亮度大致相同。当银幕是方向性漫散银幕时：在银幕法线(假定入射方向沿法线)方向的某个范围内B_α可以大于B_0，因而$R_\alpha>1$，但随着α角的增大，B_α不断减小，R_α则随着不断减小。当α超过一定值时，R_α即小于1。由于方向性漫散银幕对入射的光能量在空间的不同方向上重新分配，光线集中在某个方向上，其亮度系数大于1，但是这些方向上的亮度提高是依靠降低其他方向上的亮度来实现的，反射系数（或透射系数）并未超过1。

亮度系数的最大值称为银幕的增益。漫反射银幕典型的亮度增益值在0.8-1.0之间，而方向性漫散银幕的亮度增益可以从1.4直到2.0甚至更高，所以方向性漫散银幕也称增益银幕。增益银幕不能只考虑其增益系数，还要考虑银幕亮度特性曲线是否平缓。低增益系数银幕的亮度系数随着角度的增大，降低幅度较小。高增益系数银幕的亮度系数随着角度的增大降低的幅度较大，即对于高增益银幕，亮度特性曲线越平缓越好。

（3）银幕亮度标准

经多年验证，电影界已形成银幕亮度标准，且被全世界采用。在SMPTE公布的与影院放映影片有关的银幕亮度标准中，规定银幕中心亮度为16英尺朗伯($55cd/m^2$)，边缘为12英尺朗伯($41.25cd/m^2$)。这是放映机上无影片运行、白光下所测得的银幕亮度值。该标准同时指出银幕中心亮度不宜过亮，也就是说不应有热点(hot spotting)。通常，银幕亮度取决于放映机发出的光流以及放映灯和银幕之间的光损失，也就是反光镜、镜头、放映窗玻璃所造成的光损失，以及从银幕上反射光线的损失。

（4）银幕的散射角

散射角也称视角，是指亮度系数为$R_\alpha=0.7R_{\alpha max}$（$R_{\alpha max}$指该银幕的增益）时的2a角。

在选择银幕时，散射角是一个重要的光学参数。观看者观看银幕时应处于散射角范围内，这样才能获得较为清晰、明亮的图像。一般来说银幕的增益越大，散射角越小；增益越小，散射角越大。

（5）银幕的清晰度

银幕画面清晰度是放映质量的重要指标之一，是指银幕上影像各细部影纹及其边界的清晰程度。通常以解像力来表示，即每毫米可分辨的线条数，单位为线对/毫米。解像力越高。并且银幕中心和四周的解像力相差不大，则银幕上的图像显得越清晰。一般来说，银幕的解像力达到50线对/毫米就可以达到比较良好的图像清晰度。

5）银幕的设计

近年来，多厅电影院在上海、北京等大城市迅速崛起，并很快成为我国电影票房的主力军。这种变化也带来了我国营业性电影院的建筑技术和放映技术的变革，其中最明显的就是电影放映银幕尺寸的变化。

（1）银幕的视角和视距

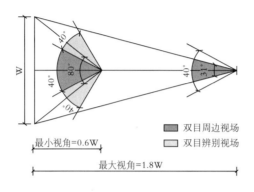

图5-2-32 水平视角图
（图片来源：建筑设计资料集4 [M]. 第二版. 北京：中国建筑工业出版社，1994）

最小视角=0.6W

最大视角=1.8W

双目周边视场
双目辨别视场

① 视角

对于临场感起关键作用，即观众对银幕画面宽度的最大水平视角和最小水平视角。如果首排观众离银幕太近，水平视角太大，影像的微粒很容易被突显，整个画面会变得粗糙不均，模糊不清，从而引起视觉疲劳，甚至眩晕。如果观众离银幕太远，则水平视角太小，视觉上的临场感会减弱甚至消失，这样就失去了电影艺术的魅力。

② 视距

与视角相对应，我国的电影院建筑设计规范中对于最大、最小视距都做了明确规定。最近出台的《电影院星级评定要求》（GB/T21048-2007）中对于最大视距的规定缩短了许多，其中规定五星级影院的最大视距为1.8W，最小视距为0.6W（W：变形宽银幕宽度）。与最小视距0.6W相对应的水平视角为80°；与最大视距1.8W相对应的水平视角为31°。

水平视角80°介于双目周边视场和辨别视场之间，观众可以获得很好的视觉临场感；水平视角31°也可以达到辨别视场的大部分，所以银幕尺寸在不小于31°及不大于80°的水平范围内，达到最佳视觉范围。虽然在影院调查中曾发现有年轻观众乐意在0.5W的位置上观看有刺激场面的大片，但这只是个别现象，不能作为多厅电影院最小视距的依据。

（2）银幕宽度的计算

银幕宽度是决定观众厅尺度的主要因素，它确保了画面的清晰度、亮度、合适的视距及视角等。

① "墙到墙" 产生的问题

"墙到墙" 是对现代多厅影院放映银幕宽度的形象描述。这种宽度的银幕使得电影影像充满观众的正前方视线，使人在视觉上产生强烈的身临其境感觉，充分体现出电视投影图像无法与之相比的优越性，因而深受现代观众、尤其是年轻观众的喜爱，这也正是现代电影院相对传统电影院的一大进步。

但是，如果千篇一律地把银幕做成 "墙到墙"，不考虑电影观众厅的形状设计,也会给影院造成很多使用问题。放映银幕是否采用 "墙到墙" 的做法，必须根据观众厅的长宽比例来决定。长宽比较大，即较窄的影厅（通常取长宽比为1.7:1），"墙到墙" 银幕才能充分利用厅宽，最大限度地加大银幕尺寸，为观众提供适宜的水平视角，取得良好的视觉效果。但长宽比为1.5:1以下且宽度尺寸又较大（如12m以上）的观众厅就并不适合 "墙到墙" 的做法了，否则会造成观众厅最大视距仅为幕宽的1.5倍甚至1.3倍，加上第一排视距相对加大，这将损失大量的有效面积。两侧的大多数座位会因为银幕影像畸变太大而不适宜观看。例如30m长的大厅，长宽比为1.3:1时厅宽为30/1.3=23m，如强行采用 "墙到墙"，则扣除两侧墙

图5-2-33

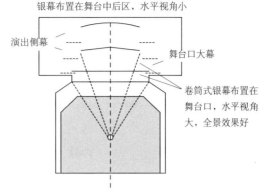

图5-2-34

图5-2-33 短而宽观众厅的墙到墙做法；

图5-2-34 影剧院的墙到墙做法

（图片来源：曾旭东,赵东. 现代电影院的银幕尺度 [J]. 山西建筑，2009年第35卷第2期）

厚和左右黑框后设置20m宽的银幕，最小视距由9m增加到12m，座位减少了2~3排，座位数减少太多，非常不经济。

对于短而宽的观众厅，正确做法是：按最大视距等于或略小于1.8W的最佳视距要求确定银幕宽度，银幕两侧的空间只保留安装活动黑边框和保护幕的必要位置，其余的两侧墙都收拢至幕边做成斜墙，用观众厅侧墙倾斜延伸的方式加以遮挡。只要侧墙装饰得当,同样能给予观众"墙到墙"的视觉效果。

对于窄长的观众厅，也不是每种情况下"墙到墙"都适用。当长宽比为1.55:1~1.75:1时，"墙到墙"银幕为观众提供的水平视角基本符合要求，能取得良好视觉效果的坐席占总座位数的比例较高，建议多厅电影院的观众厅采用这种长宽比的体形。当长宽比大于1 .75：1时，尽管做"墙到墙"的银幕设计，但后排观众依然得不到应有的水平视角,这也是观众厅几何尺寸需要调整的重要性。

其实，多功能影剧院的电影放映银幕同样可以应用"墙到墙"的理念，如上图5-2-34所示。影剧院的传统做法是把电影银幕吊装在舞台的中间或舞台的后墙上，由于受到一般只有11~13m宽和5~6m高的舞台口建筑限制，银幕无法做大，宽度很少超过13m。这种影剧院影厅最小视距都能大于0.6W，但最大视距往往也远大于3.0W，使相当一部分观众因水平视角很小而失去视觉上的全景效果感受。更为严重的是舞台口的画框作用及舞台上几道演出侧幕的透视作用，使观众看到的电影影像只是一幅带有镜框的画,视觉上的全景效果和身临其境感顿时消失。

根据"墙到墙"的理念，我们可以利用卷筒式银幕结构，把电影银幕搬到舞台口外侧，用银幕画面把舞台口完全遮住，并尽量使银幕与观众厅的侧墙形成自然的过渡；放映电影时，观众正前方视线看见的只有电影影像，根本看不见舞台，全景效果和身临其境感觉将大大增强，其视觉效果与专业电影院的"墙到墙"银幕十分接近。

如果由于舞台建筑结构或工程难度等原因无法把银幕装在舞台口外侧，应该把银幕安装在舞台上紧靠台口演出大幕后方的位置，放映画面做到与舞台口的大小基本相同，其视觉效果虽然比不上前一种作法，但比起传统作法已有极大的改善。还要指出的是，把影剧院的电影银幕移到舞台口之后，必须按照有关最小视距和边座斜视角的规定，把观众席的首排定在原有座位区的第几排甚至第十几排，并取消一些靠边的座位,以确保所有电影观众有效座位均有较好的视觉效果。

② 计算银幕宽度的方法

计算公式：$W=bL/f$

式中　W——银幕画面宽度（m）；L——放映距离（m）；f——片门至镜头焦点的距离（mm），可简化为镜头焦距35mm放映机基本镜头焦距为90～180mm，每10mm一档；b——片门宽度（mm）。普通银幕放映机片门尺寸为20.9mm×15.2mm，遮幅法为20.9mm×12.6mm，宽形法为21.2mm×18.1mm，70mm影片片门尺寸

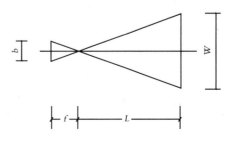

图5-2-35 $W=bL/f$图示

（图片来源：《电影院建筑设计规范》）（JBJ58-2008）

为48.5mm×22.0mm；上述片门的高宽比分别为1:1.37，1:1.66，1:2.35，1:22。

需要注意的是，变形法宽银幕的画面宽度按上式计算后还需乘2（压缩画面的扩展系数）。为了方便计算，上式中的参数L可按经验公式预估，矩形观众厅L=1.1，梯形观众厅L=0.95（N为拟容纳的座席数）。观众厅的宽度亦可估为0.7L左右。

银幕尺寸的确定又应与所要求的银幕亮度相适应。亮度与画面面积成反比，35mm影片的银幕中心亮度应为50±15cd/m²，两侧至少应达此值的70%。为满足上述亮度，放映机的有效光通量参见式5-2-2：

$$F = E \cdot A = \frac{B}{\rho} \cdot A$$

式中 F——放映机有效光通量（lm）；E——画面平均照度（lx）；A——画面面积（m²）；
B——平均亮度（π·cd/m²）；ρ——银幕反射系数（≥0.75）。

国产3kW氙灯的有效光通量一般可达8 000lm，5kW氙灯可达12 000lm。代入上式可反算画面面积。后式所得面积是对前式W的制约，面积太大可能导致亮度不足。70mm影片画面面积及亮度比35mm影片的大得多，要求用高效益、大功率放映机。但若仅就土建条件而言，在考虑兼放70mm影片或以后改建为兼放70mm影片时，观众厅的主体结构宜具备以下两个土建基本条件，以利改建，并发挥70mm影片巨幅大视野的效益。第一，银幕附近观众厅的宽度及高度能容纳20m×9m的银幕或更大，至少接近这个数值，每座体积随之相应增大。　第二，地面坡度能基本满足视线无遮挡条件，或不难改造为这种条件（坡升较大）。

（3）银幕高度的计算

"顶天立地"是对放映银幕高度一种夸张的说法，按照电影放映工艺的垂直视线设计，做到"顶天"并不困难，而做到真正的"立地"，在常规电影观众厅中几乎是不可能的。实际上，当银幕的最大宽度确定后，变形宽银幕的高度就已经得到确定，等于银幕宽度的1/2.35；需要进行高度选择的主要是宽高比为1.85:1的遮幅银幕，以及宽高比为1.66:1的另一种遮幅银幕和宽高比为1.375:1的普通银幕。

根据各地电影院的实践，选择遮幅银幕高度的方法归纳起来主要有下图所示的三种：等高法、等宽法和等面积法。

图5-2-36 等高、等宽、等面积遮幅银幕示意图
（图片来源：http://hoxut.gov.cn/kerlghj/chm/html103/fl1.htm）

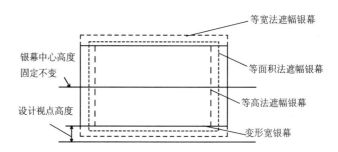

① 等高法

指各种制式电影银幕的高度基本相等。"三幕统高"是我国电影放映技术管理中长期提倡的做法，对保证电影院放映质量起到了重要作用，这也是一些国际电影机构所提倡的做法。通过简单的技术数据分析就可以证明，等高法在保证放映画面质量和良好视觉效果方面均有优势，的确是值得提倡的方法。电影拷贝的影像经放映镜头放大到银幕上，影像面积放大倍数等于银幕画面面积与放映片窗孔面积之比；如果放大倍数太大，银幕图像的微粒会变粗，影像质量就会差。

不同制式影片的放映片窗孔尺寸分别是：

变形宽银幕21.3mm×18.1mm，1.85:1的遮幅银幕20.9mm×11.3mm，1.66:1的遮幅银幕20.9mm×12.6mm，普通银幕20.9mm×15.2mm。假定各种影片拷贝的质量基本相同，则放映

片窗孔的面积可以说直接反映了影片画幅所记录的影像信息量。以上几种片窗孔的面积比为1:0.613:0.683:0.824，按等高法得到的银幕画面面积比1:0.787:0.706:0.585，由此可算出放映影像面积放大倍数比是1:1.284:1.034:0.710。

在等高法中，变形宽银幕的银幕影像面积最大，正好发挥其影片画幅记录影像信息量最大的优点。

虽然1.85:1遮幅银幕的片窗孔面积最小，影片记录的影像信息量最少，放大倍数最大，但与变形宽银幕相比较其放大倍数增大并不多，不会造成放映影像质量的明显降低。例如高度为5.1m的银幕，变形宽银幕的影像放大倍数为15.9万倍，1.85:1遮幅银幕只增大到20.4万倍。

等高法的最大优点是各种制式影片的银幕影像质量比较接近且比较好;另一优点是银幕的活动黑边框只需左右移动，结构简单，容易施工。等高法的主要缺点表现在宽银幕宽度比较小的场合，例如宽银幕宽度是9m或更小时，1.85:1遮幅银幕的宽度只有7.1m或更小，会使观众感到银幕太小，完全没有电影大画面的优势。

② 等宽法

指各种制式电影的银幕宽度基本相等。这是随多厅电影院一同出现的做法，一般只用于遮幅银幕与变形宽银幕宽度相等，没有把普通银幕也做成等宽的。

等宽法最大的优点是把节目源最多的遮幅式银幕做得很大，使利用率最大化。这种画面制式可以给观众很强的视觉临场感，这在多厅电影院体积比较小的观众厅中，效果特别好。但另一方面，等宽法的缺点也较明显，其一是把影像信息量最大的变形宽银幕影片的放映画面变成了最小，抹杀了变形宽银幕影片画面质量最好的优势。其二是当银幕尺寸比较大时，遮幅银幕放映影像的质量难以保证。

其原因分析如下：从有关技术数据可以算出，当1.85:1遮幅银幕的宽度与变形宽银幕相同时，两者放映到银幕上的影像面积比为1.27:1，放映影像面积放大倍数比为2.07:1，而放映片窗孔的透光面积比为0.613:1，还是以12m宽的银幕为例，变形宽银幕的影像面积放大倍数为15.9万倍，而1.85:1遮幅银幕达到33.0万倍。

放大倍数过大会使银幕影像的微粒显得很粗，影像清晰度变差，影像失真增大，放映设备产生的抖动在银幕影像上更加明显，要达到《电影院星级评定要求》中对放映画面清晰度和抖动度的要求就更加困难。此外，更难解决的是，尺寸太大的遮幅式银幕可能无法达到星级评定标准中对银幕亮度的要求。还是以12m宽的银幕为例，变形宽银幕的影像面积为61.3m²，1.85:1遮幅银幕的影像面积为77.8m²。在变形宽银幕放映状态下，要达到银幕中心亮度55cd/m²和亮度均匀度65%~80%的要求，采用国内常用放映设备和漫反射银幕，放映氙灯实际功率约3kW;这时转到1.85:1遮幅银幕影片作等宽放映，影像面积增大1.27倍，但放映片窗孔的透光面积却减少到0.613，要达到银幕中心亮度55cd/m²的同样要求，如果只考虑面积因素，放映氙灯的功率3kW需要增大到2.07倍，即6.2kW。所有电影技术人员都知道，在常规35mm放映设备上以这样大的氙灯功率进行放映是相当危险的，有可能因为放映机灯箱、片门的散热能力不足而烧伤影片，甚至可能造成氙灯炸裂。为了安全，电影院往往用较低的氙灯功率进行放映，其画面亮度自然就无法达到规范的要求。

所以在采用国产常规放映设备和漫反射银幕的情况下，放映银幕宽度若超过12m，则不宜采用等宽法。另外，等宽法银幕的两侧固定不变，调整画幅大小靠的是移动上下边框，然而，活动边框跨度较大，而且要上下移动，机械结构较复杂，施工及日常维护工作也有难度。

③ 等面积法

这是一个对应于"等高"和"等宽"的新提法，指各种制式电影放映银幕的面积基本相等。等面积法的目的是既要增大遮幅式银幕的尺寸，让观众在观看节目源最多的遮幅式影片时有较强的全景视觉效果，同时又要减轻由于遮幅式银幕面积太大所出现的各种缺陷。

例如，宽12.0m高5.1m变形宽银幕和宽为10.6m、高为5.7m的1.85:1遮幅银幕的放映画面面积均为61.3m²，两者面积相等，但宽度和高度均不相同。按等面积法确定的1.85:1遮幅银幕的面积为按等高法确定的1.27倍，给观众的视觉全景效果相对比较强;而在银幕亮度同为标准的55cd/m²时，放映氙灯需要的功率只是变形宽银幕的1.63倍，约为4.9kW，常用的

5kW放映机即可满足要求。还要注意的是，按等面积法确定的各种银幕的宽度和高度均不相同，银幕画幅的调整必须采用四个活动边框，按照需要上下左右移动到适当的位置，其机械结构也比较复杂，施工难度大，而且日常维护要求也比较高。

6）多厅式影院放映银幕的几个实际问题

（1）银幕中心高度的确定

等高法银幕的中心高度是固定的，视点高度也是固定的，对放映工艺设计十分有利。等宽法和等面积法由于银幕高度是变化的，银幕中心高度是否变动，在工程上有两种做法。第一种做法是保持银幕中心高度不变而让视点高度变化，这是比较常见的做法。其优点主要是可以采用标准的放映片窗，首排观众的仰视角不会太大；缺点是视点高度降低后会使各排观众的视线升高值减少，甚至小于12cm，从而会产生视线遮挡。例如，12m宽的变形宽银幕和1.85:1遮幅银幕的高度分别是5.11m和6.49m，当变形宽银幕的视点高度为1.4m时，等宽遮幅银幕的视点高度变为0.71m，如果观众席坡度是按照视点高度为1.0m作垂直视线设计的，这时就会产生严重的视线遮挡。

另一种做法是保持视点高度不变而变动银幕中心高度，然而这种做法比较少见。其优点主要是设计视点高度不变，可保证观众在观看变形宽银幕和遮幅银幕时均无视线遮挡；其缺点主要有两点，一是首排观众的仰视角通常会增大到超出规定值。例如设计视点高度等于头排观众眼睛计算高度1.15m时，观众对变形宽银幕的仰视角为35.3°，对等宽的1.85:1遮幅银幕的仰视角为42°，超出规定的最大仰视角40°；二是需要为中心高度不同的遮幅画面订造一块专用的放映片窗板，而且往往要在现场加工，比较麻烦。

（2）放映片窗孔的修改

国外的许多多厅式电影院不采用标准的片窗板，其放映片窗孔是根据观众厅银幕的实际情况修改定形的。近几年，我们在新建和改建电影院的放映设备安装工程中也常常这样做。对标准的片窗孔进行修改，其原因很简单，在一些特定的观众厅中，只有这样做才能得到所需要的银幕画面。

例如，在多厅电影院体积较小的观众厅和舞台口比较小的影剧院中，为了得到最好的视觉效果，银幕必须做成某一个尺寸，而放映距离又是固定的，这就要求放映镜头焦距只能是某一数值。

但是，国产放映镜头按10mm分档（订购按5mm分档），进口放映镜头按5mm分档（订购按2.5mm分档），无法满足特殊焦距的需要。例如某观众厅需要焦距为66.2mm的变形宽银幕镜头，在国内外的固定焦距镜头产品系列中都无法买到，虽然可以采用变焦镜头来解决，但成本太高，而且日后的使用和维护都比较麻烦。比较可行的方法是配置焦距为65mm的镜头，并且把一块普通银幕片窗板的片窗孔从20.9mm×15.2mm修改成20.9mm×17.8mm，同样可以得到所需大小的银幕画面。

值得注意的是，片窗孔的修改工作（简称"锉片门"）必须在放映室进行，根据放映光斑形状一点一点仔细修改，直到光斑与银幕形状大小完全吻合为止。修改片窗孔的过程其实对由于放映光轴的垂直俯角和水平倾斜角所造成的放映光斑上下和左右的梯形失真也进行了修正。修改后的片窗孔形状显不规则的梯形，如图5-2-37所示，但经这些片窗孔放映到银幕上的光斑都是规则的矩形。

由于片窗孔的修改必须针对每一台放映机进行，不同的放映机，其片窗孔的形状和尺寸不可能完全相同，绝对不允许调换使用。鉴于实际需要，建议放映机生产厂生产一些片窗孔尺寸小于标准尺寸的片窗板，例如20.3mm×17.1mm的变形宽银幕片窗板和19.9mm×10.3mm的遮幅银幕片窗板，供有需要的用户选用。某种国产放映机的片窗板已经考虑到以上需要，在变形宽银幕片窗板上可以插入开有其他制式片窗孔的小插片来改变片窗孔的尺寸，为用户提供了方便；只是由于小插片与影片距离稍远，在放映画面上形成的虚边较大，有时会因为受到某种限制，无法用活动黑边框而把虚边完全遮住，对放映画面造成一定影响。

图5-2-37 片窗口的修正
（图片来源：http://hoxut.gov.cn/kerlghj/chm/html103/fl1.htm）

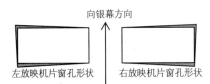

向银幕方向

左放映机片窗孔形状　　右放映机片窗孔形状

（3）弧面银幕和平面银幕

从"西尼马斯柯普"变形宽银幕电影产生之后，观众在电影院看到的几乎全部是弧形银幕画面，几种不同制式的发行影片全都在弧面银幕上放映。多厅电影院小型观众厅的出现和卷筒式银幕在影剧院的应用，使观众在电影院里看到了平面银幕，同时也引起电影技术人员的担心：没有弧度的银幕还能不能保证放映画面的清晰度？

按几何光学原理对电影放映影像在银幕上的聚焦情况进行分析，可以发现，即使银幕是标准的弧形，但是放映光轴在垂直方向的俯角，因双机放映使放映光轴在水平方向形成的倾斜角、银幕表面的平整度等多种因素都会影响放映影像在银幕上的正确聚焦。

通过计算得知，在规范允许的极限情况（例如放映俯角达6°、水平倾斜角达3°），每一因素造成的最大聚焦误差为3%~4%；把银幕从弧面改为平面，变形宽银幕放映画面的聚焦误差有所增大，但最大值一般不大于3%，对清晰度的影响并没有超过其他因素，而且遮幅式影片和普通影片的放映银幕本身不需要弧度。事实上，宽度从8m~22m的平面银幕出现在营业性电影放映中已多年，银幕放映影像质量都能达到较高水平，并且得到了大多数观众的认可。

另外，从观众观看银幕影像的角度来说，在前座区两侧靠边位置看到的影像有斜视畸变失真，弧面银幕比较小，平面银幕比较大，银幕越大，区分越明显。根据以上分析可认为：宽度较小（如10m以下）的银幕，可直接采用平面幕，以简化施工和减少银幕对建筑空间的占用；宽度较大的银幕（如12m以上），采用弧面银幕比较有利，但弧面半径不一定等于放映距离，可视实际情况取放映距离的1.5~2.0倍；用单机和大片盘放映的观众厅，采用弧形银幕并把放映镜头准确安放在其弧心上，能确保放映影像准确聚焦和取得最好影像清晰度，不必再考虑平面银幕方式。

总而言之，对多厅电影院放映银幕技术的探讨过程中可以发现，通过多厅电影院引进的国外有关电影放映银幕技术的新观念、新标准，相对我国电影技术原有观念和标准并没有大的区别，基本的技术要求完全相同，只是更加强调观众对银幕影像的视觉全景效果和临场感，使得观众在电影院得到电视投影技术无法得到的影像视觉效果，而且这种理念还贯穿在多厅电影院的各个技术环节上。

国家广电总局2002年发布《电影院星级评定要求》（试行），对我国电影院提出了包括上述理念在内的更加全面与国际接轨的技术要求。要达到这些要求,使我国多厅电影院的建设走上新台阶，还需要院线管理者、电影院投资者、电影设备生产厂和广大电影技术工作者加倍的努力。为了能给观众创造一个感受现代电影艺术的良好环境，就必须保证银幕的画面有足够的尺寸，严格控制好观众厅的形式与尺度。近年来电影院由大厅、单厅发展成多厅、小厅模式，这使电影院设计有了更多的要求。加之多厅电影院大多建设在商场、广场等大型建筑物内，这就更需要建筑设计、结构设计和工艺设计等互相合作，共同努力才能做出高质量、高等级的多厅电影院。

7）银幕的适应性

当在同一银幕上放映不同类型的影片时，需要银幕具有一定的适应性：既能放映普通电影及遮幅式电影，又可以放映宽银幕电影。通常我们用以下两种方法进行设计：

第一种，使宽银幕与普通银幕的高度相等。宽银幕电影片孔高度15.12mm，宽度20.90mm，普通电影片孔高度18.16mm，宽度21.36mm（II型），则当两者的画幅高度相等时，需使用不同焦距的放映机镜头 f_2/f_1=18.16/15.12，参见式5-2-3：

$$f_2=1.19f_1$$

式中 f_1——宽银幕电影放映镜头的焦距；f_2——普通电影放映镜头的焦距。

以此类推，当变形系数取2时，也可以得到以下算式：

$$W_2=1.71W_1$$

式中 W_1——普通电影银幕宽度；W_2——宽银幕宽度。

使用同一个放映镜头时，

$$f_1=f_2，H_2/H_1=18.16/15.2$$
$$即H_2=1.19H_1$$

式中 H_1——普通电影银幕高度；H_2为宽银幕高度

由计算公式同样可以得到：$W_2 \approx 2.04W_1$

有以上式子可知，在使用同一个放映镜头将普通电影改放宽银幕电影时，需要把普通银幕高度增高到1.19倍，宽度增加到2.04倍。

8）银幕的框架

为使软材质的银幕也能形成弧形，需要依靠银幕框架。银幕框架的安装因观众厅等的不同而不同，为了使银幕有更好的适应性，我国通常采取"三幕合一/四幕合一"的安装方式，而且多采用活动幕框。

银幕框架形式分两类：

第一种，固定式。多用于专业影院，幕框离顶棚至少有1m，银幕前装防尘纱幕。

第二种，移动式。多用于多功能厅，又分为悬挂式、上滑式、平推式。悬挂式多用于影剧院，上滑式多用于舞台上空无吊景的多功能厅。

2. 放映技术单元

电影院的功能构成中，放映技术单元是一套独立系统，它由一系列功能用房组成，并且不希望被各种人流干扰。

1）放映技术用房的平面组合方式

放映技术用房的平面组合方式有：

第一种，各功能用房独立设置：是最为普遍的布置方式，适用于大型中型电影院，可以形成较好的通风，卫生及工作环境（如图5-2-38所示）。

图5-2-38 放映技术单元的功能关系图一
（图片来源：吴德基编著. 观演建筑设计手册[M]. 北京：中国建筑工业出版社，2006）

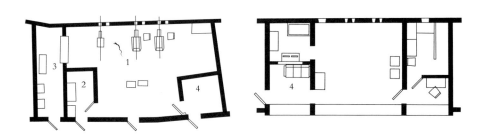

图5-2-39 放映用房平面组合实例一
（图片来源：吴德基编著. 观演建筑设计手册[M]. 北京：中国建筑工业出版社，2006）

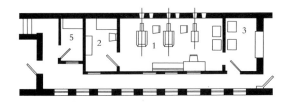

1-放映室；2-卷片室；3-电气室；4-休息室；5-播音室

第二种，功能用房部分空间合并：这种方式的适用性较强，相互功能空间联系方便（如图5-2-41所示）。

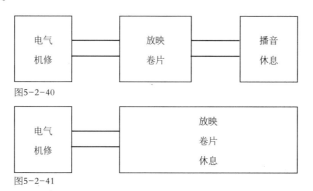

图5-2-40

图5-2-41

图5-2-40　放映技术单元的功能关系图二A

图5-2-41　放映技术单元的功能关系图二B

（图片来源：吴德基编著. 观演建筑设计手册 [M]. 北京：中国建筑工业出版社，2006）

图5-2-44

图5-2-42　放映用房平面组合实例二

（图片来源：吴德基编著. 观演建筑设计手册 [M]. 北京：中国建筑工业出版社，2006）

1-放映室；2-卷片室；3-电气室；4-休息室；5-卫生间

第三种，整体采用大空间：节约交通面积，方便通风，适用于影剧院和多功能剧场（如图5-2-43所示）。

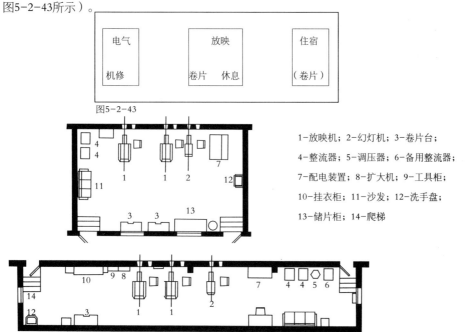

图5-2-43

1-放映机；2-幻灯机；3-卷片台；

4-整流器；5-调压器；6-备用整流器；

7-配电装置；8-扩大机；9-工具柜；

10-挂衣柜；11-沙发；12-洗手盘；

13-储片柜；14-爬梯

图5-2-43　放映技术单元的功能关系图三

图5-2-44　放映用房平面组合实例三

（图片来源：吴德基编著. 观演建筑设计手册 [M]. 北京：中国建筑工业出版社，2006）

图5-2-44

2）放映室

放映机房内应设置放映、还音、倒片、配电等设备或设施，机房内宜设维修、休息处及专用厕所。放映机房的地面宜采用防静电、防尘、耐磨、易清洁材料。墙面与顶棚宜做吸声处理。各观众厅的放映机房宜集中设置。集中设置的放映机房每层不宜多于两处，并应有走道相通，走道宽度不宜小于1.20m。

当放映机房后墙处无设备时，放映机房的净深不宜小于2.80m，机身后部距放映机房后墙不宜小于1.20m。当放映机房为两侧放映时，放映机房的净深不宜小于4.80m。

放映机镜头至放映机房前墙面宜为0.20m～0.40m。放映机房的净高不宜小于2.60m。放映机房楼面均布活荷载标准值不应小于3kN/m²。当有较重设备时，应按实际荷载计算。

（1）放映机的布置

第一，当采用一台放映机时，其轴线应与银幕画面的中轴线重合；当采用两台放映机时，两台放映机的轴线应与银幕画面的中轴线对称，且两台放映机的轴线间的距离不宜大于1.40m；第二，放映机轴线与右侧墙面（操作一侧）或其他设备的距离不宜小于1.20m；第三，放映机轴线与左侧墙面（非操作一侧）或其他设备的距离不宜小于1.00m。

（2）放映窗口及观察窗口的设置

第一，放映窗及观察窗分别设置时，放映窗口宜呈喇叭口，内口尺寸宜为0.20m×0.20m，喇叭口不应阻挡光束；观察窗内口尺寸宜为0.30m×0.20m（宽×高）；第二，放映窗与观察窗可等高合并，合并后的放映窗口宜呈喇叭口，内口尺寸宜为0.70m×0.30m（宽×高），喇叭口不应阻挡光束；第三，放映窗应安装光学玻璃，观察窗宜安装普通玻璃；第四，垂直放映角为0°时，放映机镜头光轴距离机房地面高度应为1.25m；第五，放映窗口外侧的观众厅最后一排地坪前沿距离放映光束边缘不宜小于1.90m。

（3）放映机房的其他相关设置原则

放映机房应有一外开门通至疏散通道，其楼梯和出入口不得与观众厅的楼梯和出入口合用。放映机房应有良好通风，放映机背后墙上不宜开设窗户，当设有窗户时，应有遮光措施。当放映机房楼（地）面高于室外地坪5m时，宜设影片提升设备。电影院放映机房的不同位置见图5-2-45。

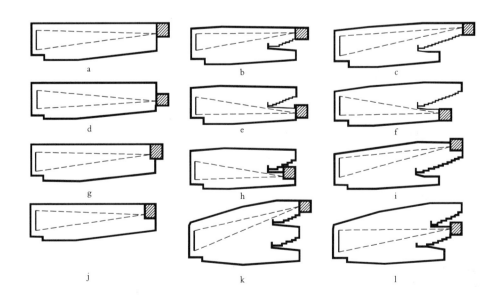

图5-2-45 观众厅放映机房位置
（图片来源：吴德基编著. 观演建筑设计手册[M]. 北京：中国建筑工业出版社，2006）

a   b   c

d   e   f

g   h   i

j   k   l

5.3 观众厅设计

5.3.1 观众厅视线设计

1. 设计视点

电影院观众厅的视点位置位于银幕画面下边缘中点，也即是银幕的悬挂高度（不含黑边），该视点位置直接影响地面坡度升起程度，如果银幕悬挂高度不合适，则会产生一系列不良结果。

2. 视点高度的确定

视点高度的确定必须先研究头排观众视线到宽银幕画面上缘所构成的仰视角。电影院设计规范中规定以第一排中心观众至最高画面上缘的视线与视平线之间的夹角 δ 控制，并且该夹角不应大于 40°。

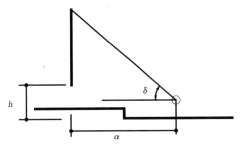

图5-3-1 视点高度的确定
（图片来源：http://www.ybcin.com/jzzybzgfdq/02/17dyy/t042.html）

注意：各画幅中心高度的水平轴线应为同一轴线，而不能将各画幅的下缘比齐。

一般我们采用的视点高度为：

普宽两用银幕——1.5m；普通银幕——1.8m。

3. 视高差值

视高差值C是影响视线质量与地坪起坡陡缓的重要参数，在我国的视线设计中，按调研结果显示，选用C=10是比较合适的，但习惯上我们仍然选用C=12cm的参数，这个数字取自我国人体工程学，即人眼至头顶的高度，是用来计算视线无遮挡设计的一个参数。但是在需要的时候，如后排座位下的高度不够利用，使用高靠背座椅时，都可以增加附加值C'，以增加地面标高。但一定要注意，后排观众站起来时不能遮挡放映光束；也不能因此提高机房标高而使放映俯角超过6°。

只是有一点，这个数值虽然对无阻视线设计有利，但无形中加大了地面坡度，给设计带来难度。因此采用错排的方法以减低坡度，此时C=6cm。

4. 放映角

放映角指银幕中心法线与放映光轴之间所构成的夹角，分垂直放映角与水平放映角两个。通常指的放映角为垂直放映角，它又分为仰角与俯角，俯角在工程实践中采用最为普遍。垂直放映角由两个角度形成：第一，决定放映机光轴对水平线倾斜程度的角度；第二，构成相对垂直的银幕表面的角度。在银幕垂直放置时，上述两个角度相同；如当放映俯角很大，为纠正画幅严重畸变，允许银幕倾斜悬挂，其倾角规范规定为 ±3°，此时两个角度是不等的。如图5-3-2所示为垂直放映角。

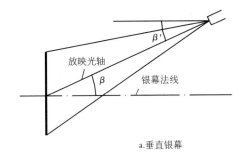

a.垂直银幕　　　　　　　　　　　　b.倾斜银幕

图5-3-2 垂直放映角
（图片来源：刘振亚主编. 现代剧场设计 [M]. 北京：中国建筑工业出版社，2000）

水平放映角是由于两台或多台放映机的对称布置在银幕中心法线两侧所形成的夹角。放映机两台时，因其对称布置，两台机所形成的水平放映角相等，多台机子时，偏离银幕中线远的机子，不仅水平放映角大且与靠银幕法线近的水平机子所形成的水平放映角是不等的。如图5-3-3所示的a为水平放映角。

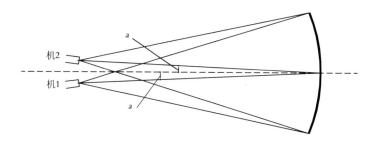

5. 视距、视点高度、视角、放映角及视线超高值的规定

视距改用W的倍数表示，因为这样更为明确，且不易误解。按规范规定最近视距取0.5~0.6W，最远视距取1.8~2.2W（丙级电影院放宽至2.7W）的依据是：与最近视距0.6W相对应的水平视角为80°，与最远视距1.8W相对应的水平视角为31°，从下图中可见水平视角80°介乎双目周边视场和辨别视场之间，观众可以获得很好的视觉临场感；水平视角31°也可达到辨别视场的大部分。所以银幕尺寸如果提供了不小于31°且不大于80°水平视角，即0.6~1.8W，已被国内外业内公认为最佳的视觉范围。

视距、视点高度、视角、放映角及视线超高值的规定应符合表5-3-1。

视线超高值C（m）值取0.12m，需要时可增加附加值C'，C'值可隔排取0.12m。

6. 地面升起坡度设计

观众厅的地面升起坡度应满足无遮挡视线的要求，并可按下式计算，参见式5-3-1：

$$Yn = X_n / X_0 \cdot (Y_0 - C) \qquad (5-3-1)$$

式中 X_0——前一排观众眼睛到设计视点的水平距离（m）；

X_n——后一排观众眼睛到设计视点的水平距离（m）；

Y_0——前一排观众眼睛到设计视点的垂直距离（m）；

Y_n——后一排观众眼睛到设计视点的垂直距离（m）；

C——视线超高值，0.12m。

表5-3-1   观众厅视距，视点高度，视角，放映角及视线超高值的规定

项目	特级	甲级	乙级	丙级
最近视距（m）	≥0.60W	≥0.60W	≥0.55W	≥0.50W
最远视距（m）	≤1.8W	≤2.0W	≤2.2W	≤2.7W
最高视点高度$H°$（m）	≤1.5	≤1.6	≤1.8	≤2.0
仰视角（°）	≤40	≤45		
斜视角（°）	≤35	≤40	≤45	
水平放映角（°）	≤3			
放映俯角（°）	≤6			

地面升起坡度计算有两种方式：图解法和相似三角形法。

第一种，图解法：优点是简单便捷，缺点是作图工作量大，需要用1:50的大比例作图，比例如果小则会产生较大误差。图示为电影院图解法，设计视点在银幕画幅下方中点，视点达到一定高度将出现反坡曲线，地面总升高值很小，十分平缓，所以电影院地面

不做台阶式。

观众厅的地面升高($H°$)应符合视线无遮挡的要求，即后一排观众的视线从前一排观众的头顶能够看到银幕画面的下缘，使视线不受遮挡。这条视线与银幕画面下缘的水平线形成两个相似三角形△OAD与△OBE。

因为△OAD与△OBE相似，推出式5-3-2:

$$H_n = h - (h' + Y_n) = Y_0 - Y_n \qquad (5-3-2)$$

式中 $Y_0 = h - h'$，$Y_n = X_n / X_0 \cdot (Y_0 - C)$，$H_n$ 可化为表格在EXCEL中计算

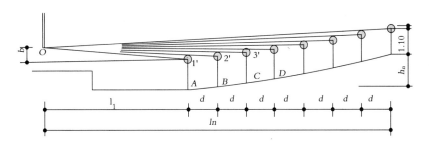

图5-3-4 观众厅起坡图解法
（图片来源：刘振亚主编. 现代剧场设计 [M]. 北京：中国建筑工业出版社，2000）

第二种，相似三角形法：根据相似三角形原理可以计算出观众厅地面坡度。在实际工程中此方法应用最广。相似三角形法精度高，用EXCEL表格计算快，很方便，计算方法如下表及下图。

表5-3-2　　　　　　　　　　　观众厅起坡相似三角形法在EXCEL中的计算

所求点	X_n	$K_n = X_n / X_{n-1}$	$P_n = Y_{n-1} - C$	$Y_n = K_n \times P_n$	$H_n = Y_0 - Y_n$
0	X_0	—	—	$Y_0 = h - h'$	0
1	X_1	$K_1 = X_1 / X_0$	$P_1 = Y_0 - C$	≥0.52	$H_1 = Y_0 - Y_1$
2	X_2	$K_2 = X_2 / X_1$	$P_2 = Y_1 - C$	≥0.44	$H_2 = Y_0 - Y_2$
3	X_3	$K_3 = X_3 / X_2$	$P_3 = Y_2 - C$	≥0.85	$H_3 = Y_0 - Y_3$

表5-3-2 观众厅起坡相似三角形法在EXCEL中的计算
（数据来源：《电影院建筑设计规范》）（JBJ58-2008）

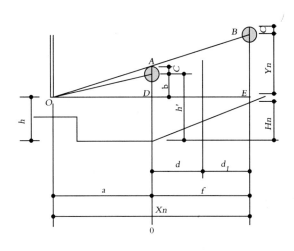

图5-3-5 观众厅起坡相似三角形法
（图片来源：刘振亚主编. 现代剧场设计 [M]. 北京：中国建筑工业出版社，2000）

5.3.2 观众厅席位设计

科学的席位设计可使观众厅的有效面积得到充分利用，流线得到合理组织，此外，富有规律的席位排列形式，也可以构成美观的室内效果。

1. 席位排列方式

电影院观众厅多用直线、弧线和混合法。小厅座位可按直线排列，大、中厅座位可按直线与弧线两种方法单独或混合排列。

2. 观众厅座席尺寸及排距设计

根据2008年新颁布的电影院设计规范不同等级电影院的观众座席尺寸与排距规定如下表：

表5-3-3 观众座席尺寸
与排距表
（数据来源：《电影
院建筑设计规范》）
（JBJ58—2008）

表5-3-3   观众座席尺寸与排距表

等级	特级	甲级	乙级	丙级	
座椅	软椅			软椅	硬椅
扶手中距（m）	≥0.56	≥0.54	≥0.52	≥0.50	
净宽（m）	≥0.48	≥0.46	≥0.44	≥0.44	
排距（m）	≥1.10	≥1.00	≥0.90	≥0.85	≥0.80

注意：靠后墙设置座位时，最后一排排距为排距、椅背斜度的水平投影距离和声学装修层厚度三者之和。

观众席座位尺寸与排距的排列尺度的规定基于三个方面的考虑：第一，必须满足现行消防规范中的有关要求；第二，应充分考虑观众观赏电影的舒适度，观众席座椅宜采用表面吸声的软椅；第三，采用的软椅应具有良好的吸声性能。为此，按照电影院的等级划分，列出上表中的规定，其中丙级电影院的规定要求是为了适应投资规模小、经济条件差的农村乡镇电影院。对于高等级的特、甲级电影院，观众席的座距与排距，规定要求予以适当增大，例如，座距增至0.56m，排距增至1.00~1.10m等。

3. 每排座位的数量

1）短排法

两侧有纵走道且硬椅排距不小于0.80m或软椅排距不小于0.85m时，每排座位的数量不应超过22个，在此基础上排距每增加50mm，座位可增加2个；当仅一侧有纵走道时，上述座位数相应减半。

2）长排法

两侧有走道且硬椅排距不小于1.0m或软椅排距不小于1.1m时，每排座位的数量不应超过44个；当仅一侧有纵走道时，上述座位数相应减半。

4. 席位排列设计原则

1）中厅、大厅的弧线座位排列问题

过去有以银幕中心O为圆心，以最后一排为半径R将座位弧线排列的做法，这样做的依据是每个观众都应面向银幕中心，但所产生的问题是第一排的弧度太弯，两端的观众几乎成为"面对面"而不是面向银幕，故现已不再使用。

图5-3-6 过去的席位弧
线排列法（已不使用）
图5-3-7 观众厅弧线座
位排列做法1
（图片来源：《电影
院建筑设计规范》）
（JBJ58—2008）

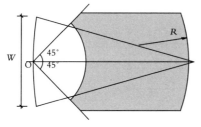

图5-3-6 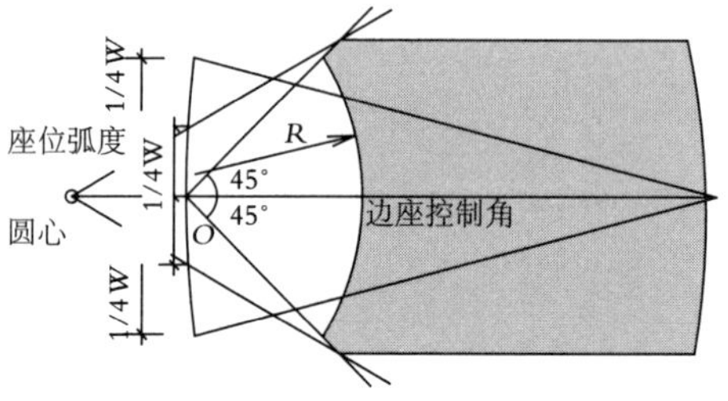   图5-3-7

2）现今常见的席位排列方法

第一种，从斜视角的最边座，通过银幕宽度1/4处，与厅中轴线相交点为圆心，作为弧线排列的曲率半径。依据是最边座只需面向银幕宽度1/4处就可以（图5-3-9）。

第二种，旧规范中对座位弧线排列曾规定为"观众厅正中一排或1/2厅长处弧线的曲率半径一般等于放映距离"，此法虽依据不足，但仍不失为有效解决问题的作图法（见下图）。

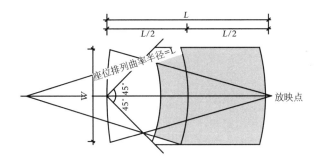

图5-3-8 观众厅弧线座位排列做法2
（图片来源：《电影院建筑设计规范》）（JBJ58-2008）

关于观众厅的大、中、小厅，应根据观众厅的建筑面积来划分，见下表。大、中厅座位排列示意见图5-3-9。

表5-3-4　　　　　　　　　　不同厅型观众厅的建筑面积

厅型	建筑面积（m²）
大厅	≥401
中厅	201~400
小厅	≤200

表5-3-4 不同厅型观众厅的建筑面积
（数据来源：《电影院建筑设计规范》）（JBJ58-2008）

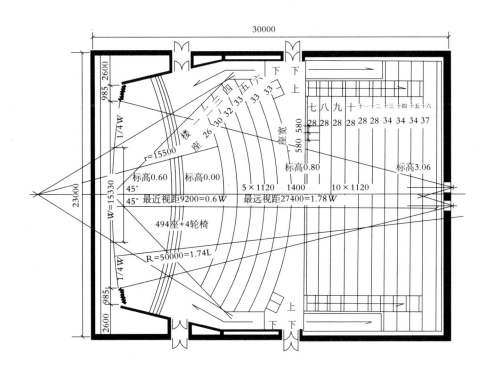

图5-3-9 大、中厅座位排列示意
（图片来源：《电影院建筑设计规范》）（JBJ58-2008）

3）席位设计参数

电影院观众厅席位头排界限（头排距离）

该参数由银幕画面宽度的倍数确定。如下图所示为头排观众到银幕的距离及边座斜视视角界限。

$$L_1=x_1W_1+1.2\sim1.5W_1 \qquad (5-3-3)$$
$$L_2=x_2W_2+0.6\sim0.68W_2 \qquad (5-3-4)$$

式中 L_1——画幅高宽比为1：1.38的普通银幕头排距离；

L_2——画幅高宽比为1：2.35或1:2.55"西尼马斯科普"宽银幕头排距离；

x_1——普通电影头排距离参数；x_2——宽银幕电影头排距离参数；

W_1——普通银幕画面宽度；W_2——宽银幕画面宽度。

4）视距与水平视角

视距指观众厅内最远一排观众到银幕表面的水平距离。水平视角指观众眼睛与银幕画面两端的连线构成的夹角，这两个参数的限定可以使得电影院观众厅具备一个良好的观感，最适宜的席位在0.8~2.2W_2的范围内，此时的水平视角为64°~26°，即最大视距理想值为2.2W_2。水平视角=55°时，即在0.8W_2处，全景感逐渐减弱。

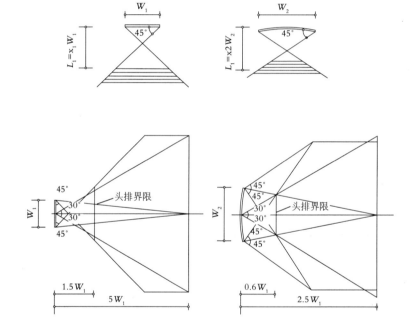

图5-3-10 头排观众到银幕的距离及边座斜视视角界限
（图片来源：《电影院建筑设计规范》）
（JBJ58-2008）

最清晰视锥水平角为28°，超过此角全景效果减弱，此时的视距为2W_2。

2.5W_2时水平视角为23°，此参数定为最大视距，为保证看电影时"声像同步"的要求，最大视距的绝对值一般不超过1/7s的声程，即49m，我国规定为40m。

最小视距应按以下原则设计。第一，普通银幕时，最小视距宜为画面宽度的1.5倍，并不应小于1.3倍。第二，变形法宽银幕时，当其画面高度和普通银幕画面高度相同时，宜为宽银幕画面宽度的0.88倍，并不小于0.76倍，当其画面高度大于普通银幕画面高度（镜头焦距相等）时，宜为宽银幕画面高度的0.74倍，并不应小于0.64倍。

5）边座斜视角界限

边座斜视角界限为第一排观众席两侧的最边席位对银幕最远边的视点连线与银幕表面构成的夹角。头排界限及斜视界限的确定依据是使画面影像的几何畸变控制在观众视觉能接受的范围内。如右页图5-3-11，越靠近银幕的席位，影像畸变越严重。

6）多厅电影院的规模分级

根据近年来已建成的多厅电影院来看，观众厅数量最少为4个，最多为10个左右。观众总容量从600余座到1,500余座，只有个别的超过1 500座。这些在目前来讲应该还是比较合适的。但是每个厅的平均容量则出入很大，最多的平均可达200多座/厅，最少的平均只有100多座/厅，所以有必要对电影院的规模进行调整。《电影院建筑设计规范》（JGJ58—88）　曾对电影院的规模进行过分级，但那是

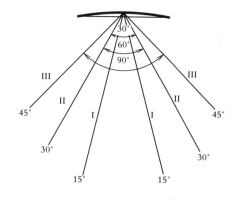

图5-3-11 边座斜视角界限
（图片来源：《电影院建筑设计规范》）（JBJ58-2008）

20世纪80年代针对单厅、大厅作的规定。随着小厅、多厅电影院的出现，需要对此进行修改，现将多厅电影院的规模分级如下：

特大型：1 801座以上，宜有11个厅以上，平均164 座/厅；

大型：1 201～1 800座，宜有8～10个厅，平均150～180座；

中型：701～1 200座，宜有5～7个厅，平均140～171座；

小型：700座以下，不宜少于4 个厅，平均175 座/厅。

从上可见，厅数仍维持在4～10厅，总容量则为700～1800座，比原规范略有增加。最主要的是每个厅的平均座位数有明显的变化，即平均为140～180 座/厅。

5.3.3 观众厅的容积计算

随着多厅式影院的大力发展，观众厅容量变得越来越小，内部空间也相应减少，当不需要很精确的计算时，可以根据公式估算观众厅的长宽高，再计算近似的容积和平均容积。

有效厅长如 $\qquad$ $L=1.1\sqrt{N}$ 或 $1.2\sqrt{N}$ $\qquad$ （5-3-5）

式中 N——观众厅容量；L——观众厅长（至银幕后2.0m）；厅宽$B=L/1.5$（$0.6\sim 0.8L$）；

厅高（至顶棚下皮高）$H=0.4B$，一般为1/4厅长左右。

厅内容积 $V=L\cdot B\cdot H$

每座净容积$V_1=V/N\approx 0.22\sqrt{N}$

5.3.4 观众厅的通风照明系统

1. 观众厅的通风系统

电影院观众厅通常有两种通风方式：

第一种，下送上回方式

当采用空调系统时，应重视控制好风速及流场的均匀性。送风口位置可处于地面或墙面下部。前者能较均匀地布置送风口，流场均匀，但地面垃圾会通过风口落入送风管道内，清洁维护较困难，且地面灰尘会被送风扬起，影响环境卫生及放映质量。在送冷气时，会感到腿脚部很凉，舒适度差。后者容易产生流场不均匀的缺点，在观众厅跨度较大时，中间席位区较难得到新风。送风口及回风口都处于顶棚流场均匀，它适宜于层高相对较低的观众厅。多厅式电影城的观众厅较小，层高相应也小。所以运用这种方式进行通风的情况比较常见。

第二种，座椅送风、顶棚回风方式

送风口位于前排椅背上，回风口位于顶棚上。理论上讲，这是最为合理的送风方式。流场最为均匀。新风直达观众，舒适度高，冷耗量小。但缺点是施工工艺复杂，对座椅也有特殊的要求，建造成本较高。

2. 观众厅的照明系统

观演建筑由于其功能使用的特点，其灯光照明应该具有欢快的气氛，要避免采用阴暗、沉闷的光色。还应根据气候及地域特征，缜密地研究控光方式与控光材料的选用及照明设计照度标准。

按观众厅的功能来区分，多功能厅(兼会堂)应以报告厅标准设计，即以照度标准为100～150～200lx考虑。其他用房则为：售票房（桌面）：100～150～200lx；门厅（地面）：100～150～200lx；接待室、电影放映室：75～100～150lx；电影休息厅：50～75～100lx；电影放映室在放映时：20～30～50lx。

地域性的气候特征是气氛效果选择的重要依据。要根据光源种类及视觉的要求，综合考虑灯具的照明技术特性及长期运行的经济效果。尽可能采用效率高的灯具。重视灯具空间布局的光色效应及艺术形态。单纯性照明的灯，如排位灯、走道灯、指示灯等等，要注意安装部位，不能产生眩光。观众厅照明还应设置为渐暗渐亮的灯光，由放映室的变压器控制，使观众眼睛在观影中及观影前后有个适应过程。

表5-3-5　　　　　　　　　　　　　　　人工光的色温

光源	色温（K）	光源	色温（K）
白炽灯（40W）	2700	暖色白色荧光灯	3000~3500
白炽灯（150~2500W)	2800~2900	白色荧光灯	4200~4500
卤钨灯	2800~3200	昼光色荧光灯	6500~7500
高压汞灯（荧光型）	2900~6500		

表5-3-6　　　　　　　　　　　　　　　光源的光色与气氛

色温	光色	气氛效果	主光源
>5000K	清凉（带蓝的白色）	冷的气氛	白昼光色荧光灯
3300~5000K	中间（白）	爽快的气氛	白色荧光灯
<3300K	温暖（带红的白色）	庄重的气氛	白炽灯

表5-3-5 人工光的色温
表5-3-6 光源的光色与气氛
（数据来源：《电影院建筑设计规范》）
（JBJ58-2008）

5.3.5 多厅式影院的空间组织方式

1. 多厅式影院的优点

综合建筑如商厦、市场、广场等商业建筑内设置的电影院，可利用这些建筑中的餐饮、购物、休闲等各种设施形成一套完备的商业娱乐体系，相互之间还可以促进各自的使用效率，从而使每一方获得更好的经济效益。

2. 多厅式影院的限制

从20世纪末开始出现这种模式的多厅式影院，现今已从北京、上海等大城市向全国大中城市发展。建在商业建筑内的多厅式影院虽然有许多好处，但也受到一些限制，如观众厅的平面尺寸要与原建的柱网模数相适应；观众厅的高度要与原建筑物的框架结构相配合；电影院的出入口要与原建筑相结合，以便观众集散等。

关于楼层的选择，目前电影院设在建筑物顶层的比较多，大都设在五层以上，也有设在十层以上的，这需要通过当地消防部门的规定和许可。设在顶层对电影厅的高度较易解决，但对观众的出入较难解决好，所以除了从商场内部出入外，还应有至地面的单独出入口，并设有电梯，提高电影院专用疏散通行能力，并解决晚场电影在商场停止营业后的交通疏散问题，同时在非正常情况下，能够尽快到达安全地带。

表5-3-7　　　　　　　我国部分设在综合建筑三层以上与地下一层内的电影院基本状况

电影院名称	规模	建设地点	建设年代
上海环艺电影城	6 个电影厅	梅龙镇广场十层	1998 年
北京新东安影城	8 个电影厅	新东安市场五层	2000 年
浙江翠苑电影大世界	13 个电影厅	物美超市五层	2001 年
上海超级电影世界	4 个电影厅	美罗城五层	2001 年
上海永华电影城	12 个电影厅	港汇广场六层	2002 年
北京华星国际影城	4 个电影厅	电影科研大厦一至四层	2002 年
上海新天地国际影城	6 个电影厅	新天地五层	2002 年
北京紫光影城	10 个电影厅	蓝岛大厦五层	2003 年
上海浦东新世纪影城	8 个电影厅	八佰伴十层	2003 年
上海虹桥世纪电影城	4 个电影厅	上海城购物中心五层	2003 年
上海星美正大影城	7 个电影厅	正大广场八层	2003 年
北京影联东环影城	5 个电影厅	东环广场地下一层	2003 年
北京新世纪影院	6 个电影厅	东方广场地下一层	2003 年
北京首都时代影城	4 个电影厅	时代广场地下一层	2003 年
宁波时代电影大世界	12 个电影厅	华联大厦七至八层	2003 年
北京搜秀影城	4 个电影厅	搜秀城九层	2004 年
北京星美国际影城	7 个电影厅	时代金源购物中心五层	2004 年
上海上影华威电影城	6 个电影厅	新世界城十一至十二层	2005 年
南京新街口国际影城	9 个电影厅	南京德基广场七层	2005 年

表5-3-7 我国部分设在综合建筑三层以上与地下一层内的电影院基本状况（数据来源：http://zh.wikipedia）

3. 多厅式影院的功能与流线布置

由于电影院的功能配置比较多，使用人员多，安全要求比较高，经营类型也不同，应结合建筑的实际情况，合理分布功能分区，特别是多厅影院的观众厅应集中布置：一是平面上集中，一是剖面上集中，有利于人员疏散和管理。另外强调放映机房集中，作为多厅式影院，为了减少成本和方便放映工艺，建议集中布置。目前市场上有许多新建建筑，把观众厅和放映机房分散布置，造成很多不必要的人力成本浪费。

电影院是功能性比较强的民用建筑之一，人员较多，需要合理安排观众入场和出场人流，以及放映、管理人员和营业之间的运行线路，使观众、管理人员和营业便捷、畅通、互不干扰。要达到上述设计要求，首先必须有一个好的功能布局，合理安排人员运行流程用以指导设计。当前，从传统单厅电影院向多厅式影院转化的过渡阶段，有的设计只考虑观众厅的出入人流，忽略了管理人员和营业人员的运行路线，顾此失彼，要么运行路线不简便，要么相互干扰，因此，在进行建筑方案设计之前，要合理组织安排人流线路。

由于多厅式影院建筑的规模、大小、使用要求有较大差异，观众厅又有空间大且无窗等特点，如何进行剖面层高设计，掌握适度，在国内外的电影院建筑中有正反两面的实例。因此，提出必须结合观众厅的规模、工艺要求及技术条件，确定各个观众厅和放映机房的层高。

4. 多厅式影院的空间组织方式

多厅式影院的平面空间组合，是以一个或数个观众厅为核心，把前厅（门厅及休息厅）、文化娱乐、观众厅、放映技术单元和办公管理用房及建筑设备用房等进行合理的组合。使各部分根据功能要求进行有机地分隔与联系，更好地发挥建筑整体的效能，充分满足使用功能的要求。

多厅式影院的平面空间组合，要满足以下所述的基本要求：

（1）多厅式影院是新型的文化建筑，首先应保证安全、卫生，严格执行《建筑设计防火规范》，务使疏散畅通，各种流线划分明确。

（2）多厅式影院是以多个大小不一的观众厅所组成。为了方便群众，增加社会经济和环境效益，在规划及选址中，特别应重视要结合城镇交通、商业网点、文化设施等因素予以综合考虑。

（3）观众厅设计要把提高视听质量与舒适度放在第一，并满足各项工艺要求，遵守放映还音本身规律。要创造舒适而有观赏价值的室内空间。立面造型及室内装修不仅要有娱乐气氛，也应反映文化建筑的特色。

（4）从总体规划到主体建筑的平面布局和空间组织要有明确的空间序列。处理要得当，分区要合理，有良好的内外空间环境设计，联系紧密有机。既要为观众提供一个方便舒适的休闲及观演环境，也要为长期经营创造便利条件。

（5）文化娱乐及服务设施分区要明确，做到与观演区有分有合。流线组织既要明确简捷，避免人流逆行和因交叉干扰而出现混乱现象，也应重视所有设施之间的有机性与连续性。办公管理用房与供观众使用的设施及技术用房都应有方便的联系与分隔。

图5-3-12 电影院平面
组合及流线分析
a：简易横进横出，充分
利用台口大空间
b：正进侧出，观众厅
侧设庭院
c：简易正进侧出，门厅
只起交通枢纽作用
d：横进横出，用于面宽
较大，纵深较小的场址
e：正进侧出，在场址宽
敞时的不对称处理
f：正进侧出，门厅休息
厅起交通过渡，休息，
展出，小卖作用
g：自由式，由场地自
然形成
h：转角进侧出
i：正进侧出，池座后部
做成阶梯坐席，其下部
空间可予充分利用
（图片来源：建筑设计
资料集4 [M]. 第二版.
北京：中国建筑工业出
版社，1994）

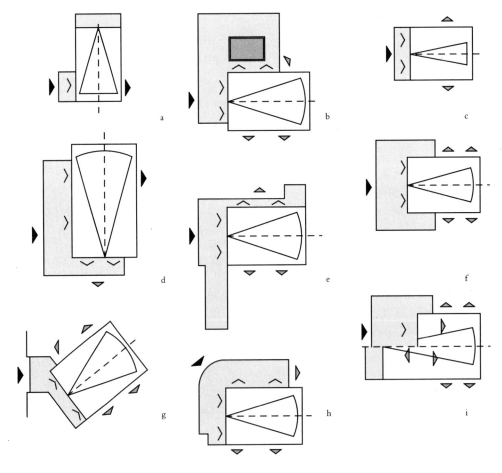

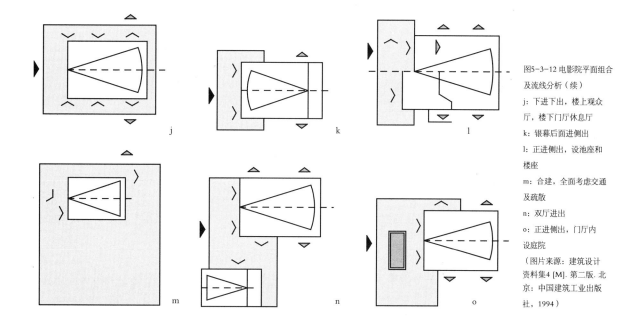

图5-3-12电影院平面组合
及流线分析（续）
j：下进下出，楼上观众
厅，楼下门厅休息厅
k：银幕后面进侧出
l：正进侧出，设池座和
楼座
m：合建，全面考虑交通
及疏散
n：双厅进出
o：正进侧出，门厅内
设庭院
（图片来源：建筑设计
资料集4 [M]. 第二版. 北
京：中国建筑工业出版
社，1994）

多厅式影院的主要组成及功能关系见下图。

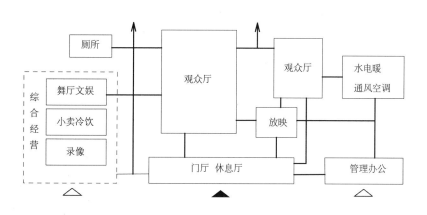

图5-3-13 多厅式影院的主
要组成及功能关系
（图片来源：建筑设计
资料集4 [M]. 第二版. 北
京：中国建筑工业出版
社，1994）

多厅式影院的建筑组合，要解决好合适的放映室位置，理想的观众厅布局，以及研究
前厅与办公用房的组合方式。

1）放映室位置

在传统大容量单厅楼座式的观众厅中，放映室的竖向位置可以布置于楼座以上或楼座
的下部，电影城由于是小容量多厅式，很少可能出现楼座。因而放映室一般设在紧靠观众
厅后墙，也可以是在夹层空间中，下面用做休息或走廊等，或在同层空间中布置。

2）观众厅之间的布局

（1）分散式：这种布局形式观众厅位置灵活，在受到建筑内其他功能部分限制，难于
集中布置观众厅时，常采用此种方式。

（2）并排式：把观众厅平行排列，放映空间可连通，部分辅助性用房(如机修、休息
等)可合用。节约面积，经济性好，有利于放映员工作。

（3）串联式：即两观众厅背靠背，中间部分为共用放映室。它具有上述两种方式的经
济性和灵活性。

5.4 影院声学设计

5.4.1 声学设计目标

观众厅的声学设计应保证观众厅内达到合适的混响时间、均匀的声场、足够的响度，满足扬声器对观众席的直达辐射声能，保持视听方向一致，同时避免回声、颤动回声、声聚焦等声学缺陷并控制噪声的侵入。同时应达到观众厅内具有良好立体声效果的座席范围宜覆盖全部座席的2/3以上。

在电影院声学设计中，观众厅的后墙应采用防止回声的全频带强吸声结构，银幕后墙面应做吸声处理。

5.4.2 多厅式影院的声学设计要求

多厅式影院强调电影画面清晰，声响效果逼真。普遍使用了立体声电影技术。要求语言有一定响度和清晰度，而且音乐的标准更高，包括丰满度、温暖度、亲切感及空间感等。具体来说电影观众厅音质设计要求有以下几点：

第一，没有明显的噪声干扰，噪声级不大于40dB；

第二，声音响度适当，响度级为50~70F比较理想；

第三，声场分布均匀，频率特性曲线比较平直，无声聚焦，回声及颤动回声；

第四，有较高的语言清晰度，音节清晰度；

第五，动态范围大，让观众既能听清轻声细语，又能听到飞机的轰鸣；

第六，视觉和听觉的方位感较统一；

第七，有适应的混响时间。

设计规范规定：观众厅满座最佳混响时间在500~1000Hz范围内，宜用1.0 ± 0.1s，其余频率与500Hz混响时间的比值在125Hz时为1.0~1.1s。2000~4000Hz时为0.8~1.0s。设置立体声时，满座最佳混响时间宜为0.7 ± 0.1s。

5.4.3 声学环境设计

1. 声学环境的设计方法

电影院中的声源是由强大的扩音机推动扬声器发声。电影的还音把自然音以直达声和建筑声的合成音一起由电声的声源播放出来。因此，只要维持一定的响度和清晰度就行。这是放映场地声学设计的特点。其声学设计的难点就在于获得足够的吸声量。与传统单厅大容量影院相比较，多厅式影城的观众厅空间要小得多。这为声学环境设计提供了有利的条件。观众厅的形体确定后，就需要通过六个界面吸声量的配置设计来达到满意的音响效果。客观控制指标是满场的混响时间，设计步骤如下：

第一步，确定基本参数

观众厅体积V   观众厅容量，观众厅表面积S；

满场观众时混响时间$T_{60}=0.6$s，（依据设计规范）；

由以上基本参数，根据T_{60}的计算公式求出所需吸声量A，作为吸声配置的参照值。

第二步，所需吸声量的配置

观众厅吸声量的配置，是观众厅声学设计的中心环节。在声学设计时，声学处理的配置与吸声量的累加，同步交替进行。对吸声量的调整需反复进行，以求得到较为理想的结果。

2. 观众厅混响时间计算

电影院观众厅混响时间可以由观众厅的实际容积确定。

500Hz 时的上限公式为：$R_{T_{60}} \leqslant 0.027\,477V0.287\,353$(s)

500Hz 时的下限公式为：$R_{T_{60}} \leqslant 0.032\,808V0.333\,333$(s)

式中 $R_{T_{60}}$——混响时间(s)；V——观众厅容积（m³）。

1999年我国公布试行的《数字立体声电影院技术规范》中确定了混响时间上限的计算公式，并附有上、下限的图表。广播影视行业标准《数字立体声电影院的技术标准》（GY/T183—2002），增加了混响时间的下限计算公式，建立了一套完整的电影观众厅混响时间计算公式。小于500m²的小容积电影厅，其混响时间可在上限范围内选取。特、甲、乙级电影院观众厅混响时间的频率特性应符合下表的规定。

表5-4-1　　　　　　　　　　特、甲、乙级电影院观众厅混响时间的频率特性

电影院等级	特级	甲级	乙级	丙级
观众席背景噪声(dB)	NR25	NR30	NR35	NR40

表5-4-1 特、甲、乙级电影院观众厅混响时间的频率特性（数据来源：《电影院建筑设计规范》）（JBJ58-2008）

丙级电影院观众厅混响时间频率特性应符合下表中125Hz，250Hz，500Hz，1000Hz，2000Hz、4000Hz时的规定。

表5-4-2　　　　　　　　　　丙级电影院观众厅混响时间的频率特性

（Hz）	63	125	250	500	1 000	2 000	4 000	8 000
T_{60}/T_{60}, 500	1.00~1.25	1.00~1.25	1.00~1.25	1.00	0.85~1.00	0.70~1.00	0.55~1.00	0.40~0.90

表5-4-2 丙级电影院观众厅混响时间的频率特性（数据来源：《电影院建筑设计规范》）（JBJ58-2008）

3. 顶棚及墙体的声学设计

1）六个界面吸声量的均衡

为实现较短混响时间，所需吸声量通常都很大。一般来讲，观众厅容量越大，净空越大，所需吸声就越大。观众厅容量越小，所需吸声量就相应减小。因而多厅式影院的观众厅，声学处理具有利条件。原则上六大界面，都要结合装修进行声学处理，六个界面的吸声系数差距不宜过大，使T_{60}计算公式的假定条件相接近，以减少计算值与实际的差距。二是立体声还音时，不仅银幕影像宽度有三组扬声器及四组次低频扬声器，其他三个侧面上尚有多组环境效果扬声器辐射整个观众区。四个墙都有声源，若有几个界面不作吸声处理或吸声量不够，易产生有损于立体声效果的缺陷。如过强的反射声导致错误的声像定位，以及出现颤动回声等音质缺陷。另外为了避免声聚焦现象，小厅内界面不宜采用凹形弧面。

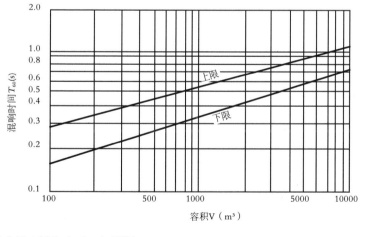

图5-4-1 电影院观众厅内所要求的混响时间与其容积的对应关系（图片来源：《电影院建筑设计规范》）（JBJ58-2008）

2）吸声量配置顺序及一般原则

顶棚是音质设计的重点部位，宜结合装修作全频道强吸声处理。它可以做成各种形态，但依声学区分不外乎有吸声顶棚，声扩散体顶棚或二者均有的混合式顶棚。电影院观众厅吸声、扩声顶棚均可采用。要充分利用顶棚后空间的吸声作用，恰当选用面层的穿孔率，以增强对低频声的吸收。

观众厅前墙，即银幕后的墙面因紧贴声源，也是十分重要的音质处理部位。这一部位对装饰性要求不高，材料选择范围大，应该采用吸声系数在各频率均高的高吸声性能的材料。有助于消除来自观众厅后墙反射声对主扬声器的干扰。为要达到频率特性曲线平直，通常采用薄板共振吸声构造，加强对低中频声的吸收。座椅及观众是地面吸声体的主要构成，要重

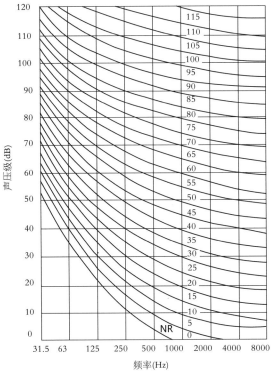

图5-4-2 NR噪声评价曲线对应的声压级（图片来源：《电影院建筑设计规范》）（JBJ58-2008）

视座椅材质的选择。为了防止观众厅地面吸声量因上座率的变化而变化，设计时应采用吸声系数频率特性与人体相当的材质座椅，如蒙布沙发软椅。它有较高的吸声系数，可使空场和满场时吸声量的变化低于10%。

其他三个墙面作为设计的第二个序列，主要用于补助所缺的吸声量，尤其需要加强低中频的吸声量。这是达到频率特性曲线平直的重要一环。在这个序列中，后墙应作全墙面处理。因为其正对主扬声器，是直接迎声面。其余的吸声量，再由两侧墙补足。侧墙可以采用薄板共振吸收构造，主要吸收中低频声。通常无需全墙面布置，所余空墙面可用于建成实测后作必要的调整。

3）各频率间总吸声量的平衡

这是保证T_{60}的频率特性达标的前提条件。一要注意强化吸声装置对低中频的吸声。二要注意不过甚吸收高频，空气对高频的吸收性很强，因而T_{60}计算公式中2000Hz以上计算时须考虑4mV，所以，在固定吸声量的配置时，可减少对2000Hz以上的吸收。

4. 影院的噪声控制

电影院内各类噪声对环境的影响，应按现行国家标准《城市区域环境噪声标准》（GB3096）执行。观众厅宜利用休息厅、门厅、走廊等公共空间作为隔声降噪措施，观众厅出入口宜设声闸。当放映机及空调系统同时开启时，空场情况下观众席背景噪声不应高于NR噪声评价曲线对应的声压级。还需注意几点，观众厅与放映机房之间隔墙应做隔声处理，中频（500~1000Hz）隔声量不宜小于45dB。相邻观众厅之间隔声量为低频不应小于50dB，中高频不应小于60dB。观众厅隔声门的隔声量不应小于35dB。设有声闸的空间应做吸声减噪处理。设有空调系统或通风系统的观众厅，应采取防止厅与厅之间串音的措施。空调机房等设备用房宜远离观众厅。空调或通风系统均应采用消声降噪、隔振措施。

5. 放映还声系统设计

1）放映还声方式

影院的放映还声方式主要有两种：

（1）光学还声系统

光学还声带通过放映机上的光电转换元件将光讯号转换成电讯号，经前置信息处理、功率放大，再由组合扬声系统还声。它分单声道和四声道立体声两种。

（2）磁性还声系统

磁性声带通过放映机上的专用磁头拾取，将磁讯号转换成电讯号，经前置放大，信息处理，功率放大，再由组合扬声器系统还声。磁性还声系统的影片宽度有35mm和70mm两种，一般为四声道及六声道立体声电影还声系统。

2）立体声扬声器安装数目及设备

（1）安装数目

立体声扬声器安装具体数目如下。主扬声器S：3~5个；次声频扬声器SB：4~6个；监听扬声器SM：1~2个；环境扬声器SR：在观众席位为500~800座时，6~8个；800~1200座时，16~24个；1200~2000座时，24~32个。

（2）扬声器的布置

银幕后的电影还音扬声器应采用高、低分频的扬声器系统，系统中高频扬声器应为恒定指向性号筒扬声器，其水平指向性不宜小于90°，垂直指向性不宜小于40°。

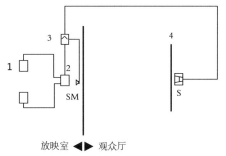

1—电影放映机；
2—前置信息处理设备；
3—功率放大器；
4—银幕；
S—主扬声器；
SB—次声频扬声器；
SR—环境扬声器
SM—监听扬声器

图5-4-3

扬声器的安装高度与倾斜角应以其高频扬声器的声辐射中心与声辐射轴线定位，声辐射中心宜置于银幕下沿高度的1/2～2/3处，声辐射轴线宜指向最后一排观众席距地面1.10~1.15m处。需要注意的是，扬声器及其支架应该安装牢固，避免产生共振噪声。

此外需注意，观众厅的声压级最大值与最小值之差不应大于6dB，最大值与平均值之差不应大于3dB。

立体声主声道扬声器的布置，应按照以下几项原则布置：

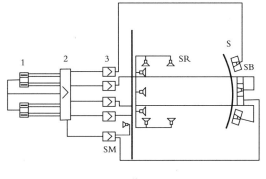

图5-4-4

图5-4-3 单声道还声系统；
图5-4-4 四声道还声系统
（图片来源：建筑设计资料集4 [M]. 第二版. 北京：中国建筑工业出版社，1994）

① 银幕后宜设置3组或5组扬声器，扬声器的声辐射中心高度应一致；

② 扬声器间距应相等，且有足够大的距离，两侧扬声器的边距不宜超过银幕边框。

立体环绕声扬声器的布置应按照以下几项原则布置：

① 扬声器应设置在观众厅的侧墙与后墙，可按两路(左、右)或四路(左、右、左后、右后)布置，配置数量宜根据扬声器的放声距离、功率要求与指向性来确定，配置后的扬声器应能进行合理的阻抗串并联分配；

② 观众厅前区第一台扬声器的水平位置不宜超过第一排坐席，前区扬声器与后区扬声器间的最大距离不应大于17m，扬声器间距应一致，并应配合声学装修设计；

③ 扬声器的安装高度，可以扬声器声辐射中心距地面高度为基准，根据观众厅的宽度，参见式5-4-1：

$$H=\left(W\sqrt{W^2-16}+90\right)/6W$$

式中 H——扬声器声辐射中心距地面高度（m）；W——观众厅的宽度（m）。

④ 侧墙扬声器的声辐射轴线宜垂直指向其对面侧边坐席1.10~1.15m处，后墙扬声器的声辐射轴线宜垂直指向观众席前排距地面1.10~1.15m处。

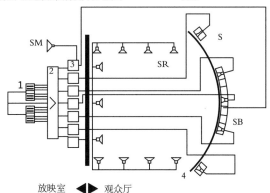

图5-4-5 六声道立体声还声系统
（图片来源：建筑设计资料集4 [M]. 第二版. 北京：中国建筑工业出版社，1994）

5.5 现代电影院实例

本节收集了多个近几年来新建的国内多厅影院范例，可供读者参考多厅影院的设计，如人流疏散、视线设计和功能组合等。这些多厅影院大部分都与商业综合体结合建设，笔者在选取建筑平面图时只截取了影院部分的平面。

由这些实例可以看出，多厅影院从大城市如北京上海等地开始出现，而这些大城市也是多厅影院分布最多的地方。

5.5.1 无锡金太湖国际影城

该项目位于无锡市北塘区青石路的金太湖国际城的商业综合体内，符合国家五星级影院标准。该影城有7个国际标准放映厅，含1个VIP厅，共1 200座。

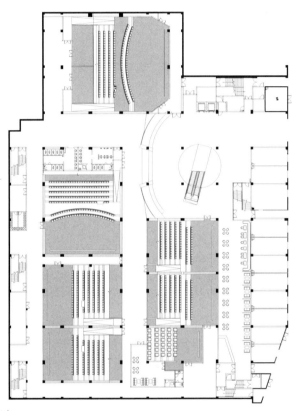

图5-5-1 无锡金太湖影
城平面
（图片来源：作者
提供）

5.5.2 中冶某影城

位于北京火神庙商业中心，共有7个观众厅，其中包括1个IMAX巨幕影厅。

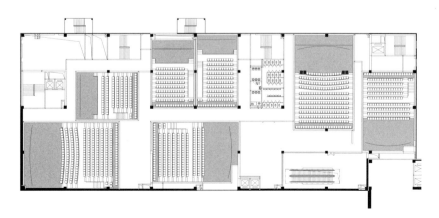

图5-5-2 中冶某影
城平面
（图片来源：作者
提供）

5.5.3 新华影城

共8个标准放映厅，观映厅内高起坡、低视点、全视野、无遮挡及残疾人通道、座椅的设计，均符合国家五星级影院标准要求。

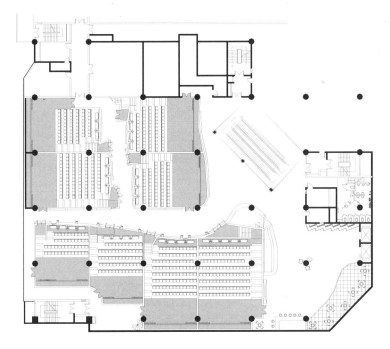

图5-5-3 新华影城平面
（图片来源：作者提供）

5.5.4 北京五棵松耀莱国际影城

北京耀莱国际影城位于北京五棵松体育馆北侧的华熙乐茂第五、六层，共有17个放映厅，其中包括了14个普通放映厅，一个600人超大厅，两个VIP厅，总座位数约3 500个，建筑面积约15 000m²，是目前中国最大的电影院。

影院17个厅的放映设备均采用美国进口的DPL数字机，同时有5个厅还装备了意大利进口的胶片机，是全世界同等规模影院中第一个装备2K数字机的电影院。同时影院采用英国生产的高增数字银幕。其中影院超大厅拥有高17m，宽24m的巨幅无缝银幕，是目前北京单厅规模最大座位数最多的放映厅。该影厅是亚洲唯一配备升降舞台的放映厅，灯光音响设备俱全。影院还为残疾人提供无障碍通道，配备无线发射系统，有5个厅可为听力障碍者提供免费助听器。并提供智能电脑储物柜，配备LED大屏幕显示屏，自助电脑售票机等等。

耀莱国际影城是由影星成龙和耀莱集团共同投资，每个影城将以国际影星成龙所演过的电影为主题，采用高级硅胶塑造各种神秘名人，立体式各个场景会令人身临其境，让每位顾客可以与"明星"亲密接触以及合照，为观众提供一种全新文化娱乐消费理念及尊贵享受。

图5-5-4

图5-5-5

图5-5-4 北京五棵松影城
观众厅内部
图5-5-5 北京五棵松影城
巨幕观众厅内部
（图片来源：http://im-
age.baidu.com/）

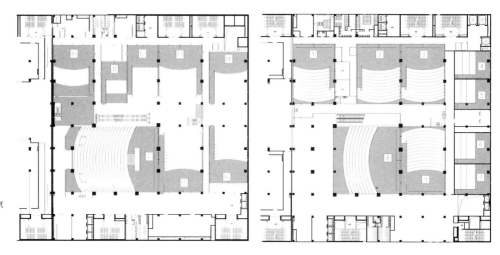

图5-5-6，图5-5-7 北京
五棵松影城5F，6F平面
（图片来源：作者提供）

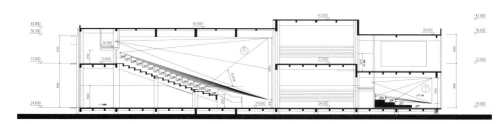

图5-5-8 影城1-1剖面
（图片来源：作者提供）

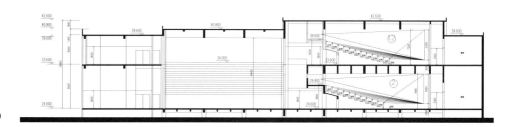

图5-5-9 影城2-2剖面
（图片来源：作者提供）

5.5.5 中影开心影城

位于商业综合体内，有6个标准放映厅，其中包含1个巨幕影厅，整个影城可容纳1 200余名观众。

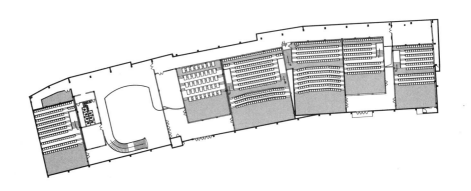

图5-5-10 中影开心影
城平面
（图片来源：作者提供）

5.5.6 山东某影院

位于山东某商业综合体内，有5个标准放映厅，含1个IMAX巨幕影厅。

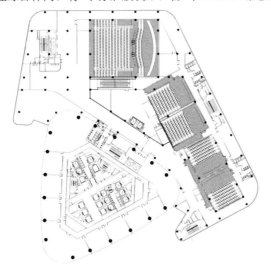

图5-5-11 某山东综合体
影城平面
（图片来源：作者提供）

5.5.7 津湾广场影院

位于天津市和平区金融商业区核心地带，总建筑6 300m²，拥有8个影厅，1 600余坐席，设有IMAX巨幕电影、VIP电影头等舱、数字化3D立体电影、双人包厢情侣厅等设施，是目前天津地区档次最高、设备最为先进的现代化豪华国际影城，IMAX巨幕高13.5m，宽22m。

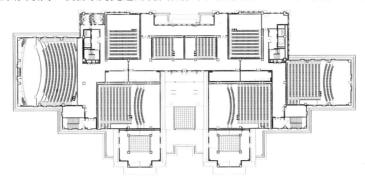

图5-5-12 津湾广场影
城平面
（图片来源：作者提供）

5.5.8 上海某影城

位于上海莘庄某商业综合体内，共有7个标准放映厅，可容纳1 500名观众。

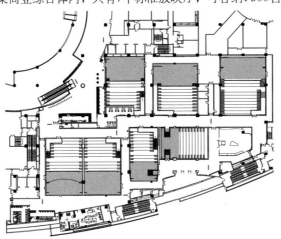

图5-5-13 上海某影
城平面
（图片来源：作者提供）

5.5.9 广电某影院

位于某商业综合体内，有16个观众厅，包含1个多功能厅，整个影城可容纳3 500余名观众。

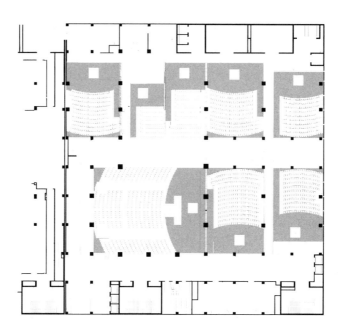

图5-5-13 广电某影院平面
（图片来源：作者提供）

5.5.10 天津某影城

位于某商业中心内，有8个观众厅，包含1个IMAX观众厅。

图5-5-14 天津某影城平面
（图片来源：作者提供）

5.5.11 尚海湾国际影城

位于上海市徐汇区滨江板块内的某高层群房内，与商业办公相结合。共有6个厅，包括1个IMAX影厅，按照五星级影院标准建设，整个影城可容纳1 077位观众。

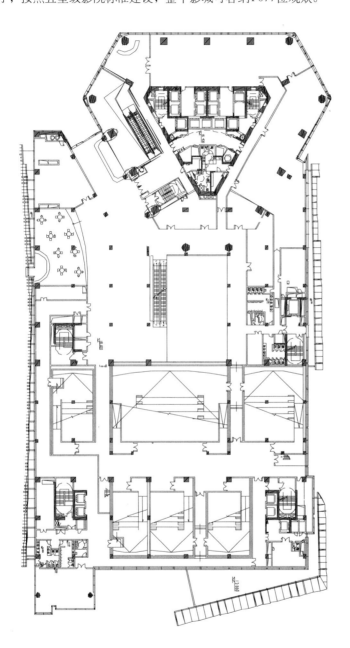

5-5-15 尚海湾影城

4F平面

（图片来源：作者提供）

第6章 多功能剧场
Chapter 6

6.1 多功能剧场的基本概况

6.1.1 多功能剧场简述

专业剧场是指适用于某一种剧种表演需要的剧场，如歌剧院、话剧院、音乐厅、电影院等。

多用途剧场是指不改变舞台主要形式、观演关系、观众厅形式、舞台机械设备的情况下，能演出两个或两个以上剧种的剧场。一般这两个剧种对声学、视线及设备的要求比较接近。如在歌剧院内演出舞剧，在话剧场内演出地方戏曲等。

多功能剧场是指可以通过调节机械设备或人工手段来改变舞台形式、观演关系、声学特性、座位数量以适应不同表演方式或其他用途的剧场，它相对于专业剧场而言的，与多用途剧场又有很大差别。

早在古希腊时期，西方就对观演建筑的多功能性进行了大胆的尝试，当时依山而建的露天剧场实际上就承担了表演、集会、祭祀等各种不同的职能。千年之后，现代建筑巨匠格罗皮乌斯开创性地利用观众厅和舞台位置的改变使镜框式、伸出式、中心式舞台在同一个剧场中转换成为实现，这也宣告技术手段成为现代剧场多功能实现中不可或缺的一环。

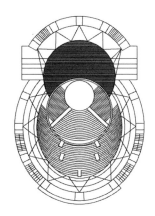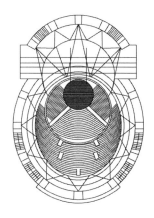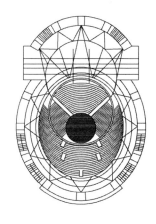

图6-1-1 格罗皮乌斯 万能剧场
（图片来源：李道增，傅英杰. 西方戏剧·剧场史 [M]. 北京：清华大学出版社，1999）

近百年之后的今天，观演建筑的多功能设计和技术手段已日趋完善，出现了以乔治·艾泽努尔（George C. Izenour）的多功能剧场设计为代表的大量优秀的观演建筑作品。而我国作为目前世界上最大的建筑市场，虽然出现了大量多功能观演类建筑的实践，但是同时也存在诸多的问题：

（1）在项目定位上，目前我国多功能观演建筑以城市级别的大型多厅剧场的建造为主，其主要问题是使用效率低下，运营尺度偏大，造成了资源配置的浪费，实际过程中对中小型观演建筑投入不足，现有的中小型剧场表现形式也以多厅的影剧院为主，缺少与传统剧种和多种表演方式相适用的多功能观演场所。

（2）在设计上，大多照搬的都是西方的布局方式，没有与适合我国的国情和表演方式结合，造成了主体文化的缺失以及硬体和软体不相适应的状况。

（3）在技术上，多功能剧场对技术的依赖性非常强，需要得到工程学、机械学、声学等各种学科的支持，但是国内针对多功能剧场的相关技术要相对落后，比如至今仍有许多国外早就采用的，用来调节剧场布置方式的设备，国内没有引进过甚至缺乏了解，这对剧场设计人员的工作也造成了不良影响；

所以探索学习适合我国国情的多功能剧场设计是十分必要的。

多功能剧场大规模涌现是在第二次世界大战以后，主要是由于经济因素和利用效率对专业剧场的制约。除了满足交响乐、歌剧和芭蕾等商业艺术表演，剧院作为公有设施的补充，时常还要担负一些公众需求的非剧院因素的用途，比如会议、讲演等。当今，面对着高涨的土地价格、人力、维护和税收成本，专业剧场面临着沉重的负担。因此，与专业剧场相比，多功能剧场无论在经济因素还是利用效率方面的优势都显而易见。另外新的表演方式的需求和新技术在剧场中的应用，为多功能剧场的发展起到了推波助澜的作用。

在设计多功能剧场的时候，设计者首先要完全考虑清楚，怎样合理地平衡剧场规模、建设成本，剧场适合哪几种表演方式；还有剧院建成之后，要尽可能地节约维护和运营成本。所以设计多功能剧场要比专业剧场和多用途剧场复杂得多。设计良好和高效运营的多功能剧场，会给一个地区带来活力并能弥补周边其他的社会问题。然而，一个设计较差却想要进行多种用途的剧场，最后的结果就是没有一种功能能够尽善尽美地展现，它注定是个失败的作品。

在多功能剧场里，配置有大量舞台机械设备以满足各种变化。多功能剧场的平面剖面形式是相当多样的，一部分对表演效果要求较高的，平剖面相对复杂，另一部分对表演效果要求没有前者高，但要求更多适应性的多功能剧场，平剖面一般非常简单。多功能剧场设计没有固定的模式，具有很强的灵活性。多功能剧场的舞台能够根据演出需要转换为伸出式、中心式、尽端式等多种形式，观众厅则可以调节剧场空间和观演关系，改变声学体积和单位座席容量，从而改变混响时间等声学特性。现代机械、电子、声学、光学等技术发展，为多功能剧场的发展提供了基础。各种升降、旋转、移动、悬吊机械设备的运用，创造出不同形式的舞台和不同容积的观众厅；计算机技术的应用，使剧场灯光、机械设备的控制与调节变得更加可靠和方便。多功能剧场在声学处理上，往往也以电声为主，建声为辅，因此它们需要当今先进的电声设备技术的支持，随着技术的发展，多功能剧场的声学效果也会变得愈来愈好。

6.1.2 多功能剧场的分类

1. 狭义与广义上的多功能剧场

多功能剧场分为广义和狭义上的多功能剧场。狭义上是指在所有的功能中，以某一种的职能最为重要，其他一些功能处于次要的地位。广义上的多功能除了包含狭义的概念之外还包括多功能厅，多功能厅中所有功能处于并置地位，它的平面布置较为简单灵活，在对声学要求不高的情况下，有更强的适应性。

图6-1-2 堪萨斯州立大学，凯恩礼堂
（图片来源：George C.Izenour, *Theater Design*, McGraw-Hill Book Company,1977）

图6-1-3 杭州大剧院多功能厅
（图片来源：作者绘）

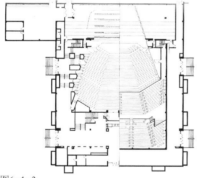 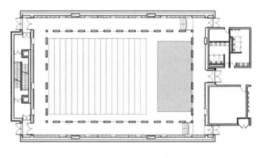

图6-1-2   图6-1-3

2. 多功能剧场按照适应方式来分类

图6-1-4 奥拉夫沙伦音乐厅
（图片来源：项端祈.音乐建筑——音乐·声学·建筑[M]. 北京：中国建筑工业出版社,1999）

多功能剧场按照适应方式来分，可以分为以下几种：

（1）以改变观众厅容量和声学关系为主的多功能剧场，即音乐厅剧场，这类剧场中可以在一定范围内调节混响时间，使功能在音乐厅和剧院之间转换。

这类剧场中具有代表性的是挪威的奥拉夫沙伦音乐厅，这个剧场以演奏音乐为主，兼有戏剧表演、芭蕾演出和会议使用的功能。奥沙拉夫音乐厅大厅主要通过大厅顶部反射板和大厅内的可调幕帘来改变声学关系。大厅顶部的条状活动反射板可以按照不同的功能需要进行调节，组成不同的形式。为了调节混响时间，在大厅的吊顶和后墙上安装有可调幕帘，使混响时间可以满足会议和戏剧表演时的1.3s，也可以满足音乐会使用时的1.9s。

（2）以改变舞台和观众厅的空间关系为主的多功能剧场，这类剧场中可以较大幅度地调整剧场的布置形式，使其在镜框式舞台剧场、伸出式舞台剧场和中心式舞台剧场之间转换。这类剧场布置灵活多变，常见于各种中小型的多功能厅。

上海大剧院中的小剧场就是一个这种类型的多功能剧场。小剧场为矩形平面，演出空间与观众席空间是一个整体，不设专门的舞台。观众席采用可整体移动的活动看台，可适应灵活多样的小剧场演出要求。场内座椅可收缩贮存，可根据需要做单面、二面、三面、四面等多方位的灵活安排，最多可容纳300人。

图6-1-5 上海大剧院多功能厅
（图片来源：http://www.vipticket.com.cn/web/

舞台亦可随意组合，除小型演出、时装表演外，使用配备的投影、幻灯设备，还可以召开各类会议及进行产品展示活动。小剧场上空周围作吊顶，中间做镂空网格，可以使灯光设备灵活布置，满足演出需要。

（3）可分式的的多功能剧场，通过技术手段将一个大的观众厅分成若干个小厅，这些小厅在空间和声学方面互相独立，可以满足相对简单的观演需要。

北格罗斯波因特高中剧场就是这种类型的剧场。这个剧场的观众厅被分成了品字形的三块，其中远离舞台的两块可以通过隔墙封闭成两个独立的小厅。当演奏音乐时，观众厅全部打开形成一个整体；当戏剧表演时三个观众区由隔墙分离，相互独立。

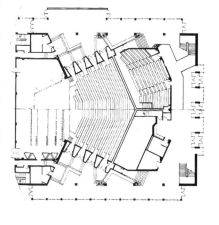

图6-1-6 北格罗斯波因特高中剧场平面
（图片来源：George C.Izenour,*Theater Design*, McGraw-Hill Book Company,1977）

6.1.3 剧场实现多功能的必备要素

当代多功能厅的设计和建造中，一座成功的多功能剧场必须考虑一下几个要素条件：

（1）有足够的容积来调节混响时间和改变吸音量。

（2）可以调节的座位布局和数量。

（3）乐池区转化为舞台和观众席的方法。

（4）灵活改变舞台的布置以适应表演和声学的需要。

6.2 声学和技术条件下的多功能剧场舞台设计

6.2.1 多功能剧场的舞台形式

舞台是一个剧场中最重要的部分，舞台的多功能体现在舞台形式及各种机械及声学设施在不同的表演需求之间置换。多功能剧场的舞台相对专业剧场更加复杂，机械化信息化程度更高，可以说是一个巨大的演出机器。多功能剧场的舞台除了满足表演场地的布置需要以外，还必须经得起声学的考验。

镜框式舞台、伸出式舞台、中心式舞台是几种剧场舞台的基本形式，通常多功能剧场舞台会在这几种基本形式之间置换。

1. 镜框式舞台

箱形舞台是一个独立的箱形空间，观众通过镜框式台口观看表演。箱型舞台的机械设备主要在台口之后，它包括了台口、台唇、主台、侧台、栅顶、台仓等部分。

优点：有利于布置各种布景道具，台口和表演区的各类幕布能满足演剧时分幕分场的要求，迁换布景十分方便。

缺点：台口与大幕把观众和演员分割于两个不同的空间中，割断了两者之间的感情交流，使得舞台艺术表演力受到一定限制。

2. 伸出式舞台

舞台的一部分伸入观众席内成半岛状，观众席呈三面包围状。在舞台的尽端可以布置少量布景来配合演出。

优点：布景简练，无大幕，道具少。适用于风格化、抽象化的戏剧演出。

3. 中心式舞台

与观众厅处于同一空间中，舞台周围被观众席位所包围。

优点：舞台开敞，演员与观众能够直接交流。视距相对箱型舞台来说要短。

缺点：不能装置丰富多彩的场景，无法上演歌剧、芭蕾等舞剧，在演出类型上有较大的局限性。

多功能剧场的舞台形式是非常灵活多样，另外还有几种舞台根据以上三种舞台形式衍生出舞台形式，如：半岛式舞台、中轴式舞台。

图6-2-1 箱形舞台；
图6-2-2 伸出式舞台；
图6-2-3 中心式舞台
（图片来源：作者绘）

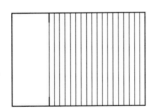
图6-2-1

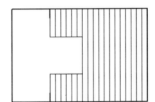
图6-2-2

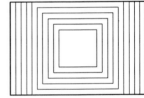
图6-2-3

6.2.2 多功能剧场舞台布置的置换

多功能剧场的舞台布置主要考虑两方面的内容，一个是场地，另一个是声学。

舞台的转换可以通过以下四种途径来实现。

1. 假台口的调节

假台口的主要作用是调节舞台台口的大小和比例，适应不同的演出要求。假台口分为固定式和活动式两种。活动式的假台口由左右侧框和上框三片组成，左右可平移，上下可升降，能构成不同大小的台口。假台口上框朝舞台方向可布置照明灯具，用来弥补面光和耳光的不足。

图6-2-4 假台口活动
示意图
（图片来源：作者绘）

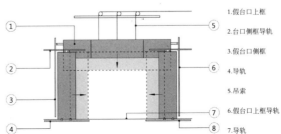

1. 假台口上框
2. 台口侧框导轨
3. 假台口侧框
4. 导轨
5. 吊索
6. 假台口上框导轨
7. 导轨

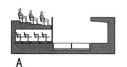   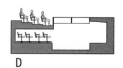

A   B   C   D

图6-2-5 乐池的四种升降状态

（图片来源：作者绘）

2. 乐池区的机械变动

乐池存在几种状态：

1）当乐池沉至正常乐池标高的状态用做布置乐队；

2）当乐池升起到舞台同平面时成为舞台表演区的一部分；

3）当乐池升起到观众厅池座同台面时，可以布置观众席座椅；

4）部分乐池用作舞台，另一部分用作观众席。

3. 布置适合音乐会声学要求的舞台活动音乐罩

1）舞台活动音乐罩的作用：

（1）将舞台隔离成两部分，充分利用有限的自然声能，防止声能在舞台上的逸散和吸收；

（2）将舞台和观众厅连为一体，防止台口耦合引起的音质缺陷；

（3）可以提高观众厅的声场均匀度；

（4）增大观众厅内前部和中部的早期反射声，增加直达声强度；

（5）减少台口的声吸收，增加观众厅的容积，适当提高了观众厅的混响时间。

2）舞台活动音乐罩的几种形式

（1）固定转动式音乐罩

此种音乐罩通常是一端固定，另一端可以像门扇一样转动，它构造简单，用人工操作，适合于中小型的多功能剧场。

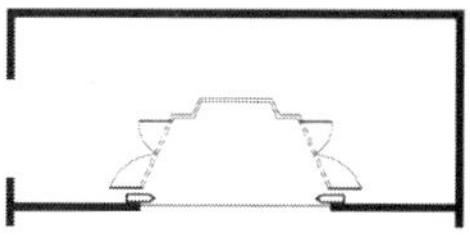

图6-2-6

（2）叠合式音乐罩

音乐罩的侧墙板和顶板叠合后可以分别置于墙板和顶面上，叠合式音乐罩的重量比较大，一般用机械来控制。

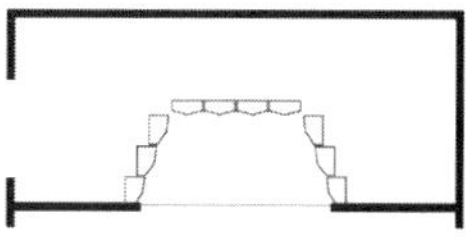

图6-2-7

（3）立柜式、塔式音乐罩

将音乐罩的侧板、后墙板做成柜式、塔式屏障，在下边安放方向轮或气垫装置，方便装卸和储存，其音乐罩的顶板可以吊杆悬挂。这种音乐罩形式构造简单，投资少，维修方便。

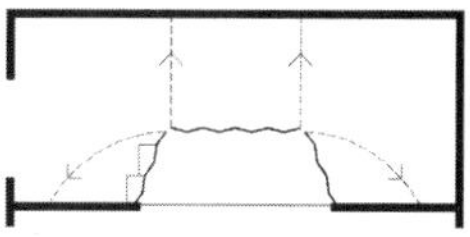

图6-2-8

（4）顶部声反射板结构

在非镜框式舞台中，在舞台四周不可能建立声反射罩，但是可以在顶面设立反射板结构，仅依靠顶板来发挥音乐罩的功能。

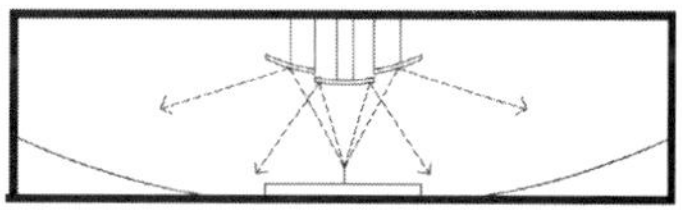

图6-2-9

图6-2-6 固定转动式音乐罩；

图6-2-7 叠合式音乐罩；

图6-2-8 立柜式、塔式音乐罩；

图6-2-9 顶部声反射板结构

（图片来源：作者绘）

（5）轻便式拼装单元音乐罩

轻便式拼装单元音乐罩可以方便的装配和节省存放面积，它包括定型的成品和可以依据舞台要求进行灵活设计的音乐罩两种。目前国外多功能剧场用的较多的是定型的成品拼装单元

3）开敞式声音反射罩的应用

在音乐会表演时，为了

图6-2-10 轻便式拼装单元音乐罩

（图片来源：项端祈. 音乐建筑——音乐·声学·建筑 [M]. 北京：中国建筑工业出版社，1999）

将演奏者的声音尽可能多的反射给观众席，同时也隔断副台上的其他声响，经常会安装密闭式声音反射罩。但是密闭式声音反射罩是有它的局限性的，在交响乐演奏的时候造成打击乐和铜管乐的的声音过强，盖过了弦乐器的声音，造成了整个乐队的声音不平衡。这是与乐队在舞台上的位置布置相关的，打击乐和铜管乐布置在舞台的后部最靠近反射罩的部位，而弦乐在舞台前部，甚至已经出了反射罩的范围，不能得到足够的反射。开敞式声音反射罩可以很好的解决这个问题，它将墙面和顶板分成多个拼装单元，单元之间留有留有一定的缝隙，这样可以达到逸散声能的作用。开敞式音乐罩同密闭式音乐罩相比具有构造简单、安装灵活、造价低的特点，多功能剧场中应用很广。

东莞大剧院的舞台声反射罩就是开敞式的，它是由顶部反射板、左右侧反射板、后部反射板构成，其中顶部反射板上下各一块，左右侧和后部反射板各四块，墙面是采用配重小车推动的拼装单元，在后墙体和顶板交接处留有缝隙，以此降低打击乐和铜管的声级。这个舞台音乐罩也可根据乐队的规模，配置成所需形式和大小的音乐罩。

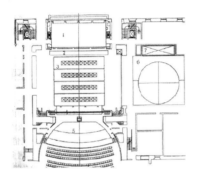

图6-2-11 美因茨国家
剧院升降设备
（图片来源：作者绘）

1-布景升降机；
2-软景储藏升降台；
3-主升降台；
4-微动台；
5-乐池台升降台；
6-拼装式折叠旋转车台；
7-集装箱升降台

4. 利用舞台升降设备的调节来实现不同表演的要求

在舞台设计中会布置很多升降模块，有的大型升降模块甚至占掉了主台的大部分面积，根据不同表演形式及剧情的需要可以进行不同的组合。

在德国美因茨国家剧院的改造中，成功地进行了多种升降台的组合，除了保留已有的升降主台，又引入了布景升降机、软景升降台等升降设备，形成了完备的舞台下机械系统。

6.2.3 多功能剧场的舞台机械系统

1. 舞台上部的机械设备

主要有吊杆系统和幕布系统。可以认为吊杆系统是支撑体系，幕布系统是舞台表现体系，两者互为依靠。

1）吊杆

吊杆是平行于台口能升降的用来悬挂各种幕布、景片、灯具等的水平横杆。吊杆行程一般自栅顶下0.5m至舞台地面上1.4~1.6m。吊杆一般采用钢管，用高强而柔软的多股钢丝绳吊挂，长度为台口宽度加4~6m。

吊杆间距为250~300mm，灯光吊杆不小于450mm。数目根据舞台深度和工艺设计而定，一般景物吊杆30~60榀，灯光吊杆3~5榀。由导轨和滑轮来控制吊杆上下滑动。

2）灯光吊杆与灯光渡桥

灯杆是悬吊顶排光或天幕灯光用的吊杆。灯光渡桥除了装顶排灯外，还装聚光灯、幻灯和走云灯等，它是能上人去操纵灯具的灯桥。大中型舞台多将假台口的升降部分做成活动的灯光渡桥。灯光吊杆和灯光渡桥都是为舞台空间提供灯光效果的系统。在先进的剧场中，这些灯光主要有计算机编程控制，能够自动和舞台表演结合在一起。

3）景区与设备布置

舞台空间可分为若干景区，它直接影响台上机械设备的布置。布景吊杆和灯光按照景区布置，这样可以给不同景区创造出不同效果。对于机械化舞台，通常每一景区设置一块升降台、一块车台、一道灯光吊杆（或灯光渡桥）和一组布景吊杆。每个景区一般深度为2~2.5m。

2. 舞台下部的机械设备

舞台下部机械是舞台机械化设施的组成部分。其作用是让舞台面的一部分能平移、旋转或升降以达到快速换景、创造特殊表演艺术的效果。是否需要设置这些设备要视演出剧种而定，京剧、地方戏不必使用这些设备，歌剧、话剧在经济条件允许的情况下可以使用这些装置。目前，较先进的机械设备都是由可编程序的计算机控制系统来进行控制。

1）转台

顾名思义，转台是可以在水平面上旋转的平台，上面可以同时搭2~4个场景，换景不用闭幕，只需要将灯光调暗转动到下一场的布景即可。它的换景速度比车台、升降台要快。

转台一般设置在主舞台或后舞台上，前边缘不超过大幕线，后缘距舞台后墙约4m以不影响安放天幕地排灯。

转台直径依主舞台的尺度来定，比较实用的转台直径应比舞台台口的宽度稍大。直径9~16m，一般是在台口宽度上加2~5m。例如，剧院台口宽11~12m，转台直径可为16~18m。

转台的常见类型有鼓筒式转台、薄型转台、可移动式转台。鼓筒式转台是大型剧场中常见的转台形式。它是圆桶状结构，围绕中心轴转动，内设若干升降块，这样升降台可以随着转台转动，起到转台和升降两种效果。

2）车台

车台的主要作用是快速换景。其被设置在侧台或后舞台中，使用时被推拉到表演区。左右车台和后车台可以交替换景，而不影响舞台演出效果。车台每块一般宽3~6m，总长度为舞台台口宽加1m。块数依演出要求而定，宽度总相当于基本台常用表演区的深度。

现在剧场较多采用轻质钢材做骨架，方便灵活。车台可以分为小车台、大型车台和气垫车台。大型舞台中常采用大型机动车台。气垫车台是舞台设备的新技术，具有噪声小、承载能力强等特点，不过对舞台面要求很高。

3）升降台

升降台是舞台上用来实现升降的舞台台面，它可以承担许多的功能，比如实现舞台上下演出人员和相关布景的运输，形成阶梯状的台面来满足合唱时的演员站位要求，利用不同高差形成特殊的演出布景等。升降台还有一个重要作用就是承托车台和移动式转台，即将它们结合在一起布置。

升降台按照构造方式分为结合钢板式、刚架式、格架式、再分析架式。按照驱动形式分有液压式、齿条式、丝杆式、丝杠加钢丝绳式、链传动式。

升降台最好是每个布景区设置一块，长度一般比舞台宽度稍宽，要平行于台口设置。每个升降台中可以设置更小的升降台。

4）水台

为了表演内容的需要，某些多功能剧场中还设置了水台。水台沉在舞台台面以下，深度可以根据需要来确定，水台在不用时盖板关上，上面进行正常的表演。使用时盖板可以从水台两侧卷入舞台以下。

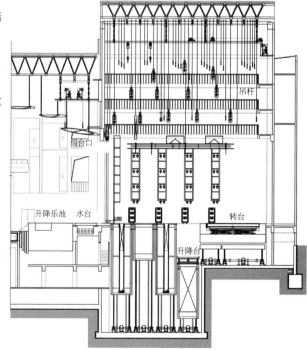

图6-2-12 某多功能剧场
机械舞台
（图片来源：作者绘）

6.3 技术条件下的多功能剧场观众厅设计

剧场观众厅设计时要考虑这个剧场的主要职能是什么，是以某一类表演为主还是各种职能居于均等的地位，观众厅体型设计同剧场的使用要求密切相关。观众厅的声学设计以及各种可调机械设备的选择也直接受制于剧场的职能。比如说，以音乐表演为主的多功能剧场，为了获得较长的混响时间，加大每座所占得容积是其中的一种方法，这就要求设计者设计较大容积的观众厅，为了获得音乐演奏时尽可能多的早期反射声，多功能剧场的平面形式的选择方面也要考虑妥当。

6.3.1 多功能剧场观众厅的平面形式

1. 多功能剧场平面形式的制约因素

1）多功能剧场的声学要求

多功能剧场平面形式的选择应有利于声扩散，尽可能获得多的早期反射声，并加强后座听众的声强。对于以音乐表演为主的多功能剧场，其观众厅的形式可适当考虑同音乐厅接近。扩声系统的选择和布置也应该同观众厅的平面相适应。

2）多功能剧场的容量

每一种观众厅平面所适应的剧场规模是不相同的，如矩形平面适合中小型剧场，而钟形平面适合大中型剧场，因为这是同剧场的声学和观众的视线设计密切相关的，如果采用与剧场容量不相适应的剧场平面，则需要对平面进行各方面的修补以避免声学缺陷的产生。

3）多功能剧场的可变种类

多功能剧场的平面形式的选择还跟内部的表演形式是相关的，而其还必须适应不同表演方式的要求，如果是以某种表演方式为主，则平面形式以满足此种表演方式为主。

4）多功能剧场的观演方式

多功能剧场的舞台形式不同，一定会对观众厅的形式的采用产生影响。比如说伸出式舞台和中心式舞台更容易采用发散式的观众厅形式，伸出式舞台为保证坐席的均好性会采用扇形或是半圆形的平面，而中心式可以采用椭圆形甚至圆形平面，这对于箱型舞台是不可想象的。

2. 多功能厅的平面形式

1）与镜框式舞台相适应的观众厅形式

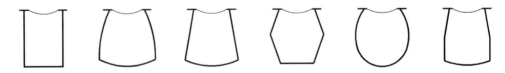

图6-3-1 与镜框式舞台相适应的观众厅形式（图片来源：作者绘）

（1）矩形平面

属于比较简洁的平面形式，适合以音乐表演为主的多功能剧场设计。矩形平面的早期反射声分布均匀，声学效果好。如果观众厅的宽度过大，观众厅前部的声效就会变差，而且前部两侧的观众视线过偏。随着跨度的加大，观众厅前部不能布置座位的区域也就越大。此种平面的观众厅形式多见于中小型多功能剧场，矩形平面设置楼座的较少，但二三层可以设置三面的围廊，安排少量坐席。

（2）钟形平面

钟形平面三段墙面均成弧形，它去除了靠近舞台口两侧视线不良的座位，延长最远观众的视距，正座位数目比矩形平面多，可以容纳更多的观众并避免损失掉太多的早期反射声，钟形平面后墙呈凹弧面，应该使弧面的曲率中心设计在舞台之后，以免产生声聚焦，也可以做吸声或扩散处理。这种平面形式适应于大中型的多功能剧场。

（3）扇形平面

扇形平面可以看做是鞋盒式平面和钟形平面的结合体，平面侧墙比钟形平面要简单，易于施工。它具有钟形平面的所有特点，侧墙的早期反射声要略好于钟形平面，侧墙与中轴线的夹角越小，观众厅中前区越能获得较多的早期反射声，一般的倾角控制在5°~22.5°。此种平面也常用于大中型剧场。

（4）多边形平面

多边形平面针对扇形平面去掉了后区的偏座，使得视线好的座位数目比例提高。侧墙的早期反射声均匀，声场的扩散条件好。观众厅的宽度不宜过宽，靠近舞台的前侧墙和舞台的夹角不要过小，否则此处的声学效果会变差。

（5）曲线形平面

这是一种非常古典的观众厅的平面形式，多见于西方的古典剧场中，有圆形、椭圆形、卵形、马蹄形等多种变形。与其他平面形式相比，它的优点是偏远的座位较少，观众席位的质量较高。此类观众厅内部空间形式优美，视觉效果好，不过要避免声学缺陷的出现和促使声场扩散。

（6）楔形平面

楔形平面兼有了扇形和和矩形平面的优点，它可以看作是扇形切去后端角部或矩形切掉前端两侧的不良视觉区而剩下的部分。楔形平面视觉和声学效果都很好，优良坐席的指标高。楔形平面的观众厅容量池座式最好控制在1200座以下，楼座式最好控制在1800座以下。

2）其他观众厅形式

除了以上几种比较常见的观众厅形式之外，多功能剧场由于其满足多种需要的要求，也有一些一反常规的平面形式。

（1）组合式

观众厅被分为几个部分，通常是靠近舞台的为一个部分，远离舞台方向被分成了几个区，或是为了获得良好的声学效果，或是为了满足空间可以分割的需要，如拉瑞多·希尔顿剧院。

（2）多功能厅式

多功能厅的舞台和观众厅实际上同处在一个大空间中。多功能厅式的平面简单而且完整，多为纯几何形，以长方形最为常见。

（3）其他式

由于设计者独树一帜的设计风格，产生了一些平面独特、但声学效果和观众视线俱佳的观众厅，比如建筑大师赖特设计的甘米居音乐厅，平面属于钟形平面被各种圆弧切削过后形成的特殊形式。还有很多观众厅由于各种原因，成对称或不对称的不规则形，比较有名的是位于加利福尼亚奥兰治县的西格斯特罗姆大厅。

这个剧场以表演交响乐、室内乐和流行乐为主，兼有戏剧和舞蹈演出的功能。剧场观众厅的处理新颖而独特，它是由4个不规则形状的观众区高低错落的布置在一起而形成的，每个观众区都很完整，这样布置的目的是可以在大容量的观众厅内，获得像传统鞋盒式音乐厅那样足够多的早期侧向反射声。

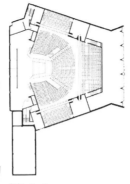

图6-3-2　　　　　　　　图6-3-3

图6-3-2 组合式观众厅形式

（图片来源: George C.Izenour, *Theater Design*, McGraw-Hill Book Company,1977）

图6-3-3 多功能厅式观众厅形式

（图片来源: 作者绘）

图6-3-4 西格斯特罗姆大厅

（图片来源: 项端祈,《音乐建筑——音乐·声学·建筑》,中国建筑工业出版社,1999）

6.3.2 观众厅的剖面设计

1. 多功能剧场的剖面设计原则

一般来说观众厅的起坡和座位布置越简单，则可适应性越强。过多的高差，比如葡萄园式观众厅会使多功能剧场的调整变得复杂。

挑台相对简单，较少设边挑台，且很少有包厢。多功能厅的楼座应以完整的大空间为主，小的空间分割可能会适应某种功能，但是会影响其他功能的布置或在声学上不适应其他表演方式的要求。

对音乐表演要求较高的多功能剧场观众厅，要留出足够的容积来满足较长混响时间的要求，设置可以变动的观众厅吊顶，调节吊顶上下空间的比重，可以调整混响时间的长短。

多功能剧场的观众厅的地面可以全部或部分采用升降台，以此来调整出满足不同表演方式的观众厅布局。

2. 剖面设计中的控制方面

1）C值的控制

C值不仅仅要符合视线的要求，即满足大于等于120mm，还要考虑到声学的要求，C值太小的话，前面的观众就会对后边的观众造成掠射吸声，影响到后面观众听到的声音级数。

2）吊顶的控制

吊顶的剖面形状主要考虑反射和吸声的需求，兼顾美学和室内的整体风格。每一个剧场的吊顶都是独一无二的，尤其是多功能剧场，对于要适应多种声学条件，不同的混响时间，吊顶的形状变得尤为重要，甚至吊顶要可以调节。

3）观众厅后墙的处理

观众厅后墙的声学处理主要有三种方式，做吸声处理、做扩散处理、加强后座声级。三种方式要根据需要酌情选择。通常做吸声处理的情况多一些，因为后墙的反射声多是后期反射声或是二次反射，多会对大厅的音效造成不良影响。

4）楼座设计

在楼座和包厢的剖面设计中，要满足剧院楼座下开口的高深比不大于1:1.5的要求，以免在楼座下观众席范围内形成声影区。楼座或池座的跌落方式及楼座的栏板的形状要考虑到为观众席提供声音反射。

3. 多功能剧场的剖面形式

比较适合做多功能剧场观众厅的剖面形式有以下几种：

1）整体池座式剖面

这种观众厅只有池座而无楼座，池座是一个完整的部分，它的适应能力较强，与各种剧场机械结合能创造出较多的变化可能性，适用于各种规模不大的多功能剧场。

2）跌落式（散座式）剖面

观众厅被分成了前后两块，这两块之间存在较大的高差，此类剖面可以丰富观众厅的组织形式，大的高差改善了中前部观众厅早期反射声，这种观众厅形式简单明确，被规模不大的多功能剧场广泛采用。

3）挑出式楼座剖面

此类的剖面多为单层或双层楼座，有较多的正视观众席。增设楼座，可以增加观众厅的容量并缩小视距，需要控制楼座上下空间的高深比，以免影响视听质量，此类观众厅由于规模较大，可能需要扩声系统来改善音质。

按照挑出方式不同又可分为悬挑式和后退式。悬挑式是楼座的后墙同池座的后墙在同一个垂直面上。这种方式通常悬挑很深，高深比通常很难满足小于1:1.5。这是由于它的结构方式决定的，此类楼座是由横跨观众厅的梁来承重，梁很容易做得很高，所以适于跨度不大的观众厅。后退式即楼座与池座的后墙不在同一个垂直面上。这一类的楼座结构更加

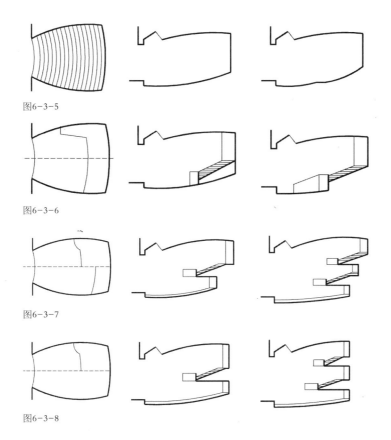

图6-3-5

图6-3-6

图6-3-7

图6-3-8

图6-3-5 整体池座
式剖面
图6-3-6 跌落式（散座
式）剖面1
图6-3-7 挑出式楼座
剖面1
图6-3-8 挑出式楼座
剖面 2
（图片来源：作者绘）

灵活，不受剧场跨度大小的影响，适合容量比较大的观众厅。

6.3.3 多功能剧场观众厅的机械设备和调节方式

进入20世纪，西方世界达成两点共识：

（1）一个剧院的最佳视线效果（包括戏剧、芭蕾、音乐剧和歌剧），通常（但不总是）与舞台机械（绳索系统、灯光系统等等）密切相关；

（2）剧院要有最佳的形状和足够的体积才能够达到最佳的音乐会声学效果。因此，机械系统设计要考虑到剧场和舞台转换的需求，并能够在最短的时间内完成变动。

多功能剧场应具有的基本机械装备主要有：

（1）活动幕墙、活动天花板、吊顶；

（2）可调节的吸声装置和各种音响发射板；

（3）观众厅地面变化装置；

（4）观众席机械。

1. 活动幕墙和活动吊顶

这是一种分隔剧场、改变观众厅空间和容量的机械装置。

活动幕墙装置，用来分隔观众厅前后空间。一般从天花板内降下。它实际上是一种特殊的提升幕，幕体用丝绒串叠，有一定厚度，可以隔音。其提升设备在天花上的空间内，不用时收藏在上面。分隔装置还可用屏风式幕墙。由轻金属或非金属材料制成的折板式结构，可折叠。有的从地板下升出来，有的从夹墙中推出，必要时可设轨道推行。

观众厅活动吊顶是用来分隔观众厅上下空间的。根据空间容量的需要，把吊顶分成若干块进行升降。当进行音乐会演出时，吊顶位置高。演出歌舞或戏剧时，空间容量要小，吊顶下降使空间变小。有的分块吊顶可以调节角度来满足声学要求。吊顶的运动主要靠在顶棚里的机械装置实现升降。

有些活动天花板里面隐藏了当舞台形式改变后（如变成伸出式或中心式时）所需的灯光设备。当活动天花板用伸缩方式打开后，隐藏在天花板上面的灯具可随升降灯架下降。

2. 音响反射板和可调节的吸声装置

在观众厅内装置可升降的反射板，根据音质的需要调节其高度和角度。舞台顶部反射板悬吊在栅顶上，升降和角度的调节由电机控制完成。需要时将各板转至相应位置，互相连起来，形成封闭的舞台上部空间。侧围反射板一般置于舞台侧台的固定台面上，需要时用电动或手动的方式在台上展开，与顶反射板一起围成封闭空间，满足音乐演出的要求。反射板由玻璃钢等轻质材料制成，按声学要求设计其表面形状。

许多剧场为提高音乐会的演出效果，使用更好的整体式反射声罩，罩内可装灯具及扬声器等。整个罩可以上下升降，并能转动一定角度，演奏音乐时，有助于扩声及提高清晰度。

3. 地面变化装置

多功能剧场使用方式的变化，要求观众厅的地面也能随之变化，具备升降、翻转、倾斜等功能。为此要配置相应的机械设备来实现。可升降的条块是地面变化的基本装置，利用它来改变舞台和观众厅的相互关系。

其中地面变化装置主要有以下三种：

（1）多功能剧场观众厅的地面可以做成一个整体，整体地面以下是可控的液压装置，可以按照视线的要求调节与水平面的夹角，改变观众厅起坡角度。

（2）观众厅地面被分成多组升降台面，在不同高度的台面上设置观众席座椅，台面的升高下降可以形成多种组合方式，甚至有的台面可以形成舞台的一部分。

（3）观众厅的整体或部分可以旋转，以形成不同的组合方式。比如格罗皮乌斯的万能剧场方案，就是运用观众席和舞台的转动来实现三种不同剧场平面的。

4. 观众席机械

观众席的形式和数量也可以根据不同的演出需要进行变化，既可以用人工迁移席位，也可利用机械装置进行。

伸缩看台和座椅。这种设备目前得到了广泛的应用，许多体育馆、小剧场、电视台演播厅的看台座椅都采用这种设备。其原理是将阶梯式座席以排为单位层层收缩叠起，置于观众厅一侧。伸缩采用电动或手动的方式，需要时拉出来形成座席。

整体迁移座席。阶梯式座席单元下都装滚轮，可整体推入小仓库内，一般用机械（如钢丝绳牵引）推拉。最新的电动迁移座椅通过底部形成的气垫，可以由人工方便的移动，大小已经能做到6m×6m。

旋转式观众席。这是一种将整个观众厅或子厅进行旋转的坐席结构。旋转式观众席结构最典型的是T.D.A（Turntable Edivisible Auditorium）制的多功能剧场，即可分割的旋转式观众席剧场。由固定的母厅和若干个子厅组成。子厅的地板可整体旋转，形成独立小厅。如图为有两个子厅的观众厅，子厅座椅面向母厅时，小厅与大厅成为一体；当子厅转动180°时，子厅座席背向母厅，形成独立小厅，大厅与小厅互不干扰。

图6-3-9 伸缩座椅
图6-3-10 整体迁移座椅
（图片来源：作者摄）

图6-3-9   图6-3-10

图6-3-11

图6-3-12

图6-3-11，图6-3-12
旋转式观众席
（图片来源http://www.
nipic.com：）

6.3.4 系统机械设计实例

赫塞琼斯剧院的可调顶棚

赫塞琼斯剧院是最早的一批可以控制剧院体积和座位数，并且机械系统能够移动的剧院之一。它的可以减震的钢顶棚在构造设计运用了模数化关联设计。这个顶棚构架由超过870块反射钢板构成，6块一组，其中30%为透声板，在结构屋面和钢板（天花板）之间的桁架空间是可变的，以使观众厅达到恰当的声效体积。反声板悬挂在双向的管状桁架系统上，一直和侧墙相接，桁架下的反射板能够垂直移动。为了达到声学要求并安全地操作顶棚（以防反射板被桁架干扰），顶棚上部装有感应装置，在系统移动的时候，可以感应反射板与桁架系统之间的距离，并将这个信息反馈给控制系统，控制者可以依据此信息来控制整个活动的反射顶棚。

退伍军人纪念馆要求观众厅空间可以分割成前后两部分，两种变化方式可以使用同一个舞台。用来分割空间的是一个巨大的可以线性移动的墙体，它被一个四英尺高的支撑钢桁架分割成两块。这个墙配有8对滚轮，其中的两对是驱动轮，其他的轮子是为了维持稳定移动而安装的。这堵墙体是为了阻隔声音，它由叠层石膏板、胶合板和矿物棉组合而成。这个移动墙系统能把带反射罩的大尺度剧院分割成同时使用的两个空间——800座位的小剧场和一个平地酒会大厅。在移动墙和建筑之间的压缩空气垫圈系统，可以密闭墙体分割成的两个空间，减少声音的渗入。整个系统的移动时间为22分钟。

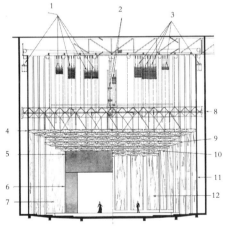

1-剧院顶棚平衡块；2-加重的顶棚平衡块；3-剧院顶棚平衡块；4-剧院顶棚可升降反射板；5-舞台沿幕；6-舞台侧幕；7-舞台前部可拉出式反射板；8-舞台顶棚引导桁架；9-舞台顶棚固定射板；10-舞台声罩反射板；11-带装饰的可移动侧墙；12-竖向反射罩

图6-3-13

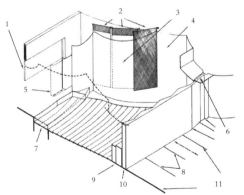

1-顶棚声反射罩；2-可收起的吸声系统；3-透声墙；4-反声墙；5-假台口；6-墙和建筑之间的压缩空气填充系统；7-升降乐池；8-滚轮轨道；9-升降坐席系统；10-可移动墙体；11-同步驱动装置

图6-3-14

图6-3-13 赫塞琼斯剧院的
可调顶棚
图6-3-14 退伍军人纪念馆
的可控的铰链移动分隔墙，
升降系统，吸声系统和机械
舞台示意图
（图片来源：George
C.Izenour, *Theater Design*,
McGraw-Hill Book
Company,1977）

6.4 多功能剧场的声学设计

6.4.1 多功能剧场的声学设计概述

多功能剧场的声学设计是十分复杂的，它既要能够满足会议、演讲、辩论、话剧的需要，又要适应音乐剧、音乐会，甚至是震耳欲聋的摇滚乐，有时候还要能够举办酒会和室内体育项目。声学要满足这么多功能，即使对一流的剧场和声学专家来说也并不容易。

以语言为主的和音乐表演为主的多功能剧场所需的音效条件是显著不同的，即使是同一表演形式的音乐，音效的要求也差别很大。声学设计必须要考虑音乐品质，以及表演者和听众在剧场内的听音感受，还有此剧场建成后音乐表演种类的广泛构成——简单的或复杂的，慢拍的或快拍的，东方的还是西方的，古典的或现代的，个人表演的还是集体表演的。所以已有剧场声学设计的经验具有很好的参考价值。

如果想设计出最佳声学效果的多功能剧场必须考虑一下几个问题：

（1）适宜的尺寸和形状，能够为表演者和听众提供适宜的持续声与脉冲声，并提供从墙壁和天花板反射的适当的早期衰减反射声；

（2）不管对于语言还是音乐来说，所有频率声音的增长与衰减，不能太死板，也不能太跳跃；

（3）高中低频率反射的声音应当恰当发散，观众听到的直达声会被持续的反射声所加强，使声音从四面八方平缓地流入所有听众的耳中；

（4）剧场中不能被噪音所干扰，无论是外部或者内部声源都不行；

（5）不能受到不良反射声的干扰；

（6）不能被声音的聚焦效应以及有声学缺陷的墙面所影响。

6.4.2 多功能剧场的建筑声学指标

1. 混响时间

声源停止发声后，声压级减少60dB所需的时间即为混响时间，单位为秒。其在室内衰减的过程称为混响过程。房间的混响长短是由它的吸音量和体积大小所决定的，体积大且吸音量小的房间，混响时间长，吸收强且体积小的房间，混响时音就要短。混响时间过短，声音发干，枯燥无味不亲切自然，混响时间过长，会使声音含混不清：合适时声音圆润动听。

最早提出混响时间计算公式的是赛宾，这就是有名的赛宾公式：

$$T = \frac{0.161V}{S\bar{a}} \qquad （6-4-1）$$

其中T是混响时间，V是空间容积，S是吸声材料表面积，$\bar{a}$吸声材料吸声系数。实践表明，赛宾公式仅适用于平均吸声系数$\bar{a} < 0.20$的听音环境。

由于赛宾公式有一定的局限性，目前一般采用伊林公式：

$$T = \frac{0.161V}{-S\ln(1-\bar{a}_E)} \qquad （6-4-2）$$

对于多功能剧场，不同用途的混响时间最佳值是不同的。

2. 温暖感

温暖感用BP表示，它是低频混响时间和中频混响时间的比值。

我们计算混响时间是指中频（500Hz）的满场混响，对于低频和高频并不涵盖在内。为了使声音的混响时间在更宽的频率范围内都能达到最佳值，这就要求高频混响与中频保持平直以获得高音亮度，低频有所提升以更加丰满。

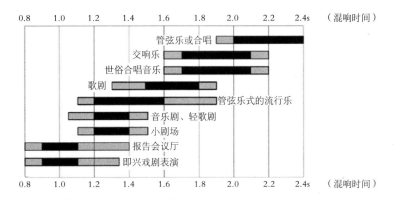

图6-4-1 各种不同表演形式对应的混响时间

（图片来源：作者绘）

3. 响度

人耳对声音强弱的主观感觉称为响度。响度和声波振动的幅度有关。一般说来，声波振动幅度越大则响度也越大。响度是音质设计的重要指标，响度这一指标该如何取值，至今没有统一的标准。

响度受三个因素的影响：听众距舞台的距离、听众就座面积和中频混响时间。直达声从舞台传出来，随着距离的增加，响度逐渐降低。混响时间越长，响度就越大，但是混响时间必须与剧场中演奏音乐的明晰度取得平衡，这样就限制了混响时间的长度。剧场规模越大听众越多，每个人所获得的音乐声能就越少。

虽然一个剧场内声音可能很大，但经常遇到的问题还是无法提供足够的响度。比如，一个交响乐团在一个小的、拥挤的剧场中，产生听起来震耳的声音，但是如果一个剧场含有1 500个甚至更多的软席坐席，响度就不会过大。剧场尺度超过了它的坐席数要求的时候，设计者应该考虑达到满足要求的响度的剧场变换方法，尤其是进行小型团体演出的时候。

在有着近似坐席容积的剧场中，听众对不同种音乐会有不一样的响度感受。因此，我们要仔细地研究影响声音响度的因素，而不仅仅是剧场的尺度。通常我们用一种高度可重复的"标准"声音源和对空荡的大厅进行测量，来研究响度。

4. 明晰度

明晰度是早期声能与混响声能的比，单位是分贝，用C_{80}表示。早期声是从直达声到达开始之后80ms内听到的声音，混响声是80ms以后听到的声音。

当早期声能与混响声能相等时，C_{80}为0dB；如果没有混响，声音会很清晰，C_{80}会是一个很大的值；反之，如果混响时间很长，则声音不清晰，C_{80}会是一个很大的负值。

5. 亲切感

亲切感是在大的剧场中听到的声音犹如身处小房间的主观感觉，它表示听者与演出者之间的认同程度。亲切感同第一个重要反射声与直达声之间的延时（即延时间隙）密切相关，一般来说延时越短，亲切感越好。

6.4.3 影响剧场中的语言声效因素

对于以语言用途为主的多功能剧场，声音要求相对简单。由于多功能剧场作为语言厅比作为音乐厅的使用次数多，所以必须满足舒适的语言听音效果，良好的语言声学效果所需要的条件有：

（1）语言者声音一定要洪亮或者配备必备的扩音设施；

（2）剧场内一定不能有外界噪音和过长的混响时间；

（3）剧场室内空间形状要设计合理，确保没有回音和干扰的反射声，以便为所有听众提供最佳的反射声分布；

（4）如果剧场内没有扩音设备，如在普通的小礼堂和剧场，演讲者必须面对听众，或者面对附近可将声音反射到观众席的反射板。

6.4.4 影响剧场中的音乐声效因素

我们在密闭空间听到的音乐，比起乐器发出的声音要大得多。空间是三维的"共鸣板"，能够激起并加强声音的振动。

1. 空间尺度

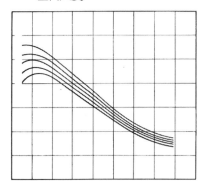

图6-4-2 混响时间与空间尺度的关系
（图片来源: George C.Izenour, *Theater Design*, McGraw-Hill Book Company,1977）

每个房间都有自己的振动特征和其他许多声学上的特点，影响我们听到的音质。曲线图表明了演讲中过多混响的有害影响，还有混响的最佳时间一般要小于1.4s。图中还显示了语言在小型剧场的声效比大剧场里的声效要好得多。最佳的尺寸和剧场的混响时间，都取决于剧场中表演的音乐类型。众所周知，交响乐合唱团在大尺度的和长混响的剧场里的听音效果最佳。相反，弦乐、室内音乐和其他小型表演在小尺度并且混响时间短的剧场，效果更好。莫扎特和海顿音乐的混响时间比巴赫、贝多芬、柴可夫斯基的大部分作品的混响时间要短一些。小提琴、大提琴和钢琴，在0.283万~0.425万m³，混响时间为0.8~1.0s的剧场中表演效果最佳。大型交响乐团在14.15万~19.81万m³，混响时间在1.6~2.0s的大剧院演奏效果最佳。管风琴音乐，尤其是在大教堂中演奏时，最佳听音场所尺度应该为28.3万~42.45万m³，混响时间为2.0~2.5s。

2. 空间形状

适宜的空间形状是决定剧场声学效果的首要因素。一个形状有缺陷的剧场，是无法通过调整和覆盖具有吸音功能的材料，或提供适宜的混响条件来弥补的。模型研究不仅可以防止剧院内形体设计出现差错，而且还能辅助设计者决定最佳的剧院尺寸。我们经常用到的两种测试模型是：视觉模型和声学模型。如果尺度和形状与已有的成功的剧院设计相差的不多，那么只通过视觉模型的推敲就足够了。

如果视觉设计成功，那么接下来就要进行声学测试。声学测试将会给出声音如何受到剧场内各个界面的影响，但是对于低音调的声音，它们的波长与剧院尺寸相当甚至更大，声学模型测试这就显得尤为重要。

3. 混响时间

混响时间，考虑了满座和一般听众（成年，穿着正式）坐在有软垫的椅子上的情况。在大厅中观众听到的从墙壁反射的声音早于从天花板反射回来的声音。因此，天花板的高度要大于宽度的一半。水平与垂直反射声相比和立体声的原理差不多，因为两只耳朵一般情况下，几乎是水平的，因此，比起垂直声音，我们能够更好地定位水平方向的声音。

4. 共振

剧场的共振特性在声音效果评定方面起了很重要的作用。每个场所的共振频率主要取决于墙体材料的特性。比如，瓷砖会反射90%的入射声音能量，因此在贴满瓷砖的浴室中墙体的共振频率很高。另外，声音在适度的范围内小房间比大房间内共振要强。

共振由每个房间的尺寸和形状所决定，在大一点的空间内共振一般在较低频率上发生，在小一点的空间内共振一般在相对高的频率上发生。但是，计算多功能剧场或者其他不是简单几何形状，如长方体、球体和圆柱体的剧场，则不会这么容易。因为原有计算是严格按照有着反射边界的长方体房间来计算的。还有，在试验的小房间内产生的共振现象，提醒设计者要尽量避免共振凹室或者小房间挨着多功能剧场主要出入口。体型巨大的观众厅的声能转移到凹室或者附室会产生共振和过多混响，进而将降低总体混响，并且这部分能量还是会传递回剧场内部并且影响出口附近的声效。

5. 背景噪声

如果背景噪声过高，语言中较弱的声音信号将会被噪声所遮蔽，清晰度会受到影响。

但是，即使噪声级不高，没有直接掩蔽语言或者音乐中的弱音，剧院中的背景噪声将仍然可能带来不少问题。任何可察觉的噪声都能够导致整个剧院声学评估的显著"降级"，尤其是当演奏音乐的时候。只有当背景噪声小到微乎其微的时候，这个剧场的音效潜力才能得到充分的挖掘。

比如说在一场音乐会中，当所有人的注意力都集中在独奏者演奏的最轻微的弱音上，听众几乎要屏住呼吸才能感受到这个游丝般的声音。每当这种时刻，无论是来自空调风扇还是剧场外部的背景噪声的控制，都变得非常重要。根据经验，剧院声音设计的目标是背景噪声级达到NC-15（噪声标准）等级曲线；NC-20背景噪声级别是临界点；如果超过这个级别，便会干扰到正常演出的音效。

为了获得高品质的声学表演空间，在噪声控制方面我们主要考虑如下几方面的要求：

（1）控制空调噪声的极限值；

（2）采用低噪声的灯光和舞台设备；

（3）加强剧场内外的隔声措施，如采用双层隔声墙或复合隔声吊顶，设置双层隔音门的声闸。

6.4.5 多功能剧场的声学材料和构造

1. 吸声材料和构造

1）多孔吸声材料

多孔吸声材料表面和内部有很多贯通的空隙，它的吸声原理是声波入射到多孔材料时，引起孔洞中的空气振动。由于摩擦和空气粘滞的阻力，使一部分声能转变成热能，另外，孔洞中的空气与孔壁、纤维之间的热传导，也会引起热损失，使声能衰减。多孔吸声材料以吸收中高频声能为主。

目前比较常见的多孔吸声材料有离心玻璃棉、环保吸声棉、木丝吸声板、无纺吸声布、纤维喷涂材料等。

2）薄板共振吸声材料

薄板共振吸声材料是在不透气的薄板背后设置空气层并将薄板固定在刚性壁上的一种吸声结构。当入射声波的频率和薄板共振系统的频率一致时，就会发生共振并引起内部摩擦将声波吸收。它吸收的声音频率主要位于中低频。

3）亥姆霍兹共振器

亥姆霍兹共振器由一个刚性容器和一个连通的颈所组成的结构。当声波进入孔颈时，由于孔颈的摩擦阻尼，声能变热能，使声波衰减。当声波频率接近共振器的固有频率时，共振器孔颈处的空气柱振动特别强烈，声能吸收较大；远离共振频率时，则较小。亥姆霍兹共振器的吸声频带比较窄，在共振频率时吸收最大。

4）微穿孔吸声材料

把穿孔的孔径缩小到毫米以下，可以增加孔本身的声阻，而不必外加多孔材料就能得到满意的吸声系数，这就是微穿孔吸声材料。为了拓宽频率范围和提高吸声效果，还可以采用不同穿孔率和孔径的多层结构。

5）空间吸声体

将吸声材料和或吸声结构悬挂在空间内，就叫做空间吸声体。在同样投影面积下，空间吸声体具有较高的吸声效率。空间吸声体通常以吸收中高频,的声音为主。空间吸声体具有用料少、重量轻、投资省、吸声效率高、布置灵活、施工方便的特点。空间吸声体根据建筑物的使用性质、面积、层高、结构形式、装饰要求和声源特性，可有板状、方块状、柱体状、圆锥状和球体状等多种形状。其中板状的吸声结构最简单，应用最为普遍。

2. 声反射和声扩散设计

1）早期反射声设计

早期反射声对于剧场中的声学设计非常重要。早期反射声的设计应该注意一下几个问题：反射声到达听众耳部时必须有足够的强度，直达声与第一次反射声之间的时间间隙要求小于20ms，必须有足够大的覆盖面以使更多的听众可以享受到早期反射声。

早期反射声可以通过定向反射结构获得，定向反射结构分为两种，一种是设置在侧墙上的反射板，另一种是吊顶下悬挂的反射板，即浮云反射板。

2）声扩散设计

对音质要求较高的多功能剧场必须具有良好的声扩散，声扩散是观众厅获得均匀声场和频率响应的保证。获得良好的声扩散，有以下几种途径：

（1）创造不规则的大厅轮廓，这会增加剧场的施工难度，所以常见于较小的剧场中。

（2）在大厅界面上设置几何形体的扩散结构，在各种形状的声扩散结构中，球体表面具有最佳的声扩散。扩散结构的尺度必须与扩散声波的波长相适应。

（3）不规则的配置吸声材料或吸声结构，扩散材质应该采用厚重的材料，以免增加低频声波的吸收，降低混响时间。

3. 隔声降噪

为了保证不必要的噪声对大厅内声学环境的影响，对于拥有大量机械设备的多功能剧场来说隔声降噪，显得尤为必要。为了阻挡大厅外的噪声进入大厅，选择合适的隔声墙体非常必要。对于剧场外部的声学环境，比如剧场靠近地铁或高架，就要测试它们产生的噪声，如果过大则需要加隔振墙。在剧场设计的时候，在条件允许的范围内，可以将产生噪音的设备尽可能的布置在远离大厅的地方，比如说电梯井、空调机。剧场墙体的隔声分为：单层墙体的隔声，双层墙体的隔声，轻质隔声结构的隔声。双层隔声结构就是在两层墙体之间加一个空气层，两个墙体之间没有刚性连接，从而获得优于单层墙体的良好隔声性能。轻质隔声材料虽然没有隔声墙的效果好，但是它具有质量轻、荷载小、安装简便的的优点，因此在剧场中被广泛应用。

4. 消除声学缺陷

如果观众厅体型设计不妥，就会引起声学缺陷，具体表现为回声，声聚焦及耦合效应。

1）回声

回声是由于直达声和反射声之间的时差超过了50ms。回声容易出现在观众席的前部和舞台上。这是因为在这些区域，距离观众厅的后墙最远，声音反回来之后超过了50ms。为避免这种情况的出现，可以在产生回声的面上布置强吸声材料，也可以改变这些面的角度，使声音反向别处或做扩散处理。

2）声聚焦

声聚焦是经过凹面的反射声汇聚于一点，焦点处的声压级远大于其他各处的声压级，这种情况的出现严重影响到声场分布的均匀性。为避免产生声聚焦，一种办法是使凹曲面的聚焦点在观众厅以外，另一种办法是在弧面上做扩散处理并布置强吸声材料。

3）耦合效应

耦合效应是两个相邻的空间，当混响时间不一致时，在混响时间短的空间内感到来自另一个空间的混响声的现象。对于剧场来说就是保证观众厅和舞台两个巨大空间的混响时间的一致性。

6.4.6 多功能剧场的可调声学设计

1. 多功能剧场可调混响时间的确定

由于多功能剧场的表演形式并不是唯一的，所以它的混响时间有一个可调的范围。

在可调混响时间范围内有一个上限值和一个下限值，比如说取交响乐的混响时间为上限值则是1.9s，取会议报告的混响时间为下限值则是1.0s，两者之差是0.9s。上限值和下限值相差过大在技术上虽然有实现的可能，但是比较困难，通过采用一般的可变吸声结构难以实现，必须改变容积和设置混响室，这就加大了投资和占用很大的使用面积。

一般来说混响时间可调幅度在0.4~0.5s之间是比较容易实现的。所以取交响乐的混响时间时可以适当的压低，降至1.7s，取会议报告的混响时间时可以适当的提高，升至1.2s，因为多功能剧场不是专业的音乐厅也不是专业的会议中心，这种调整是允许范围内的降低和升高，是合理的。

2. 可调混响形式的选择

1）幕帘式混响调节构造

这是一种通过幕帘的展开和收起来改变剧场的声吸收，达到调节混响时间的构造方式。它具有调节方便，结构简单，造价低等特点，分为人工调节和机械调节两种方式。为了提高幕帘的吸收效果，需要幕帘有一定的褶皱率，即幕帘面积大于所占墙体的面积。幕帘可以一直暴露在观众厅内，也可以收起到隔离的空腔里，还有一种做法是在幕帘外边做透声的饰面材料，以保持观众厅风格的整体性。幕帘式混响调节构造以吸收中高频为主。

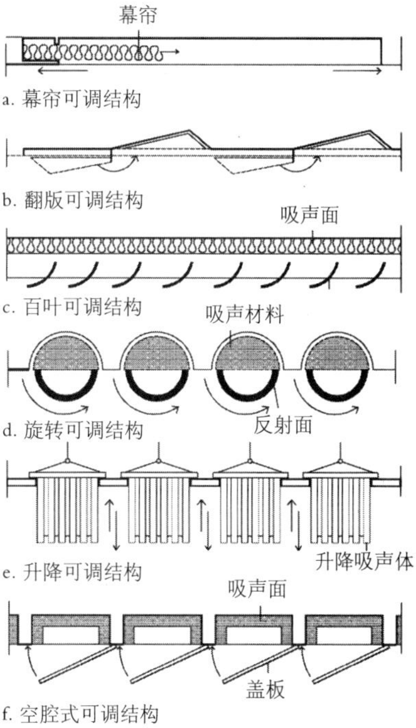

2）翻板式混响调节构造

翻板式即板的一侧为吸声结构，另一侧为反射结构，通过板两面的旋转来调节混响时间。这种构造形式的优点是形式简单效果好，缺点是翻动的时候观众厅的占用面积过大。

3）百叶式混响调节构造

百叶式通过开关安置在吸声界面的百叶来达到调节混响时间的目的。此种构造方式占用面积小，调节灵活，便于机械控制。百叶必须有足够的质量，闭合式留缝要极小，否则会影响低频的调节量。

4）旋转式混响调节构造

旋转式的旋转体可以是圆柱体、三棱柱体或平板体，通过调节旋转体的角度以改变混响时间。这种构造方式既可以提供较大的调幅量，又满足各个频带调幅量接近。它可以通过计算机控制，同翻板式一样，旋转式也占用了较大的空间。

5）升降式混响调节构造

升降式一般在观众厅的顶板上设置可调的吸声体，通过吸声体的升高下降来改变观众厅的吸声量，以调节混响时间。这种吸声结构暴露在空气中的面积比较大，对混响调节量也比较大。

6）空腔式混响调节构造

在观众厅内设置吸声盒，吸声盒内装有吸声材料，通过开关吸声盒的盒盖，改变界面的声吸收。这种构造方式要求精密度高，可以为低频提供较大的调幅量，可以通过计算机控制。

a. 幕帘可调结构

b. 翻版可调结构

c. 百叶可调结构

d. 旋转可调结构

e. 升降可调结构

f. 空腔式可调结构

图6-4-3　可调混响结构
（图片来源：项端祈. 音乐建筑——音乐·声学·建筑 [M]. 北京：中国建筑工业出版社，1999）

3. 影响可调混响的因素

1）可调混响幅度与本底混响的关系

观众厅的可调混响幅度是同本底混响相关的。可调混响还同大厅的容积，吸声结构的处理面积、配置部位和吸声量有关，所以可调幅度同本底混响之间的定量关系是不容易求的。本底混响长的观众厅比本底混响短的观众厅，更容易获得高的调幅量。例如，从2.0s降至1.5s要比从1.5s降至1.0s容易得多。

2）可调吸声结构的吸声面积与吸声量

增加吸声结构的吸声面积和材料的吸声量可以延长可调混响时间。在观众厅内由于受到功能和设备条件的局限，并不是所有的墙面都可以做可调吸声结构，所以要充分利用剩余墙面的面积来获取较高的吸声量。在所有吸声结构中升降式混响调节构造的吸声系数是最高的，结合墙面吸声并适当的采用升降吸声体可以获得很好的混响调节效果。

3）观众厅内空满场可调混响幅度的差异

在空满场时，可调混响时间的调幅量是不同的。空场时，本底混响时间长，调幅量大；满场时，本底混响时间短，调幅量低。在多功能剧场设计中，要尽可能的减少这种空满场的差异。如果可调吸声结构的可调吸声量足够大，可以减少空满场调幅量的差异。

4）可调混响幅度的频率特性

由于可调吸声结构对不同频率的声音吸声量是不同的，低频的吸声量较低，所以低频混响的调幅量也较低。如果想提高低频混响的调幅量，可以使可调吸声结构在反射面暴露时减少对低频的吸收，在吸收面暴露时，增加对低频的吸收。

4. 最终混响和连续混响的调节

在多功能剧场设计中，最终混响和连续混响是怎样进行调节的。

1）最终混响的控制

一个场所的混响时间取决于房屋容积与吸音面积的比例。因此，多功能设计中的第一个考量就是提供足够大的容积已达到最佳的混响时间。对于大多数交响乐表演大厅来说，最佳的混响时间为2.2s。

有一些将混响时间降低的方法，以适应一些低混响的表演形式。比如说一些多功能剧场中的话剧表演。但是如果观众厅太大并且缺少合适的方法来减少容积，话剧就不适合在这里表演，歌剧或者室内音乐有可能就是最极限的表演形式。在每种表演形式中，最小的混响时间应该控制在1.2~1.4s。

在一些多功能剧院中，可以通过移动剧场的一边的或者是多边的墙体，为表演的节目类型提供合适的视觉尺度，并改变混响时间。更普遍的状况是，边界的墙体不能灵活移动；那么视觉尺度的调节主要是依靠灯光，混响时间上的调节是通过改变吸音材料的面积来完成的。

2）连续混响的控制

在不同节目类型中，如戏剧，独奏，或者音乐会中，连续混响一定要低（清晰度一定要高）以防止无效音节的产生。然而，对于其他种类的节目形式，如交响乐，连续混响一定高出许多（清晰度相对要低）以使音乐听起来饱满丰富。清晰度的变化应该以优化连续音响为前提。

由于连续音响需要后到达的声能，它不只是被场所的混响时间所影响，所以能够为观众厅提供所需声能的反射板设计至关重要。

让我们设想一个可调节的多功能剧场，有着最佳的最终和连续混响，适用于所有表演类型。那么这个多功能剧场的容积一定要足够大，以便为交响乐提供最佳的混响时间；虽然这个值对于管风琴演奏来说还不够高，但也在可以接受的范围内。

由一个拥有足够大容积的混响空间入手，我们一定要考虑到调节声效的技术要求，以便使最终和连续混响时间能够满足所有类型演出。这个多功能剧场的可调混响时间要求可以缩短到音乐表演所需混响时间的1/2。由于混响时间与吸声材料的面积成比例，吸声量的变化是可行的但是并不容易。"固定"吸音材料，像毛毡和不可调节的吸声布料，应该最小化。之后要求可调节吸音（如可调节帷幔）面积要近似等于座位面积。凯恩歌剧院就达到了这个调节力的范围，283.3m²的矩形吸声面用于1800座的大厅。

在一些多功能大厅中，使用混响时间控制和调节声音反射板，以及可调节吸音面积，要求的范围（0.35~0.65）是可以达到的。从技术的角度说，这三个控制的效果是：增加在第一个50~100ms中的声能（用可调节声音反射板）；进一步减少混响声音能量的水平（用靠近声音发射端的帏帐或者其他可调节的吸音装置，拦截晚于50~100ms的声能能量反射到观众席）；增加混响能量的衰减比率。

5. 可调混响结构的调控方式

可调混响的调控方式主要有三种：

（1）人工调节：选用翻版、百叶和幕帘可调混响结构的可以采用人工调节，此种调节方式构造简单，造价低，调节方便，多用于小型的多功能厅。

（2）电控调节：用升降、旋转、大面积的幕帘和盒体可调结构，均可以用电控机械装置。此种调节方式投资较低，操作方便。

（3）计算机程序调节：计算机程序调节是同电控调节装置结合在一起的，通过预先编写好的程序可以准确地调节混响时间。

6.4.7 多功能剧场的电声设计

并不是所有的多功能剧场都能提供完美的自然声和建声，由于场地条件的所限，当某些表演形式所需的声学环境不能得到满足时，可以通过电声系统的应用来改善声学环境，比如某些多功能剧场的观众厅过大，后部的声能损失严重，就可以通过扩声系统来配合自然声。

电声系统可以解决扩声问题，声场不均匀度问题，也可以调整混响时间。

在剧场中的电声系统，主要是指扩声系统。扩声系统主要包括传声器、放大器和扬声器三种设备。主要工作原理是将语言或音乐等信号通过传声器拾音，经过放大器放大，再由扬声器将声音传播出去。扩声系统要求有一定的声功率，并且有较高的保真度。扩声系统的设置原则是"真声为主，扩声为辅"，弥补自然声的不足。

1. 扩声系统的声学特性指标

1）传输频率特性

大厅内各测量点稳态声压级的平均值本身对于扩声设备输入端电压的幅频响应特性。这是扩声系统中的一项直接影响听感效果的声学特性指标。各测量点离声源的距离不同，测量点位置测出的频率特性数据彼此之间会有差别，测试结果要以各测量点的平均值计算。

2）传输增益

传声器距离声源测试点拾音，扩声系统逐渐增加音量，当刚好达到产生自然啸叫的状态后再降6dB扩声系统达到最大可用增益时，厅堂内各测量点处稳定声压级的平均值与传声器处声压级的差值，就是传声增益。

3）最大声压级

将扩声系统置于最高可用增益状态，调节扩声系统的输入，使扬声器输入功率达到设计功率的1/4，此时观众席声压级平均值加6dB就是最大声压级。

4）声场不均匀度

厅堂内观众区各测量点稳态声压级的差值。听众区的最大声压级和最小声压级差值不应大于8dB。

5）总噪声级

扩声系统达到最高可用增益，但无有用声信号输入时，听众席处噪声声压级平均值。

2. 扩声系统的设计

1）扩声系统对建筑设计的要求：

（1）在建筑设计过程中要考虑好扬声器的安装位置，并作预留；

（2）合理的安排扩声控制室的位置并要确保足够的面积。

2）扩声控制室

扩声控制室是用于对扩声系统进行监听和控制用的，调音台是安放在扩音控制室里的。控制室可以设置在观众厅后面，舞台一侧的挑台上或是耳光室的位置，调音台也可以直接设置在观众厅内。扩声控制室的面积应大于15m²，高度和宽度的最小尺寸不能小于2.5m。控制室的观察窗要足够的大，使控制人员能够看到舞台2/3以上的表演区。

3）扩声系统的组成

最为简单的扩声系统是由传声器、功率放大器和扬声器构成，是以调音台为中心的。另外还包括频率均衡器、延时器、混响器等辅助设备。

4）传声器

传声器是一种将声信号转换为电信号的换能器件，俗称话筒、麦克风。传声器的种类很多，按换能原理可分为动圈式、电容式、电磁式、电压式、半导体式传声器；按接收声波的方向性可分为无指向性和有方向性两种，有方向性传声器包括心形指向性、强指向性、双指向性等；按用途可分为立体声、近讲、无线传声器等。

图6-4-4 从新国立剧
院扩声控制室看观众厅
与舞台
（图片来源：齐欣摄）

传声器是扩声系统的第一个环节，要求有较高的传声质量，应根据使用的场合和对声音质量的要求，结合各种传声器的特点，综合考虑选用。一般的语言扩声，不需要用较为昂贵的传声器；而音乐扩声要求相对较高，传声器必须有很好的频率响应，可选用动圈式传声器；会议扩声或混响时间过长时应选用强指向性传声器，以减少声反馈，防止啸叫。

5）功率放大器

功率放大器简称功放，它的作用就是把来自音源或前级放大器的弱信号放大，推动音箱放声。

6）扬声器

扬声器是一种把电信号转变为声信号的换能器件，扬声器的种类很多，按其换能原理可分为动圈式、电容式、电磁式、压电式等几种，按频率范围可分为低音扬声器、中音扬声器、高音扬声器，这些常在音箱中作为组合扬声器使用。

为了提高功率和辐射效率，通常把多只扬声器组合在一起做成音箱。在大厅的扩声过程中，通常高低音采用不同的音箱，以获得较高的声功率。

7）调音台

调音台也称扩声控制桌，是扩声系统的中枢部分。调音台是由三部分构成的，包括传声器放大器、中间放大器及末级放大器。调音台按信号出来方式可分为模拟式调音台和数字式调音台。

8）扩声系统扬声器布置

（1）扩声系统的布置原则是：

① 要有良好的声源方向感，即观众听到的电声与声源的方向一致；

② 整个观众席声压级分布均匀；

③ 扬声器的声音辐射角要覆盖全部观众席；

④ 防止啸叫的产生，避免产生回声和颤动回声。

（2）扬声器的布置方式有集中式、分散式、混合式三种。

① 集中式：集中式的扬声器集中布置在靠近舞台的地方，这样使观众听起来声音与自然声源方向一致。这种布置方式的优点是声源的方向感好，清晰度高。集中式的布置适合于容积不大、体型比较简单的厅堂。

② 分散式：如果观众厅的面积比较大，平面比较长或顶棚很低时，采用集中式布置可能会使声场分布不均匀。将扬声器分置在观众厅的吊顶或侧墙上，可以获取较均匀的声场和较高的清晰度。这种布置方式存在的问题是声音方向与自然生源方向较难取得一致。

③ 混合式：混合式就是将集中式和分散式结合起来布置。这种布置方式可以使观众厅后部和挑台下的空间也能获得足够的声压级。

3. 电子混响调节系统

采用建筑手段或是设置混响调节装置来改变混响时间的方法，其优点是声音比较自然，但是这种方法的混响时间的调节量比较小，通过电声来调节混响时间就不会有这种限制。电声混响系统是独立于扩声系统的，它通过对从观众厅拾取的混响信号进行处理，来达到改变混响时间的目的。

这种系统起源于20世纪50年代，目前比较先进的混响系统是可变室内声学系统，简称VRAS系统。VRAS系统可以延长混响时间，但是不能缩短混响时间，所以混响时间改变幅度的下限值是剧院本身的混响时间，上限值取决于VRAS系统的通道数量。

6.5 现代多功能剧场案例

6.5.1 乔治·艾泽努尔（George C.Izenour）[①]的10个多功能剧场实践

1. 节日剧场（Festival Theater）

修复者：以色列文物局

地点：以色列，恺撒利亚

年份：1967年

对古迹发掘之后，运用现代声学和结构方法对节日剧场进行重新修复和改造，新的剧场适合芭蕾、音乐、歌剧、戏剧等种类的表演。在这种对剧场遗迹进行改造的项目中，在舞台和声音改造方面面临巨大的困难。

改造之前，起用这个具有传奇色彩的遗址虽是即兴之作，但最后的结果使表演者和观众非常失望。表演者对于自己的演奏还不如观众们听得清楚，并且观众们坐在满是碎石的座椅上也很不舒服。为了使这个露天剧场满足现代表演的需求，设计者对它进行了以下方面的改造。第一，座位。把从遗址上采集并筛选的碎石，集中在一起来生产预制的混凝土板，然后用这些混凝土板铺成座位，其尺寸与遗址上的原样品一样。第二，舞台。舞台按照古代初始的设计用大理石修复，并在地面上安置了灵活的舞台夹板，为表演者提供适合现代表演的场地。第三，声效问题。对这个古代遗址的测量表明为了加强声音能量，必须使用巨大的声反射罩来获得更多的第一次反射声。顶棚反射罩，是在晚上才使用的，它能够满足在遗址不受影响的前提下移动到遗址的上方。为了保证遗址白天的观光，顶棚反射罩可以通过轨道移动到距离舞台100m远的地方隐藏起来，这是这个项目必不可少的一部分。反射罩的骨架是不锈钢的，其构造布局由一系列的三角形双向桁架构成。顶棚的中心部分是一个由许多小的三角形组合形成的大三角形空间桁架，它与两个前支架构成横向的拱形支撑。三段式的旋转式侧墙反射罩一直从舞台面伸到顶棚，当反射罩闭合时可以满足音乐表演的需要，当敞开时可以进行戏剧表演。顶棚反射罩重12t，侧墙反射罩重7t。

① 乔治·艾泽努尔（George C.Izenour, 1912-2007），现代剧场设计之父，他开创了 Izenour剧院模式（Izenou theatre），设计了融合多种功能与技术的复合功能剧场（multi-use theatre），这里所介绍的10个多功能剧场，他都参与了其中的声学设计。

图6-5-1 节日剧场改造后与改造前的照片对比（图片来源：项端祈. 音乐建筑——音乐·声学·建筑 [M]. 北京：中国建筑工业出版社，1999）

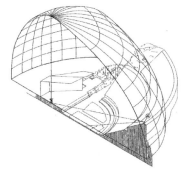 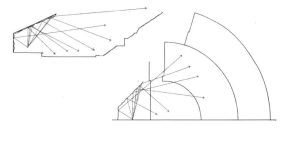

图6-5-2 语言清晰度分析图

图6-5-3 音乐演奏模式下的第一次反射声分析（图片来源：项端祈. 音乐建筑——音乐·声学·建筑 [M]. 北京：中国建筑工业出版社，1999）

图6-5-2   图6-5-3

2. 甘米居音乐厅（Grady Gammage Auditorium）

设计者：弗兰克·劳埃德·赖特，威廉·威利斯·皮特斯
地点：美国亚利桑那州，坦普尔市，亚利桑那州立大学
年份：1968年

表6-5-1　　　　　　　　　　　　　　　　甘米居音乐厅基本数据

<table>
<tr><td colspan="3">剧院座位数</td><td colspan="3">观众席参数</td><td>最大中央视距（m²）</td><td>垂直角度视点位移</td></tr>
<tr><td>戏剧</td><td>歌剧</td><td>音乐会</td><td>容积</td><td>坐席</td><td>吸音</td><td></td><td></td></tr>
<tr><td>3 030
（64%）</td><td>2 950
（26%）</td><td>3 030</td><td>固定</td><td>固定，中间无过道的联排座椅，三层看台</td><td>固定</td><td>A:38.4
B:30.8
C:32.3</td><td>A:35°
B:23°
C:9°</td></tr>
</table>

表6-5-1 甘米居音乐厅
基本数据
（资料来源：George
C.Izenour,*Theater
Design*, McGraw-Hill
Book Company,1977）

　　这是大师赖特最后一批作品之一，适用于会议、戏剧、音乐剧、歌剧、大型集会、演讲等。它的混响时间为2s，就剧院本身的尺度来说是西方最佳的音乐厅之一。它的主要结构由两个相交的圆柱状钢架环构成。观众厅和休息厅位于一个钢架环内。

　　这个剧院的混响时间为2s，在西半球它是这个尺度中最好的音乐厅之一。对于声学和剧场专家来说，它作为多功能剧场的基础空间，开创了区别于鞋盒式剧场的先河。除了一个挑台在30°视角之外，剧院的视线非常适合歌剧表演，但是对于话剧来说（视觉和听觉方面），空间又太过巨大，需要用电子扩音设备。这个剧场音乐声的第一次反射对于所有座位来说都非常完美。

　　建筑外观设计似乎来自于被赖特弃用的巴格达歌剧院项目。然而，剧场本身的设计却是另一回事。在声学和剧院专家参与进来之前，设计就是赖特放弃这个项目时的样子，剧院内部的表面都是凹面，非常不适合塑造良好的音效。剧院建设之前，又重新设计了一次，努森对于剧院墙体的凸面倾斜策略将赖特的设计彻底颠覆。就是在这个设计中，努森第一次提出了通过悬挂天花板遮蔽眺台来减少剧院容积和座位容积的想法。由于剧场主觉得太过冒险，而没有采用。舞台配备有管风琴，平衡重线索系统和机械隔音罩。

图6-5-4，图6-5-5 甘
米居音乐厅内景及平面
（图片来源：George
C.Izenour, *Theater
Design*, McGraw-Hill
Book Company,1977）

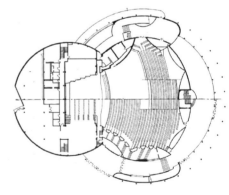

图6-5-4　　　　　　　　　　　　　　　　图6-5-5

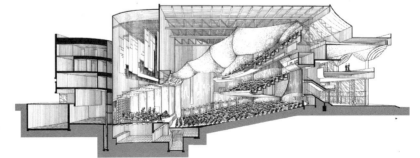

图6-5-6 甘米居音乐厅
音乐厅模式剖面
（图片来源：George
C.Izenour,*Theater
Design*, ,McGraw-Hill
Book Company,1977）

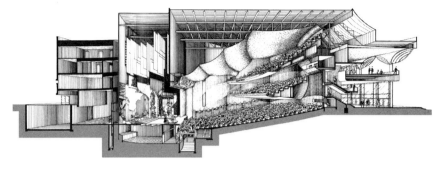

图6-5-7 甘米居音乐厅剧
场模式剖面
（图片来源：George
C.Izenour, *Theater Design*,
McGraw–Hill Book
Company,1977）

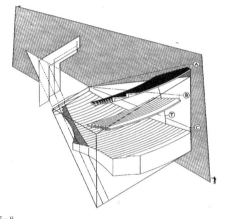

图6-5-8

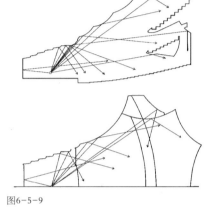

图6-5-9

图6-5-8 甘米居音乐厅座
位几何分析；
图6-5-9 甘米居音乐厅第
一次反射声分析
（图片来源：George
C.Izenour, *Theater Design*,
,McGraw–Hill Book
Company,1977）

3. 马尼托巴百年纪念音乐厅文化中心（Centennial Concert Hall， Manitoba Culture Center）

设计者：史密斯·卡特，希勒·格林等
地点：温尼伯市，马尼托巴，加拿大
年份：1966年

表6-5-2　　　　　　　　马尼托巴百年纪念音乐厅文化中心基本数据

剧院座位数			观众席参数			最大中央视距（m²）	垂直角度视点位移
戏剧	歌剧	音乐会	容积	坐席	吸音		
2251（64%）	2097（26%）	2251	固定	固定，中间无过道的联排座椅，三层看台	可调节	A:36 B:33.5 C:31.7	A:26° B:16° C:7°

表6-5-2 马尼托巴百年纪
念音乐厅文化中心基本数据
（资料来源：George
C.Izenour,*Theater Design*,
McGraw–Hill Book
Company,1977）

　　这是坐落在温尼伯市市中心的城市复兴项目之一，为国家百年庆典而建。主要结构是混凝土基础、砌块隔墙、钢柱及钢桁架的结合。观众厅内设置了大量的可变吸声结构，用来控制声音反射。马尼托巴百年纪念音乐厅文化中心的观众厅被称作最大的"鸟笼"观众厅，它的内表面是一个巨大的钢丝笼，包在硬质灰膏声音反射薄膜系统外面。

　　剧院内部的设计意在可以"迷惑"观众的眼睛，而不是耳朵。这个剧场80%的反射板和吸音板都能够控制（使它们既可以吸音又可以反射），而表面却看不出变化。设计中要尽量做到剧院设计与声效设计互不影响，以此为依据，声音反射材料和透声材料是有区别的，它们两个的设计都应以不影响剧院设计为前提。

　　在漆成金色的钢织网后面，是硬质的声音反射板，它们被涂成黑色以至于人眼察觉不到。在透声的铁织网和反射板之间，是同样被涂成黑色的可调节吸音板。这三个分离的表面是为了既能控制混响时间，而又不至于产生外观上的变化。"不诚实"的建筑设计要了"小花招"，但是这只是为了达到听觉上的"诚实"而使用的一些视觉手段。这种遮蔽和"硬质""软质"表面的搭配，是基于赛宾的下半个等式，即混响时间与总吸音成反比。

剧院的舞台隔音罩竖起时，混响时间为出色的1.9s。为了供更小的乐团和独奏使用，也配备了独奏音乐罩，可以有选择地减少反射表面，降低反射时间，产生更好的清晰度。储藏式隔声罩便于不受限制地使用舞台绳索系统并节省空间。

由于空间的巨大尺度，话剧、演讲还有其他语言活动需要使用单声道电声系统。表演者的直达声能无法靠近观众席，因为声能被透声铁织网和硬质反射板之间的吸音板所大量吸收，吸音面积总量达1 858.06m²。除了戏剧以外，每排视距和最远视距，适合任何表演，但对于戏剧来说，一半以上的座位都离得太远了。

图6-5-10，图6-5-11，图6-5-12 马尼托巴百年纪念音乐厅文化中心室内透视、平面及吊顶平面
（图片来源：George C.Izenour, *Theater Design*, McGraw–Hill Book Company, 1977）

图6-5-10

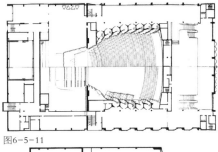

图6-5-11

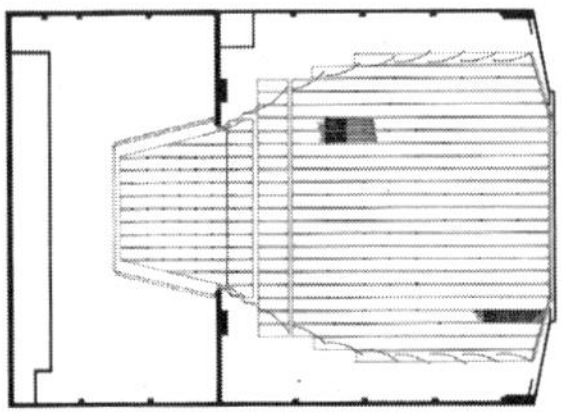

图6-5-12

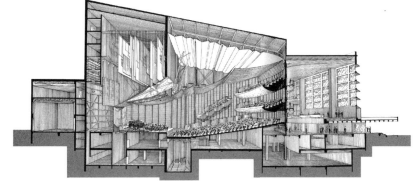

图6-5-13

图6-5-13 马尼托巴百年纪念音乐厅文化中心音乐厅模式剖面；
图6-5-14 马尼托巴百年纪念音乐厅文化中心小型音乐会模式剖面
（图片来源：George C.Izenour, *Theater Design*, McGraw–Hill Book Company, 1977）

图6-5-14

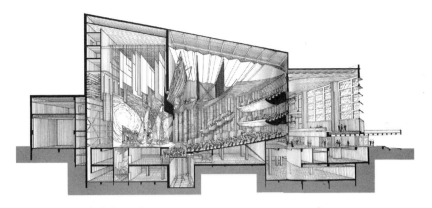

图6-5-15 马尼托巴百年纪
念音乐厅文化中心剧场模
式剖面
（图片来源：George
C.Izenour, *Theater Design*,
McGraw-Hill Book
Company,1977）

4. 第二世纪中心大会议厅（Convention Hall Century II Center）

设计者：约翰·希克曼，罗伊韦·利豪斯特

地点：堪萨斯州，卫奇塔市

年份：1968年

表6-5-3　　　　　　　　　　　　　　第二世纪中心大会议厅基本数据

剧院座位数			观众席参数			最大中央视距（m²）	垂直角度视点位移
戏剧	歌剧	音乐会	容积	坐席	吸音		
5517（82%）	5571（54%）	5517	固定	可变	无可变吸音	A:56.1 B:40.5 C:22.3	A:11° B:6° C:1°

表6-5-3 第二世纪中心大
会议厅基本数据
（资料来源：George
C.Izenour,*Theater Design*,
McGraw-Hill Book
Company,1977）

第二世纪中心大会议厅的观众席分为了三个部分：

（1）临近舞台的23排座位；

（2）附加的18排座位利用可伸缩提升系统，在折叠起来的时候可以存放在挑台之下；

（3）在楼座挑台上固定的13排座椅。当临近舞台的23排座椅移走的时候，留出了大量的空间可以用于溜冰场、马戏团表演、摔跤、拳击或者其他类似的赛事。

由于这个场所并不是专门为了表演而设计，因此座位的几何布局的角度和距离都不适合观看舞台表演，其中82%的座位不适合话剧，54%的座位不适合歌剧和音乐剧，但是可变剧场容积和扩音设施的配备却使摇滚乐、乡村音乐、会议等活动成为可能。

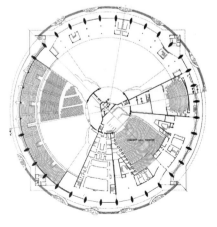

图6-5-16，图6-5-17 第
二世纪中心大会厅鸟瞰
及平面
（图片来源：George
C.Izenour,*Theater Design*,
McGraw-Hill Book
Company,1977）

图6-5-16　　　　　　　　　　图6-5-17

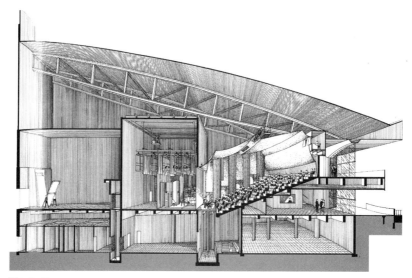

图6-5-18

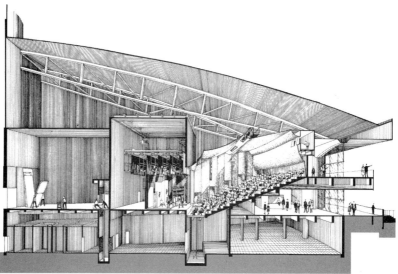

图6-5-18 第二世纪中
心大会厅小剧场剧场模
式剖面
图6-5-19 第二世纪中心
大会厅小剧场小演奏厅
模式剖面
（图片来源：George
C.Izenour, *Theater
Design*, McGraw-Hill
Book Company,1977）

图6-5-19

图6-5-20 马尼托巴百
年纪念音乐厅座位几何
分析；
图6-5-21 音乐厅模式下
的第一次反射声分析
（图片来源：George
C.Izenour,*Theater
Design*, ,McGraw-Hill
Book Company,1977）

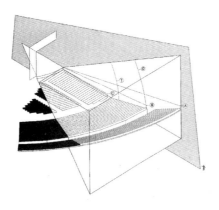

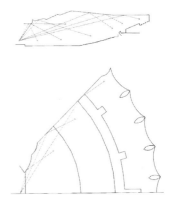

图6-5-20   图6-5-21

5. 埃德温·托马斯艺术表演大厅（Edwin Thomas Performing Arts Hall）

设计者：考迪尔·罗利特·斯科特，弗林·道尔顿，范迪·杰克

地点：阿克伦大学，俄亥俄州

年份：1973年

表6-5-4　　　　　　　　　　埃德温·托马斯艺术表演大厅基本数据

剧院座位数			观众席参数			最大中央视距（m²）	垂直角度视点位移
戏剧	歌剧	音乐会	容积	坐席	吸音	A:40.5	A:27°
894（5%）	2321（13%）	3008	可变视觉和音效容积	可变	可调节	B:42.1	B:18°
						C:22.3	C:7°

表6-5-4 埃德温·托马斯艺术表演大厅基本数据（资料来源：George C.Izenour, *Theater Design*, McGraw-Hill Book Company,1977）

图6-5-22

图6-5-23

图6-5-22, 图6-5-23 埃德温·托马斯艺术表演大厅鸟瞰及透视（图片来源：George C.Izenour, *Theater Design*, McGraw-Hill Book Company,1977）

这家剧院的可变视觉和音效容积、可变吸声量、可调座椅可能使它成为世界上最精密的多功能剧场之一。它代表了剧院和声学的最高水平，实现了对观众席和舞台的完全控制。座位几何学、观众席容量、可操控的吸音设备都很好地融入建筑设计之中。

舞台和观众席的声学和视线设计，是按照赛宾的混响时间公式和约翰斯科特拉塞尔的视线标准来进行的。多功能在建筑设计中永远不能屈居次要地位，这是一个冒险和快乐的融合点。包括甲方、建筑师、工程顾问、工程师，有经验的施工承包商不但将这些设计付诸实施，而且将花费控制在适中的预算中，造出的多功能剧场与同等规模和复杂程度的专业剧场相比相差不多甚至还要更好。

在这个设计中将观众厅空间分割成三部分，其中前部交响乐座位800~900席，每排座位都可以看到天幕；600席的浅眺台观众席；在其之下的1 500个大挑台观众席，每排的观众都能够看到镜框舞台的大幕线，这都是经过仔细考虑后设计的。这个剧院的主体结构是大量浇筑混凝土结构，如基础、墙体、柱子、梁、楼板和折板等等。在总体规划中，观众厅、休息厅、广场和停车场等几个空间围绕着平行四边形的舞台空间布置，它们坐落在在山坡紧挨着市中心的铁路切口处，有一座桥将会成为连接大学校园和阿克伦的城市主要步行道。剧院两侧是连续玻璃面的休息大厅，玻璃面截止处的实墙面为休息厅和观众厅提供了结构支撑。房顶是预应

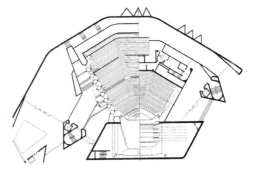

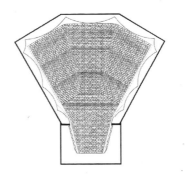

图6-5-24, 图6-5-25 埃德温·托马斯艺术表演大厅平面及奠定平面（图片来源：George C.Izenour, *Theater Design*, McGraw-Hill Book Company,1977）

力的梁架和折板系统。

第二层的内部结构是一个外部石膏抹灰的砌体和钢架的组合结构，它从地面一直延伸到了屋顶。一个用链条悬挂的是观众厅的声学吊顶系统。这个系统悬挂在钢构支架上，但是仍然需要其他的钢索从钢构支架界面直接连接到主要屋顶结构上。这个系统对观众厅来说既是声学上的又是视觉上的顶棚。

外部的主要结构由于过于复杂花了两年半的时间才完成。舞台是一个整体混凝土盒子，包含了悬挂钢骨架、可储藏的隔音壳体骨架，单一起重舞台平衡装置，还含有一个用手工操控的，可以通过安装在舞台右墙的多种用途的电力卷扬机系统折叠和储存的滑轨舞台，一个在尺度和清晰度方面同尤莱恩大厅相似的声学反射罩。

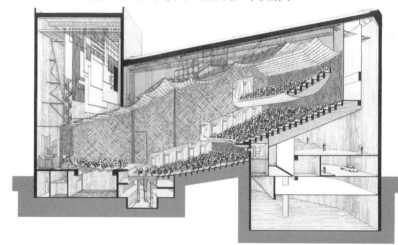

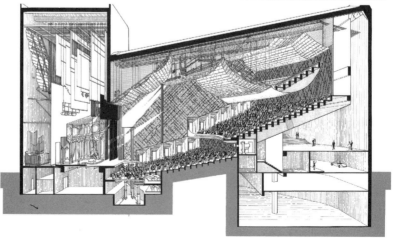

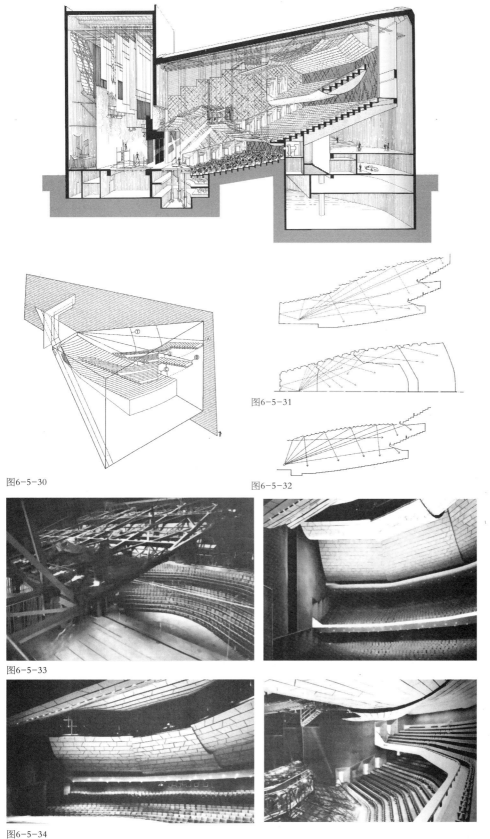

图6-5-29 埃德温·托马
斯艺术表演大厅戏剧场模
式剖面
（图片来源: George
C.Izenour,*Theater Design*,
McGraw-Hill Book
Company,1977）

图6-5-31

图6-5-30 埃德温·托马
斯艺术表演大厅座位几何
学分析
图6-5-31 音乐厅模式第一
次反射声分析
图6-5-32 歌舞剧场模式第
一次反射声分析
（图片来源: George
C.Izenour,*Theater Design*,
McGraw-Hill Book
Company,1977）

图6-5-30

图6-5-32

图6-5-33

图6-5-34

图6-5-33, 图6-5-34
戏剧场模式室内透视
（图片来源: George
C.Izenour,*Theater Design*,
McGraw-Hill Book
Company,1977）

6. 拉瑞多·希尔顿中心剧院礼堂（Theater-Auditorium Loretto Hilton Center）

设计者：墨菲和麦基

地点：韦伯斯特学院，密苏里州

年份：1965年

表6-5-5 拉瑞多·希尔顿中心剧院礼堂基本数据（资料来源：George C.Izenour,*Theater Design*, McGraw-Hill Book Company,1977）

表6-5-5   拉瑞多·希尔顿中心剧院礼堂基本数据

剧院座位数		观众席参数			最大中央视距（m²）	垂直角度视点位移
小伸展舞台	大伸展舞台	容积	坐席	吸音		
483	983	可变视觉和音效容积	固定、多功能同时使用的可分割礼堂	可调节	16.5	9°

　　拉瑞多·希尔顿中心剧院礼堂主要功能为教学礼堂，它可分为四个同时进行语言类活动的区域，其中最大的一个占据了3/4面积，并拥有集中放射状的过道。这个剧场的主要结构是钢柱、砌块承重墙与其承托的大跨度钢桁架。剧场内部的二层结构为涂有硬质石膏的钢骨金属网和混凝土砌块隔断。在三对垂直的密闭钢板梁中，下面的梁比上面的略微重一点。这些组合梁是视觉和听觉控制室的隔断。

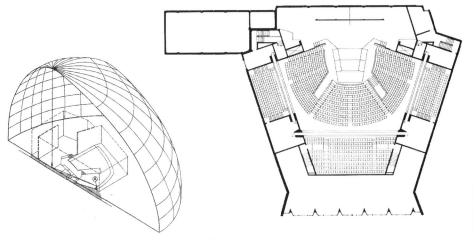

图6-5-35 拉瑞多·希尔顿中心剧院礼堂平面
图6-5-36 拉瑞多·希尔顿中心剧院礼堂语言清晰度分析
（图片来源：George C.Izenour,*Theater Design*, McGraw-Hill Book Company,1977）

图6-5-35   图6-5-36

图6-5-37 拉瑞多·希尔顿中心剧院礼堂伸出式舞台剖面
（图片来源：George C.Izenour,*Theater Design*, McGraw-Hill Book Company,1977）

图6-5-37 拉瑞多·希尔顿中心剧院礼堂镜框式舞台剖面
（图片来源：George C.Izenour,*Theater Design*, McGraw-Hill Book Company,1977）

7. 退伍军人纪念堂（Veterans' Memorial Auditorium）

设计者：塔利辛，威廉·彼得斯

地点：马林镇中心，圣拉斐尔，加利福尼亚

年份：1971年

表6-5-6　　　　　　　　　　　　　退伍军人纪念堂基本数据

剧院座位数			观众席参数			最大中央视距（m²）	垂直角度视点位移
戏剧	歌剧	音乐会	容积	坐席	吸音		
872（9%）	2010	2096	可变视觉和音效容积	可变、多功能同时使用时的可分割礼堂	可调节	A:37.2 B:18.3	A:10° B:5°

表6-5-6 退伍军人纪念堂基本数据
（资料来源：George C.Izenour,*Theater Design*, McGraw-Hill Book Company,1977）

这是由弗兰克·劳依德·赖特规划的，他的接班人塔里艾森建筑师联盟的首席设计师威廉皮特主持设计的马林镇三个市政中心项目中的一个。这是一个曲线直线相结合，装有无过道联排座椅，拥有三重功能的空间，包括音乐厅，剧院和展示大厅。剧院的主要结构是混凝土砌块墙体支撑，屋面是钢筋混凝土薄壳穹结构，顶棚上悬挂有金属网和硬质石膏。

单一用途的音乐厅和两种用途的剧院——展览大厅在剖透视中都显示出来。一个巨大的可以线性移动的隔板墙将空间分成两部分。音乐会、戏剧和音乐剧都适合在这个剧院中表演，除了超出观众厅两侧允许角度的76个座位以外都有着良好的视线效果。

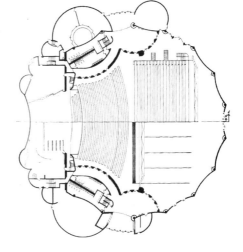

图6-5-38 退伍军人纪念堂音乐厅平面
（图片来源：George C.Izenour,*Theater Design*, McGraw-Hill Book Company,1977）

图6-5-39 退伍军人纪念堂座位几何分析

图6-5-40 音乐厅模式第一次反射声分析

图6-5-41 剧场模式第一次反射声分析
（图片来源：George C.Izenour,*Theater Design*, McGraw-Hill Book Company,1977）

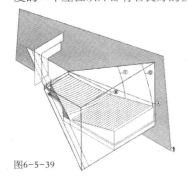

图6-5-39

图6-5-40

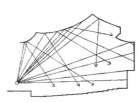

图6-5-41

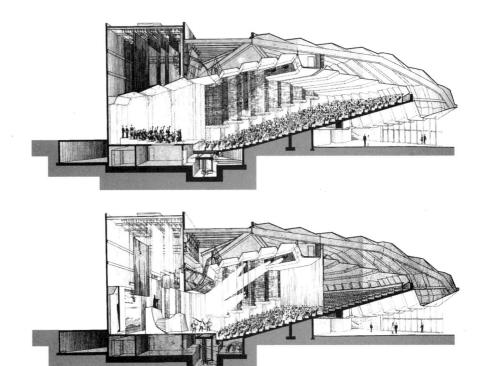

巨大的凸形斜墙面使得第一次反射声效果非常不错。

8. 凯恩礼堂（Cain Auditorium）

设计者：沃尔夫·巴尔杰和麦卡利

地点：堪萨斯州立大学，曼哈顿，堪萨斯

年份：1971年

表6-5-7　　　　　　　　　　凯恩礼堂基本数据

剧院座位数			观众席参数			最大中央视距（m²）	垂直角度视点位移
戏剧	歌剧	音乐会	容积	坐席	吸音		
984（2%）	1770	1815	可变视觉容积	固定双鱼排中间无过道的联排座椅	可调节	A:39　B:25.6　C:22.9	A:25°　B:22°　C:11°

　　凯恩礼堂是第一批低成本，坐席从1 113~2 548座，单挑台礼堂之一。它使用了铰链悬挂透声天花板系统，可以调控的容积和可调座椅。混响时间的调节通过各种吸声装置得以实现，这些装置的吸声材料位于三个位置：

　　（1）吸声材料在透声移动天花板之后；

　　（2）吸声材料暴露在结构侧墙前面；

　　（3）吸声材料放置在透声和反射侧墙之间。将移动可透声天花板和侧墙面与可调控吸音相结合的声音调节方式，比起直接只用巨大的可移动表面控制体积的调节方式，更加简单和更加经济。

　　这个剧场的视线设计对所有三种模式的座椅布置方式来说都是比较理想的，第一次反射声在三种模式下都能得到很好地分布。音乐厅模式的容积是剧院模式的2倍。

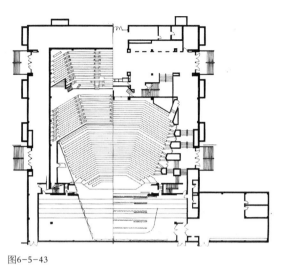

图6-5-43

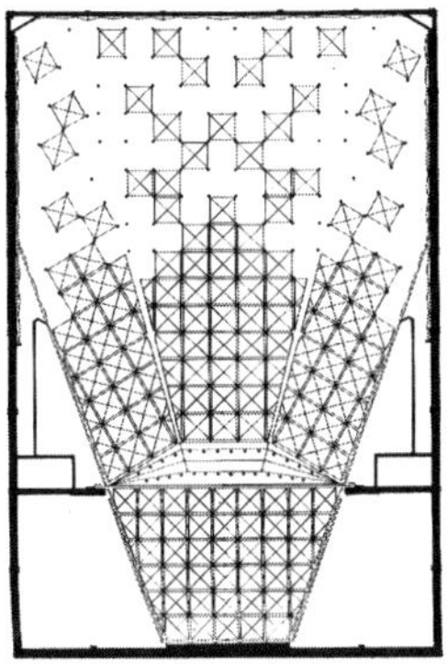

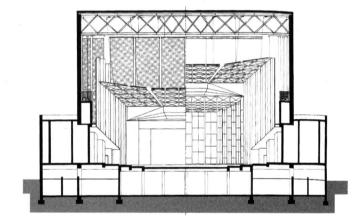

图6-5-45

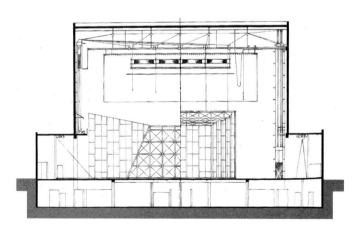

图6-5-46

图6-5-43 凯恩礼堂一层
平面；
图6-5-44 凯恩礼堂吊
顶平面
（图片来源：George
C.Izenour, *Theater Design*,
McGraw–Hill Book
Company,1977）

图6-5-44

图6-5-45 从观众厅看向舞
台的剖面，右边是音乐厅模
式下反声罩打开，吸声系统
收起的状态；左边是剧场模
式下反声罩收起，吸声系统
打开的状态；
图6-5-46 舞台看向前台的
剖面，右边是音乐厅模式下
反声罩打开，吸声系统收起
的状态；左边是剧场模式下
反声罩收起，吸声系统打开
的状态。
（图片来源：George
C.Izenour, *Theater Design*,
McGraw–Hill Book
Company,1977）

图6-5-47 凯恩礼
堂音乐厅模式剖面
（图片来源：George
C.Izenour,*Theater Design*,
McGraw-Hill Book
Company,1977）

图6-5-47

图6-5-48 音乐厅模式时从
最后一排看向舞台
图6-5-49 歌舞剧音乐剧
模式时从最后一排看向舞台
（图片来源：George
C.Izenour,*Theater Design*,
McGraw-Hill Book
Company,1977）

图6-5-48　　　　　　图6-5-49

图6-5-50 凯恩礼堂歌剧院
模式剖透视
（图片来源：George
C.Izenour,*Theater Design*,
McGraw-Hill Book
Company,1977）

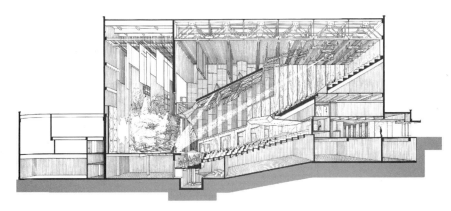

图6-5-50

图6-5-51 从舞台看向大
观众厅
图6-5-52 歌舞剧音乐剧模
式时从观众厅看向舞台
（图片来源：George
C.Izenour,*Theater Design*,
McGraw-Hill Book
Company,1977）

图6-5-51　　　　　　图6-5-52

图6-5-53

图6-5-53 凯恩礼堂
戏剧院模式剖透视
（图片来源：George
C.Izenour,*Theater Design*,
McGraw-Hill Book
Company,1977）

图6-5-54

图6-5-55

图6-5-54 凯恩礼堂戏剧院
模式从舞台看向观众席
图6-5-55凯恩礼堂戏剧
院模式时从挑台上看向
舞台，75%的顶棚吸声板
已降下
（图片来源：George
C.Izenour,*Theater Design*,
McGraw-Hill Book
Company,1977）

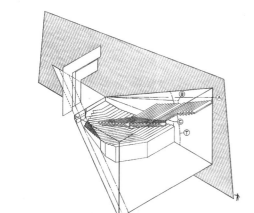

图6-5-56

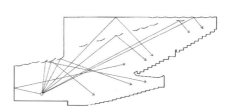

图6-5-57

图6-5-56 凯恩礼堂座位
几何分析
图6-5-57凯恩礼堂音乐厅
模式第一次反射声分析
图6-5-58凯恩礼堂歌剧音
乐剧模式第一次反射声分析
图6-5-59 凯恩礼堂剧场模
式第一次反射声分析
（图片来源：George
C.Izenour, *Theater Design*,
McGraw-Hill Book
Company,1977）

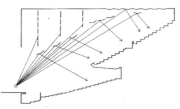

图6-5-58

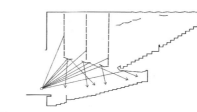

图6-5-59

9. 雷纳里奥斯音乐厅（Sala De Conciertos Rios Reyna）

设计者：迪特·里希，托马斯·卢戈

地点：特雷莎卡雷诺文化中心，加拉加斯，委内瑞拉

年份：1976年

表6-5-8　　　　　　　　　　　　　　雷纳里奥斯音乐厅基本数据

表6-5-8　雷纳里奥斯音乐厅基本数据（资料来源：George C.Izenour,*Theater Design*, McGraw-Hill Book Company,1977）

剧院座位数			观众席参数			最大中央视距（m²）	垂直角度视点位移
戏剧	歌剧	音乐会	容积	坐席	吸音		
1542（22%）	2451（8%）	2733	可变视觉容积	固定、机械剧院舞台	可调节	A:31.5 B:30.3	A:24° B:10°

雷纳里奥斯音乐厅是特雷莎卡雷诺文化中心中两个公共剧场中，比较大的一个。它是埃森渥华多功能剧场设计中四个巅峰项目之一（其他三个为凯恩礼堂、厄尔巴索音乐大厅-剧院和埃德温·托马斯艺术表演大厅）。最初的中标方案是设计成可转换的音乐厅—剧场，而后来却变成是可转换歌剧院—剧场—音乐厅，完全成为另外一件不同的作品。

最初的构想是将圆形的音乐大厅转化为剧院。但由于圆形音乐大厅的固定座椅几何布局与精密的舞台技术操作之间存在矛盾，使得这个设想无法实施。随着剧院专家参与进来，建筑师理解了转换技术之后，采用了刚好相反的转化顺序。除了一小部分的工程要从头开始，双重的剧院形式被保留下来，已经成为一个固定因素的音乐厅舞台也转变为完全吊索的剧场舞台。最初的音乐厅舞台的巨大固定侧墙改造为可移动墙体，侧墙也衔接了舞台后墙和钢结构声学反射罩构成的天花板。用这个办法使剧院转化为音乐大厅。

在项目的图纸绘制阶段，设计再次改动，要将小的剧院舞台扩大成现代歌剧院舞台，同时还要保留前一个构想中的双重音乐厅—剧院布局。最终修改方案是将舞台高度提升1倍（27.2m）并且增加舞台深度（54m）到包含车台和一个车载转台。2个小的车台，其中的一个既可以当一个独立的单元使用，又可以被分成两部分单独操作，它们都可以通过升降台降低到舞台下部以更换布景，除此之外，它们还可以在舞台高度纵向移动。车载转台（直径18m）只能前后移动。

顶上是一个由点线方式固定的可变速的电动机械铰盘绳索吊杆系统，它是由电脑控制的同种类型中最为复杂的一个。带有无限预置存储的照明系统，同样是电脑操控的。这是第一次，一个现代的完全成熟的歌剧院机械舞台和观众席，成为了集大量的建筑、结构、机械和电子控制于一体的多功能剧院转换系统的一部分。

图6-5-60 雷纳里奥斯音乐厅施工过程图（图片来源：George C.Izenour,*Theater Design*, McGraw-Hill Book Company,1977）

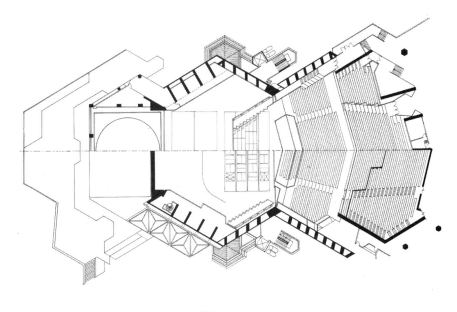

图6-5-61 雷纳里奥斯音
乐厅平面
（图片来源：George
C.Izenour,*Theater Design*,
McGraw-Hill Book
Company,1977）

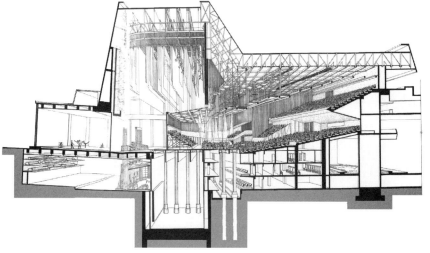

图6-5-62 雷纳里奥斯音乐
厅模式剖透视
（图片来源：George
C.Izenour,*Theater Design*,
McGraw-Hill Book
Company,1977）

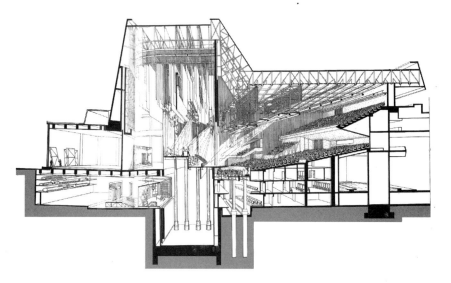

图6-5-63 雷纳里奥斯音乐
厅歌剧院模式剖透视
（图片来源：George
C.Izenour,*Theater Design*,
McGraw-Hill Book
Company,1977）

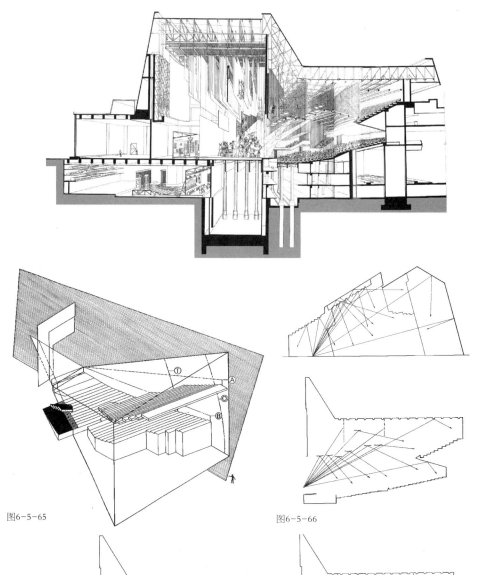

图6-5-64 雷纳里奥斯音乐
厅剧场模式剖透视
（图片来源：George
C.Izenour,*Theater Design*,
McGraw-Hill Book
Company,1977）

图6-5-65 雷纳里奥斯音乐
厅座位几何分析
图6-5-66 雷纳里奥斯音
乐厅音乐厅模式第一次反
射声分析
图6-5-67 雷纳里奥斯音乐
厅歌剧音乐剧模式第一次
反射声分析
图6-5-68 雷纳里奥斯音
乐厅剧场模式第一次反射
声分析
（图片来源：George
C.Izenour,*Theater Design*,
McGraw-Hill Book
Company,1977）

图6-5-65　　　　　　　图6-5-66

图6-5-67　　　　　　　图6-5-68

　　许多欧洲、澳洲和其他地方的建筑师、舞台设计师和剧院专家声称不可能完成的事情，在南美洲而不是北美洲得以实现。如同埃森渥华的其他3个多功能剧场设计作品一样，它融合了很多人的智慧（建筑师、专家、工程师和承包商），使工程圆满完成。最重要的是，客户打破陈规与传统，破除长达两个世纪的歌剧院-音乐厅-剧院设计和建造的教条，相信并接受设计师们的专业建议。

　　这个剧场的主体结构为现浇钢筋混凝土墙支撑的覆盖观众厅和舞台的钢桁架屋顶。在池座和挑台层的座位布局中，保留了原本设计方案中的放射性过道。埃森渥华力荐的中间无过道的联排式座椅布局方式，有能够压缩横向尺寸，进而改善两侧座位的视线的优点，但是遭到否决。不对称的平面，没有像加斯里那样严重，因为每个分区是分开分析的，所以没有对垂直视线产生不利影响，并且对观众厅两侧视线的影响也不明显。

10. 华盛顿大学多功能大体育场（Multi-purpose Coliseum）

设计者：约翰格·雷厄姆及公司

地点：华盛顿大学，普拉曼，华盛顿

年份：1973年

表6-5-9　　　　　　　　　　　　　华盛顿大学多功能大体育场基本数据

剧院座位数			观众席参数			最大中央视距（m²）	垂直角度视点位移
戏剧	歌剧	音乐会	容积	坐席	吸音		
1070（15%）	2670（34%）	2670	可变视觉容积	电声环绕和加强	可调节	A:43.9 B:24.7	A:24° B:22°

表6-5-9 华盛顿大学多功能大体育场基本数据（资料来源：George C.Izenour, *Theater Design*, McGraw-Hill Book Company,1977）

11. 梅比中心（Mabee Center）

设计者：弗兰克·华莱士

地点：罗伯特大学，图萨，俄克拉荷马

年份：1972年

表6-5-10　　　　　　　　　　　　　　梅比中心基本数据

剧院座位数			观众席参数			最大中央视距（m²）	垂直角度视点位移
戏剧	歌剧	音乐会	容积	坐席	吸音		
1386（42%）	2600（47%）	2774	可变视觉容积	电声学包装和加强	可调节	A:43.9 B:24.7	A:20° B:18°

表6-5-10 梅比中心基本数据（资料来源：George C.Izenour, *Theater Design*, McGraw-Hill Book Company,1977）

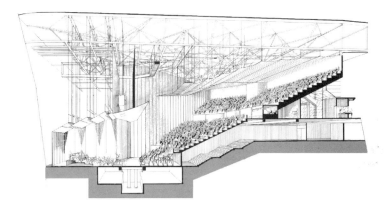

图6-5-69

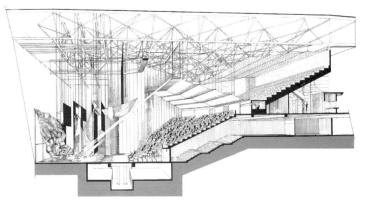

图6-5-70

图6-5-69 华盛顿大学多功能大体育场音乐厅模式剖透视

图6-5-70 华盛顿大学多功能大体育场剧场模式剖透视

（图片来源：George C.Izenour, *Theater Design*, McGraw-Hill Book Company,1977）

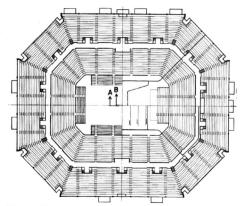

图6-5-71

图6-5-71 华盛顿大学多功
能大体育场平面
图6-5-72 梅比中心多功能大
体育场平面
（图片来源：George
C.Izenour,*Theater Design*,
McGraw-Hill Book
Company,1977）

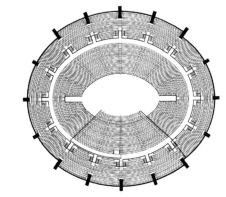

图6-5-72

华盛顿大学和梅比大学的多功能体育场
都是伊利诺斯大学会场的传承。虽然它们有
不同的几何布局，但是它们作为多功能的运
动场组成了一个不同于以上案例的分类。多
功能的体育场虽然主要是用作体育比赛，但
是可以在内部划出一个扇形的区域来用作表
演，这个扇形区域是通过特定的侧面和后部
的墙体来限定出视觉空间的。在声效方面，
除了能为音乐表演提供强大的一次反射声之
外，其他的可以依靠为音乐会提供电声环境
和为演讲提供电声加强来实现。

相比梅比大学，华盛顿大学的多功能
剧场在音乐声效方面更胜一筹，因为它的侧
墙反射罩是可以控制的。这个剧场中的便携
式起重机能够竖起调控侧墙反射罩，起重
机易于安放在乐池起重机前后或舞台下面。
两个运动场声音反射罩的最初设计是安装有
悬挂结构的水平折叠钢构侧墙系统，可以收
到舞台上面的格栅顶上。然而，由于集中的
过大的动荷载，这需要加强每个屋顶的主要
结构，而且需要追加预算来加固屋顶，因此
这个最初的设计概念是行不通的。如果行得
通，竖起和调整声音反射罩的时间一共只需
要3个工时，而不是现在的24个。华盛顿大学
的体育场座位是直线的；梅比大学的是曲线
的。歌剧、音乐剧和戏剧表演在华盛顿大学
体育场中有更好的效果，主要由于以下两个

图6-5-73 华盛顿大学多功
能大体育场梅比中心多功能
大体育场剧场座位几何分析
（图片来源：George
C.Izenour,*Theater Design*,
McGraw-Hill Book
Company,1977）

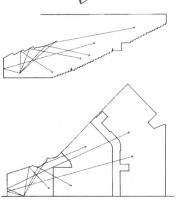

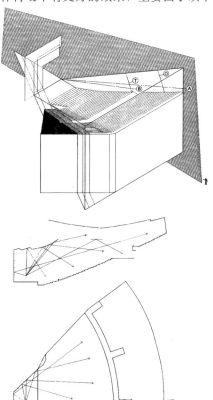

图6-5-74 梅比中心第一次反
射声分析
（图片来源：George
C.Izenour,*Theater Design*,
McGraw-Hill Book
Company,1977）

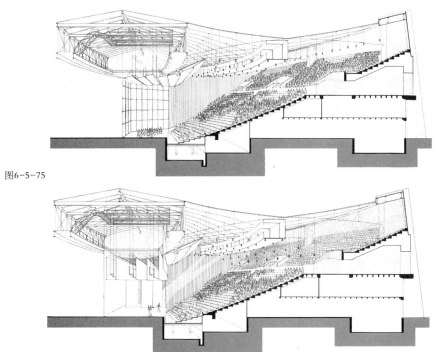

图6-5-75

图6-5-76

图6-5-75 梅比中心多功
能大体育场剧场音乐厅模
式剖面
图6-5-76 梅比中心多功能
大体育场剧场模式剖透视
（图片来源：George
C.Izenour,*Theater Design*,
McGraw–Hill Book
Company,1977）

原因：

（1）更少的座位总数（2670vs.2774）；

（2）梅比体育场是一个相当宽的楔形，导致了比华盛顿大学多功能剧场的更严重的角度变形。来自音乐反射罩第一次音乐反射要优于来自侧墙的反射声。

这两个体育馆的设计在主体结构上形成了强烈对比。华盛顿大学的是一个钢构空间骨架，它的舞台隔断和吊索舞台机械依托于一个10根均质分布的支柱系统。观众席座椅由现浇和预制钢筋混凝土构筑。梅比大学体育馆通过由绳索从一个钢预应力环连接到另一个预应力环，来控制舞台机械绳索系统，观众席座位是由整体现浇混凝土制成。这两个体育馆的屋顶都是由钢模板浇筑成的，它们下面都挂有吸音设备。

6.5.2 中国现代多功能剧场实例

1.宁波大剧院多功能剧场

宁波大剧院位于宁波市北湾头三江交汇口处，方案由法国何斐德公司设计，工程完工于2004年。

宁波大剧院总建筑面积73 200m²，占地面积135 939m²，总投资6亿元人民币。其主要有两部分组成，包括一个1 500座的大剧场和一个800座的多功能剧场。宁波的剧院的平面比较有机，通过多条弧线来界定建筑的界面，呼应场地。大剧场和多功能剧场是脱开成一定角度布置，被置于同一个屋盖下，通过巨大的公共休息空间相连。

宁波大剧院多功能剧场是镜框式舞台多功能剧场，观众厅为矩形平面，多功能厅面积约851.6m²，舞台18m×25m，两个小侧台18m×5m。这个多功能剧场的池座被分为两部分，靠近舞台部分的前区通过地上的座椅升降台可以实现活动座椅的地下储藏，远离舞台的部分是伸缩式座椅，可以整体收到观众厅的后墙上。依靠座椅升降台和伸缩式座椅，这个多功能厅可以轻易地完成三种布局方式的变化。

（1）全部的座椅都打开，形成满座800座的阶梯会议模式的剧场。

（2）观众厅前区的升降座椅收起，升降台升起到舞台面高度，观众厅后区的伸缩式座椅打开，形成伸出式舞台的布局模式。

（3）当观众厅前区的升降座椅收起，升降台升降到与后区地面平齐，观众厅后区的伸缩座椅收起，整个观众厅形成一个完整的平地面大厅，可以用来办舞会和举办婚礼。

宁波大剧院多功能厅由于使用效率较低，现已被改造成一个350座的的民族风俗剧场，这说明剧场设计之初的项目定位有一定问题。但是多功能剧场的设备仍然保留，有改回原来布局的余地。

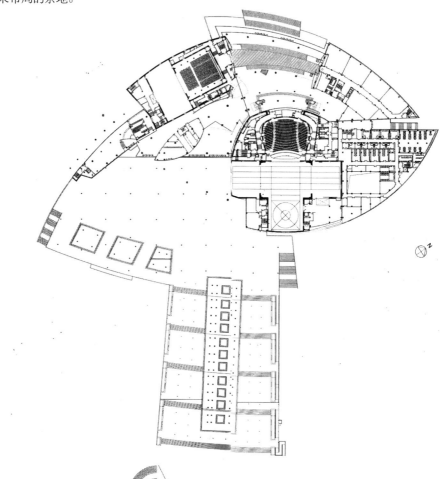

图6-5-77 宁波大剧院首层平面

（图片来源：华东建筑设计研究院提供）

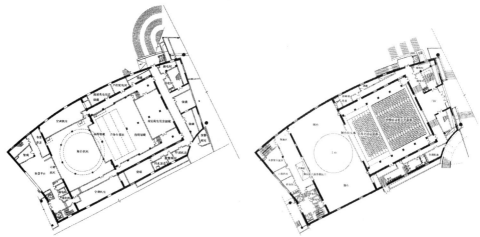

图6-5-78 宁波大剧院多功能剧场首层平面

图6-5-79 宁波大剧院多功能剧场儿层平面

（图片来源：华东建筑设计研究院提供）

图6-5-78　　　　　　　　　　图6-5-79

2. 苏州科技文化艺术中心多功能剧场

苏州科技文化艺术中心位于苏州工业园区金鸡湖东岸的文化水廊景区，定位于商业、娱乐、科技、文化于一体的综合性大型文化中心，总建筑面积达134 000m²，其设计者是法国建筑师保罗·安德鲁。这也是安德鲁在中国继上海东方艺术中心和北京国家大剧院项目之后，又一个大型文化类公共建筑。

图6-5-80 苏州科技文化艺术中心鸟瞰

（图片来源：http://www.panoramio.com）

苏州科技文化艺术中心概念来自于一颗"珍珠"，一段"墙壁"和一座"园林"，整个平面布局呈一个月牙形围绕一个水滴形展开。它由五个大的功能区构成，分别是科技中心、演艺中心、影视中心、商业设施和辅助设施。其中的演艺中心由一个1 180座的大剧院和500座的可用餐式演艺厅组成。

大剧院位于整个苏州科技文化中心月牙形平面的中轴线上，即"月牙"的最宽处，左侧是化妆区，右侧是可用餐式演艺厅，它通过前面的休息大厅与其他的功能空间相连。而整个观演区则通过左右两个出入口的分隔，从其他功能空间中独立出来。

大剧院是一个可以承担多种表演类型的多功能剧场，主要的表演类型有大型歌舞剧、交响乐、室内乐、独唱独奏音乐会及电声音乐会等。在观众厅1 180个座位中，747个是池座，二层楼座及包厢有221座，三层楼座及包厢有222座。

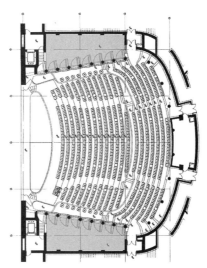

图6-5-81 苏州科技文化艺术中心混响室

（图片来源：华东建筑设计研究院提供）

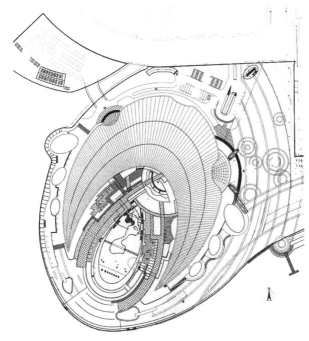

图6-5-82 苏州科技文化艺术中心总平面

（图片来源：华东建筑设计研究院提供）

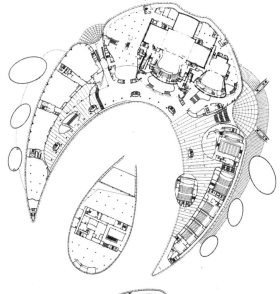

图6-5-83

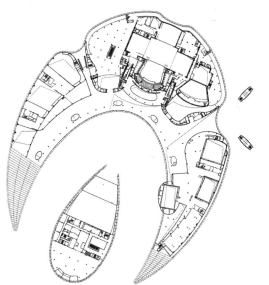

图6-5-83 苏州科技文化艺
术中心一层平面

图6-5-84 苏州科技文化艺
术中心二层平面

（图片来源：华东建筑设计
研究院提供）

图6-5-84

　　大剧院的舞台为标准的品字型舞台，舞台台口宽18m，台口高12m，主舞台长宽各18m，总面积达324m²。两个侧台长为18m，宽为15m，总面积均为270m²，后舞台长宽各18m，面积同主舞台一样是324m²。主舞台的高度是47m，格栅顶高度是40m，侧台和后舞台高度为20m。舞台前部设有一个长17m，面积达52m²的升降乐池。

　　大剧院的观众厅呈马蹄形，长26.6m，宽度在22.8~31.6之间，平均高度为18m，总容积11 200m³。虽然是多功能剧场但是它的平面形式不能改变，座椅全部为固定式。它主要通过改变声学条件来适应不同演出的需要。大剧院声学条件的改变是通过两种方式进行，一种是通过改变体积来调节混响时间，另一种是通过改变吸声量来调节混响时间。通过改变体积调节混响效果是最明显的，但是由于造价和占用空间问题，国内用的不多，苏州科技文化艺术中心大剧院在观众厅两侧各设置有三层总体积达2 300m³的混响室，利用舞台声反射罩也可以实现1 000m³的体积变化。大剧院调节吸声量通过设置在后墙上和混响室内可以上下升降的吸声幕帘来实现。

　　混响室和吸声幕帘结合可以实现以下四种演出形式的需要。

　　（1）当混响室的门全部打开，舞台设置音乐声反射罩，可以增加3,300m³的体积，同时所有的吸声幕帘处于收起的状态，中频混响时间可以达到1.9s，能够满足交响乐演出的条件。

（2）混响室的门全部开启，混响室的幕帘处于打开状态，观众厅内其他幕帘处于收起状态，舞台设置音乐声反射罩，中频满场混响时间可以达到1.6s，能够满足室内乐和独唱或独奏音乐的的演出条件。

（3）混响室的门全部关闭，观众厅内所有吸声幕帘处于收起状态，不设音乐声反射罩，中频满场混响时间可以达到1.4s，能够实现歌剧的演出条件。

（4）混响室的门全部关闭，观众厅内所有幕帘都呈打开状态，舞台不设音乐声反射罩，可以达到戏剧和电声音乐会的演出条件。

3. 上海世博演艺中心

上海世博演艺中心为华东建筑设计研究院设计，位于上海世博园浦东园区世博轴的右侧，与中国馆相对，是上海世博会几个永久性场馆之一。它在世博会期间承担着大型文艺演出和活动，世博会后将举行大型庆典、演唱会、各类演出和诸如NBA，冰球等此类的国际级体育赛事的职能。这么多职能的要求使它成为国内最大最先进的超大型多功能剧场。

上海世博演艺中心总占地面积67 242m²，总建筑面积为125 945m²，多功能剧场的座位总数是18 000个。为了减小对周围环境的影响，上海演艺中心采用了上大下小的布局方式，它总的建筑造型呈一个漂浮的飞碟状，这也与内部的使用功能相适应。

世博演艺中心根据需要可以分隔成分别容纳18 000座、12 000座、10 000座、8 000座或5 000座的剧场空间，这是由剧场顶部的升降隔断系统来实现的。舞台可以根据演出内容，在大小、形态甚至360°空间中进行三维组合，或从中心转换到尽端，或形成中心与尽端的组合形式，从而给演出带来无限的艺术创意空间。剧场的舞台布局变化时，剧场内的活动座椅通过伸缩和升降的方式来调整位置和视线关系，与舞台相呼应。

世博演艺中心的中间场地可以通过国际标准的制冰系统造出长61m，宽30m的冰面。重型卡车可以直接从场馆外开到室内的场地中卸货，满足舞台和其他演出设施的快速组装。

图6-5-85

图6-5-86

图6-5-85 上海世博演艺中心室内效果图1；

图6-5-86 上海世博演艺中心室内效果图2

（图片来源：《建筑学报》，2009/6 ）

图6-5-87 上海世博演艺中心透视

（图片来源：http://www.nipic.com）

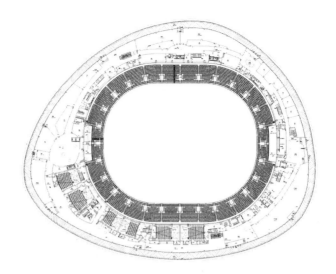

图6-5-87

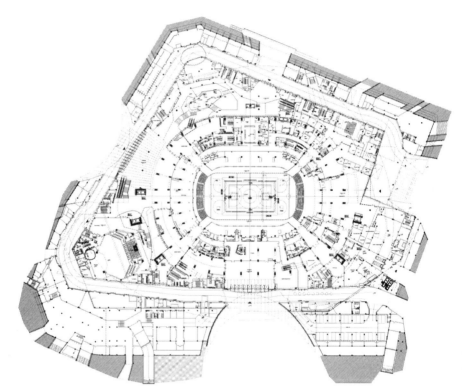

图6-5-87，图6-5-88 上海
世博演艺中心首层平面、看
台层平面

（图片来源：《时代建筑》，
2009/4 ）

图6-5-88

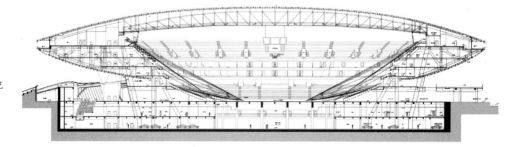

图6-5-89 上海世博演艺
中心剖面

（图片来源：《时代建
筑》，2009/4 ）

表6-5-11　　　　　　　　　　　　　上海世博演艺中心舞台的六种不同布局方式

座位数	舞台形式	用途	平面布局
18 062	中心式舞台	篮球赛	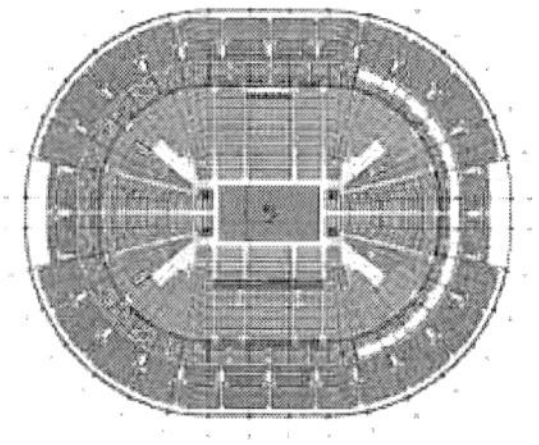
12 188	伸出式舞台	大型演唱会	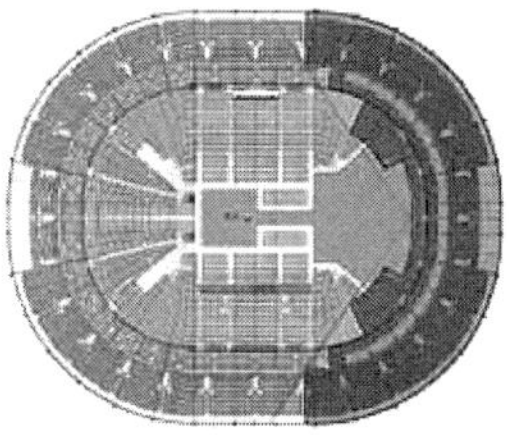
10 562	中心式舞台	冰球场、滑冰场	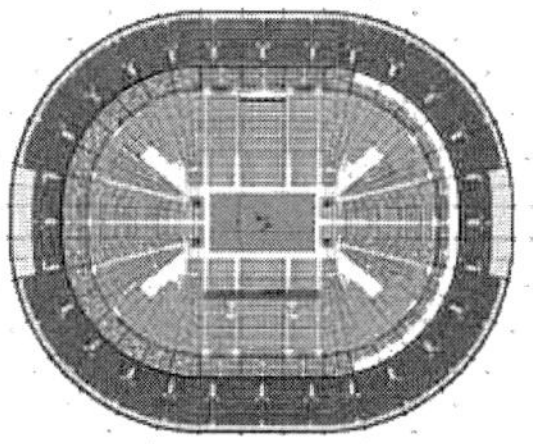
8 224	尽端式舞台	演唱会、电视节目、颁奖礼等	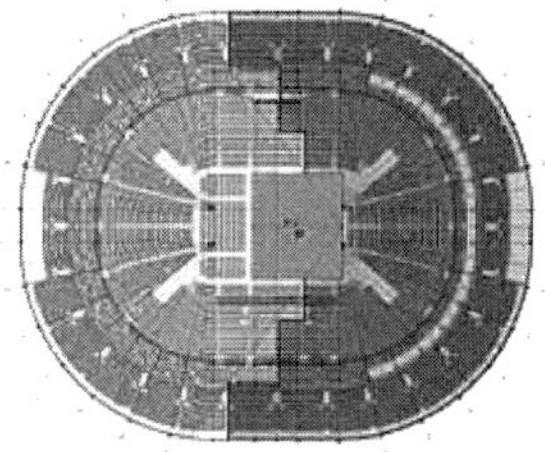
7 990	伸出式舞台	演唱会、电视节目、颁奖礼等	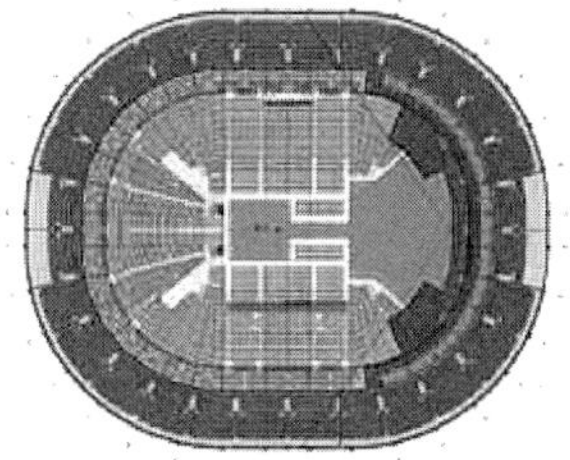
5 258	尽端式舞台	演唱会、电视节目、颁奖礼等	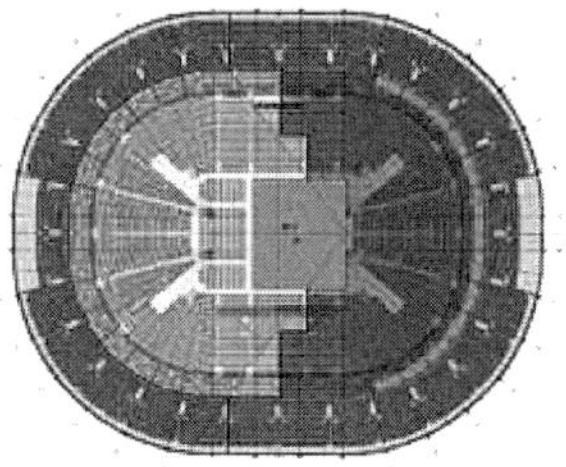

表6-5-11 上海世博演艺中心舞台的六种不同布局方式

（资料来源: 作者汇总）

6.5.3 外国现代多功能剧场实例

1. 日本新国立剧场中剧场

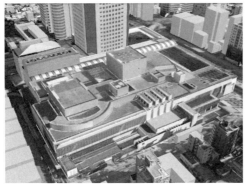

图6-5-91

图6-5-92

图6-5-91, 图6-5-92 新国立剧场鸟瞰

（图片来源: http://www.panoramio.com）

日本新国立剧场是从建设构想到建成前后共用了30余年，竞赛由日本建筑师柳泽孝彦设计中标，于1997年建设完工。新的国立剧场与上演歌舞伎的旧国立剧场呼应，是一座集观演、餐饮、购物、办公于一体的大型建筑群，又叫东京歌剧城。其中的观演部分包含大中小三个剧场，大剧场是歌剧场，用来表演各种歌剧和芭蕾舞剧，中剧场是适应各种演出需要的多功能综合性剧场，小剧场是一个400多座的多功能厅。

新国立剧场的中剧场位于整个场地的最左侧，与大剧场成九十度角布置，两个剧场的后台区连为一体。这个剧场主要演出戏剧、现代舞蹈，还有小型歌剧、芭蕾舞、音乐等。

中剧场的观众席平面呈扇形，含有一层楼座。舞台是完整的品字形舞台，包含主舞台，两个完整的侧台和后舞台。台口宽度是16.6m，高度为9m，主台深度为18.2m，从大幕线到后舞台的深度为36.45m，主台高度21.3m。主台面积27.2m×20.9m，侧台面积16.7m×20.5m，后舞台面积19.5m×17.7m，前舞台最大宽度20.5m，最大进深10.93m。它的舞台有两种变换方式，一种是镜框式舞台，另一种是伸出式舞台。两种布局的转换主要通过两种方式进行，一是将观众席靠近舞台位置的242个座位转化成伸出式舞台；二是通过开关闭合观众席两侧的可移动墙体，来改变观众席的数量和大厅的容积。采用镜框式舞台时观众厅共有1 038个座位，其中池座851个（含有8个残疾人坐席），楼座187个；采用伸出式舞台时共有1 010个坐席，其中池座761个（含有8个残疾人坐席），楼座249个。

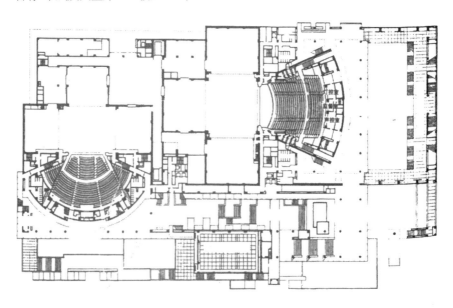

图6-5-93 新国立剧场一层平面

（图片来源: 服部纪和著, 张三明, 宋姗姗译. 音乐厅、剧场、电影院 [M]. 北京: 中国建筑工业出版社, 2006）

图6-5-94

图6-5-95

图6-5-94 伸出式舞台

（图片来源：服部纪和著，张三明，宋姗姗译.音乐厅、剧场、电影院 [M]. 北京：中国建筑工业出版社，2006）

图6-5-95 镜框式舞台

（图片来源：齐欣摄）

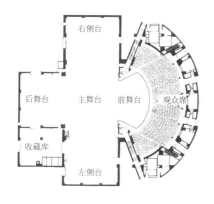 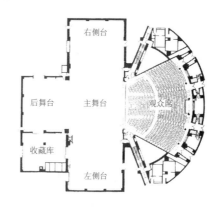

图6-5-96 多功能剧场两种舞台形式平面

（图片来源：服部纪和著，张三明，宋姗姗译.音乐厅、剧场、电影院 [M]. 北京：中国建筑工业出版社，2006）

1）舞台机械

主舞台设有两块14.58m×3.64m的升降台和一块14.58m×7.27m的升降台，向上可以升到舞台面以上4.5m，向下可以降到舞台面以下15.7m，左侧台和后舞台各设有一块14.58m×14.58m的车台，车载转台的直径是12.74m，侧台车台可以滑到主台上，后舞台的车台可以向前一直滑到前舞台上。前舞台即升降乐池区被分成了7块，它的升降范围在0.5~-4.5m之间。

中剧场设有4道20m和40道18m的主舞台吊杆，左右各两道11m天幕吊杆，左右各两道3.5m天幕吊杆。上场门端设有6道13.7m边幕吊杆，下场门端设有6道14.0m边幕吊杆。

后舞台有5道14.6m的和1道15.6m的吊杆，左右各2道14.2m的后天幕吊杆，前舞台有3道14.2m吊杆。

2）声学设计

每座容积率，镜框式舞台为6.9立方米/座，伸出式舞台为7.3立方米/座。两种舞台形式的满场混响时间都是1.1s。观众厅两侧墙面为素混凝土墙面，两片活动墙和后墙面表面为纤维加强板材料，局部是吸声结构。

中剧场的音响要考虑到镜框式舞台和伸出式舞台两种变化的需要，除了像专业剧场一样配备固定的音响设备以外，还在主舞台的吊杆、天桥、舞台面等区域预留安装临时音响设备的的位置。

2. 奈良百年会馆

奈良百年会馆由矶崎新设计完成，建成于1998年，其中用地面积16 061.76m²，总建筑面积6 416.01m²，内含1 800人的会议厅和500人的音乐厅。这个会馆由一个船型形体和一面弧墙交汇形成，船形的长轴以奈良古城的城市南北轴为基准，弧墙则与基地不远处的铁路平行，船形和弧墙切出了入口大厅。

奈良百年会馆的大剧场位于百年会馆的南端，与会馆的船型相契合，剧场无舞台区和观众厅之分，整个呈一个完整的大空间，在剧场的后部（就是一般剧场门厅的位置）有一

图6-5-97 奈良百年会
馆透视

（图片来源：http://www.
qingdaonews.com）

个被称之为"虚舞台"的空间与前部
大厅相连。

　　奈良百年会馆的大剧场的主要
用途是举行会议，为了使大剧场适应
多种功能，它的舞台系统和座椅系统
变得非常复杂。复杂的机械系统使得
舞台可以轻易地从镜框式舞台转化成
其他的舞台形式。奈良百年会馆大剧
场的后部池座以及最上部的楼座是固
定的，靠近舞台的池座设置了可以升
降的模块，升降模块通过调整高度可
以实现岛式舞台、T形台、半岛式舞
台、中轴式舞台的布置，座椅可以根
据舞台需要来灵活转动和移动。这个剧场最独特的地方是它的二层的小进深挑台，这个挑
台呈弧形从三面环绕观众厅，挑台上设有两根导轨，导轨上有4个各5排的观众席，它们可
以像车厢一样在导轨上移动，根据舞台的布置方式来确定它们的位置，比如当舞台设置为
镜框式舞台时，小挑台观众席移动到中间正对舞台位置，岛式舞台则移动到两侧。

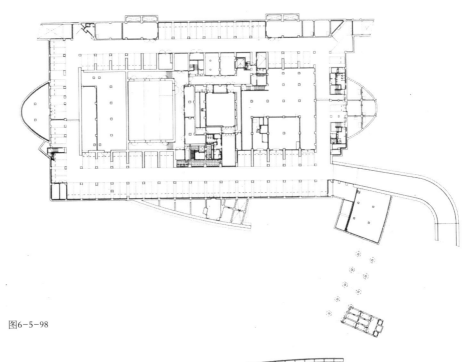

图6-5-98

图6-5-98，图6-5-99 奈良
百年会馆大剧场地下一层平
面、夹层平面

（图片来源：Yukio Futagawa,
GA Document , ADA
Editors,Japan, 第57期）

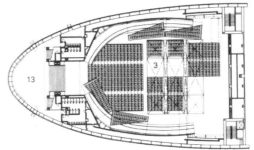

图6-5-99

图6-5-100 奈良百年会馆
大剧场由舞台看向观众厅

图6-5-101 奈良百年会馆大
剧场由舞台看向观众厅

（图片来源：Yukio Futagawa，
GA Document，ADA

Editors,Japan，第57期）

图6-5-100

图6-5-101

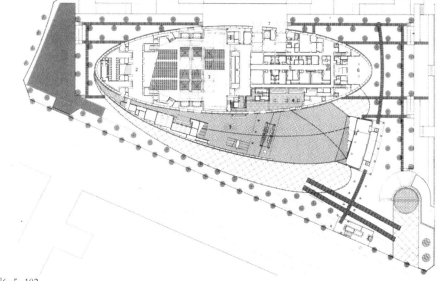

图6-5-102

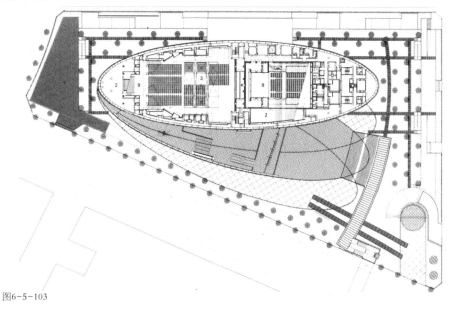

图6-5-102，图
6-5-103 奈良百年会馆
大剧场一层、二层平面

（图片来源：Yukio

Futagawa，GA

Document，ADA

Editors,Japan，第57期）

图6-5-103

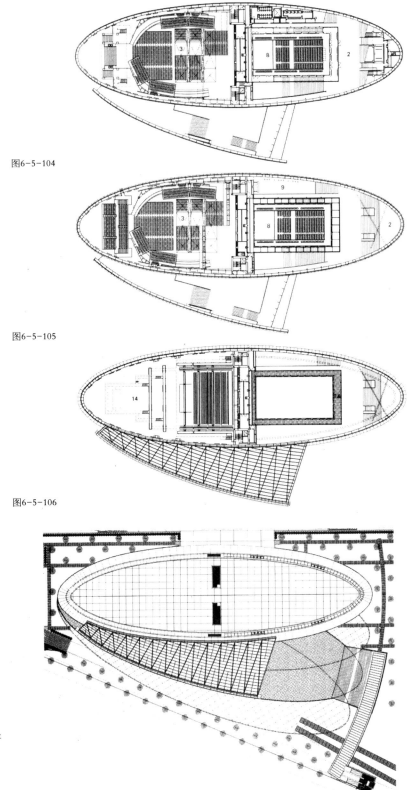

图6-5-104

图6-5-105

图6-5-106

图6-5-104，图6-5-105，图
6-5-106，图6-5-107 奈良百
年会馆大剧场三层平面、四层平
面、五层平面、顶层平面图

（图片来源：Yukio
Futagawa，*GA Document*
，ADA Editors,Japan，第57期）

图6-5-107

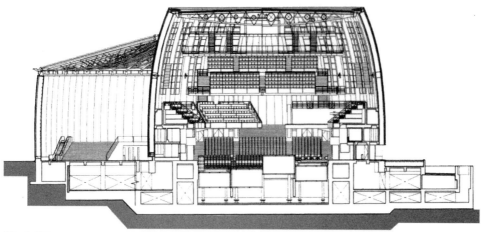

图6-5-108

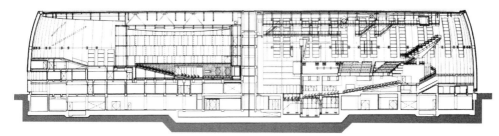

图6-5-109

图6-5-108，图
6-5-109 奈良百年会馆
大剧场剖面1、剖面2
（图片来源：Yukio
Futagawa，*GA*
Document，ADA
Editors,Japan，第57期）

表6-5-12　　　　　　　　　　　　　　奈良百年会馆大剧场的布局方式

座位数	舞台形式	用途	平面布局
共1 476个座位，池座885个，含20个轮椅席	尽端式舞台A型	音乐会与庆典	
共11 602个座位，与A型相比两侧加了126个坐席	尽端式舞台A型（扩大型）	音乐会与庆典	
共11 296个座位，池座705个，含20个轮椅席	尽端式舞台B型	演唱会等大型活动	
共1 656个座位，池座1 065个，含20个轮椅席	尽端式舞台C型	小型活动与讲座	

表6-5-12（续）

共1 152个座位，池座561个，含20个轮椅席	大型尽端式舞台	大型活动	
共1 692个座位，池座1 101个，含20个轮椅席	中心式舞台A型	话剧等小型表演	
共1 692个座位，池座1 101个，含20个轮椅席	尽端式舞台B型（二层挑台滑动至舞台左右两侧）	话剧等小型表演	

表6-5-12 奈良百年会馆大剧场的布局方式（资料来源：Yukio Futagawa，*GA Document*，ADA Editors,Japan，第57期）

3. 美国达拉斯韦利剧场

美国德克萨斯州的达拉斯韦利剧院是达拉斯艺术街区的一部分，它由美国REX建筑事务所和荷兰大都会建筑事务所（OMA）共同合作完成，总面积为7 700m²，剧场最多可以容纳574名观众，与它隔街相望的分别是福斯特设计的达拉斯歌剧院和贝聿铭设计的达拉斯音乐厅。

达拉斯韦利剧场是一个可变剧场，设计者在这里运用了"垂直剧院"的概念，使剧场看上去像一座塔楼，大不同于以往剧场的形象，这种处理方式也使这个不太大的剧场在整个艺术街区中突显出来。其他剧场的基本功能布局主要是沿水平方向展开，比如一个剧场由前往后依次是前厅、观众厅、舞台和后台；而达拉斯韦利剧场则是在竖向叠合，门厅位于最下层转化为底厅，后台以及其他一些辅助空间位于最上层转化为顶台，舞台和观众厅则位于中间，这些竖向叠合的空间通过位于一侧的电梯和布景升降梯来组织交通。

韦利剧院引入了"超级升降塔"的概念。"超级升降塔"是原来舞台上部的布景升降塔加入了其他的辅助功能，它打破了舞台和观众席之间的界限，不但能升降各种布景，还可以通过悬吊的方式升降观众席，使悬挂的周围三面的上部观众席可以轻易地隐蔽到吊顶之上，这在其他的剧院中是非常少见的。升降塔系统运用体育场分数牌升降机的技术，三块135t重的楼座观众席、两块台阶观众席和台口均可移动、重置甚至完全消失。整个地面可以在典型的歌剧院舞台机械带动下自动升降、倾斜或旋转。

通过升降设备和水平移动设备，这个可变剧场可以根据需要实现镜框式舞台、伸出式舞台、中心式舞台、大厅等8种形式的变化，从而满足歌舞剧、戏剧、话剧、音乐会、会议、展览等不同的使用方式。

达拉斯韦利剧院通过一个斜向的广场将人引向下沉的门厅，观众厅和舞台层是通高的

图6-5-110

图6-5-111

图6-5-110，图6-5-111
美国达拉斯韦利剧场实景
（图片来源：*100Public Architecture*, Davinci, 2010）

玻璃墙面，完全通透，使室内外连为一体，可以非常直观地阅读。而位于上部的顶台涵盖了相互咬合的各种复杂空间，这些空间通过一个完整的金属表皮包裹起来，使整个剧院呈现出一种简洁统一的姿态。

　　达拉斯韦利剧院无论从概念的生成还是从建成的效果来看都是一件成功的建筑作品，但是不是一个成功的剧院还要在以后的使用中去检验。"垂直剧院"是REX和OMA用另一种思维对多功能剧场的布局进行的一次全新的尝试，它对多功能剧场的发展会产生多大的影响我们将拭目以待。

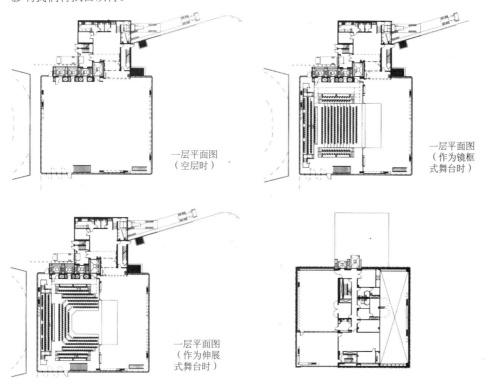

一层平面图
（空层时）

一层平面图
（作为镜框式舞台时）

一层平面图
（作为伸展式舞台时）

图6-5-112 美国达拉斯
韦利剧场平面图
（图片来源：《时代建筑》，2010/2）

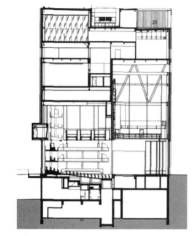

图6-5-113，图6-5-114
美国达拉斯韦利剧场剖面
（图片来源：*100Public*
Architecture，Davinci，
2010）

图6-5-113　　　　　　　　图6-5-114

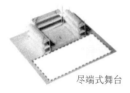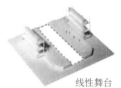

尽端式舞台　　　　伸出式舞台　　　　中心式舞台　　　　线性舞台

图6-5-115 美国达拉
斯韦利剧场八种变换
可能性
（图片来源：*100Public*
Architecture，Davinci，
2010）

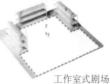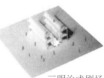

大厅　　　　工作室式剧场　　　　分开式舞台　　　　三明治式剧场

图6-5-116 美国达拉
斯韦利剧场室内布置
（图片来源：*100Public*
Architecture，Davinci，
2010）

图6-5-117 移动座椅
系统；
图6-5-118 舞台机械
（图片来源：http://
www.rex-ny.com）

图6-5-117　　　　　　　　图6-5-118

图6-5-119 马德里运河
剧院鸟瞰

（图片来源：*EL Croquis*,
第133期；《AV2010西班
牙建筑年鉴》，2010）

4. 马德里运河剧院可变剧场

马德里运河剧院是欧洲近年来建成的一个比较新的剧场，建筑师是胡安纳瓦罗。这个剧场主要由三部分构成，主剧场、可变剧场和舞蹈中心。整个剧场沿街道的两面呈不规则的折线状，从而对街道产生了退让关系，减少对街道的压迫感。整个界面是玻璃表面，部分是不透明的，部分是透明的，不透明的玻璃表面是黑色、红色和银色的，没有光泽且比较柔和，在颜色和表面光泽上有细微的差别。整个界面看起来像按照颜色用剪刀直接从原料上裁剪出来。底层的界面向内凹进，用的全部是透明的落地玻璃，使人感觉底层完全通透好像街道延伸进去了一样。

可变剧场位于整个平面的最左侧，呈"十"字形布局，中间是一个主舞台区，"十"字形的四个分支分别是观众厅、两个小侧台区和小的后舞台区。剧场池座的座椅都是可以

图6-5-120 马德里运河
剧院鸟瞰

（图片来源：*EL Croquis*,
第133期；《AV2010西班
牙建筑年鉴》，2010）

图6-5-121 马德里运河剧
院多功能室内

（图片来源：《AV2010西
班牙建筑年鉴》，2010）

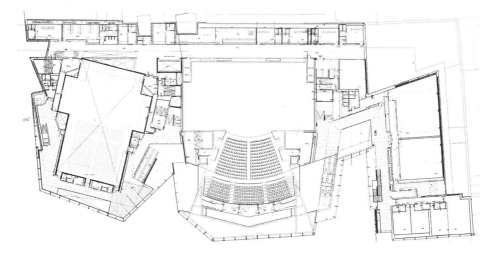

图6-5-122 马德里运河
剧院平面

（图片来源：*EL Croquis,*
第133期）

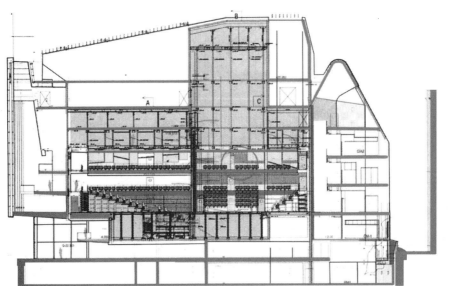

图6-5-123 马德里运河
剧院剖面

（图片来源：《AV2010西
班牙建筑年鉴》，2010）

收起的伸缩式座椅看台，当所有的座椅收起时，可以像柜子一样靠在周边的墙上，中间就形成一个完整的大厅。整个主舞台部分是高起的，高度大概是坐席区的两倍。整个剧场的地面布满了升降模块，就地面而言已经没有舞台区和观众席的明确划分。另外可变剧场有两圈悬挂的单排座椅挑台。

马德里运河剧院可变剧场的布局方式：

（1）当所有的座椅全部收起，升降台升降成同一水平面，剧场变为一个平整的"十"字形大厅。（图6-5-124）

（2）当"十"字形的最长分支全部布置座椅，其他三个分支分别形成两个小侧台和后舞台，中间形成主舞台，剧场变为箱型剧场。（图6-5-125）

（3）当"十"字形的最长分支后部布置座椅，前部升降台升到跟舞台台面齐平，其他部分同（2），剧场变为伸出式舞台。（图6-5-126）

（4）当"十"字形的四个分支全部布置座椅，主舞台区上升，形成中心式舞台。（图6-5-127）

（5）当"十"字形的最长分支后部布置座椅，前部升降台升到跟舞台台面齐平，其他部分同（4），剧场变为又一种中心式舞台。（图6-5-128）

（6）当后舞台区和主舞台区不布置座椅，其他"十"字形的三个分支布置座椅，剧场变为半岛式舞台。（图6-5-129）

（7）当主舞台区和两个小侧台区无座椅，其他两个分支布置座椅，剧场变为中轴式舞台。（图6-5-130）

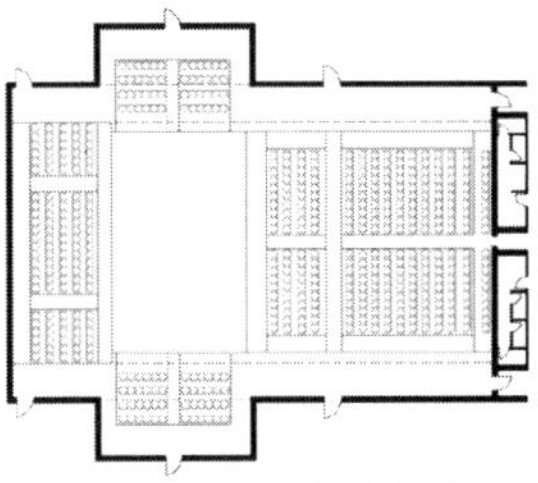

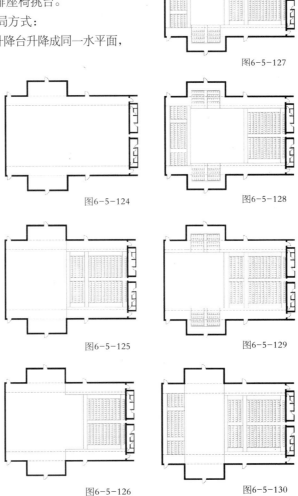

图6-5-127

图6-5-124

图6-5-128

图6-5-125

图6-5-129

图6-5-126

图6-5-130

图6-5-124~图6-5-130
马德里运河剧院可变剧场
的七种布局方式
（图片来源：http://
www.arcspace.com）

5. 莱昂音乐厅

莱昂音乐厅位于距马德里330km的莱昂市内，其设计师是曼西利亚（Mansilla）和图尼翁（Tunon），在离音乐厅不远处是同样由他们设计的莱昂美术馆。这个美术馆南侧是一条城市道路，路对面是一块大的公共绿地。

在遍布着古老教堂和修道院的莱昂市中，建筑师设计了一栋现代的建筑与之对话，这个建筑主要包括两个部分，一个是音乐厅，另一个是小型展览馆。音乐厅的主要立面材质是西班牙本地常用到的灰色大理石，沿城市道路是一个小型的展览馆作为整个建筑的主要立面，上面布满了大小不一向内凹进的矩形窗洞，充满了音符跳动的质感。建筑的主入口位于音乐厅和展览馆的夹角处。

莱昂音乐厅的表演厅可以容纳1 200人，它是一个多功能剧场，除了可以举行音乐会，还可以表演歌剧、戏剧、舞蹈和举行会议。表演厅的平面呈长方形，左右两头微微向内收，其中舞台位于中间段，观众厅分别位于左右两端。右侧的为主观众席，分成前后两个区，中间有矮墙相隔，这带有明显的音乐厅特征，可以增强观众厅的早期反射声；左侧的

图6-5-131 莱昂音乐厅沿街透视

（图片来源：http://www.arcspace.com）

为次观众席，它高出舞台形成很大的高差，也带有音乐厅的特质，高差形成的墙体可以将声音反射向主厅。另外在主厅的左右两侧有两层小包厢。

表演厅内部从地面到墙体再到顶棚进行了整体式设计，统一用了深褐色的木材，从顶棚与墙体及地面与墙体之间全部用弧面过渡。表演厅的声学主要靠电声调节。

表演厅的变化方式主要有以下两种：

（1）当两个观众厅全部使用时，用作音乐表演（图6-5-132）。

（2）当次观众厅封起，只用主观众厅时，可以用来表演歌剧、戏剧、舞蹈或开会等（图6-5-133）。

图6-5-132，图6-5-133 莱昂音乐厅表演厅的二种变化方式

（图片来源：ELCROQUIS E PROCESO 西班牙建筑设计大师系列 [M]. 上海：外文出版社，2009 ）

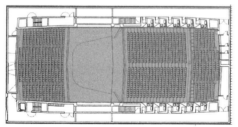

图6-5-132

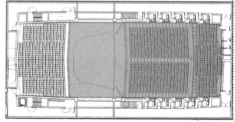

图6-5-133

图6-5-134 莱昂音乐厅总平面

图6-5-135 莱昂音乐厅透视

（图片来源：ELCROQUIS E PROCESO 西班牙建筑设计大师系列 [M]. 上海：外文出版社，2009 ）

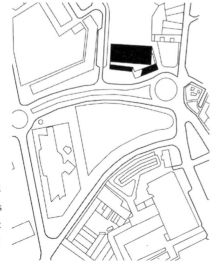

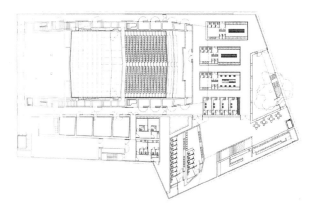

图6-5-136

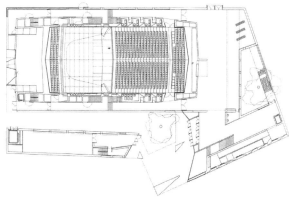

图6-5-137

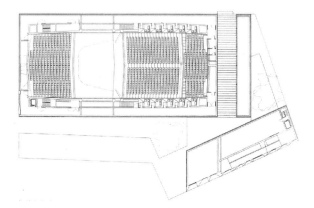

图6-5-138

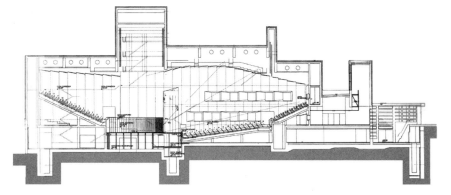

图6-5-139

图6-5-136~图6-5-139，莱
昂音乐厅地下层平面、一层
平面、二层平面、剖面
（图片来源：ELCROQUIS
E PROCESO 西班牙建筑设
计大师系列 [M]. 上海：外文
出版社，2009）

第7章 案例调研和分析比较
Chapter 7

7.1 国家大剧院

7.1.1 总体设计

中国国家大剧院位于北京城的核心地带，西长安街南侧，与人民大会堂和天安门广场相邻（图7-1-1）。大剧院主体建筑是一幢位于一片水面之上的巨大椭圆球壳体。大剧院内部由歌剧院、音乐厅、戏剧场、多功能厅（小剧场）及相关的配套辅助用房组成。1998年国家大剧院项目进行了首次国际招标，后经过多轮修改评选，最终确立法国巴黎机场公司保罗·安德鲁设计的方案为实施方案。而其他方案构思大多是将建筑形体打散布局，通过廊道和大厅等共享空间将不同功能空间串联起来。安德鲁设计的巨大的椭球壳体将所有复杂的功能罩在其下，外观由此呈现出简洁的曲线，显得规整、对称，以此体现神圣的国家形象。内部丰富的流动空间创造出生活化的城市街道意向。

椭球体的造型使得从不同角度去观察呈现了各种变化的效果。视点越高，看到的面就越大。国家大剧院占据着人民大会堂西侧整个街区，建筑体与室外场地基本上呈现1:2的空间比例关系。虽然体量并不及人民大会堂，但聚拢的形态加之钛合金的表皮，出现在灰砖黛瓦的北京城甚是抢眼，即使金色琉璃瓦屋顶的故宫群较之也变得黯然失色。然而更换到人的视角来看国家大剧院，呈现出的却是另一幅图景。椭圆的穹隆壳体向上收分，表现出高度上的净化，银色的钛合金表皮与北京灰蓝色的天空融合一体，巨大的体量消解在宽阔的城市开放空间，柔曲的天际线以含蓄姿态的映衬着广场建筑群的轮廓（图7-1-4）。

国家大剧院的设计和建设在全世界引起瞩目，既因为它的独特的设计造型，也由于其先进的剧场建设。

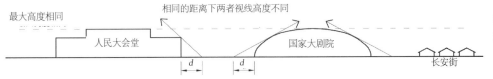

最大高度相同　　　　　相同的距离下两者视线高度不同

人民大会堂　　　　　国家大剧院

长安街

d　　d

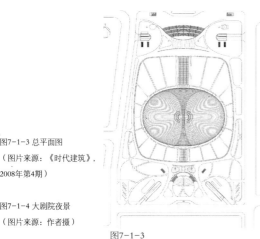

图7-1-3　　　　　　　　　　图7-1-4

表7-1-1　　　　　　　　　　　　　国家大剧院建设基本情况

设计单位	建造时间	基地尺寸	基地面积	单体总建筑面积	单体尺度
保罗·安德鲁（Paul Andreu）和北京市建筑设计院	1998~2007年	南北长约450m，东西向北宽约220m，南宽约250m	118 900m²	219 400m²	212m（东西长轴）×144m（南北短轴）×46.68m（高）

7.1.2 剧、戏、乐

　　国家大剧院主体建筑由外部围护结构和内部歌剧院、音乐厅、戏剧场和公共大厅及配套用房组成（图7-1-5，图7-1-6）。椭球形屋面主要采用钛金属板，中部为渐开式玻璃幕墙。主体建筑外环绕人工湖，湖面面积达35 500m²，北侧主入口为80m长的水下长廊，南侧入口和其他通道也均设在水下。人工湖四周为大片绿地组成的文化休闲广场。水下长廊的两边设有艺术展示、商店等服务场所。大剧院内有三个剧场，中间为歌剧院、东侧为音乐厅、西侧为戏剧场，三个剧场既独立又可通过空中走廊连通。在歌剧院的屋顶平台设有大休息厅，在音乐厅的屋顶平台设有图书和音像资料厅，在戏剧场屋顶平台设有新闻发布厅。音乐厅主要演出交响乐、民族乐、演唱会，有观众席2 017席；戏剧场主要演出话剧、京剧、地方戏曲、民族歌舞，有观众席1 040席。

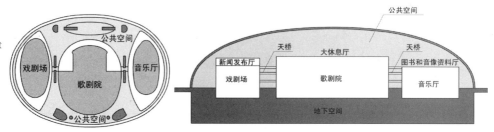

图7-1-5　　　　　　　　　　图7-1-6

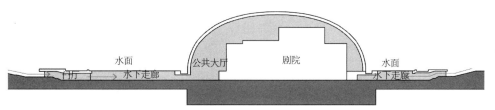

图7-1-7 入口和公共空
间关系图
（图片来源：作者绘制）

图7-1-7

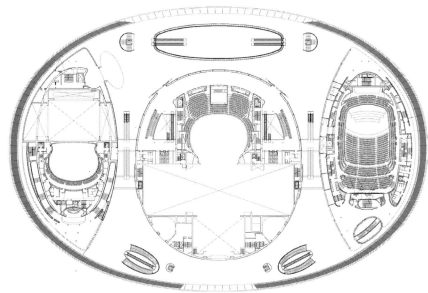

图7-1-8

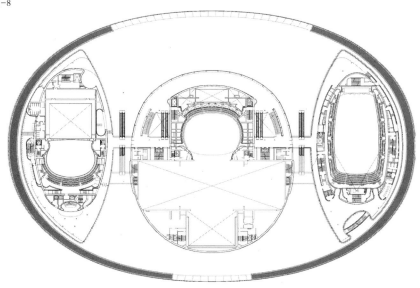

图7-1-8，图7-1-9
大剧院一、二层平面图
（图片来源：《时代建
筑》，2008年第4期）

图7-1-9

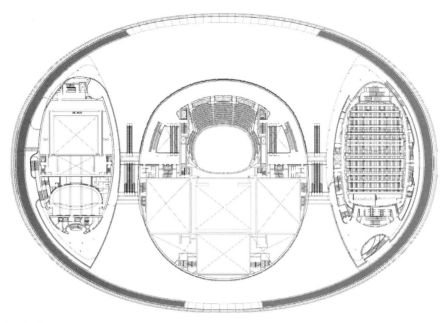

图7-1-10

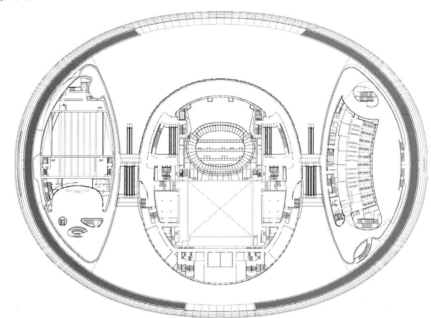

图7-1-11

图7-1-10，图7-1-11，
图7-1-12 大剧院三层、
四层平面图、纵向剖面图
（图片来源：《时代建
筑》，2008年第4期）

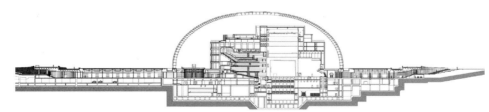

图7-1-12

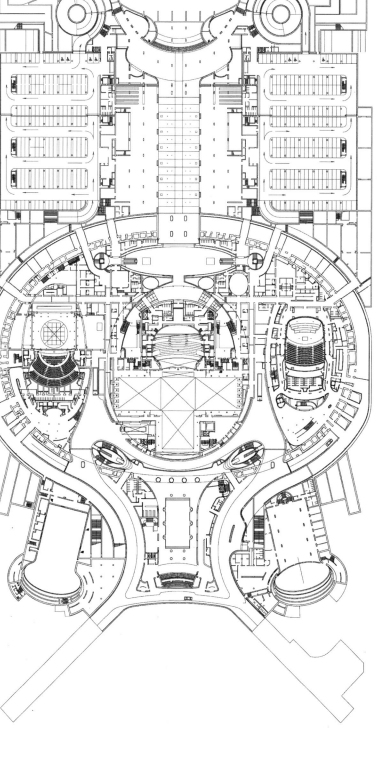

图7-1-13 大剧院地下一
层平面图
（图片来源：《时代建
筑》，2008年第4期）

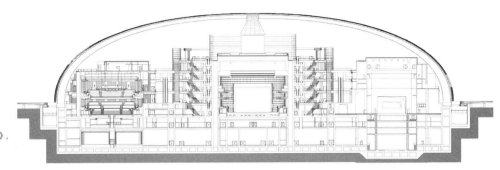

图7-1-14 大剧院东西横
剖面图图
（图片来源：《时代建筑》，
2008年第4期）

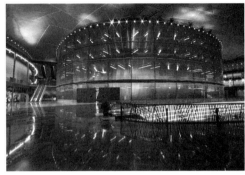

图7-1-15 三个剧场和公共
空间关系
（图片来源：www.photo-
fans.com）

1. 歌剧院

表7-1-2 歌剧院观众厅和
舞台形式
（数据来源：作者汇总）

表7-1-2

歌剧院观众厅和舞台形式

演出剧种	歌剧、舞剧、芭蕾舞剧、音乐舞蹈史诗类等大型节目					
观众厅布局	马蹄形	座席数	2 094座	排距	900mm	混响时间	1.5s
观众厅轮廓形式	地下一层观众厅	一层观众厅	二层观众厅	三层观众厅
舞台形式	传统"品"字形	乐池		可升降

温暖、典雅是歌剧院给人的第一印象。金属网包裹的外部环廊，以朦胧神秘、若隐若现的空间成为进入剧院的前奏。内部专业化的设计完美地承担着歌剧、舞剧、芭蕾舞剧、音乐舞蹈史诗类等大型节目的演出。

观众厅采用传统"马蹄"布局，最远处距离舞台口约34m，观众可以很容易地看清演员的面部表情和细微动作。靠近舞台口的部分座席由于角度偏离舞台口太大，视觉观赏效果并不理想。而规模类似的上海大剧院在同样的位置，视觉观赏效果要好很多。观众厅内墙面采用双层表皮，外层为金属网装饰，内层为有角度的折形实体墙面，声音透过金属网到达实体墙面，再被墙面反射到观众厅内。为了缩小了剧场满场和空场混响时间之间的差别，座椅面材使用可以吸声的柔软布料；背面则采用了可以反射声的木质背板。

歌剧院舞台为传统的"品"字形，台口宽18.6m，高14m；主舞台尺寸为32m宽，25m进深，配置有先进的现代化大型舞台机械设备，除具备推、拉、升、降、转等功能外，还可以储藏三个整场布景，便于演出时迅速地切换。主舞台既可整体升降又可单独升降，并且能够倾斜。左右侧台下设有补偿台，具有互换功能。后舞台配置车载转台，有两个转台可同向旋转，也可逆向旋转，下面还设有可倾斜的芭蕾舞台板。舞台上方的61道布景吊

图7-1-16

图7-1-17

图7-1-16，图7-1-17 歌
剧院观众厅、舞台
（图片来源：傅兴摄）

杆、13道轨道式单点吊机（共78台）和24道自由单点吊机，数量之多居于全国首位。

吊顶采用了复合板外贴实木装饰，中部吊顶结合三道面光布置。为了让乐队和演员之间有良好的互相交流，台口和乐池上方的吊顶被做平，保证了足够的宽度，使表演者的声音可以通过顶面反射到乐池内。

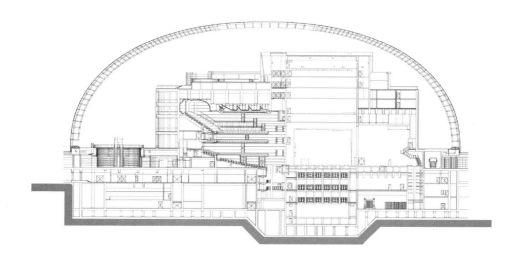

图7-1-18 歌剧院剖面图
（图片来源：《时代建
筑》，2008年第4期）

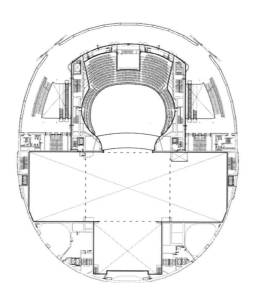

图7-1-19 歌剧院平面
（图片来源：《时代建
筑》，2008年第4期）

2. 戏剧场

表7-1-3　　　　　　　　　　　　　　　　　　戏剧场观众厅和舞台形式

演出剧种	歌剧、舞剧、芭蕾舞剧、音乐舞蹈史诗类等大型节目						
观众厅布局	传统马蹄形	座席数	1035座	排距	900mm	混响时间	1.2s
观众厅和舞台形式	 池座平面图 舞台可变为伸出式舞台　　池座平面图 舞台前部变为观众席一部分　　二层楼座平面图　　三层楼座平面图						
舞台形式	变形了的"品"字形		乐池		可升降，降下时可作为乐池或者观众席的一部分，升起时成为伸出式舞台		

表7-1-3 戏剧场观众厅和
舞台形式
（数据来源：作者汇总）

戏剧场的整体风格非常具有古典特色。观众厅呈经典马蹄形，有池座、二层楼座和三层楼座，可容纳1 035名观众（含站席）。楼座上最高观赏视角约为36°，保证了观看的舒适度。池座座椅最远距离舞台约24m，正好可以看清演员的面部表情。1.2s的混响时间，满足了以语言为主的演出要求。观众厅的墙面全部采用MLS声学墙面，表面覆以紫色、暗红、橘黄等相间的竖条丝布，在体现亲切、热烈氛围的同时，呼应着中国的传统文化艺术（图7-1-17）。

图7-1-21 戏剧场观众厅
（图片来源：傅兴摄）
图7-1-22 戏剧场剖面图
（图片来源：《时代建筑》，
2008年第4期）

图7-1-21　　　　　　　　　　　　　　　　　　图7-1-22

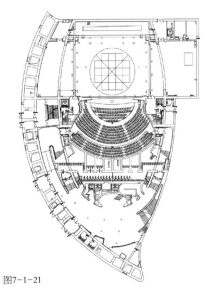

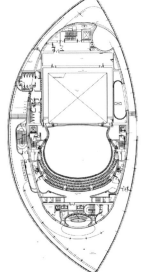

图7-1-23 戏剧场平面1；
图7-1-24 戏剧场平面2
（图片来源：《时代建筑》，
2008年第4期）

图7-1-21　　　　　　　　　　　　　　　　　　图7-1-24

舞台采用典型的镜框式和伸出式舞台两种形式。舞台前部的设计很有特色，可升降的乐池提供了表演区充分的灵活度。当降下去时可以是乐池，或布置座位成为观众席的一部分。当升到舞台标高时，成为伸出式舞台，伸入观众席约8.5m。如此，前部表演区空间被观众席所包围，拉近了演员和观众之间的距离，形成良好的观演氛围。

戏剧场耳光室开口部分被设计成活动翻板，削弱了对自然声吸收而带来的不良影响。当不使用耳光室时，还可以关闭翻板，与观众厅的内墙面融为一体，这样能够充分反射舞台声音，改善前区的音质缺陷。

剧场吊顶也采用了有利于声学效果的措施。如波浪形的造型可以让反射声更有效均匀地覆盖观众厅。吊顶表面覆有木条板，由两种厚度规格5mm、8mm随意排布组合。木板条背后增加了一层15mm厚木板及20mm厚的水泥砂浆加钢筋网，由于吊顶厚度和质量的增加，使声音在观众厅内得到更好的反射。

3. 音乐厅

三个剧场中，音乐厅的色彩最为淡雅，在烘托宁静、清新氛围时，不失高贵与庄重。音乐厅整体大致呈长椭圆形，观众厅的池座后区和二层楼座联系在一起，独具特色。周边以扁而宽的柱廊环绕，形成室内公共走廊，同时也成为音乐厅的耦合空间，以提供晚期混响时间。

对音乐厅而言，保证良好的音质是设计最重要的目的。为了达到优美的声音效果，音乐厅采用了多种设计手段和措施。首先，耦合空间的设计保证了音乐厅有足够的空间容量以达到2.2s的混响时间。其次，MLS声学墙面的使用为演奏台周边更好地控制声音的扩散和漫反射提供帮助，这样保证了演奏者有良好的听闻。另外，观众厅的墙面有略微起伏，以加强声音的扩散性和反射性。吊顶如同自然的沟壑一般，凹凸的肌理就像一个声音扩散

图7-1-25 音乐厅演奏场景
（图片来源：www.photofans.com）

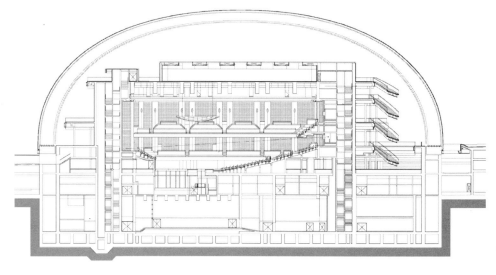

图7-1-26 音乐厅剖面
（图片来源：《时代建筑》，2008年第4期）

图7-1-27 音乐厅观众厅
（图片来源：《时代建
筑》，2008年第4期）

图7-1-28 音乐厅端部的
管风琴组
（图片来源：傅兴摄）

图7-1-27   图7-1-28

器，将声音扩散到观众厅每个角落。演奏台上空的吊顶下悬吊着巨大的椭圆形凸起的玻璃
反射声罩，可将演奏声音反射给演奏者和观众，保证声音的前后一致性。同样由保罗·安
德鲁设计的东方艺术中心交响乐厅尽管规模相似，却是截然不同的空间风格。东方艺术中
心交响乐厅更偏重于典型的现代主义风格，内部观众厅呈纵轴对称不规则布置。舞台可容
纳四管制交响乐团和120人的合唱团。从下表可以看出，东方艺术中心观众厅的空间尺度比
国家大剧院音乐厅尺度要大得多，因此观众厅周围墙面上安装了34块椭圆形平板式反射板
来反射声音。

7.1.3 声学设计

表7-1-6   各个剧场的声学设计措施及问题

	混响时间	设计措施及问题
歌剧院	1.5s混响时间，满足自然声演出标准	将矩形平面和弧形金属网装饰结合起来做成双层墙。矩形有利于声音的反射，而弧形墙面在视觉上更加优美。金属网的通透性不影响后面的实体墙面对声音反射。声学专家可以尽可能使实体墙满足声学要求而不影响内部的视觉效果。二层楼座出挑过远，部分楼座下的早期反射声不足，音质受到一定影响，令人遗憾。后墙面做了足够的宽频带吸声材料
戏剧场	1.2s的混响时间，满足了以语言为主的演出要求	观众厅墙面全部采用MLS声学墙面。戏剧场耳光室开口部分设计成活动翻板，削弱了对自然声吸收所带来的不良影响。不用耳光室还可以关闭翻板，与观众厅的内墙面融为一体，这样能够充分反射舞台声音，改变前区的音质缺陷。剧场吊顶波浪形的造型可以让反射声更有效均匀地覆盖观众厅。吊顶表面覆有木条板，由于吊顶厚度和质量的增加，使声音在观众厅内得到更好地反射
音乐厅	耦合空间的设计保证了音乐厅有足够的空间容量以达到2.2s的混响时间	MLS声学墙面的使用为演奏台周边更好的控制声音的扩散和漫反射提供帮助，另外，观众厅的墙面有略微起伏，以加强声音的扩散性和反射性。吊顶凹凸的肌理就像一个声音扩散器将声音扩散到观众厅每个角落。演奏台上空的吊顶下悬吊着巨大的椭圆形凸起的玻璃反射声罩，可将演奏声音反射给演奏者和观众，保证声音的前后一致性

表7-1-6 各个剧场的声学设
计措施及问题
（数据来源：姚震汇总）

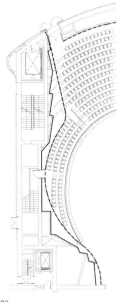

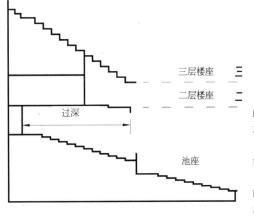

图7-1-29 观众厅内部的双层表皮

（图片来源：《时代建筑》，2008年第4期）

图7-1-30 歌剧院部分池座观众席过深

（图片来源：作者绘制）

图7-1-29　　　　　　　　　图7-1-30

7.1.4 设备技术

歌剧院的"品"字形舞台配置有先进的现代化大型舞台机械设备，除具备推、拉、升、降、转等功能外，还可以储藏三个整场布景，便于演出时迅速地切换。主舞台既可整体升降又可单独升降，并且能够倾斜。左右侧台下设有补偿台，具有互换功能。后舞台配置车载转台，有两个转台可同向旋转，也可逆向旋转，下面还设有可倾斜的芭蕾舞台板。舞台上方的61道布景吊杆、13道轨道式单点吊机（共78台）和24道自由单点吊机，数量之多居于全国首位。

戏剧场舞台中央直径约16米的"鼓筒式"圆形转台可达到边升降边旋转的舞台效果。鼓筒式转台内包括转台本体、2块升降台和13块升降块。其中有多达15块既可单独升降，又可整体升降的升降台，堪称世界顶级水平。舞台机械控制系统采用德国力士乐公司的SYB2000控制系统。除鼓筒式转台内的升降台和升降块为液压驱动以外，其余均为电气驱动。

戏剧场台下舞台机械有：转台本体、升降台2块、升降块13块、软景库升降机1台、乐池升降台1台、演员升降小车2台、电动防护门6台、伸出舞台升降台1台。

台上舞台机械有：防火幕1台、大幕机1台、假台口上片1台、假台口侧片2台、灯光吊架4×2台（每台包含2根吊杆）、二道幕机4台、电动吊杆46台、轨道单点吊机6×6台、灯光吊杆台口内4台、台口外2台、天幕吊杆2台、自由单点吊机台口内12台、台口外13台、侧舞台悬吊设备2×2台、后舞台电动吊杆4台、飞行器1台、可动天棚1台。防火幕、假台口上片、假台口侧片、侧舞台悬吊设备、后舞台电动吊杆、可动天棚均为独立控制。

大剧院的电声系统由北京中大华堂电子技术有限公司和香港安恒利（国际）有限公司联合承建。整个扬声器系统包括主扩声音箱组、观众厅效果声扬声器和返送音箱。戏剧场的观众厅内设计了54只JBL同轴全频效果扬声器，在不同的标高处，扬声器均匀地分布于观众厅顶棚、侧墙、后墙及挑台下顶棚中。

表7-1-7　　　　　　　　　　　　　　各个剧场的电声控制系统

	扬声器	音频工作站	流动调音台	主要传声器
歌剧院	Meyer Sound	Merging	MIDHS:L3000	Tech-Audio
戏剧场	JBL	Nuendo	Soundcraft:MH4	Shure
音乐厅	L-Acoustics	DigiDesign	YAMAHA:PM5D	AKG

表7-1-7 各个剧场的电声控制系统

（数据来源：姚震汇总）

图7-1-31 歌剧院的舞台
吊杆系统

（图片来源：作者提供）

大剧院采用全数字化多通道扩声理念，追求扩声系统功能的先进性。输出通道多达64通道，单喇叭单独控制，扬声器能够编组定位出声，能根据不同使用功能进行多种"声场"设置，如会议模式、戏曲模式、大型歌舞演出模式等。全数字化的扩声系统和模拟扩声系统可以同时使用，互不干扰，也可任意挑选使用。扩声用各种接口的设置大大方便了演出活动。但是，综合接口箱、接线盒等有待进一步规范化、标准化，期待市场上能够出现更多的音响工程专用产品。音源部分引入数字音频工作站，实现了多轨道重放和多轨道录音，极大方便现场效果声的制作。所以，音频工作站在扩声系统中的导入，是数字扩声系统与模拟扩声系统的极大差别之一。实现观众厅扩声和内通系统的信号交换，和观众厅扩声系统的备份，为演出排练提供便利。

7.1.5 舞台艺术

国家大剧院的舞台灯光不单能满足传统剧种和大型综艺等演出需求，还能满足电视现场直播和录像制作。因此，其整个灯光系统具有一定前瞻性和可扩展性。比如，歌剧院拥有先进的舞台机械设备，数量众多的布景吊杆，先进的灯光控制系统，为舞台创作者提供了很大的创作空间，能够适应今后多样的舞台表演和编排要求。如图7-1-32，为歌剧院的舞台艺术效果。舞台上空的灯具可以创造出多彩的灯光效果；主舞台上可以放置大型道具；后舞台空间结合先进的天幕投影，创造出大景深的梦幻般的布景效果。

图7-1-32 歌剧院创造的各
种舞台艺术效果

（图片来源：www.photo-fans.com）

图7-1-33 音乐厅的舞
台效果
（图片来源：www.
photofans.com）

音乐厅的艺术表现形式主要是悦耳的音乐，艺术氛围的塑造重点突出舞台演奏的纯净，不过多强调灯光色彩的多样性，上图是音乐厅演出时常用的演出灯光效果。演奏台上方椭圆形的巨大玻璃反射板上布满灯具，水晶般的照亮了整个演奏空间。

7.2 新中央电视台的TVCC文化中心

7.2.1 总体设计

表7-2-1   央视新台址的基本建设情况

设计单位	建造时间	基地尺寸	基地面积	总建筑面积	单体尺度
OMA、AMO和华东建筑设计研究院	1998~2008年	南北长约450m，东西向北宽约220m，南宽约250m	196 960m²	599 548m² CCTV主楼：473 000m² TVCC文化中心：103 000m² 服务楼：22 900m²	212m×144m×46.68m

表7-2-1 央视新台址的
基本建设情况
（数据来源：作者汇总）

中央电视台新大楼位于北京朝阳路和东三环路交界处的新CBD区域，项目占地约10hm²，总建造成本约58亿元人民币。该工程是为2008年北京奥运会建设的。2002年5月，共有十家设计单位参加了方案的投标阶段，最终OMA中标，华东建筑设计研究院配合OMA深化方案设计和施工图设计。

OMA的方案把功能整合成由两座高层建筑组成的构形中。新中央电视台（CCTV）总部高230m，建筑面积为40.5万m²。建筑将行政管理与新闻、广播、演播室和节目制作——电视制作的全过程，即互相衔接的一系列活动结合起来。尽管这个建筑物高230m，但不是传统意义上的塔楼，而是在水平方向和垂直方向上都构成"环"来建立都市景观而非指向天际。建筑物立面上的不规则网格充分表现了"力"在结构中的传递。第二座是建筑物是10.3万m²的电视文化中心（TVCC），建筑高159m，地上30层，地下2层。从基地北部和南部都能进入电视文化中心。从基地北站在中央商务区的主要十字路口，通过新中央电视台的"环形窗"就能看到该建筑物。基地的东南角地块是新台址的媒体公园，它既是CBD区域的中心绿色轴线的延伸，也可以成为露天的摄影区和制片厂。

OMA的这个方案是库哈斯关于"大"理论的一次实践和探索。正如中国当代建筑师伍端对其的评论："库哈斯的'大'并非是指尺度的大，而是代表一种趋势，即它所具有的

图7-2-1 新中央电视台
卫星图
（图片来源：GoogleEarth）

图7-2-2 新中央电视台总
平面图
（图片来源：华东建筑设计
研究院提供）

复杂性和系统性的特征。库哈斯认为，紫禁城的美在于它内部所包容的复杂性和系统性。但那是中国古代的象征，而当代中国则需要如紫禁城一般新的象征，他认为，只有'大'建筑才能做到这样。"因此在CCTV的设计中，库哈斯把"大"的理论发挥到了极限。电视媒体建筑的功能复杂性和系统性也恰恰给他提供了机会。

　　在中国，媒体建筑和重要剧场一样被认为是城市的标志性建筑物，人们给予它很多的象征意义。CCTV和TVCC充满刺激的外观设计在当时超出一般人的预想。同样是媒体建筑——由日建设计的北京电视台，几乎失去了与之比较的平台。

TVCC电视文化中心

　　TVCC大楼主要由两部分功能组成：五星级的豪华酒店和中央电视台的电视文化中心。

　　电视文化中心设置在大楼的低区部分，包括一个1 500座的剧场、录音棚、数字电影院、宴会厅、展示厅、新闻发布厅、视听室和数字传送机房等功能。大部分设施向社会及公众开放。

　　1 500座的公共剧场位于TVCC主体建筑内，剧场的主入口面向庆典广场。在满足剧场大型歌舞表演等功能的前提下，设计创造出一个与众不同的、更富于变化的剧场内部使用空间。从舞台形式、观演区域到室内空间的组织，设计都给将来的使用提供了极大的可能和想象的余地。

　　录音棚紧邻剧场，位于TVCC主体建筑的西端。一大一小两个录音棚，三个形状变化有序的控制室，与建筑的斜屋面一起组成了一个生动、活泼又富有多变的室内空间，为前来录制作品的艺术工作者提供了一个极好的工作与交流的空间。数码影院紧邻剧场后台辅助用房的东侧，两个200人的影院叠落布置在一个方盒子的块体中。主要入口面向北侧绿化，以使建筑的北立面与北侧的绿化及人流有着更为融洽的联系。从TVCC大楼内部也设置了入口进入数码影院。

　　在此，重点介绍电视文化中心内的1 500座公共剧场。与其他的媒体建筑不同的是，

图7-2-3 央视新台址CCTV
和TVCC
（图片来源：作者摄）

图7-2-4 新央视的TVCC
（图片来源：作者摄）

图7-2-3　　　　　　　　　　　　　　图7-2-4

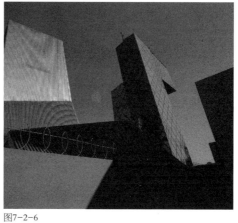

图7-2-5

图7-2-6

图7-2-5 TVCC的突出体
块为数码影院
图7-2-6 新中央电视台
新台址TVCC
（图片来源：作者摄）

央视新总部大楼现在的媒体建筑作为公共建筑物越来越重视民众的参与性和自身的开放程度。新中央电视台总部的文化中心剧场不仅能够满足电视录播的功能，而且更加强调节目演出中和观众的极强互动性以及对外的开放性。

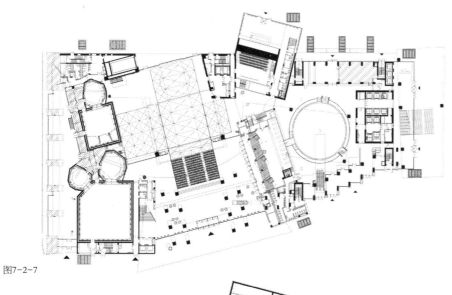

图7-2-7

图7-2-8

图7-2-7，图7-2-8
TVCC公共剧场一层、二
层平面图
（图片来源：华东建筑
设计研究院提供）

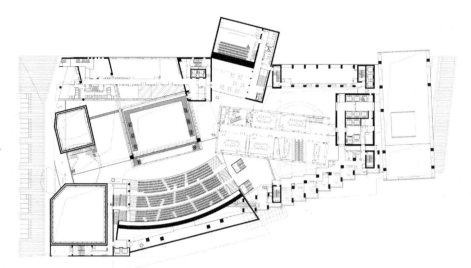

图7-2-9

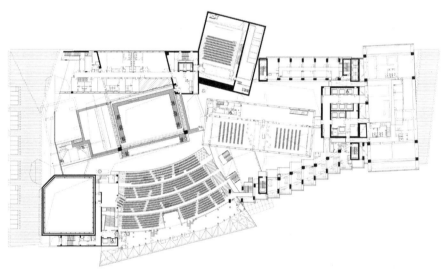

图7-2-10

图7-2-9，图7-2-10，图
7-2-11 TVCC公共剧场三
层、四层、五层平面图
（图片来源：华东建筑设计
研究院提供）

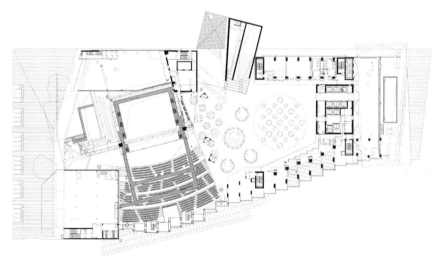

图7-2-11

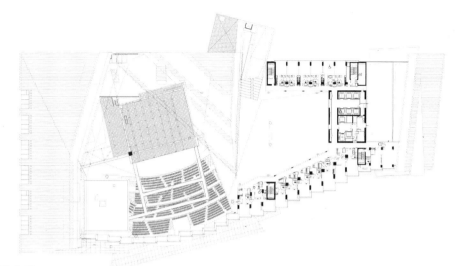

图7-2-12

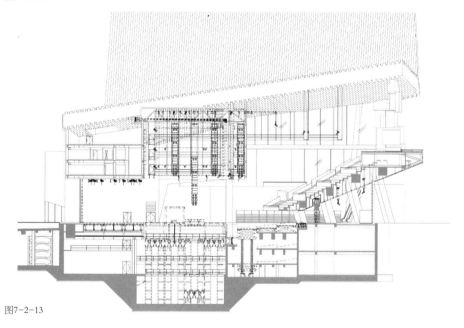

图7-2-13

图7-2-12 TVCC公共剧场
六层平面图
图7-2-13 新中央电视台公
共剧场纵剖面图
（图片来源：华东建筑设计
研究院提供）

7.2.2 公共空间

这里的公共空间指共享空间和公共交通空间等辅助空间。此电视公共剧场公共空间的
特点在于：首层的公共空间完全将池座包围；另外，交通空间和辅助空间没有融合在共享
空间之中，而是用非常明确的形体将其限定出来。这点和一般剧场的公共空间的处理方法
有很大不同（图7-2-14）。

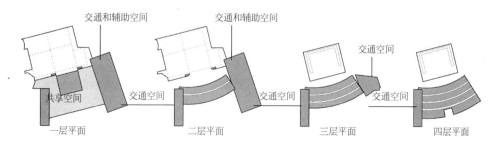

图7-2-14 公共空间和剧场
关系示意图
（图片来源：作者绘制）

7.2.3 观众厅和舞台设计

1. 观众厅设计

观众厅底层呈矩形布置方式，是VIP座席区；二层楼座为扇形平面，是普通观众区，其座席被分成了四个区域。与传统剧场不同的是，整个底层池座席位全部可以方便地移除，以便和主舞台一起形成一系列舞台形式。这种做法可以为舞台空间创造多种多样的形式。池座和公共大厅相隔的后墙可以打开。设计者设想，今后可能让参与者从室外广场直接进入到剧场舞台，和场内、外形成非常好的互动性。观众厅池座的活动座位区域升起作为舞台的一部分，则整个底层部分的观演空间完全融合为一个整体，更由此把南侧的庆典广场与北侧的室外绿化有机地结合起来，为将来盛大庆典活动的举行创造了一个非同寻常的空间形式。（纵然今后这种设想会不会实现不得而知，但是方案设计还是考虑了今后电视节目的多样性要求。）可惜的是，大多数坐席被设在二楼楼座，此剧场虽然尽可能地满足了舞台表演、电视节目的多样性要求，却一定程度上影响了大部分观众和舞台之间的互动效果。

表7-2-2   TVCC中公共剧场观众厅和舞台设计

演出剧种	大型综艺类节目等					
观众厅布局	矩形，楼座为扇形	座席数	1500	排距	900mm	混响时间	1.0s
观众厅和舞台形式	一层平面	二层平面	三层平面	四层平面		
舞台形式	传统"品"字形	乐池	可升降，既可以成为舞台一部分，亦可作为观众席的一部分			

表7-2-2 TVCC中公共剧场观众厅和舞台设计
（数据来源：作者汇总）

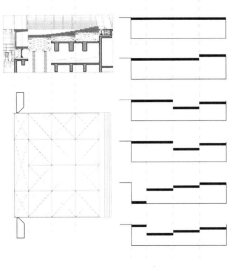

图7-2-14 池座变化剖面示意图；

图7-2-15 完成后的观众厅效果

（图片来源：作者绘制）

图7-2-14   图7-2-15

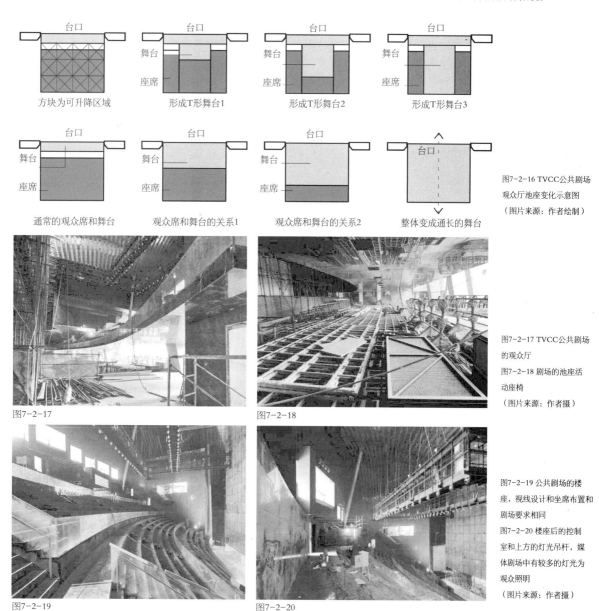

图7-2-16 TVCC公共剧场
观众厅池座变化示意图
（图片来源：作者绘制）

图7-2-17 TVCC公共剧场
的观众厅

图7-2-18 剧场的池座活
动座椅
（图片来源：作者摄）

图7-2-19 公共剧场的楼
座，视线设计和坐席布置和
剧场要求相同

图7-2-20 楼座后的控制
室和上方的灯光吊杆，媒
体剧场中有较多的灯光为
观众照明
（图片来源：作者摄）

2. 舞台设计

对于这个公共剧场来说，舞台是融入观众厅之中的，从某种角度来说，和观众厅放在一起描述会更恰当一些。舞台是全开放的，没有台口，没有采用传统经典的"品"字形舞台，侧台设计的也很小。剧场舞台台仓高18.79m，台塔高23.35m，台口高度为10m。主舞台和后舞台没有界限，可以看成一整个大舞台。舞台设计类似于多功能剧场的形式。这种舞台形式似乎非常受节目制作人员的欢迎，因为他们可以完全根据自己的节目设想来布置道具场景，有更大的灵活性。由于该剧场主要是为大型文艺演出、综艺节目录制工作服务的，因此比传统剧场的舞台空间形式简单，台口的尺寸会更大，以利于舞台和观众厅之间的互动。

由此可见，当代媒体建筑中的观众厅和舞台空间需要有很强的互动性，观众厅的平面形式可以设计的非常简单；舞台布局目前还是基本采用"品"字形，未来随着舞台机械技术的发展或许会有新的平面形式。但是不管采用何种形式，都需要给予舞台空间以极大的灵活性，满足不同的节目制作需要。这种剧场形式的发展也是紧紧跟随着电视节目种类和互动性的增强的。

7.2.4 声学设计

　　尽管在剧场中大量运用了电声设备，但是剧场还是创造了良好的建声环境。媒体建筑中剧场演出语言类的节目比较多，主要是为满足观众听清语言声，因此混响时间往往都比较短。央视新总部文化中心的公共剧场的混响时间被控制在1.0s左右，为电声发挥效果创造了基本环境。我们不能够完全将声学效果建立在电声基础上，建筑声学即使在未来的媒体建筑剧场中也非常重要。剧场的矩形平面能够为观众厅获得基本的一次反射声。

图7-2-21 TVCC公共剧场
的主舞台
　图7-2-22 TVCC公共剧场
的后舞台，可以看到后舞
台能够很方便的室外相联系
（图片来源：作者摄）

图7-2-21　　　　　　　　　图7-2-22

图7-2-23 公共剧场的主舞
台，可以看到舞台地面的活
动钢格栅
图7-2-24 完成后的舞台
效果图
（图片来源：作者摄）

图7-2-23　　　　　　　　　图7-2-24

7.2.5 中国特色的媒体建筑

　　西方的媒体建筑几乎不存在建筑之中放置一个大型的公共电视剧场情况，大型的公共电视剧场是中国所特有的现象，非常值得我们思考研究。这也是我为何要将国内媒体建筑中的电视剧场纳入本文的分析范围的重要原因。可以说，国内媒体建筑中的大型电视剧场是另一种观演空间，这是中国特有的，也是世界范围内很有意思的现象。

表7-2-3 西方媒体和中国媒体演播空间的不同点及其原因

种类	西方媒体建筑	中国媒体建筑
体制	制（制作）、播（播出）分离的体制	制（制作）、播（播出）一体
位置	播出中心都在城市的中心区，方便应付突发事件。制作区一般在城市郊区，面积大，运营成本低，可以有足够的空间容纳制作设备	建筑一般是综合体，建筑面积很大，基本上位于城市的黄金地段，具有城市标志的意义。如中央电视台新大厦位于CBD核心区；江苏广电城位于南京钟鼓楼旁边
运行模式	专业化操作模式，让很多功能社会化。当有大型节目制作的需要时，一般租借社会公共剧场场地，或者购买其他节目制作公司的节目内容	大而全的模式。从节目制作、播出到场地使用都自己解决。基本上省级电视台都配置一个1000人左右的大型电视剧场，2~3个中型演播厅和4~6个小演播厅等
节目内容	电视台主要靠新闻节目来赢得市场，所以建筑中大多设置中小型演播空间	电视台除了新闻节目，还有大量的文娱节目，在传统节日还有演出大型的文艺晚会，并进行直播或者录播
经济	运营成本低。只有中小型演播室，利用率很高。需要制作大型节目时，一般都利用社会资源，租借社会大型观演空间进行节目制作	运营成本较高，不经济。大型的电视剧场利用率很低，只有大型演出时才使用。空置时仍然需要投入设备维护费用。这也是让不少电视台对大型电视剧场爱恨交加的问题
所有权	有国有和私有之分	全部国有。因为媒体是我们国家的重要喉舌，在今后相当长的一段时期基本上不可能让社会力量介入

表7-2-3 西方媒体和中国媒体演播空间的不同点及其原因
（数据来源：作者汇总）

表7-2-4 媒体建筑中的剧场和普通剧场的比较分析

	中央电视台新总部文化中心剧场	一般电视台、媒体建筑中的剧场	普通剧场
舞台	没有台口；侧台很小；舞台形式多变	很多电视剧场还是传统的"品"字形舞台；镜框式台口；舞台前部可以升降，形成乐池或者舞台的一部分	传统的"品"字形舞台；镜框式台口
观众厅	平面形式方正；舞台和观众席处于同一空间中	还是常用传统式观众厅形式——马蹄形或者矩形；舞台空间和观众厅空间处于不同空间中	还是常用传统式观众厅形式——马蹄形或者矩形；舞台空间和观众厅空间处于不同空间中
声学	建筑声学主要满足语言类的声学要求，混响时间在1.0s左右	建声要满足语言类要求和歌舞演出要求，混响时间在1.0~1.4s	建声根据剧场的主要演出剧种来确定，一般在1.1~1.5s。通常还会有演出音乐会的要求
机械设备	传统的舞台机械系统	传统的舞台机械系统	传统的舞台机械系统
灯光	灯光不仅要对舞台重点照明，对观众厅的照明也非常突出，这是为了满足演播节目的需要，因为观众经常要和表演者进行互动	灯光不仅要对舞台重点照明，对观众厅的照明也非常突出，这是为了满足演播节目的需要，因为观众经常要和表演者进行互动	灯光一般只对舞台进行重点照明，对观众厅仅作一般照明，满足进场、离场的要求即可
所有权	国有	全部国有。因为媒体是我们国家的重要喉舌，在今后相当长的一段时期基本上不可能让社会力量介入	

表7-2-4 媒体建筑中的剧场和普通剧场的比较分析
（数据来源：作者汇总）

表7-2-5 基本建设情况

建设单位	中国中央电视台
设计单位	荷兰大都会建筑事务所 华东建筑设计研究院有限公司 ARUP奥雅纳工程顾问
施工单位	中国建筑工程总公司

表7-2-5 基本建设情况
（数据来源：作者汇总）

图7-2-25

图7-2-26

图7-2-25 美国NBC电视台
室外节目制作

图7-2-26 美国NBC电视台
的室内节目演播剧场
（图片来源：汪孝安摄）

图7-2-27

图7-2-28

图7-2-27 美国ABC NEWS
电视台在市中心的播出空间

图7-2-28 美国ABC NEWS
电视台几个不同场景的演
播场景
（图片来源：汪孝安摄）

7.3 江苏广电中心

7.3.1 总体设计

江苏广电城项目基地位于江苏省南京市鼓楼广场东南方，基地北侧面向北京东路，东临丹凤街，南毗双龙巷。整个建筑分为高层主楼和裙房两部分。主楼位于基地北侧，主要功能是节目编辑制作和办公空间；裙房位于基地南侧，内部主要布置有电视剧场和数个大小不等的演播室，以及化妆间等辅助用房。主楼和裙房在面积紧张的基地北侧围合出一个媒体广场（也是剧场和办公的主要出入口），希望给城市市民提供一个公共活动的场所。整个建筑造型呈现出一定的动态感和开放性，比较符合媒体建筑的传媒特性。裙房的设计也把电视剧场的观众厅形态表现出来。

表7-3-1   基本建设情况

设计单位	建造时间	基地尺寸	基地面积（m²）	总建筑面积（m²）	建筑层数
华东建筑设计研究院	2003~2008年	南北长约450m，东西向北宽约220m，南宽约250m	25 500	125 899 地上面积：93 828 地下面积：32 071	主楼地上36层 裙房地上7层 地下2层

表7-3-1 基本建设情况
（数据来源：作者汇总）

图7-3-1

图7-3-2

图7-3-1 江苏广电城总
平面图
图7-3-2 新江苏广电城,
前面是旧台建筑
(图片来源:华东建筑设
计研究院提供)

7.3.2 电视剧场——另一种演艺空间

与央视新总部大厦TVCC的电视剧场不同的是,江苏广电城电视剧场采用的是典型的歌舞剧场形式:马蹄形的观众厅,"品"字形的舞台。目前绝大多数省级的媒体建筑中的大型电视剧场一般都采用传统意义上的歌舞剧场布局形式,不过电视剧场往往会采用更灵活的可调性措施,比如活动台口、升降乐池、活动坐席等等。

原因一,这种媒体建筑中的大型剧场往往仍然承载着演出大型歌舞表演、联欢晚会等的功能,人们也常将其作为另一种剧场空间形式来使用。这些电视剧场的地理位置一般都在城市中心,现在媒体机构都希望以较开放的姿态将电视剧场面向大众,暨望扩大自身的影响力;也可成为所在地区的一个剧场建筑来使用,作为对城市演艺空间的补充。所以在声学上、舞台布局要求上,电视剧场和传统剧场没有太大差别。

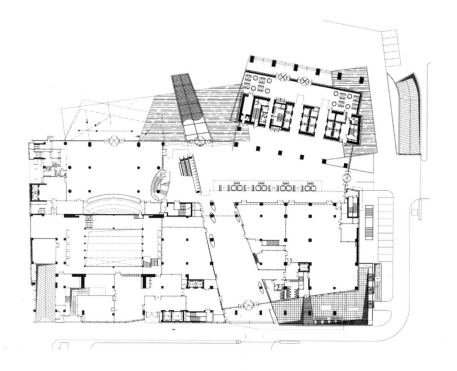

图7-3-3 一层平面图
(图片来源:华东建筑设计
研究院提供)

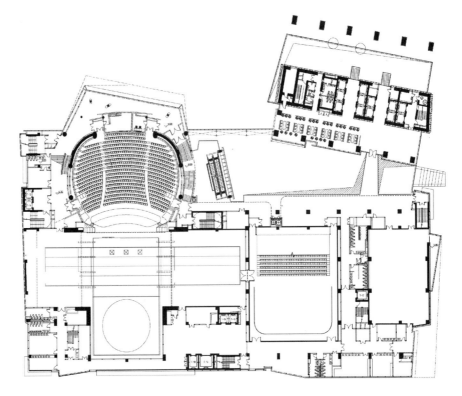

图7-3-4

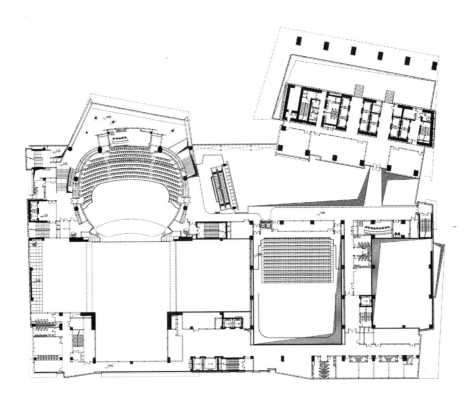

图7-3-4，图7-3-5
二层、三层平面图
（图片来源：华东建筑设计
研究院提供）

图7-3-5

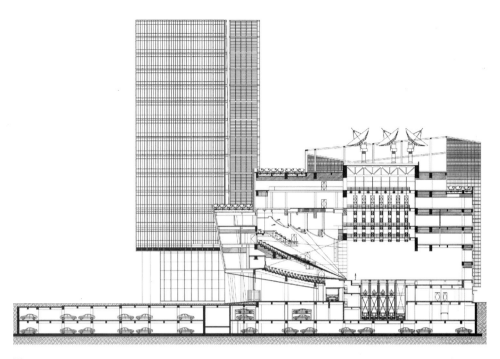

图7-3-6 1,200座电视剧场
剖面图
（图片来源：华东建筑设计
研究院提供）

图7-3-6

原因二，在平常时间内，大型剧场还要配合大型的电视节目演出，如选秀节目、歌唱比赛、论坛类节目等，不同的节目对舞台形式有很大不同。例如，有些节目需要T形舞台，有些要求伸出式舞台形式。如图，现场正在准备雪碧选秀节目准备，舞台前部的坐席被撤去，扩大了舞台空间。这时就需要在设计时考虑剧场能够提供的可变性。

底层池座可容纳818座，楼座有两层，二层楼座有381个座位，三层楼座有93个座位。观众厅最宽处约30m，深约26.6m，最远的座位到舞台的视线距离为27m左右，整个观众厅的尺度合适，视线距离控制较好。但是可能由于楼座高度的限制，后排边座的视线会部分受到楼座挑梁的遮挡，视线质量较差，令人遗憾。

7.3.3 观众厅和舞台设计

表7-3-2　　　　　　　　　　　　　　观众厅和舞台设计

演出剧种	大型综艺类节目，以及歌剧、舞剧等						
观众厅布局	传统马蹄形	坐席数	1 200座	排距	900mm	混响时间	1.2s
观众厅和舞台形式	池座平面图		二层楼座平面图		三层楼座平面图		
舞台形式	传统"品"字形		乐池		可升降		

表7-3-2 观众厅和舞台设计
（数据来源：作者汇总）

图7-3-7

图7-3-7 1200座电视剧场观
众厅，两层楼座
　图7-3-8 舞台台口和耳光室
图7-3-9 1200座电视剧场
主舞台，可以看到上空布满
各种吊杆
图7-3-10 后舞台空间；
图7-3-11 1200座电视剧场
观众厅后墙内的控制室
图7-3-12 舞台上空的马道
（图片来源：作者摄）

图7-3-9

图7-3-8

图7-3-11

图7-3-10

图7-3-12

1. 观众厅设计

如右图，观众厅平面为传统马蹄形。池座走道，楼座有两层，共有座位1 200座。

2. 舞台设计

舞台还是采用传统的"品"字形，由于平面的限制，左右侧台大小不同。左侧台较小，右侧台按照正常侧台尺度要求设计。主舞台上设置升降台和车台，后舞台布置圆形转台。

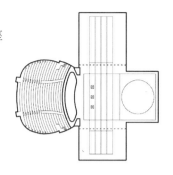

图7-3-13 观众厅平面图
（图片来源：华东建筑设计研究院提供）

7.3.4 设备技术

舞台上空有各种吊杆设备，由葡萄架上的卷扬机控制吊杆的运行（图7-3-14，图7-3-15）。

7.3.5 声学设计

由于电视剧场的使用功能具有多功能要求，即大型舞台剧、综艺演出、音乐会、立体声电影和国际会议等，坐席容量达到1 200人，因此设计只能折中选择满场条件下的中频最佳混响时间为1.2±0.1s，既能保证会议条件下足够的语言听闻条件，又适当兼顾了综艺演出所需要的丰满度要求。

通常，电影放映所需混响时间的合适标准至少应为≤1.0s，如果是多声道立体声电影，则其混响时间要求应为≤0.8s。因此在观众厅墙面或天花部位设计时采用了吸声材料，使混响时间有所下降。不过从技术上来讲，该电视剧场放映电影的效果还是要比专业电影院要差一些。

音乐演出时，在舞台上将装置封闭式音乐反射罩，可使剧场内自然混响时间加长0.1～0.2s；同时可辅以电声混响器，改善混响效果，以满足音乐演出的效果。

在观众厅的声学装修设计中，中高频吸声材料主要配置在池座和楼座的后墙，既可有效控制混响，也能兼顾防止厅内回声等声学缺陷的作用。而低频吸声则主要借助于天花板吊顶、挑台天花吊顶及侧墙面等处不同材质及厚度的板共振所起的吸声作用。

为了确保剧场观众厅内的混响时间及其频率特性达到设计所预期的要求（1.2±0.1s），并获得优良的音质效果，除了平剖面体型起到较为重要的先天作用之外，观众厅内各个界面的材料选择、构造做法以及座椅的吸声性能都有着十分密切的关系。

图7-3-14 舞台格栅平台
（葡萄架）层
图7-3-15 舞台上空吊杆的卷扬机
（图片来源：作者摄）

图7-3-14

图7-3-15

在大型电视剧场的上方、左右叠加了800人和400人的中小型演播室，电声设备采用多种品牌型号，主要为美国BOSS系列的音响设备。

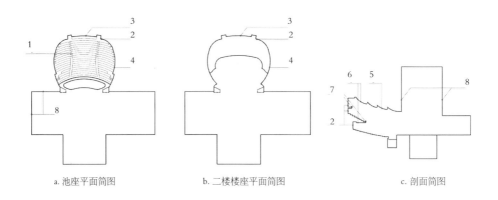

a. 池座平面简图   b. 二楼楼座平面简图   c. 剖面简图

编号	位置	设计措施
1	观众厅内地坪和走道	铺设地毯，避免脚步走动噪声
2	池座和楼座后墙面	除门和观察窗外，一半墙面做吸声处理，一半墙面做声扩散体，以避免产生回声
3	后墙观测窗	玻璃向前倾斜8°～10°，避免产生回声
4	侧墙面	由于观众厅侧墙呈圆弧形，容易在观众区形成声聚焦，造成声能分布不均匀。因此侧墙上均做声扩散体，使声能均匀分布
5	前中部天花板	采用较为厚重的反射型天花板
6	后部天花和楼座挑台天花	能够反射中高频，也能对低频有一定吸声作用
7	楼座挑台栏板	该部位是观众厅内容易在前区造成回声的部位，因此栏板表面作扩散处理
8	舞台侧墙	舞台空间体积比较大，超过了观众厅体积。为了避免舞台空间与观众厅空间之间因耦合空间产生不利影响，声学设计要求舞台空间内的混响时间应基本接近观众厅的混响时间。在舞台（主舞台、侧舞台和后舞台）一层天桥以下墙面做吸声处理
9	观众席座椅	座椅在空座和有人座时吸声量尽可能小，以减少不同上座率条件下，观众厅混响时间变化不明显。座椅底面做吸声处理，消除声反射

图7-3-16 声学设计措施
（图片来源：作者绘制及汇总）

7.4 上海大剧院

上海大剧院是我国第一座具有国际水平的现代化剧院。它在当时的社会影响不亚于今天国家大剧院对中国带来的影响。上海大剧院在上海的地理位置如同国家大剧院在北京的位置一样，位于城市的行政中心和重要广场（人民广场）附近。从改革开放开始到20世纪

图7-4-1 上海大剧院建造前
（图片来源：www.photo-fans.cn）

图7-4-2 建成后的上海大剧院
（图片来源：作者摄）

图7-4-1   图7-4-2

90年代初，上海始终缺少一个像样的现代化的大型歌剧场，因此很多世界知名的演出团体失去了来上海进行表演的机会。这和上海作为国际大都市的地位极不相称。20世纪90年代，上海遇到了改革开放的契机，城市管理者们也迫切希望有一座能和国际接轨的大剧场。于是，1994年上海大剧院方案设计征集开始，法国夏邦杰建筑设计事务所的方案中标。最终完成的大剧院成了当时中国剧场建设的典范和标准，吸引了众多的市民和机构来参观、学习。

图7-4-3 上海大剧院卫星图
（图片来源：Google Earth）

表7-4-1 基本建设情况

建设时间	投资额	建筑设计单位	室内设计单位	工程监理
1994~1997	10亿元	法国夏邦杰建筑设计事务所 华东建筑设计研究院	美国Studios&Team7公司	上海市建工设计研究院
屋面钢结构工程	剧场舞台装置工程	音响装置工程	灯光装置工程	
江南造船厂	日本三菱重工株式会社	美国JBL公司	德国西门子ADB灯光设备	
用地面积	占地面积	总建筑面积	绿化、水景	层数
21 644m²	11 528m²	62 803m²	20%	地下2层，地上6层
高度	停车数	外部装修	建筑结构	
最高38.37m	地下172辆，地上20辆	透明玻璃幕墙、花岗岩	框架、剪力墙、空间钢架	

表7-4-1 基本建设信息
（数据来源：作者汇总）

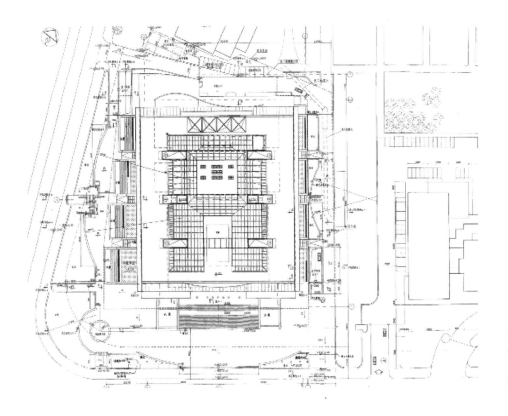

图7-4-4 上海大剧院总平面图
（图片来源：华东建筑设计研究院提供）

7.4.1 总体布局

上海大剧院包括一个1 800座的大剧场，一个580座的中剧场和一个230座的小剧场。中剧场由原来的大排练厅空间改造而成；小剧场原来是大芭蕾排练厅。原因可能是考虑到原先单一的大剧场会造成使用率太低，适应性不够强。因此，目前国内绝大多数的大剧场中剧场规模设计基本上按大、中、小的等级布置，以提高剧场的使用效率和适用性。中剧场的空间体量较大，布置在"品"字形舞台的侧台和后舞台之间；小剧场的体量较小，层高相对较低，被布置在后舞台的上方（如下图所示）。

因此，对于"品"字形舞台来说，设计者一般会充分利用后舞台和侧台之间的空间以及后舞台上方的空间（后舞台的空间高度小于主舞台空间高度）布置一些小剧场、多功能厅、排练厅及一些辅助空间，从而使建筑整个形体完整、饱满。

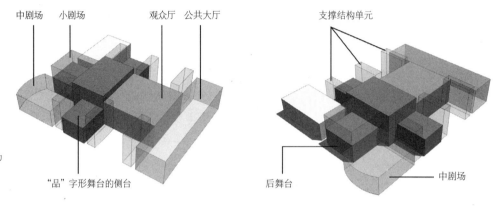

图7-4-5 上海大剧院空间功能布局示意图
（图片来源：作者绘制）

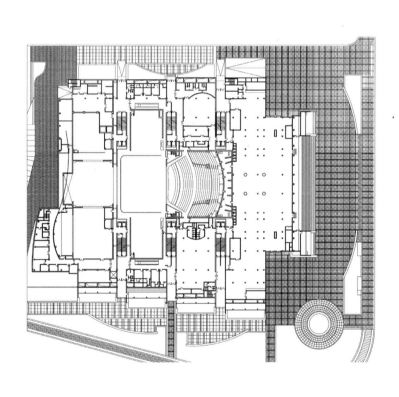

图7-4-6 一层平面图
（图片来源：华东建筑设计研究院提供）

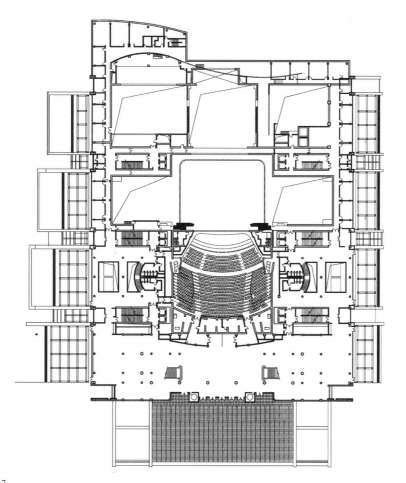

图7-4-7

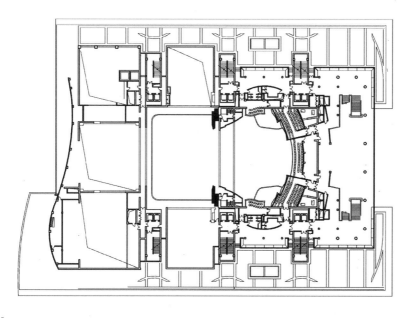

图7-4-8

图7-4-7，图7-4-8 二层
平面图
（图片来源：华东建筑设计
研究院提供）

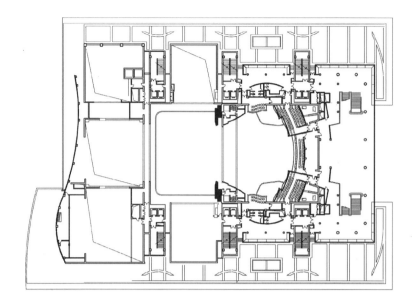

图7-4-9 四层平面图
（图片来源：华东建筑设计
研究院提供）

7.4.2 公共空间

上海大剧院是较早的在设计中注重剧场公共空间的案例，并且开始将公共空间作为建筑表现的重点之一。其通高的公共空间用透明点式玻璃幕墙围合，开始表现出建筑对公众的开放性姿态，也让人民广场的自然景观和剧场公共空间有着良好的视觉交流。

大剧院的一层公共空间是售票大厅，主入口位于二层平台上（图7-4-10）。

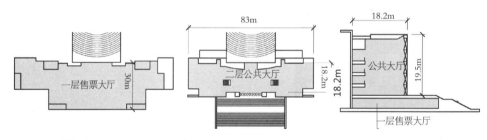

图7-4-10 上海大剧院公共
空间示意图
（图片来源：作者绘制）

图7-4-11 上海大剧院共享
空间和人民广场的关系
（图片来源：作者摄）

图7-4-13 一层售票大厅

图7-4-14 二层入口公
共空间

图7-4-15 剧场大厅公
共空间

（图片来源：www.photo-
fans.com）

图7-4-13　　　　　　　图7-4-14　　　　　　　图7-4-15

7.4.3 大剧场

1. 观众厅和舞台设计

表7-4-2　　　　　　　　　　　　　　观众厅和舞台设计

演出剧种	大型综艺歌剧、芭蕾和交响乐等							
观众厅布局	传统钟形平面	坐席数	1758座	池座	1100座	二层	300座	三层	400座
观众厅和舞台形式	一层平面图　　　　　二层平面图　　　　　三层平面图　　　　　四层平面图　　　　　五层平面图　　　　　六层平面图								
舞台形式	传统"品"字形		乐池			可升降			

表7-4-2 大剧场舞台和观
众厅形式

（数据来源：作者汇总）

　　当时上海东方艺术中心尚未建设，大剧院作为全市最先进的综合剧场，承担了多重的演出任务，而且还要有承载交响乐演出的能力。原因在于当时的经济条件不成熟，尽可能地做到物尽其用。这也多少决定了大剧院的交响乐效果不能够达到顶级水平，其主要的任务还是保证歌舞剧能够有最高演出水平。

观众厅的平面形式为钟形，长宽高分别为30m，31m，20.9m（网架下球底标高）。观众厅内设两层挑台及三层侧包厢。

主舞台台口为18m×12m。主舞台地板共分二层，两层地板之间的距离为3.6m。大剧场配有1700m²的全电脑控制机械化舞台及160m²升降乐池。在当时是国际上容纳面积最大、变换动作最多的舞台设备，整体尺寸也是当时亚洲最大的。主舞台上设3m×18m共6块升降单元，设有54个特技表演口，下面设有机械装置。后舞台上设直径为18m和10m的双转台。两个侧舞台上各设4个大型车台，上下升降的大型乐池可兼作伸出式舞台或者观众席。舞台表面地板采用美国进口的扁柏树木材，整个地板富有弹性，能适用于各种演出需要。剧院还备有专门用于芭蕾舞演出的弹性木地板和地胶布。

大剧场共有82根电动吊杆，分布在舞台各区域，其中主舞台区域58根。这些吊杆可按预先编排的程序自动运行，能满足各种演出场景的需要。在观众厅天花上设两道面光天桥及一道追光灯桥。扩声系统的3组主扬声器组设在台口天花内。当演出交响乐时，主舞台上将推出一个大型整体伸缩、气垫移动式音乐反射罩，以满足自然声条件下演出交响乐的音质要求。

2. 声学设计和声音评价

大剧院观众厅的音质设计原则为"建声为主、电声为辅"，即以自然声演出为主，将"原汁原味"的歌唱和演奏声献给观众。上海大剧院音质设计的技术目标包括：体形合理、混响时间适当且可按不同使用功能调节、厅内响度足够、声场扩散良好、有较丰富的前次反射声和侧向反射声以及厅内噪声足够低等。

图7-4-14 大剧场的观众厅和舞台；

图7-4-15 大剧场的镜框式舞台

（图片来源：www.photo-fans.com）

图7-4-14　　　　　　　　　　　　图7-4-15

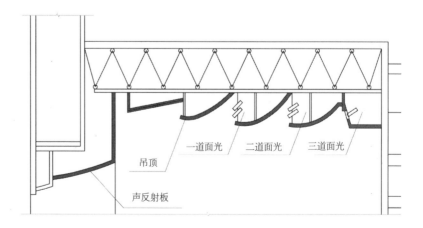

一道面光　二道面光　三道面光

吊顶

声反射板

图7-4-16 大剧场吊顶示意图

（图片来源：作者绘制）

图7-4-17 大剧场的观众厅
楼座和吊顶
（图片来源：www.photo-
fans.com）

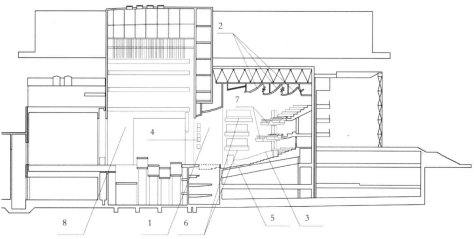

编号	位置	设计措施
1	台口天花和台口侧墙	设计成向观众厅扩展的大型号筒状，可将演唱、演奏声反射并且导向观众席，使前中区获得较多的早期反射声，也便于耳光及扬声器的配置
2	观众厅天花	结合灯光工艺，天花设计成圆弧形大波浪式反射型吊顶，并采用密度≥40kg/m²的增强纤维水泥石膏板作吊顶材料，使厅内获得更多的早期反射声，并提高楼座声级
3	池座声反射栏板	在池座7~15排处设计两道声反射栏板墙，使观众厅有效宽度相对减小，起到了传统鞋盒形平面的声学效果，有利于改善中区观众席的音质效果
4	耳光口	台口侧面的耳光灯平时藏在特殊的折叠窗口后面，需要时才打开窗口，避免一般演出时耳光口对反射声的影响
5	池座起坡设计	结合视线设计要求，将池座观众席设计成纵向起坡较大的散座形式。池座前后共24排的高差达4.3m，避免了观众席对声能的掠射吸收，改善了声场均匀度，也有利于视线质量的提高
6	挑台式侧墙包厢	使厅内声扩散均匀，侧墙反射声丰富
7	楼座挑台栏板	S形加折形栏板，有利于厅内声扩散均匀

	8	舞台侧墙	设计了气垫式大型舞台音乐反射罩。反射罩前部宽17.6m，后部宽11.8m，反射罩后壁由21个声扩散体组合而成，当需要移动时，通过空气压缩机向声罩底部的28个气盘送气，借助气盘产生的气垫浮力，使原来重18t的声罩在推动时只相当于1t重。当剧场进行歌舞或芭蕾演出不用时，可将声罩藏在后舞台东侧的库房中

图7-4-18 大剧场声学设计
（资料来源：华东建筑设计研究院提供）

实测结果如下：

在歌剧条件下，中频平均混响时间是1.37s，符合设计1.3~1.4s的要求。

在交响乐条件下，取消全部帘幕，安装大型音乐反射罩好后，中频混响时间是1.82s。

观众厅的混响时间的频率特性也很优良。

表7-4-3 观众厅声学设计的主要技术指标

主要技术参数	演出歌剧条件	演出交响乐条件
总体积 V（m³）	2003~2008年	南北长约450m，东西向北宽约220m，南宽约250m
单人容积（立方米/人）	13 000	15 000
中频混响时间 T（s）	7.3	8.5
声场不均匀 $\triangle Lp$（dB）	1.3~1.4	1.8~1.9
本底噪声 La（dBA）	$NR-20$，$La \leqslant 30$	$NR-30$，$La \leqslant 30$

表7-4-3 观众厅声学设计的主要技术指标
（数据来源：作者汇总）

7.4.4 中剧场

1. 舞台和观众厅设计

表7-4-4 舞台和观众厅设计

演出剧种	小型歌舞、地方戏剧等								
观众厅布局	矩形平面	坐席数	691座	池座	415座	二层	139座	三层	137座
观众厅和舞台形式	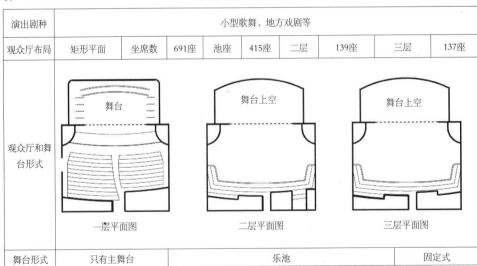								
舞台形式	只有主舞台			乐池				固定式	

表7-4-4 舞台和观众厅设计
（数据来源：作者汇总）

一层平面图　　二层平面图　　三层平面图

中剧场是在原大排练厅的基础上修改增加的。观众厅分为池座和楼座，最初观众厅为左右不对称形式（左侧为二层水平连廊加局部看台，右侧为池座和楼座连在一起的连续看台），最终变为左右对称形式（分为池座和两层出挑的楼座），以增加观众席的数量。由于受到观众厅空间的限制，为达到良好的视听效果，座椅全部按错排法排列。池座起坡和两层楼座挑台均使用钢结构制作。

　　舞台为矩形平面,侧台空间非常狭小,没有后台。主舞台高度为1,000mm,比原设计增加了350mm,缓解了观众厅的视线遮挡问题。台口是传统的镜框式,尺寸为14m×6.65m（宽×高）。乐池也是在第二次修改中增加的。乐池地面低于前排观众厅地面700mm,加上1m高的栏杆,乐池垂直深度为1 700mm。受原有的结构影响,乐池下面没有升降装置。但是可以在乐池上放置活动隔板,成为观众席的一部分。观众厅吊顶设置了大小不等的弧形声反射板,增强一次反射声的效果。剧场只设置了一道面光灯带。中剧场的舞台墙面、周边设备机房的墙面和吊顶都作了吸声处理。总体来说,中剧场的空间布置或是设备等级都要比大剧场要简单了许多。

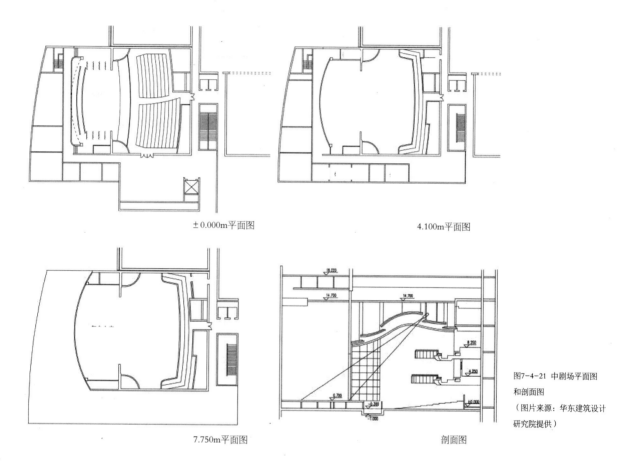

±0.000m平面图

4.100m平面图

7.750m平面图

剖面图

图7-4-21 中剧场平面图
和剖面图
（图片来源：华东建筑设计
研究院提供）

图7-4-21

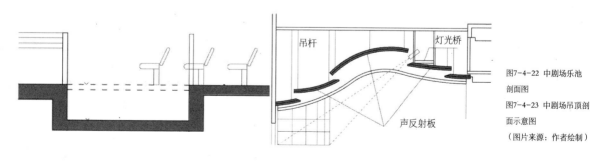

图7-4-22

图7-4-23

图7-4-22 中剧场乐池
剖面图
图7-4-23 中剧场吊顶剖
面示意图
（图片来源：作者绘制）

7.4.5 小剧场

1. 舞台和观众厅设计

　　小剧场是上海大剧院中带有一定多功能性质的剧场，位于大剧院的后舞台的上方，面积约400m²，标高15.05m。最初的方案中，该空间是大芭蕾排练厅的位置。观众由西侧中剧场入口进入，经C1楼电梯上至小剧场，疏散依靠C1，C2两个楼电梯。卫生间利用东西两侧芭蕾排练厅的卫生间。演员出入口位于演出区后墙，与候场区相连。演出区东侧是道具区域和两大、两小四个化妆间。

　　小剧场为矩形平面，演出空间与观众席空间是一个整体，不设专门的舞台。观众席采用可整体移动的活动看台，可适应灵活多样的小剧场演出要求。场内座椅可收缩贮存，可根据需要做单面、二面、三面、四面等多方位的灵活安排，最多可容纳300人。舞台亦可随意组合，除小型演出、时装表演外，使用配备的投影、幻灯设备，还可以召开各类会议及进行产品展示活动。

表7-4-5　　　　　　　　　　　　　　　　舞台和观众厅设计

演出剧种	小型演出、小型音乐会、时装表演等		
观众厅布局	矩形平面	坐席数	最多300人，根据不同的用途坐席数有所不同
观众厅和舞台形式	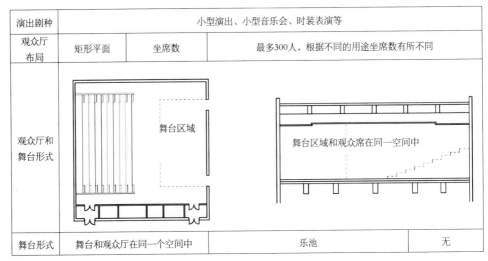		
舞台形式	舞台和观众厅在同一个空间中	乐池	无

表7-4-5 舞台和观众厅设计
（数据来源：作者汇总）

　　观众席的设计视点位于离第一排观众台阶4.1m、高0.6m处，座位升起值按每排高出120mm计算，使整个观众席视觉质量比较均匀。观众座席按照错排法排列，以节约空间高度。小剧场上空周围作吊顶，中间做镂空网格，可以使灯光设备灵活布置，满足演出需要。

2. 声学设计

　　根据小剧场的演出功能，设计确定满场最佳混响时间为1.0±0.1s。室内平均吸声系数为0.2~0.3，总吸声量需220~320个吸声单位。前后墙面配置吸声材料，在两侧墙面做声反射扩散体，避免方形平面易造成的声扩散不良。

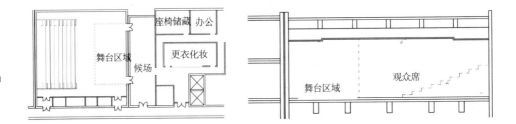

图7-4-24 小剧场平面图和剖面图
（图片来源：作者绘制）

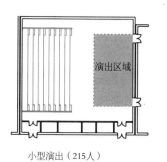

小型演出（215人）

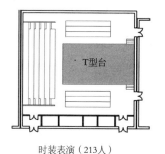

时装表演（213人）

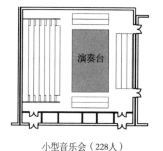

小型音乐会（228人）

图7-4-25 小剧场的几种
变换形式
（图片来源：作者绘制）

由此可见，上海大剧院的小剧场可以认为是中国当代典型的多功能剧场。

从对该小剧场的调查，我们总结这类多功能剧场设计的相似特点如表7-4-7：

表7-4-7　　　　　　　　　　　　　　　多功能剧场的相似特点

	内容	设计特点
1	舞台和观众厅	由于舞台的区域和观众席的区域都是可变的，因此舞台和观众厅往往处于同一个空间当中，两者之间能够形成多种关系
2	平面形式	一般平面形式比较简单，多为矩形，能够适应舞台和观众席之间的多种变化，也有利于灯光等设备的布置
3	吊顶	吊顶多为金属网格，或者吊杆按单元模数排列，灯光等设备可以做非常灵活的配置，以适应不同的舞台形式
4	声学设计	因为平面形式简单，建声设计上很难达到声学要求，往往用电声来创造良好的声学环境。墙面多做吸声处理，或者在短边的墙上做吸声处理，长边侧墙做声反射扩散体，以避免矩形平面造成的声扩散不良影响
5	混响时间	一般在1.0s左右，满足语言类的演出要求
6	座椅	大多为活动式的，可以进行局部或整体移动、升降、翻转

表7-4-7 多功能剧场的相
似特点
（数据来源：作者汇总）

7.4.6 结构设计

大剧院顶部为月牙形的反拱钢屋盖，内部主要2层，局部3层，总面积约为22 000m²（包括屋顶技术层），南面是多功能厅和休息厅，北面是设备用房，屋顶是技术层，它的几何尺寸为：纵向长100.4m，横向宽94.5m，纵向悬挑26m，横向悬挑30.9m，圆弧半径$R=93$m，拱高11.52m。

大剧院钢屋盖既是覆盖整个大剧院下部结构（包括观众厅、主舞台、侧台、中剧场等）的屋顶，也是承重结构，发挥着双重功能。整体结构采用了巨型框架结构体系，侧向刚度大，能够给建筑提供大开间和大高度室内空间，能满足建筑多功能要求，达到了建筑与结构的完美统一。6个钢筋混凝土电梯筒体作为主框架柱，承担着上部结构全部的竖向荷载、风载及地震荷载。

钢屋盖和下部的主舞台、观众厅等钢筋混凝土建筑体完全脱开（留有隔音缝），以满足较高的隔音及抗震要求。大剧院整个结构是由完全独立的二组结构组合在一起，一组是钢屋盖与6个电梯井支承柱；另一组是钢筋混凝土6层主结构，它们由共同的底板连接为一个整体。钢屋架中2榀纵向主桁架及12榀横向月牙形桁架形成主框架梁，承担着全部钢屋盖的竖向荷载，并将之传至钢筋混凝土电梯筒体，钢屋架内部3层楼面结构组成巨型结构的次框架部分（图7-4-26）。

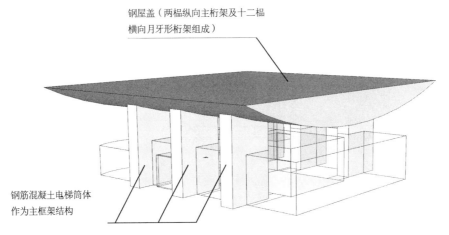

钢屋盖（两榀纵向主桁架及十二榀横向月牙形桁架组成）

钢筋混凝土电梯筒体作为主框架结构

图7-4-26 上海大剧院的结构体系示意图

（图片来源：作者绘制）

7.4.7 噪声控制

距离上海大剧院地下不远处是地铁1，2，3号线换乘站，地铁列车运行构成它的主要地下噪声源。大剧院地上部分面临人民大道和黄陂北路，街道大量的车辆成为另一个噪声源。同时，建筑内部的诸多设备机房、机械运行的噪声也对观众厅构成不利影响。

为了隔绝噪声，一是在结构设计上采取了防止固体传声的措施。如上面结构分析所述，采用两个结构体系。在结构上将主结构体系和剧场结构体系以抗震缝的形式断开。同时，大剧场和中剧场、小剧场之间在结构上全部断开，以混凝土双层墙的形式各自形成独立的筒体。这样可以有效地隔绝大堂、休息厅、排演厅、设备机房等对于观众厅的固体传声，以及舞台和舞台之间的固体传声。二是，各设备机房如消防泵房、空调机房和水泵房安排在钢屋盖拱顶层内，与观众厅分别位于两个不同的结构体系中。在设备机房中，也采取了种种隔声、吸声、消声及减震措施。另外，观众席每个座位底下有一个经过消声处理的低速送风口，风速约为0.3m/s，既能保证供给每个座位的新鲜空气，又没有噪声。

7.4.8 使用效果评价

上海大剧院自1998年8月27日首演以来，已先后演出过芭蕾、歌剧、交响乐及综艺晚会等，受到了国内外一流演演团体及著名音乐界人士的好评。意大利佛罗伦萨歌剧院院长艾纳尼先生认为：上海大剧院的声音非常优秀，在这里可以上演世界上任何著名歌剧。俄罗斯圣彼得堡马林斯基歌剧院基洛夫交响乐团首席指挥杰基耶夫大师认为：上海大剧院观众厅音乐的层次感、丰满度、饱和度非常出色，声学效果达到世界顶尖水平。1999年10月，杰基耶夫再度率团专程来大剧院演出该团保留剧目——芭蕾舞剧《天鹅湖》和歌剧《叶甫根尼·奥涅金》等，之后与大剧院达成了长期合作协议。世界三大著名男高音歌唱家——卡雷拉斯在上海大剧院举行独唱音乐会后，对大剧院赞不绝口。他认为：上海大剧院的声音非常优秀，音乐的辉煌能够在大剧院充分完美地体现出来。澳大利亚的文化执行官认为：上海大剧院观众厅的音质效果远远超过悉尼歌剧院。国内音乐界反映也很好，上演歌剧、开音乐会都很好，每个座位的声音都非常清晰。

图7-4-27 舞蹈《燃烧地板》在大剧场演出的剧照

（图片来源：www.photo-fans.cn）

7.5 东方艺术中心

图7-5-1 图7-5-2

图7-5-1，图7-5-2 上海东方艺术中心夜景与日景（图片来源：作者摄）

7.5.1 总体设计

1. 定位

东方艺术中心是一座以音乐厅为核心，高品位、设施先进、音乐演出功能齐全，国内领先、国际一流的文化建筑。政府部门、专家和业主以放眼世界的眼光建设东方艺术中心，最终将其建设成为有一定国际声誉的文化艺术中心。东方艺术中心以举办高层次音乐演出为主，也是文化艺术交流、研究、展示和培训的场所，并在功能上、地域上与上海大剧院（主要以歌剧为主）成互补态势。2005年建成的东方艺术中心是当时国内最新最大并兼容交响音乐厅、歌剧厅和室内音乐厅的大型艺术中心。该建筑极大地提高了浦东、甚至上海的文化地位。

2. 构思理念

东方艺术中心是法国设计师保罗·安德鲁（Paul Andreu）在中国的第一个演艺建筑作品（第二个观演建筑作品为国家大剧院）。作品造型由5个卵形平面交叉而成，晶莹剔透的玻璃围合出公共空间，包裹着5个不同的功能空间。安德鲁希望它像孕育生命的容器那样，包容着生命、音乐和力量。当然，也有人将其解读为好似上海的市花——白玉兰。安德鲁对"卵"形造型的执着延续到中国国家大剧院的设计中，不过此时，东方艺术中心的形体是被化整为零的。这是另一种消解体量、调整尺度的方式。

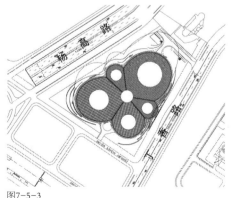

图7-5-3

图7-5-4

图7-5-3 东方艺术中心总平面图（图片来源：华东建筑设计研究院提供）

图7-5-4 东方艺术中心卫星图（图片来源：Google Earth）

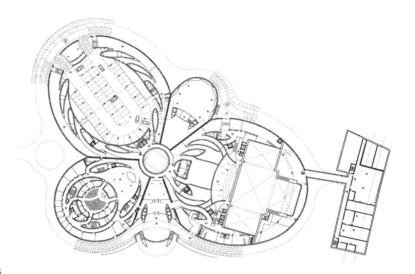

图7-5-5

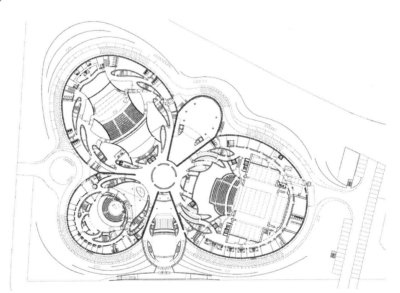

图7-5-6

图7-5-5，图7-5-6，图7-5
-7 地下一层平面图、一层
平面图、二层平面图
（图片来源：华东建筑设计
研究院提供）

图7-5-7

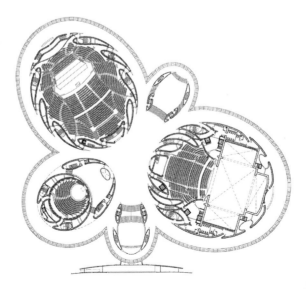

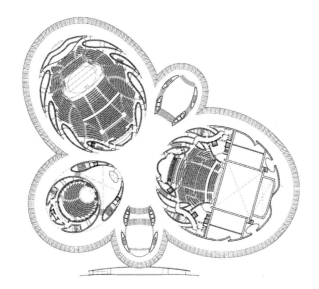

图7-5-8

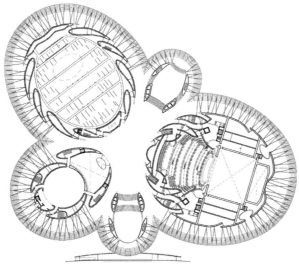

图7-5-9

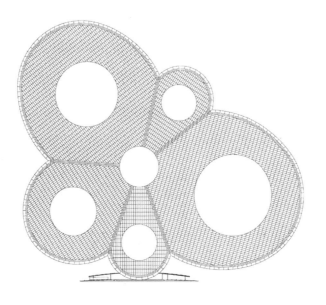

图7-5-10

图7-5-8,图7-5-9,图
7-5-10 三层平面图、四层
平面图、屋顶平面图
(图片来源:华东建筑设计
研究院提供)

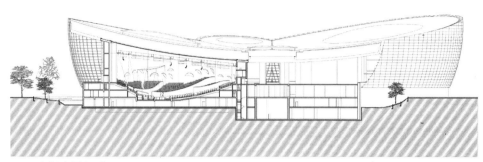

图7-5-11 横剖面图
（图片来源：华东建筑设计
研究院提供）

3. 空间布局组成

东方艺术中心是上海乃至全国设备设施一流的音乐厅。造价10亿元，面积4万m²。5个花瓣组成，不同的花瓣承载着不同的功能。其中包括2 000座的交响乐大厅，1 054座的中剧场歌剧厅和一个300余座的小演奏厅。

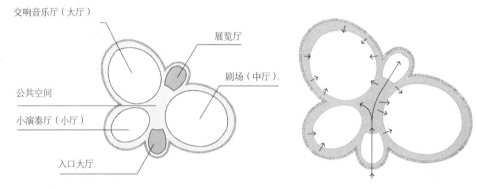

图7-5-12 功能布置示意图
（图片来源：作者绘制）

图7-5-13 公共空间和各个
演出空间的流线关系
（图片来源：华东建筑设计
研究院提供）

图7-5-12　　　　　　　　　　　　　　　　　图7-5-13

7.5.2 公共空间

东方艺术中心外表皮所包裹起来的形体便是公共空间的形式。这种将公共空间作为整个形体（一个重要元素）把演艺空间包围其中的方式，在国内实属首次。之后，这种方式又被运用到了国家大剧院中；而且逐渐成为国内新的观演建筑的流行布局方式（图7-5-14）。

图7-5-14 公共空间
（图片来源：作者摄）

7.5.3 交响音乐厅（大厅）

1. 观众厅和舞台设计

表7-5-1　　　　　　　　　　　　　　　观众厅和舞台设计

演出剧种	大型交响乐、钢琴独奏及其他不同风格的音乐等						
观众厅布局	葡萄田园式，轴对称不规则式	坐席数	1979座	排距	900mm	混响时间	2.0s
观众厅和舞台形式	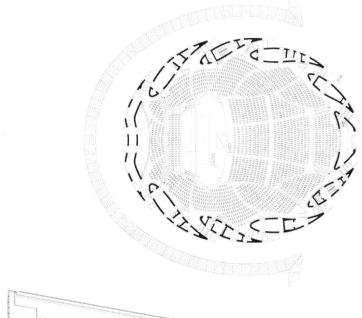						
舞台形式	中央式		演奏台			可升降	

表7-5-1 观众厅和舞台设计
（数据来源：作者汇总）

图7-5-15 交响音乐厅
平面图
（图片来源：华东建筑设计
研究院提供）

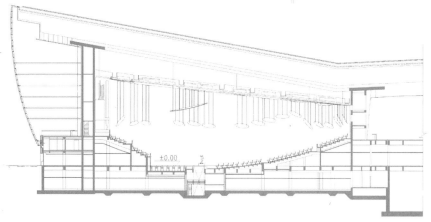

图7-5-16 交响音乐厅
剖面图
（图片来源：华东建筑设计
研究院提供）

图7-5-17 交响音乐厅的观
众席，观众厅的另一侧是
管风琴
（图片来源：作者摄）

图7-5-18 交响音乐厅演奏
台和观众席
（图片来源：作者摄）

交响乐大厅近似一个完整椭圆，周边是由一滴滴的水滴形辅助空间组成，而非单薄的墙体。如此能够实现有效隔声，同时大面积曲面便于将声音最大限度地反射向观众。座席排布形式为中轴对称的田园式布局，演奏台被整个观众席包围，并略偏于一侧。这种布局方式最早出现在由伍重设计的德国柏林爱乐音乐厅中。其思想来源于对观众民主、平等性的考虑，也改善了表演者和听众的关系。出乎意料的是，位于演奏台后面的——面对指挥家的坐席票特别好卖，因为人们以前从来没有在演出时看到指挥者的正面。之后，在人们验证了这种田园式的布局方式能够很好解决声学问题后，越来越多的音乐厅就采用了这种方式。对于小于1 200座的音乐厅而言，演奏台一般位于观众厅的尽端；超过1 200座的音乐厅大多采用中心式的演奏台，以减少最远处座席到演奏台的距离，否则，最远处的席位可能达不到所要求的声音响度。交响乐大厅的观众席被分为10个大小不同的区域，高低错落。观众席排距均为900mm，靠近演奏台的座席为隔排升起，其余的均为每排升起。

演奏台大致为扇形，最宽处约23m，最深处约12m，整个面积大约230m²。舞台能够容纳四管制交响乐团和120人的合唱团，以及各种风格的音乐作品。靠近演奏台一侧墙面上为管风琴。管风琴音域宽广，气势雄伟磅礴，其丰富的和声不逊色于一支管弦乐队。

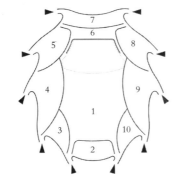

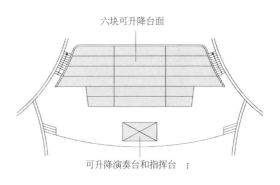

图7-5-19 观众席分为10个
区域，每个区域都联系着
出入口；
图7-5-20 演奏台分布着大
小不同的升降台。
（图片来源：作者绘制）

图7-5-19   图7-5-20

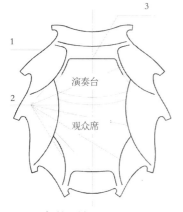
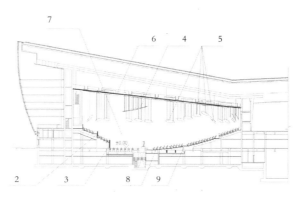

图7-5-21 交响音乐厅声学
分析示意图
（图片来源：华东建筑设
计研究院提供）

2. 声学设计

表7-5-2 声学设计

编号	位置	设计措施
1	观众厅外墙	观众厅外墙由水滴形的辅助空间体围合而成，而非用单层墙体，可以有效地减少外界噪声对室内的影响
2	观众席侧板	观众席的护墙、护栏向演奏台方向倾斜，这一处理可增强大厅的早期反射声场；同时加强下层空间浪漫曲线的效果
3	演奏台后侧板	演奏台后面的侧板高约2.4m，能够有效将演奏者的声音反射回来，达到很好的听闻效果
4	演奏台上方的主反射罩	由5个半透明的椭圆组成，它们设于高空，可独立调整其倾斜度。每个体块之间都装有灯光和声学仪器的支架。反射罩的这五个部分是经过总体设计的，它与一个整体反射罩有着同样的声学效应。主反射罩的作用：一是让乐师有良好的听闻效果；二是减少直达声和反射声的时间差
5	观众厅周边的侧反射板	与主反射罩采用了同样的设计思路。多方向的声反射板，它把声音反射给座椅并充满整个大厅。材料则采用厚玻璃板，表面处理成毛面或刮丝，以避免令乐手或观众炫目的反光。结构处理是从顶上用两根金属丝悬吊下来，中央利用一个臂结构增强稳定性，以UV粘合在球窝节上。它们依音响工程师计算出的反射方向调整到最佳角度
6	观众厅吊顶	吊顶中设置有可伸缩的吸声板。它适用于两种情况：吸音时吸音板降下；反射时吸音板上收。悬吊的灯光设备也能起到一定的漫反射作用，所以音乐厅内的吊杆尽管不美观，但是是有声学作用的
7	观众厅侧墙面	墙面内部采用波浪形凹凸状，增强声音的漫反射效果
8	观众席座椅	采用木质材料和吸声性强的织物构成，织物的吸声系数接近于人们服饰的吸声系数，减少满场和空场之间的音质差别
9	观众厅地面	采用木地板，增强声音的漫反射

表7-5-2 声学设计
（数据来源：作者汇总）

图7-5-22 交响音乐厅吊顶
和悬吊的灯光设备
图7-5-23 演奏台上空的主
反射声罩
（图片来源：作者摄）

图7-5-22   图7-5-23

图7-5-24 观众席侧墙上的
侧反射声板
图7-5-25 观众厅后墙上的
控制室开窗和小型声反射板
（图片来源：作者摄）

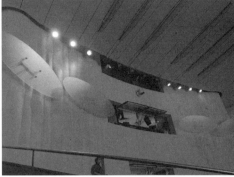

图7-5-24　　　　　　　　　　　　图7-5-25

图7-5-26 演奏台后面约2.4
米高的侧板，这些侧板能够
提高乐师的听闻效果。
（图片来源：作者摄）

7.5.4 歌剧场（中厅）

1. 观众厅和舞台

表7-5-3　　　　　　　　　　　　　　观众厅和舞台设计

演出剧种	歌剧、芭蕾及各类戏剧、杂技等					
观众厅布局	近似八边形	坐席数	1054座	排距	900mm	混响时间	2.0s
观众厅和舞台形式	 台口 假台口 侧台　主舞台　侧台 后舞台 观众席			观众席		
舞台形式	"品"字形		乐池			可升降

表7-5-3 观众厅和舞台设计
（数据来源：作者汇总）

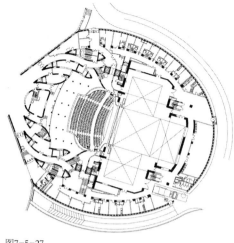

图7-5-27

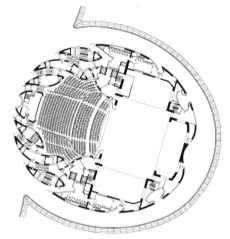

图7-5-28

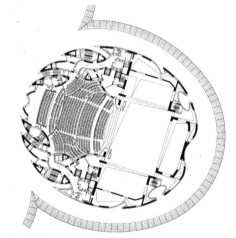

图7-5-29

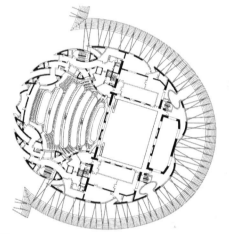

图7-5-30

图7-5-27，图7-5-28，
图7-5-29，图7-5-30 东
方艺术中心歌剧场一至四
层平面图
（图片来源：华东建筑设计
研究院提供）

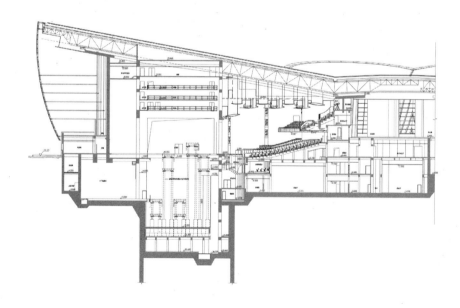

图7-5-31 纵向剖面图
（图片来源：华东建筑设计
研究院提供）

图7-5-32

图7-5-33　　　　　　图7-5-34

图7-5-32 歌剧场主舞台
图7-5-33 观众厅一层楼座
图7-5-34 楼座转角和观众厅吊顶
图7-5-35 池座后墙的放映间
（图片来源：作者摄）

图7-5-35

图7-5-36

图7-5-37

图7-5-38

图7-5-39

图7-5-36 舞台台口附近的
灯光设备

图7-5-37 舞台台口形式和
第一道耳光室

图7-5-38 主舞台上的灯光
设备吊杆第二道耳光

图7-5-39 观众厅坐席，由
木质背板和软织物组成

图7-5-40 观众厅墙面的花
纹，用来增强声扩散效果

图7-5-41 第二道耳光

图7-5-42 第二道耳光室和
楼座关系

（图片来源：作者摄）

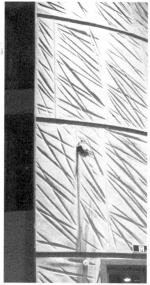

图7-5-40

图7-5-41

图7-5-42

从座位数量看，歌剧厅规模不大，属于中小型剧场。这也与东方艺术中心以交响乐为主的定位有关。观众厅大致呈八边形。和交响音乐厅相似，墙体是由作为辅助功能的水滴型空间体围合而成，能起到很好的隔声作用。坐席采用高挡板将池座大致分为7个区域，还能够增加观众席的美感。此外，高挡板还能够提高声音的反射效果。坐席的视线效果都非常不错，坐席宽度不完全一致，以保证走道空间的整体美观。歌剧厅的内部色彩采用红色墙面和深咖啡色挡板，温暖、端庄、典雅。这似乎是以上几个案例中歌剧厅给人们的最常见的感受，或许能够在未来的歌剧厅中看到不一样的色彩。

舞台是传统的"品"字形格局（设计者称该舞台是双层"品"字形舞台。关于双层"品"字形舞台的概念需要考证）。舞台台下也是个"品"字形，分为左、右侧台，台后车载转台。这样两个上下"品"字形舞台（双侧"品"字形舞台）能够提供7个场景的舞台工艺布置（一般普通剧场只能转换3个场景布置）。台下机械主要更换大型硬景、芭蕾、冰上舞蹈等特殊布景；台面机械以参与表演和运输小型布景为主，功能上适应了国际上最受欢迎的大型音乐剧的演出要求，又兼顾了经典歌剧、话剧、歌舞和戏曲的演出要求，达到无暗场换景、冰上芭蕾舞和长效制冷。

主舞台前的乐池可以升降，既能成为舞台的一部分（成为伸出式舞台），又可以是观众席的一部分。台口是典型的镜框式台口。还配备了两套空中飞行特技装置。

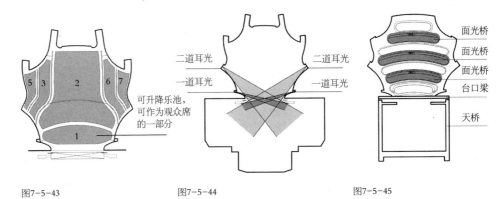

图7-5-43 观众席位布置
分区图
图7-5-44 耳光示意图
图7-5-45 面光示意图
（图片来源：作者绘制）

图7-5-43   图7-5-44   图7-5-45

2. 声学设计

见图7-5-46。

7.5.5 小演奏厅（小厅）

1. 观众厅和舞台设计

表7-5-4   观众厅和舞台设计

演出剧种	室内音乐、钢琴独奏等						
观众厅布局	葡萄田园式，轴对称不规则式	坐席数	1979座	排距	900mm	混响时间	2.0s
观众厅和舞台形式	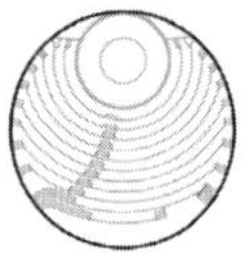						
舞台形式	中央式		演奏台			可升降	

表7-5-4 观众厅和舞台设计
（数据来源：作者汇总）

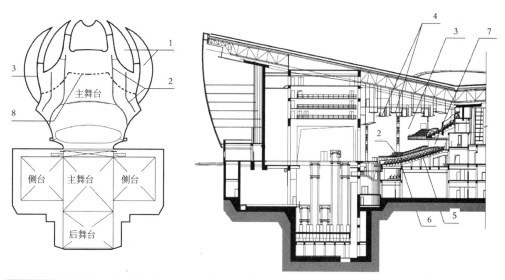

编号	位置	设计措施
1	观众厅外墙	鱼形状的钢筋混凝土筒体的凸弧形墙面围成的观众厅平面避免了声场不均匀的声缺陷，有利于声场扩散、反射，同时也显得简洁大方
2	观众席高档板	观众席的高档板将池座两侧分成了三个不同高度的观众席区，其前部拦板起到了缩小观众厅宽度、改善侧向声反射条件，增加中区观众席侧向反射声的作用
3	观众厅侧墙面	侧墙面上刻有不规则的划痕，可以改善声音的扩散效果
4	观众厅吊顶	观众厅吊顶设计成不同高低层次和斜度的大块面弧形反射型天花吊顶，既有利于面光灯桥的布置，也改善了整个天花吊顶的声扩散、反射作用
5	观众席升起	观众席有足够高的全台阶式起坡，能够减少声音沿着坐席处的损耗，利于全厅声场的均匀度和视听效果
6	观众席座椅	采用木质材料和吸声性强的织物构成，织物的吸声系数接近于人们服饰的吸声系数，减少满场和空场之间的音质差别
7	楼座下空间	楼座下方空间有较好的开口深高比，利于全厅声场的均匀度和良好的视听效果
8	楼座栏板	楼座设计成三段大凸弧形挑台拦板，使形体丰富，有利于厅内声场扩散
9	观众厅地面	采用木地板，增强声音的漫反射

图7-5-46 歌剧厅声学分析示意图
（图片来源：华东建筑设计研究院提供）

　　观众席几乎围绕着整个演奏台。内壁不规则的波状形式避免声波的焦点形成。观众与演员将分享这个共有的空间。在这个空间里，即使是原创音乐，也会给人以新兴音乐的感受。

图7-5-47

图7-5-48

图7-5-47 圆形演奏台
图7-5-48 观众席和吊顶，可以看到吊顶设计非常简洁，只是布置了一些灯具
（图片来源：作者摄）

表7-5-5　　　　　　　　　　　　　　　　　　　声学设计

剧场类型	交响音乐厅（大厅）	歌剧厅（中厅）	小演奏厅（小厅）
平面体型	近似椭圆形	近似八边形	正圆形
观众厅尺寸	最长52m，最宽42m	长28.5m，宽31m	直径20m
吊顶高度	平均11m	最大15m	7.5m
总容积	24 000m³	7 660m³	2 345m³
座席数量	2 000座	1 100座	330座
舞台形式	0.6m高包围式舞台	镜框式品字形舞台	圆形低舞台
观众席	无楼座	一层楼座	无楼座
配置情况	田园式	池座两侧升起	全台阶
天花形式	前高后低斜向平面吊顶	分段式弧形天花	平面吊顶

表7-5-5 声学设计
（数据来源：作者汇总）

7.5.6 结构设计

　　五个单体的主体结构均采用钢筋混凝土框架-剪力墙体系，用于支撑屋盖的部位一般均形成剪力墙芯筒。

　　交响音乐厅椭圆形建筑平面的两个主轴长度分别为84m和70m，由左右对称的8个叶片形剪力墙芯筒和楼梯及电梯间剪力墙芯筒围合而成。

　　一个独特的悬臂屋顶罩在整座建筑之上，并与落地的曲面玻璃相连，屋架结构采用由正交钢结构桁架组成的空间结构体系。平面由5片"叶瓣"组成，整个屋顶同下部结构一样分成5个主要部分（交响乐厅、歌剧场、小演奏厅、主入口、展厅），各单元间设置200mm宽的抗震逢，以满足声学、温度变形及抗震要求。屋顶使建筑连续统一，并能在白天和夜晚有不同的表现，它是整个建筑的保护外壳，并提供必要的机械性、隔热性和隔声性。为了让立面取得通透的感觉，必须让立面结构变得轻盈。立面结构采用轻质钢格架形式；此外，在观众厅的混凝土墙和立面之间用各个方向的水平支杆作为补充结构，以减小立面幕墙的构件尺寸。这样，整个外部荷载可以由幕墙系统和混凝土墙一起来承担。

图7-5-49 建筑外幕墙的水平支撑系统
图7-5-50 剧场外墙面上的陶板挂件，分为不同的颜色
（图片来源：作者摄）

图7-5-49　　　　　　　　　　　　　　　　　　　图7-5-50

7.5.7 新材料和新技术的应用

　　东方艺术中心除了富有特点的三个表演厅之外，令人印象深刻的还有在当时采用的新材料和技术。最突出的有三点：①使用金属夹层玻璃；②采用点支式玻璃幕墙体系；③圆形陶瓷挂件。

　　当时，东方艺术中心率先在国内采用金属夹层玻璃作为主要的幕墙材料。那时，我国的建筑材料制造水平还比较低，作为一种新开发的材料在如此重要的建筑上使用，在当时存在着一定的风险性，无论在艺术效果上还是在产品质量上。玻璃制造厂商经过高温（100℃）、高湿度、长时间的暴晒和急冷急热等大量实验，证明这是一种耐久性和安全性可以得到保证的材料，并且超过了普通类似材料的性能。

整个建筑的外立面幕墙基本使用金属夹层玻璃这种材料构成。在幕墙的底部，穿孔板的孔隙率很大，随着高度的上升，孔隙率逐渐减少，随之透光率也慢慢降低。这样做一来能够减少上部空间的阳光照射，减少热辐射；同时，使得整个公共空间的光线富有变化。

立面玻璃幕墙采用新型复合钢化玻璃板（最大尺寸为3.10m×1.20m），分3层。外层：钢化保温玻璃层（厚12mm）；中间层：树脂EVASAFE层嵌入带孔的（均匀分布圆形穿孔）不锈钢片或成型钛钢片；内层：隔热玻璃层（厚15mm）。

珠帘是个独具匠心的杰作，大厅墙壁及交响乐内墙采用陶瓷覆盖。珠帘被悬挂在墙壁的前面，瓷砖主轴上开有1~2个孔，沿竖向用金属丝悬挂，陶制珠球布满墙面，最后以粘胶加固，填满瓷砖和墙壁间的缝隙，并与墙面稳固地结合。珠帘有三种不同尺寸（厚度约4cm），呈圆形，长度为30~40cm，宽度为18~22cm。

陶瓷挂件是中国建筑中非常传统的材料之一。将手工廉价的实用性、先进技术、传统与现代融合在一起。同时，为了表现对这种材料的非常现代的使用手法，在内部装修上，特制了浅黄、赭红、棕色、灰色等5种颜色的陶瓷挂件，颜色的选择不只是代表了不同的表演大厅，同时它们是泥土的色彩，是自然的质地。

从入口进去，看到的是极具中国特色的装饰——陶片挂件，分为褐、红、黄、灰等颜色，陶片全部手工制作，远看是一种效果，同一种颜色从上到下由深至浅，近看则可玩味，因为每一片陶片纹理都是不一样的。

这一新工艺的灵活性大，陶珠在层层跌落中带来的那种震颤如同清风掠过柳枝般轻柔。瓷砖的不同曲线和形状不仅能使人感觉舒适，还能产生各种音响反射，使大厅的音响效果更为厚实。

1. 设备技术

采用世界最先进的舞台机械计算机控制系统——瓦格纳比罗卢森堡公司的CAT控制系统。世界首创的无线遥控台能够适应各种演出活动。具有7个场景的转换布置工艺。

2. 管理

在考虑实施建造一座剧场时，业主一定要考虑成本。这种成本不仅仅是建造成本，而且是建造完成后的使用成本和维护成本。东方艺术中心所谓11.4亿元的投资，只是在设计和建造阶段的投入资金，那么把建成之后使用的成本加在一起，将是非常可观的数字。

表7-5-6 基本建设情况

建设单位	中国中央电视台
方案和初步设计	保罗·安德鲁建筑设计事务所
土建和室内施工图	上海现代建筑设计集团华东建筑设计研究院有限公司
建声设计	法国CSTB的维昂先生
建声合作设计 建声专业技术顾问 华东建筑设计院的建声咨询设计单位	现代建筑设计集团章奎生声学设计研究所
施工单位	上海市建筑四公司
承建单位	上海浦东工程建设管理有限公司
总投资	10亿元人民币

表7-5-6 基本建设情况
（数据来源：作者汇总）

东方艺术中心管理有限公司作为全国第一家实行管理权与所有权分离的管理新模式的探索者，根据把上海打造成国际文化交流中心城市的目标和上海现有演艺生态环境，结合东方艺术中心设施设备的特点，选择了主打交响音乐会品牌"五步走"的发展战略。

7.6 杭州大剧院

7.6.1 总体设计

图7-6-1 杭州大剧院
（图片来源：尹序源. 杭州
大剧院 [M]. 北京：中国建筑
工业出版社，2007）

　　杭州大剧院坐落于"杭州外滩"的钱江新城南端，是杭州市标志性文化建筑，由杭州市政府投资兴建。项目从1998年开始筹建，2001年7月开工，为了赶在2004年中国第七届艺术节作为主场馆使用，2004年9月大剧院经过预验收后就部分投入使用。之后，杭州大剧院边进行各类演出，边进行未完项目的施工。终于在2005年12月工程通过整体验收。

　　杭州大剧院总投资8.78亿元人民币。总用地面积146亩，其中建筑用地面积96亩。建筑总高度为46.4m，地下最深达20.3m。总建筑面积约5.5万m²，其中地下部分约1.2万m²，地上部分约4.3万m²。杭州大剧院建筑方案设计通过国际招标，最终采用加拿大著名建筑师卡洛斯·奥特的方案，杭州市建筑设计研究院配合施工图设计；国内外声学设计和顾问分别为Muller-BBM 和章奎生声学设计研究所。杭州大剧院的主体建筑背向东，面向西，银白色的圆形屋面象征着明珠，前面大斜面双曲玻璃像一弯月亮，拥抱着广场。建筑物前面的广场水域，使得建筑好像一弯明月落在静静的水面上。

7.6.2 空间布局组成

　　杭州大剧院由1 600座歌剧院、600座音乐厅、400座多功能厅和演出配套的一些辅助用房组成，还有结合市政广场设计的露天剧场。可以看到，中国当代剧场设计已经将建筑形体和剧场完全脱离开来，即建筑形式和剧场功能、形体没有必然联系。

　　歌剧院位于杭州大剧院的中心轴线位置，音乐厅和多功能剧场左右对称布置。这是典型的"一大两小"的布置方案，类似于中国国家大剧院的布局方式。化妆室和库房等舞台配套用房位于剧场"品"字形舞台的后部。这样的好处是后台辅助部分可以共同为三个剧场服务。剧场的入口处设置了一片月牙形的水池，位于水池下面且位于中轴线上布置了一个露天剧场。

图7-6-2 杭州大剧院功能
关系图
（图片来源：作者绘制）

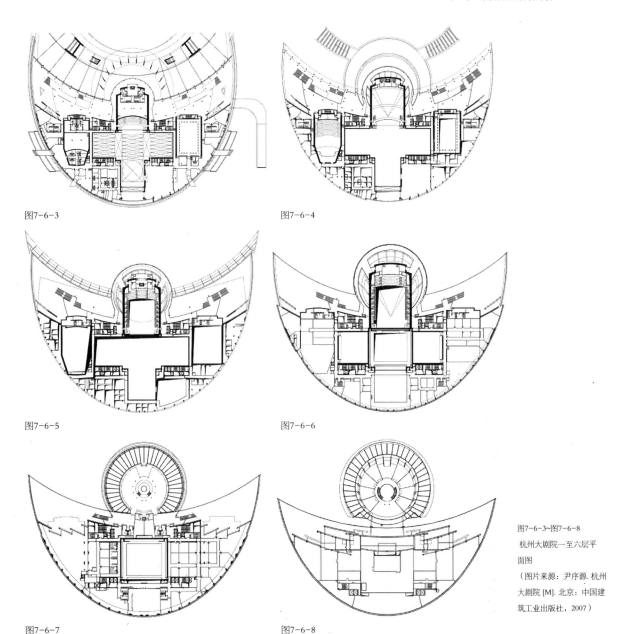

图7-6-3

图7-6-4

图7-6-5

图7-6-6

图7-6-7

图7-6-8

图7-6-3~图7-6-8
杭州大剧院一至六层平
面图
（图片来源：尹序源. 杭州
大剧院 [M]. 北京：中国建
筑工业出版社，2007）

7.6.3 歌剧院

1. 观众厅和舞台设计

歌剧院是杭州大剧院中的主体和核心演出场所。观众厅的平面大致呈矩形，长约30m（从舞台台口算起，其中二、三层楼座分别向后延伸1.7m，3.6m），宽约25m，平均高度约16m。由一层池座、二层楼座和两侧上下各两排（每排六个）共24个逐级跌落的包厢组成。观众厅容座约1 600座，其中池座25排约1 000座，二、三层楼座各7排396座，侧包厢192座，二层楼座中间为贵宾区。在歌剧院的装修设计中，采用褐色天鹅绒、锯齿形石膏板金漆墙面和红色织物面料座椅，以红、黑、金、白四色的组合设计将现代艺术和中国传统艺术完美结合起来，烘托出热烈豪华的气氛。

歌剧院的舞台采用"品"字形设计，包括主舞台、侧舞台和后舞台。舞台总面积约1900m²，具备全方位升降、移动及旋转功能，可以根据剧目的不同需要，随时变换场景。舞台机械由韩国佳思舞台设备有限公司总包，德国SBS舞台技术公司分包。

舞台开口可以变化，范围为18m×12m～14m×9m（宽×高）。乐池面积约为190m²，可升降，从而扩大了台口的面积。乐池可容纳125人同时演奏。

剧院的扩声系统采用了50多只Meyer Sound音箱，并应用了RMS远程监控系统。

表7-6-1 　　　　　　　　　　　　　　　　　　观众厅和舞台设计

演出剧种	大型歌剧、音乐剧、交响乐演出，兼顾国际会议						
观众厅布局	矩形		坐席总数	1600座	二层	396座	三层	396座
观众厅和舞台形式							
舞台形式	中央式			演奏台			可升降

表7-6-1 观众厅和舞台设计
（数据来源：作者汇总）

图7-6-9 杭州大剧院观众厅侧台上的包厢；

图7-6-10 歌剧院的主舞台上放置反射声罩

（图片来源：尹序源. 杭州大剧院 [M]. 北京：中国建筑工业出版社，2007）

图7-6-9　　　　　　　　　　　　图7-6-10

2. 声学设计

歌剧院主要用于大型歌剧、音乐剧及交响乐演出，兼顾召开国际会议。建声设计主要考虑歌剧和交响乐演出使用，观众厅演出要求以自然声为主，电声为辅，扩声系统主要用于会议功能。

观众厅的声学有效容积约为11 000m³（不包括舞台和乐池的体积），观众厅容纳座位数1 600座，每座容积约为7立方米/座。

在为剧场做声学设计之前，设计师都要预设建声的各项音质指标范围，其中混响时间是最重要的音质评价变量。对于歌剧演出，在中频500～1000Hz的设计满场混响时间为1.4s±0.1s；对于音乐演出，将在舞台上增设音乐反射罩，混响时间会提高0.2s左右，即升至1.6s左右。混响频率特性要求低频的混响时间应有20%的提升，而在高频由于空气吸声允许略微降低。

观众厅体型的好坏直接关系到剧场音质效果的优劣，所以观众厅体型是保证剧场音质的重要条件。歌剧院平面体型为古典的矩形形式。根据剖面的声线分析，并结合面光桥的位置将吊顶设计成四段圆弧形的波浪形状，使声能够有效地反射到池座及楼座观众区。另外，在满足照明工艺的前提下，将耳光和面光的开口尺寸尽量小，避免对声能的吸收，从而增加台口侧墙和吊顶的有效声反射。三是观众厅两侧墙各设置了12个跌落包厢，既丰富了墙面的变化，同时又可以作为声扩散体，起到有效的声扩散作用。四是池座最前排和最后排高差达5.5m之多，不仅对视线有利，同时对声学也相当有利，避免了观众席对声能的掠射吸收，从而提高观众区后排的声音强度。五是两侧墙的墙面均做成锯齿形状，避免了两平行侧墙之间可能产生的颤动回声。

表7-6-2　　　　　　　　　　　　　　　　声学设计

编号	位置	设计措施
1	舞台区域	控制舞台的混响时间小于观众厅的混响时间，舞台各个内壁面都作吸声处理，亚光黑漆罩面。在吸声材料和墙体之间留出50mm的空腔，增加对低频声的吸收
2	观众席侧墙	两侧墙的墙面均做成锯齿形状，避免了两平行侧墙之间可能产生的颤动回声。侧墙采用三层12mm厚的增强纤维石膏板密实粘贴，局部外包黑色天鹅绒
3	观众厅侧墙包厢	观众厅两侧墙各设置了12个跌落包厢，既丰富了墙面的变化，同时又可以作为声扩散体，起到有效的声扩散作用
4	观众厅吊顶	根据剖面的声线分析，并结合面光桥的位置将吊顶设计成四段圆弧形的波浪形状，使声能能够有效的反射到池座及楼座观众区。吊顶采用GRG板，背面灌注石膏浆，密度达到30kg/m²，增强声音的反射效果
5	观众席升起	池座最前排和最后排高差达5.5m之多，不仅对视线有利，同时对声学也相当有利，避免了观众席对声能的掠射吸收，从而提高观众区后排的声音强度
6	观众席座椅	座椅是观众厅内重要的吸声面，靠背后面是黑色木料，座垫为泡沫塑料多孔丝绒织物的软垫，座垫底下为穿孔木板
7	耳光和面光	在满足照明的前提下，将耳光和面光的开口尺寸尽量小，避免对声能的吸收，从而增加台口侧墙和吊顶的有效声反射

表7-6-2 声学设计
（数据来源：作者汇总）

3. 舞台工艺设计

歌剧院舞台机械由韩国佳思（JASS）公司总包，德国SBS指定分包主升降台、单吊点和舞台机械控制系统。歌剧院舞台机械为典型的品字形，主舞台上有六块18m×3m的双层（间距4.5m）升降台，行程14.5m，并率先引入了先进的钢丝绳驱动系统，速度0～0.2m/s可调，上面有6×7个演员电动活门，并配有2台演员升降小车。后舞台上有18m×18m车载转台，转台直径17m。乐池中有2块升降台和升降栏杆，能够容纳三管制乐队。舞台上有60道移动式电动吊杆，速度范围0～1.5m/s可调，每道荷载1 000kg。还有12个单吊点，4道灯光渡桥，配有假台口、防火幕、三合一大幕、4道二幕机、侧吊杆、隔音幕、8道灯光吊笼、组装式声反射罩等。机械设备的调整精度能够达到±3mm，运行噪声小于40dB。由此可见，歌剧院舞台机械整体技术水平在国内也是数一数二的。

舞台左右两侧的侧车台运行距离为47m，是目前国内运行距离最大的。两侧台各有6块18m×3m的车台，可以一直到对面的侧台。上面设有与主舞台升降台上层相对应的七个翻板小门。左右侧舞台还各设六套3m×18m的补偿台和六套3m×5.5m的辅助升降台，这些设备的配合使用使侧舞台始终能保持同一平面。

歌剧院的舞台上设置了声反射罩装置，用于大型交响乐的演出。声反射罩由韩国佳思舞台设备公司设计，美国温格尔公司制造，整套设备包括12个最大尺寸的4m×11m的反声塔和四排反声屋顶，是目前国内最大的便携式可移动反射声罩。由于主要材料由铝架和蜂孔板构成，重量轻，存储空间小，整个系统的装配和拆卸可由4人在2小时左右完成。反射罩面板经过了特殊声学工程处理，防止声音被舞台的空间或幕墙吸收。

图7-6-11　　　　　　　　　　　图7-6-12

图7-6-11 歌剧院同步运行
的主升降台

图7-6-12 施工中的主升
降台

图7-6-13 歌剧院的吊杆

图7-6-14 歌剧院栅顶上的
吊杆系统

图7-6-15 声反射罩

图7-6-16 歌剧院主舞台上
形成阶梯状的主升降台

（图片来源：尹序源. 杭州
大剧院 [M]. 北京：中国建筑
工业出版社，2007）

图7-6-13　　　　　　　　　　　图7-6-14

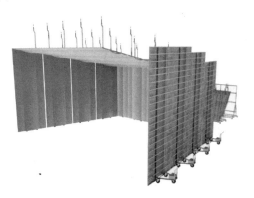

图7-6-15

图7-6-16

7.6.4 音乐厅

1. 观众厅和舞台

以中小型音乐会和室内音乐会演出为主。

表7-6-3　　　　　　　　　　　　　　　　观众厅和舞台设计

演出剧种	中小型音乐会和室内音乐会					
观众厅布局	鞋盒形	坐席总数	598 座	排距	950mm	混响时间　1.7±0.1s
观众厅和舞台形式						
演奏台形式	尽端式		乐池			固定

表7-6-3 观众厅和舞台设计
（数据来源：作者汇总）

　　音乐厅的平面形状为长方形，前部演奏区端墙收小至12m，类似传统的"鞋盒式"古典音乐厅。从演奏台前沿到观众席最后排墙面的距离为32m。厅堂建筑面积612m²，平均层高10.5m（图7-6-16）。观众厅部分座位数为598座，合唱席部分为79座。座位排距为95cm，座距55cm。乐队演奏区的长度为8m，宽度为12m，设计高度为1m。管风琴身位于音乐厅演奏台合唱席的正后方。声控室位于观众厅后部，观众厅的空调采用座椅下开设地面送风口的下送风形式。

图7-6-17 音乐厅实景图和观众厅

（图片来源：尹序源. 杭州大剧院 [M]. 北京：中国建筑工业出版社，2007）

2. 声学设计

　　音乐厅在音乐演奏时，强调以自然声为主，一般均不使用扩声系统，扩声的音箱主要用于报幕，因此厅内声学设计首先应考虑充分利用自然声能，天花及侧墙能够向观众厅的大部分区域提供足够的早期反射声、早期侧向反射声，使整个厅内声场分布均匀，观众区域的各个座位处有足够的响度。中频最佳混响时间（满场）T_{60}=1.7±0.1s（f=500～1000Hz）。不过由于两侧墙平行，厅内存在着一定的颤动回声。后墙存在弧度，乐队演奏时能听到稍许高频回声。

表7-6-4 声学设计

编号	位置	设计措施
1	演奏台区域	考虑后墙反射,有些自测墙下部反射,较多的反射声来自管风琴和可悬挂的有机玻璃板
2	观众席侧墙	观众厅及合唱席的侧墙、后墙采用25mm厚的榉木复合板,保证30kg/m²的面密度,以避免对声音的低频部分过多吸收。同时,对装修墙体板面之间的接缝做密封处理
3	观众厅吊顶	观众厅的天花吊顶的用料应有足够的刚度和厚度,为GRG铸模石膏板,其面密度达到30kg/m²,以达到有效的声反射作用
4	厅堂地面	观众席地面为混凝土上直接铺设浅色硬木地板,舞台面则在木龙骨上铺设硬木地板
5	观众席座椅	池座最前排和最后排高差达5.5m之多,不仅对视线有利,同时对声学也相当有利,避免了观众席对声能的掠射吸收,从而提高观众区后排的声音强度

表7-6-4 声学设计
(数据来源:作者汇总)

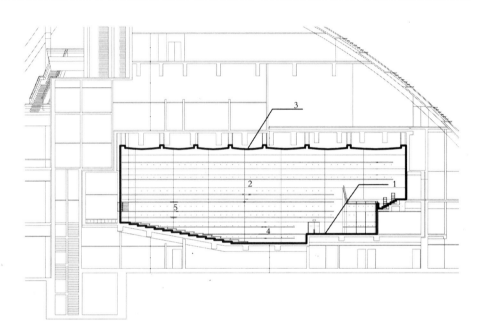

图7-6-17 音乐厅实景图和
观众厅
(图片来源:尹序源. 杭州
大剧院 [M]. 北京:中国建筑
工业出版社,2007)

7.6.5 多功能厅

1. 观众厅和舞台

　　大剧院中的多功能厅其实是小型可变剧场,适合会议、时装、话剧、各类新闻发布会、展示等多功能演出活动。多功能厅的显著特点是舞台和观众席位于同一空间内,平面形式简洁,舞台和观众席有多种可变模式。整个厅堂容座400座,平面为矩形,净宽20m,深度30m,层高9.5m,建筑面积600m²,周边有3m宽的休息廊。除二层挑廊有88张固定坐席外,其余全部为活动座椅。舞台区通过机械设备可以灵活可变,能整体移动。

图7-6-18,图7-6-19 多功
能厅一层、二层平面图
(图片来源:尹序源. 杭州
大剧院 [M]. 北京:中国建筑
工业出版社,2007)

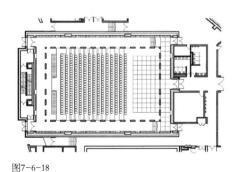

图7-6-18

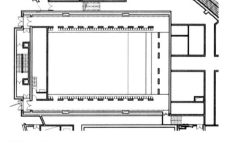

图7-6-19

2. 声学设计

多功能厅的音质设计原则优先考虑电声系统，建声方面需要做大量的吸声处理。厅堂的中频的混响时间（空场）为1.0±0.1s（$f=500\sim1000Hz$），在500Hz频率下混响时间为1.0s（空场）。总体而言要满足声音的清晰度要求，减少声音的反射干扰，加强声音的漫反射效果。如多功能厅有两层吊顶，下面一层为技术吊顶，悬挂各种灯具及电声设备；上面一层为吸声吊顶，采用穿孔率为20%的FC板，表面覆以黑色金属网饰面。墙面的声学构造为黑色金属网板后面衬黑色吸音无纺布，并与墙体留有200mm厚的空腔（内填玻璃棉）。这些对声能的吸收都有很好的效果。

3. 舞台工艺

多功能剧场的舞台机械由总装备部工程设计院负责完成，这是一个表演区和观众区合二为一的剧场。剧场内分别设有台上机械和台下机械。台上机械有30道调速吊杆，3道移动工作渡桥，6道定速吊杆。台下机械系统有4个升降看台，24个座椅升降台，其中8个还具有旋转功能。在座椅升降台上有76个升降子台，76套联轴翻转座椅机构。子台可以形成台阶，有旋转功能的子台和母台可以正反向180°转动，改变座椅方向。座椅升降台上带有座椅，不用时可以翻转藏入台内，这样座椅升降台就成为平整的舞台。整个剧场像魔方一样，通过对设备的控制，根据不同的需要任意组成不同的舞台形式，诸如尽端式舞台、中心舞台、半岛式舞台、T形舞台和大厅等多种布局。

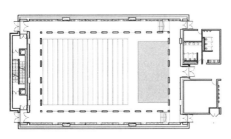

图7-6-20

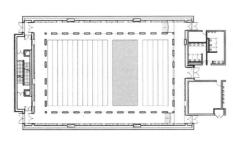

图7-6-21

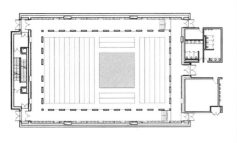

图7-6-22

图7-6-20 多功能剧场舞台形式之尽端式舞台或会议形式

图7-6-21 多功能剧场舞台形式之中间式舞台

图7-6-22 多功能剧场舞台形式之中心式舞台

（图片来源：尹序源. 杭州大剧院 [M]. 北京：中国建筑工业出版社，2007）

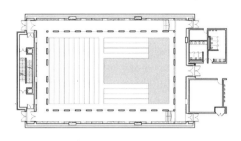

图7-6-23

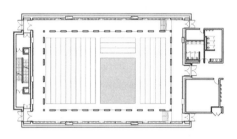

图7-6-24

7.6.6 结构设计

杭州大剧院的观众厅、舞台、音乐厅和多功能剧场等主要大空间结构采用钢筋混凝土剪力墙结构，墙厚400～700mm。其余为钢筋混凝土框架结构。根据剧院的声学要求，歌剧院、音乐厅和多功能剧场均为独立的声学单元，各厅堂设置了钢筋混凝土双墙结构，双墙之间留有100～120mm宽的中空声学缝。舞台侧墙也设置了隔声缝，与周围的附属结构分开，避免任何噪声的干扰。大剧院的屋盖为钢结构，分前屋盖和后屋盖两部分。前屋盖是覆盖入口公共空间的界面，采用大斜面点式玻璃幕墙系统：竖向由钢管式鱼腹桁架支承，水平向是月牙形预应力自平衡索桁架。后屋盖主要覆盖着歌剧院、音乐厅和多功能剧场等空间。其主要由屋脊桁架和后屋盖平面桁架组成。屋脊桁架是双曲三角形空间立体桁架，跨度达到172m。钢屋盖表面覆以金属钛板，这与国家大剧院的屋顶装饰材料类似。

7.6.7 存在问题和总结

大剧场的选址目前来看存在一些问题。位置距离城市中心较远，公共交通系统却没有很好地建立起来，因此一定程度上影响了广大市民去大剧院看戏的欲望。这对剧院的经营也是一个不利的因素。另外，建筑形式上还是没有体现出剧场的真实形体，巨大的公共空间由玻璃覆盖着，这似乎快成为我国当代大型剧场的标准模式。而大空间的存在还可能会造成很大的能源消耗，导致运营成本的提高。

7.7 同济大学大礼堂改造

图7-7-1 同济大学大礼
堂全景
（图片来源：作者摄）

　　将历史建筑进行改造、更新，成为新的剧场来使用，在国内外也愈加普遍。不仅考虑到改造比新建更经济，而且它们所体现出来的历史文化价值更是新建筑所无法超越的。例如，2001年伦佐·皮亚诺设计的尼克罗音乐礼堂，是在1899年建成的制糖工厂基础上改造成的一个音乐剧场。皮亚诺保留了原工厂"鞋盒"式的形式和外墙，将原有的内部楼板拆除，形成通高的观众厅和演奏台。

　　历史建筑保护在今天之所以重要，主要原因在于：第一，随着时间的流逝，老建筑变得越来越稀少，由于工艺和材料等原因，老建筑在今天是无法复制的，在许多情况下，老建筑赋予它所处的场所以独特的性格特征；第二，更重要的是，老建筑赋予它所在地区的一种环境学上的意义。

7.7.1 总体设计

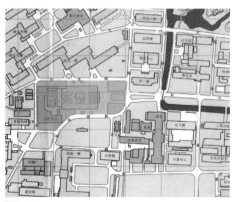

图7-7-2

图7-7-3

图7-7-2 同济大学大礼堂
区域位置图；
图7-7-3 改造后的大礼堂
（图片来源：作者提供）

1. 历史概况

　　作为曾经远东最大的礼堂，同济大学礼堂建于1961年，由同济大学建筑设计院建筑师黄家骅、胡纫茉和结构工程师俞载道、冯之椿设计。大厅宽40m，长56m，结构净跨40m，外跨54m，为装配整体式钢筋混凝土联方网架结构。整个大厅内没有立柱，大厅拱形屋顶网架结构中的菱形结构网格单元极富韵律感，与意大利的罗马小体育馆异曲同工。礼堂因其简洁的结构造型特点被列入"建国50周年上海经典建筑"以及上海第四批历史保护建筑。

礼堂位于校园中心地带，其东面为礼堂前广场，景观正对图书馆；南面是有孔子塑像的千秋园；西面为第三学生食堂；北面临西北一楼学生公寓。礼堂原有座位3 564个，常常举行校庆大会、学术报告会、音乐演唱会等大型活动，同时兼作影院。

2. 存在问题

大礼堂在使用过程中，曾经是校园食堂，后来又兼作影院放映和演出等其他用途。然而，由于礼堂的大面积玻璃开窗，放映功能受到外界干扰光线极大的限制和影响。而且，外界的噪音也时常对演出产生负作用。另外，建筑年代久远，外立面的围护构件亟需修缮，保温隔热早已满足不了要求；内部的座椅等硬件设施也已经陈旧老化；观众视线遮挡严重，音质效果差，礼堂的舞台空间过于局促，后台功能设施简陋，面积狭小，难以满足现在较大型的演出活动要求，也没有排练空间。因此，旧礼堂已经不能满足现代水平的观演功能的综合性要求，也不能满足庆祝同济大学百年校庆的使用要求。

图7-7-4 原礼堂内部光干扰很严重；
图7-7-5 礼堂改造前观众视线遮挡严重
（图片来源：作者摄）

图7-7-4　　　　　　　　　　　　　　　　　图7-7-5

7.7.2 保护和研究方法

1. 保护原则

这些年来，上海对历史建筑的保护日益重视，并多次编制规范从整体层面对历史建筑和风貌区的保护提出相应的措施。根据《上海市历史文化风貌区和优秀历史建筑保护条例》关于优秀历史建筑的确定标准，"建成三十年以上，建筑样式、施工工艺和工程技术具有建筑艺术特色和科学研究价值的建筑物可以确定为优秀历史建筑。"同济礼堂因此被列入上海市第四批历史保护建筑。

历史建筑承载的是人们的记忆，拆除历史建筑就是抹去记忆。《威尼斯宪章》中强调了历史建筑的修复原则："任何一点不可避免的增添部分都必须和原来的建筑外观明显的区分开来，并且要看得出是当代的东西"。英国艺术批评家约翰·拉斯金（John Ruskin）甚至宣称"建筑最大的荣耀来自于它的历史"。大礼堂是同济人的智慧结晶，同济历史文化的组成部分，一段不可抹去的记忆。如何处理保护和改建这个矛盾关系，成了大礼堂保护性改造成功与否的关键。国内很多保护建筑的改造往往只保护建筑外皮，而忽视了对人们生活方式的保护（例如上海的新天地改造项目），这种方式使得历史时间的痕迹随着改造的完成而消失殆尽。

对历史建筑和历史环境的保护归根结底是人类对自身生存环境的保护问题。建筑是环境的一部分，应该将保护建筑看成是保护环境体系中的一项，这样广义的理解保护建筑，才能有紧迫感和使命感。

对礼堂进行深入分析后，我们认为大礼堂与众不同的特点以及它在校园中的位置环境，正是其珍贵的历史价值所在：富有特色的礼堂正立面以及它和图书馆的轴线关系；大跨度的结构空间体系以及结构与屋顶之间的逻辑关系。明确了这点，礼堂保护的核心内容也就确定了。

我们发现，对具有历史价值建筑的保护往往会陷入两个极端：一个是历史建筑大多被以文物展品的形式保护起来；另一个是建筑虽有一定的价值，但是在法规和经济政策上得不到支持，直至其衰败。因此需要在可持续性发展的思想背景下，寻找一种使历史建筑在现代生活中能够"存活"的保护方法。以下是我们对礼堂保护的实践探索。

2. 保护工作的设计方法

1）对老图纸进行扫描

首先，我们着手收集整理原礼堂的设计图纸，对其进行扫描后，以电子文件的格式保存下来。对建筑原有图纸的整理是保护古建筑的常用方法，它为我们提供详实的数据和技术资料，为后续的建筑设计和构造设计方案做准备。

对旧礼堂进行现场电子测绘，保留第一手的建筑历史资料。

在研究了大礼堂原有的设计图纸之后，我们对大礼堂进行了完整的现场电子测绘，目的是为大礼堂的改建复原提供相对最精确的空间信息的数据资料。

在校国家实验室的指导及帮助下，我们采用目前国际上最先进的测量技术——三维激光扫描技术，对礼堂进行实地测绘。该仪器可以在半径200m的范围内，对水平方向360°，垂直方向270°进行精确扫描，精度达到2mm。在整个测绘过程中，先让仪器在几个预设的"站点"上、在一定的精度范围内精确地纪录每一个被测对象点的具体位置和颜色，然后由电脑将几个不同"站点"上得出的空间模型合成建筑现状的点模，最终完成对被测对象的真实记录。

因此，用该仪器测绘不同于传统意义上的测绘，它最后产生的是一个三维空间信息。而且，仪器可以帮助我们从这三维空间模型中得到建筑的平面、立面、剖面以及任意角度的透视和轴测图；可以在整个空间模型中相对精确地量取任意两点间的距离；可以在垂直方向上以不同的颜色表示不同的对象；可以通过反射率区分不同的材料；另外，激光对建筑表面无影响，不与建筑有接触，所以最大限度地减少了测绘对建筑物的影响以及测绘时的劳动强度。

2）设计图纸

测绘结束后，我们就能对主体结构进行调查评估，根据建筑新的功能需要对结构和构造设计改造方案。根据测绘，我们确认了礼堂主体结构仍然能够很好地发挥作用。按照测绘数据，有了较精确的电子图形资料，根据这些电子资料，我们进行了多轮的改造方案设计比较，从中选出最优方案。

3）新老建筑对比

设计方案确定后，对于建筑外立面需要从颜色、材质和单元样品几个方面和旧建筑进行比较。在前期，我们利用电脑效果图的绘制，与老建筑进行比较，诸如对屋顶构造方式的选择；后台新建部分材质的选择；内部装饰色彩比较等等。在施工的过程当中，我们又对建筑的外立面材料和色彩进行实际效果的比对，尤其对不同材质和颜色之间的微差作了细致地放样对比，努力做到保护部分和原建筑基调一致，新建部分和原建筑色彩统一协调。同时在整个过程中，定期地评估改建方案效果。

电源　三维扫描仪主机　三角架　靶点

控制和数据存储计算机

图7-7-6

图7-7-7

图7-7-6 三维扫描的组成

图7-7-7 测绘点模和实际

照片比较

（图片来源：作者提供）

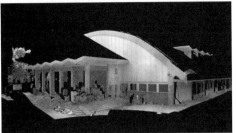

图7-7-8 不同站点测得的点
模可以组成一个完整的模型
（图片来源：作者提供）

图7-7-8

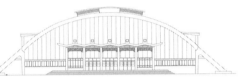

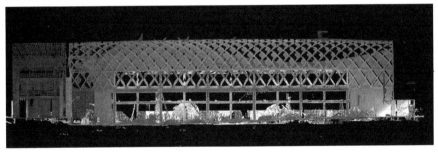

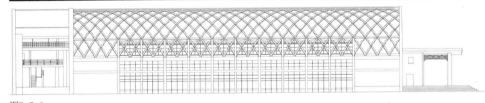

图7-7-9 从点模可以得到建
筑立面和平面
（图片来源：作者提供）

图7-7-9

4）后期的现场设计解决细节问题

设计方案完成后，需要对施工过程中以及施工结束后出现的各类问题予以及时地解决，在可能的情况下进行现场设计，将设计方案落到实处。

7.7.3 大礼堂改建的策略和办法

历史建筑再利用的基础是保护，因此在历史建筑进行改造时会在空间利用中存在许多限制性的边界条件，对这些边界条件的评判是建筑师开始进行改建设计的基础。我们从保护、改造和新建三个方面进行分析，分别做出相应的改造策略。

1. 保护

主要对建筑外观的维持，也是建筑保护的重点内容。

图7-7-10

图7-7-11

图7-7-10 原礼堂正立面
和细部
图7-7-11 改造后的礼堂
正立面
（图片来源：作者摄）

1）对于建筑东立面（主立面），由于其和图书馆有着轴线关系，保留了原有大礼堂的入口门廊和细部（图7-7-11）。门廊的折线形雨棚以及下面的装饰性构件是同济礼堂富有特色的风格。雨棚的柱廊和原有的墙面做了重新粉刷，落水管也重新布置，使得柱子简洁利落，恢复了礼堂原有的艺术内涵。

2）对建筑的南、北立面，原先有拆除屋顶侧窗的方案，以此来突出礼堂主体结构特点的纯粹性。通过比较，还是保留了原有屋顶侧窗。一者，这是大礼堂一个鲜明的特征；再者，希望今后通过侧窗进行自然通风，提高建筑节能效果，降低能耗。

原有侧墙为大面积的玻璃门窗（图7-7-4，图7-7-5），当初为的是提高室内的自然采光效果，然而现在却与现代演艺功能对人工灯光的要求相矛盾。改造方案利用南北两侧原来的侧向加固横板，围合成玻璃侧廊，而原有侧墙改为内部的实体墙，杜绝了外界环境对内部的干扰。

3）原来的礼堂屋顶仅仅作了防水处理，形式也没有体现出结构真实的逻辑关系。如前所分析的，礼堂的拱形网壳结构是重点保护和表现内容。那么，该如何处理屋面呢？首先，屋面分割的大小和方式要真实表现结构网格单元，以暴露其机理；室内屋顶采用结构露明的做法，无论建筑内外都表现了纯粹的结构形态，展示了结构的韵律美。其次，对马赛克、油毡板和铝板等屋面材料作了多方案的比选后，最终选择了油毡板，因为其质感和色彩更能和礼堂整体一致。

总之，对于保护而言，更多的是文化和记忆的延续，因此建筑不光要从整体形象上保

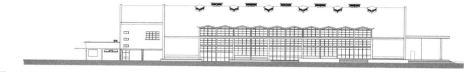

图7-7-12

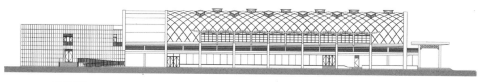

加建部分　　　　　　　　　　　　　改建部分

图7-7-13

图7-7-12 原礼堂南立面图
图7-7-13 改造后的礼堂
南立面图
（图片来源：作者提供）

图7-7-14

图7-7-15　　　　　　　　　　　　　图7-7-16

留其特征，而且有时对细部的重视更突出了建筑保护的整体性和全面性。同时，要研究分析建筑和环境的相互关系，如轴线关系、视线关系等等，保护它们的整体环境。

2. 改造

1）原来礼堂东西两端的高差仅为950mm，根本无法满足后排观众的观赏要求。我们根据原来地面基础的情况，向地下开挖了部分空间作为设备用房，同时将观众席作大幅度升起。观众席区域共计2 947个座位，分为前、中、后三个部分，前排区共升起0.95m，中排区共升起2.217m，后排区共升起2.983m。观众席总共升起6.15m，视线分析也基本满足了观众的观看要求。

2）旧大礼堂由学生食堂转变而来的，门厅局促狭小，作为观演用途缺乏足够的交通空间和过渡空间，也缺少卫生设施，根本无法满足3 000人的需求量。

因此，观众席向舞台方向被推了约2.4m距离，和建筑东立面脱开，形成一个高约13m的贯通空间。如此，由观众席升起6m的空间下方和贯通空间一起形成一个有较强引导性的半吸入式入口大厅，并且和入口门廊及室外空间组成对比强烈的空间序列。大厅地面铺设烧毛花岗岩，墙面铺木板，材质温馨自然。顶部天窗泻下的光荡漾在大厅中，增强了内部空间的质感。大厅中间的两个楼梯口和两侧楼梯可分别进入观众厅。在大厅两侧增设了卫生间，总面积达到了64m²，基本上满足使用要求。

3）拆除原有放映间，新建的放映间立于观众席的后上方，其独立的体量感加强了内部空间的丰富性。放映间内更新的设备也满足多功能的需要。放映厅背面采用折板造型，来增强声波的反射，使声波的延迟时间达到声学要求。

4）由于原礼堂侧墙上大面积的开窗造成了对室内的光污染和声音干扰；而且，原来侧向横板下面成为停放自行车、杂物之处。于是我们将原侧墙改为实体墙，墙体内部铺设吸音板，提高墙体的隔声效果和内部的声反射效果。同时又能最大限度的保证内部的座位数量。利用原有的侧向加固横板下面的空间，作为礼堂两侧的玻璃走廊，玻璃幕墙围合。既

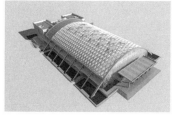

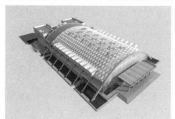

图7-7-17

图7-7-18

图7-7-17 屋顶的改造
方案;

图7-7-18 保留了礼堂优美
的结构体系

（图片来源：作者提供）

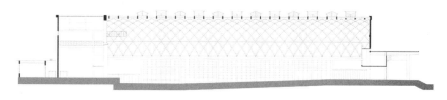

图7-7-19

图7-7-19 原礼堂剖面图,
可以看到观众席起坡非常
平缓图

（图片来源：作者提供）

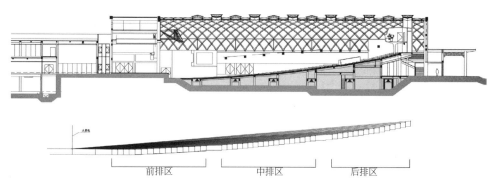

前排区　　　中排区　　　后排区

图7-7-20

图7-7-20 改造后的礼堂剖
面图（上）,观众席升起
控制线（下）

（图片来源：作者提供）

解决了疏散问题，又可以作为观众的休息场所，让室外景观映入室内，丰富了礼堂的室内
空间。

5）原先在舞台上方为悬挑钢梁拉挂马道布置面光，由于上人马道需要开设门洞，影
响了舞台立面的完整性。有时面光需要人上去调整，控制也较困难。而且面光出挑距离仅
1.2m，不能满足2/3舞台照射点的规范要求。没有耳光台架，只有在需要时才临时搭建钢架
来支持灯光。

改造措施：在原有面光悬挑结构的基础上采用机械升降设备，结构更加轻巧，面光光
源悬挑更远，投射面更广，满足45°角内照射进深1/2以上舞台面的标准。在舞台两侧增设
耳光室，耳光满足照射到达舞台进深2/3处的要求。增加的耳光室侧面斜板也增强了声音的
反射效果，有利于声场塑造。

6）原有舞台台口宽15m，每边侧台面积只有约60m²，尚不能满足较大型演出的需求。

改造措施：在12轴和13轴之间加建扩大侧台面积，达到约110m²，更新了舞台设施，提高了舞台质量。台口宽度由于受到先天的限制，只能保持15m宽度，但我们将其适当简化，突出舞台布景效果。

3. 新建

大礼堂原有的后台年久失修，面积严重不足。功能缺失，没有排练厅，没有足够的化妆室、休息室和卫生间，无法满足正常的演出需求，因此势必要创造空间来容纳更多的功能。有两种常用的方式：一是充分利用地下空间，把新增的功能置于地下，这样可以最大限度地维持原建筑的外形；二是在原有建筑的基础上增加新的体量来容纳新功能。两者方式比较，若采用前者，其经济成本较高，而且原建筑后台部分的历史价值也不高，因此决定采用后者的方式。

在13轴以西拆除原有礼堂的辅助部分，在1轴和12轴之间新建了两层建筑，扩大了建筑的范围，增加了后台空间、排演空间、化妆室和休息室等部分。新建部分地下室布置700t消防水池和泵房。加建部分采用非常简洁的体量和造型手法，外墙面为干挂石材板，从而进一步突出了礼堂精致的细部、亲切的尺度和历史感。建筑西立面突出竖向分割的风格，和原礼堂礼堂整体建筑风格相呼应，又和周围树木的生长方向一致。

4. 大礼堂改建的生态和技术措施

20世纪80年代末，人类开始对自身过度发掘自然进行反思，环境学科的发展也使得可

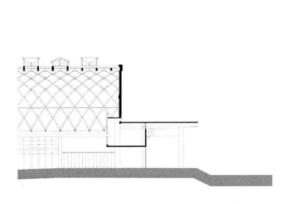

图7-7-21

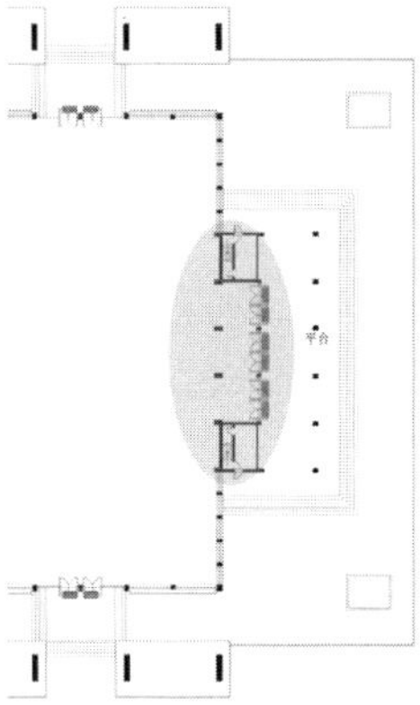

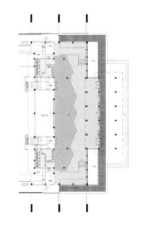

图7-7-22

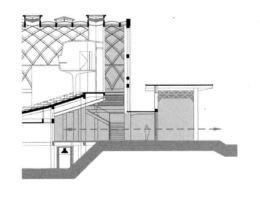

图7-7-23

图7-7-21 原礼堂入口门
厅，空间狭小
图7-7-22 原礼堂门厅平面
图7-7-23 改造后的礼堂
门厅剖面
图7-7-24 改造后的礼堂门
厅平面
（图片来源：作者提供）

图7-7-24

持续发展的思想得以确立。人们在可持续性思想的影响下，对历史建筑的价值观发生了进一步的转变，即确立了可持续性发展的长远全面的效益观。在礼堂改造项目中，我们不仅看重历史建筑的艺术价值，更是把它看做是整个社会经济体系中的一种产品，在关注建造成本（经济效益）的同时，也注重社会成本（环境效益）。如今，新的建筑技术越来越多地被运用到历史建筑的保护更新中，以提高保护效果、降低建筑能耗，达到生态和节能的环境效益，使历史建筑满足新的使用需求。我们在礼堂改造中从保护、改造和新建三方面都采用了大量的技术措施，实现建筑的社会效益。

1）保护方面运用的新技术

对保护方面新技术的运用，考虑到历史记忆的重要性，主要是改进原来施工技术不完善之处，换用新的材料，提高建筑的耐久性和节能效果。

（1）礼堂屋顶铺设20cm厚的菱形聚苯保温板，极大地提高了保温效果，同时更新了防水材料。

（2）在屋顶和侧立面交接处，为了有效避免冷桥产生，采用了外保温和内保温相结合的方式，提高了保温效果，达到节能目的。

（3）对原有的木窗进行保护处理，原普通玻璃换成中空隔热玻璃，原有木窗框改为金属骨架外贴木皮，一来保证和改造前的木窗颜色相同，二来增强其耐久性。而对新加建部分的窗户，则采用中灰色的窗框，希望和原有的门窗相区分。

2）改造方面运用的生态节能技术

大礼堂的技术改造主要针对原礼堂建筑技术落后、室内舒适度差、温度变化大、保温效果差的问题，科学地采用了先进的生态技术。我们将观众厅楼板升起，在下面挖出一层地下室来，用来放置静压箱和空调设备，从内部对大礼堂进行了更"芯"，为礼堂赋予了新的生命动力。

（1）由于礼堂的观演大空间被封闭了起来，大空间的通风负荷极大地增加了。若使用全空调通风，代价大不说，今后的运营成本也很高，不符合节能要求。于是，我们采用了自然通风和机械通风相结合的方式。首先，在礼堂顶部的结构单元中开天窗，因为礼堂内部的温差作用（热空气上升，冷空气下降），利用保留下的礼堂屋顶侧窗形成了一个自然通风系统，在春季和秋季时期可使用自然通风。另外，在不影响原有结构的前提下"釜底抽薪"，配合观众厅的升起，构筑半地下静压箱和空调机房，为观众席部分提供空调送风，满足观演建筑对室温和空气质量的高要求。空调送风采用地送风方式（在座椅下方送新风），减少了新风到使用者的距离和送风量，节约了能源。

（2）采用地源新风送风系统，充分利用地热和热交换原理。礼堂正前方设有两处新风口，由于地表下的温度常年保持在5℃左右，将室外空气预先经过地下长长的通风管道，利用地表外和地表内的温差进行热交换，温度降低后再送到空调设备中。这样可以有效地降低空调设备的负荷和能耗，尤其是在炎热的夏天。礼堂两侧走廊也采用了地热交换的方式，新鲜空气从地表层吸入经过地下冷处理后从室内走廊的底部送出，同时室内热空气上升，从屋顶侧窗下的百叶排出，完成交换过程。

（3）外墙均采用外保温处理，有效地降低室内温度波动。

专业术语中英文对照表

* 按中文拼音首字母排序

A
埃斯库罗斯（Aeschylus）：古希腊三大悲剧诗人之一
B
百老汇　Broadway
曝光表　exposure meter
包厢　box
悲剧　tragedy
本土戏剧　native drama (play)
便携式布景　portable set
变形镜头式宽银幕电影　cinemascope
布景装卸处　loading dock
C
侧台车台　side stage wagon
侧舞台　side stage
长廊　promenade
长片　full-length film / feature film
常设设置　permanent set
车台 / 滑动台架　dolly
车台转台　turnable rear-stage wagon
齿轮齿条升降系统　rack and pinion driving system
垂直升降大幕　vertical curtain
D
大螺旋升降方式　spiral lift system
大幕　act drop curtain
淡出　fade-out
单点吊机　single point hoist
淡入　fade-in
道具室　property room
灯光　lighting
灯光吊杆　lighting bar
灯光吊笼　side lights ladder
灯光渡桥　lighting bridge
灯光师　Gaffer
狄俄尼索斯（Dionysus）：古希腊酒神，古希腊人对其的祭祀活动被认为是古希腊悲剧的起源。
地方剧院　Regional Theater
地布　ground cloth
地下剧院　underground theater
电动卷扬机　motor winch
电影放映机　cinematograph
电影工业　film industry
电影节　film festival
电影界　filmdom
电影协会　film society（美：film club）
电影院　cinema（美：movie theater）
电影资料馆　film library
吊杆设备　rigging line sets
吊挂系统　rigging system
叠印　superimposition
顶层楼座　gallery

独角戏　monodrama
独幕剧　single act (one acts)
对开大幕　counter curtain
多功能剧场　multi-purpose theater
多功能厅　multi-purpose hall
E
耳光　fore stage side lighting
二轮影院　second-run cinema
二面光　second-ceiling light
F
法尔内塞剧场（Farnese Theater）：具有了现代舞台的雏形
发行人　distributor
防火幕　safe curtain
反射声　reflected sound
返听音响　feedback speaker
放映机　projector
放映室　projection booth / projection room
非传统剧场　unconventional theater
非提示侧（舞台右）　opposite prompt side
非盈利剧团　Non-profit Theater
分贝　decibel（dB）
辅助驱动系统　secondary driving system
辅助升降台　auxiliary stage
G
刚性链条升降方式　rigid chain system
歌剧　opera
阁楼　mezzanine
更衣室　dressing room
供演员表演的小块场地　plateau
观众　audience
观众席　auditorium
观众席灯　house light
古典剧场　Classical Theater
滚珠丝杆升降方式　ball-screw driving system
滚子链传动的主升降台　roller chain driven main stage elevator
H
黑匣子剧院　Block Box Theater
荷载传感器　loading sensor
后补台　compensation lift
后舞台　backstage / rear stage
后舞台顶光　backstage top light
环绕（声）音响　surround (sound) speaker
环形剧场　Arena (theater in the round)
换衣室　parterre
混合戏剧　hybrid stage theater
J
基坑　base pit
纪录片　documentary (film)
假台口　proscenium opening

渐隐　dissolve
脚光　foot light
镜框式舞台　proscenium theater
景屋　mansion
景物吊杆　flying bar
剧场楼座　balcony
（影片的）卷 / 本　reel / spool

K
卡内基音乐厅（Carnegie Hall）：美国纽约的一著名剧场
可调镜框　adjustable proscenium
空调通风系统　HVAC
控制台　console
宽银幕　panoramic screen

L
理查德·瓦格纳（Richard Wagner）：德国著名作曲家，也曾设计过一些剧场。
礼仪剧　ritualistic play
链条升降系统　chain driving system
两次曝光　double exposure
临时设置　temporary set
露天剧场　Open Air Theater
楼厅二楼后座　upper circle
楼厅二楼前座　dress circle
轮换剧目剧场　repertory theater
旅游剧团　Touring Companies

M
马戏表演　circus (animals, clowns and trapeze)
木偶剧　puppet show

P
排（座位）　row (of seat)
排演　rehearsal
排演空间　rehearsal space
棚顶　top bar
坡道　ramp

Q
气垫板　air pallet
抢装室　quick change booth
倾斜的舞台　raked stage
情景剧　melodrama
情景再现　reenactment
全景电影　cinerama

R
柔性齿条式升降系统　the flexible rack elevating system

S
上场门　stage right
商业剧场　Commercial Theater
商业剧团　Commercial Companies
设备　equipment
社会剧　social drama
摄制　shooting
伸出式　thrust
声扩散板　diffusion panel
升降栏杆　balustrade
升降台　elevator
升降行程　elevating travel
升降乐池　orchestra pit elevator

声场　sound field
声反射罩　sound reflect cover
声学　acoustic
声学板　acoustic banner / panel
声音合成　sound mixer
声源　original sound
视觉效果　visual effects
视线　sight lines
实验剧团　experimental group
市政影院　municipal theater
首轮影院　first-run cinema
首映式　premiere
售票处　box office
双（桁架）吊灯　double hang (truss)
水平对开大幕　transverse curtain
私人包厢　private box
送风系统　air-handing system
索福克勒斯（Sophocles）：古希腊三大悲剧诗人之一

T
台唇　proscenium
台唇补声音响　stage upon speaker
台口　proscenium arch
泰斯庇斯（Thespis）：古希腊悲剧诗人
弹性地板　sprung floor
提示侧（舞台左）　prompt side (stage right)
提示钟　warning bell
条幕　curtain (leg)
天幕吊杆　cyclorama bar
天幕光　cyclorama light
透视图　scenography
腿部空间　legroom

W
晚餐剧场　Dinner Theater
玩偶剧　toy theater
文化剧　literacy theater
文艺复兴剧场　Renaissance Theater
文艺片　literary film
舞池地板　ball room floor
舞剧　dance drama
舞台地板　onstage floor
舞台表演灯光　performance lighting
舞台上的马道　catwalk
舞台进深　stage depth
舞台方向　stage direction

X
（化妆间里的）洗涤槽　service sink
戏剧布景　theatrical scene
喜剧片　comedy
希腊风格的　Hellenistic
吸声构件　sound-absorptive elements
洗印　printing
下场门　stage left
匣子布景　box set
现代剧　Modern Theater
消防通道　fire escape

小歌剧　operetta
小卖部　concession
斜拉对开幕　Wagner curtain
新闻片　newsreel
休息室　Green Rooms
旋转台　turn table
学院剧团　College Companies
学院剧场　College Theater
巡回演出的剧场　Road Houses
循环场电影院　continuous performance cinema
Y
哑剧　pantomime
演出道具　prop (usually pl.)
演出（比赛、聚会）地点　venue
摇镜头　pan
一次反射声　first reflection
衣帽间　cloak room
一面光　first-ceiling light
艺术影院　Art Theater
音带 / 声带　sound track
音乐家休息室　musicians' lounge
音乐剧　musical
音乐片　musicals
音乐会　concert
音乐会壳屏风 / 声壳屏风　concert shell / acoustic shell
音乐厅　concert hall
影片长度　footage
寓言剧　parable play
Z
杂剧　poetic drama
在舞台上　onstage
噪声标准　noise criteria
正厅后　stall
正厅立座　standing room
直达声　direct sound
柱光　tower light
主扩声音响　main loudspeaker
主舞台　main stage
追光　follow spot
专业剧团　Professional Companies
字幕　subtitle
走道　aisle
坐席容量　seating capacity

参考文献

国内：

[1] 李道增，傅英杰．　西方戏剧·剧场史 [M]．北京：清华大学出版社，1999．

[2] 卢向东．中国现代剧场的演进——从大舞台到大剧院 [M]．北京：中国建筑工业出版社，2009．

[3] 薛林平，王季卿．山西传统戏场建筑 [M]．北京：中国建筑工业出版社，2005．

[4] （美）白瑞纳克著，王季卿、戴根华等译．音乐厅和歌剧院 [M]．上海：同济大学出版社，2002．

[5] 项端祈．音乐建筑——音乐·声学·建筑 [M]．北京：中国建筑工业出版社，1999．

[6] 项端祈．近代音乐厅建筑 [M]．北京：科学出版社，2000．

[7] 项端祈．剧场建筑声学设计实践 [M]．北京：科学出版社，2000．

[8] 项端祈．传统与现代歌剧院建筑 [M]．北京：科学出版社，2002．

[9] 魏大中，吴亭莉，项端祈等．伸出式舞台剧场设计 [M]．北京：中国建筑工业出版社，1992．

[10] 王季卿．建筑厅堂声学设计 [M]．天津：天津科技出版社，2001．

[11] 吴德基．观演建筑设计手册 [M]．北京：中国建工出版社，2007．

[12] 建筑设计资料集（第四册）[M]．北京：中国建工出版社，1995．

[13] 中国戏曲志编辑委员会．中国戏曲志·上海卷 [M]．上海：上海人民出版社，1996．

[14] 陈述平．文化娱乐建筑设计 [M]．北京：中国建筑工业出版社，2000．

[15] 胡仁禄．休闲娱乐建筑设计 [M]．北京：中国建筑工业出版社，2001．

[16] 建筑与都市：伊东丰雄/建筑与场所 [M]．武汉：华中科技大学出版社，2010．

[17] 周贻白．中国剧场史 [M]．湖南：湖南教育出版社，2007．

[18] 王绍周．上海近代城市建筑 [M]．南京：江苏科学技术出版社，1989．

[19] 梅兰芳．舞台生涯四十年 [M]．北京：中国戏曲出版社，1980．

[20] 许宏庄等编．剧场建筑设计 [M]．北京：中国建筑工业出版社，1984．

[21] 陈伯海．上海文化通史：上下卷 [M]．上海：上海文艺出版社，2001．

[22] 伍江．上海百年建筑史 [M]．第二版．上海：同济大学出版社，2008．

[23] 李菲．论近代上海新式剧场的沿革及其影响 [J]．上海师范大学学报（哲学社会科学版），2002（5）．

[24] 邱坚珍．观演建筑的文化历程 [J]．南方建筑，2000（3）．

[25] 卢向东．德国品字形舞台剧场传入我国的历史概述 [J]．艺术科技，2005（3）．

[26] 顾尚功．灯光对舞台演出空间的控制 [J]．剧影月报，2007（1）．

[27] 高琦华．方位·空间·造型——中国古代剧场基本规制解析 [J]．浙江艺术职业学院学报，2007，5（3）．

[28] 崔中芳．东方语汇的艺术中心 [J]．建筑学报，2005（6）．

[29] （日）服部纪和著，张三明、宋姗姗译．音乐厅·剧场·电影院 [M]．北京：中国建筑工业出版社，2006．

[30] 吴德基编．观演建筑设计手册 [M]．北京：中国建筑工业出版社，2006．

[31] 刘振亚主编．现代剧场设计 [M]．北京：中国建筑工业出版社，2000．

[32] 冷御寒编著．观演建筑 [M]．武汉：武汉工业大学出版社，1999．

[33] OMA．OMA为中国电视巨擎CCTV设计新总部大楼 [J]．时代建筑，2003（2）．

[34] 现代建筑集成（观演建筑）[M]．沈阳：辽宁科学技术出版社，2000

[35] 建筑设计资料集4 [M]．第二版．北京：中国建筑工业出版社，1994．

[36] 王静波．室内声场计算机模拟软件ODEON在声学设计中的应用 [J]．声学技术，2003（4）．

[37] 日本建筑学会编，重庆大学建筑城规学院译．建筑设计资料集成（展示·娱乐篇）[M]．天津：天津大学出版社，2007．

[38] 中国建筑西南设计研究院编．剧场建筑设计规范 JGJ67-2001 [S]．上海：上海人民出版社，2001．

[39] 刘星、王江萍著．观演建筑 [M]．南昌：江西科学技术出版社，1998．

[40] 浙江大丰实业观众厅汇报书．

[41] 伍瑞．流动文脉——库哈斯的CCTV新总部大楼方案解读 [J]．时代建筑，2003（2）．

[42] 马思嘉．美术大师霍克尼的舞台艺术世界 [J]．Opera，2006（7）．

[43] 万和荣．中国民族歌剧产生的历史成因 [J]．艺术百家，2007（2）．

[44] 崔中芳．东方语汇的艺术中心 [J]．建筑学报，2005（6）．

[45] 王辉．迷狂的北京 [J]．时代建筑，2003（2）．

[46] 王苡竹，马礼民，万冬华．舞台灯光控制技术发展简史 [J]．演艺设备与科技，2005（6）．

[47] 胡清亮．杭州大剧院的舞台机械系统验收 [J]．演艺设备与科技，2006（3）．

[48] 项端祈. 录音播音建筑的声学设计 [M]. 北京：北京大学出版社，1994.

[49] 魏大中. 保罗·安德鲁和他的国家大剧院方案 [J]. 建筑创作，2002（2）.

[50] 赵建华，温再林，夏辉，苏醒. 国家大剧院歌剧院舞台灯光照明系统设计概要 [J]. 艺术科技，2008（1）.

[51] 刘玉群，饶紫卿，荣志晓等. 国家大剧院歌剧院舞台机械概述 [J]. 艺术科技，2008（1）.

[52] 成忠军，李国棋. 国家大剧院扩声系统 [J]. 艺术科技，2008（1）.期

[53] 国家大剧院舞台技术部音响组. 国家大剧院舞台监督系统 [J]. 艺术科技，2008（1）.

[54] 马礼民，万冬华等. 国家大剧院戏剧场舞台灯光方案综述 [J]. 艺术科技，2008（1）.

[55] 杨德徽，胡远等. 国家大剧院戏剧场舞台机械概述 [J]. 艺术科技，2008（1）.

[56] 徐奇，于快，王兴盛等. 国家大剧院音乐厅的管风琴 [J]. 艺术科技，2008（1）.

[57] 吴建威，俞加松. 国家大剧院音乐厅舞台灯光系统介绍 [J]. 艺术科技，2008（1）.

[58] 王军，李青松，于红松等. 国家大剧院音乐厅舞台机械 [J]. 艺术科技，2008（1）.

[59] 许小满，闫长青. 戏剧场舞台机械控制系统 [J]. 艺术科技，2002（3）.

[60] 胡清亮. 多用途剧院电影与演出功能声学环境的转换 [J]. 演艺设备与科技，2004（1）.

[61] 温格尔的舞台剧场反声罩产品 [J]. 演艺设备与科技，2004（1）.

[62] 宋效曾. 漫谈混响与音质 [J]. 演艺设备与科技，2004（3）.

[63] （美）Karl G. Ruling著，王东智译. 美国灯光、音响、舞台机械标准 [J]. 演艺设备与科技，2004（5）.

[64] 刘闽生. 舞台艺术多样化是时代发展的必然 [J]. 福建艺术，2004（6）.

[65] 王美玉. 浅谈舞台空间的管理 [J]. 剧影月报，2001（3）.

[66] 谢惠钧. 戏剧空间的视觉艺术转换 [J]. 艺海，2002（2）.

[67] 刘广培. 探索小剧场戏剧音响的表现力 [J]. 广东艺术，2002（5）.

[68] 向世海，徐奇，蔡智刚等. 巴黎国家歌剧院的舞台技术管理 [J]. 演艺设备与科技，2005（2）.

[69] 俞剑军. 现代化舞台机械的控制系统——解析杭州大剧院歌剧院舞台机械的控制技术 [J]. 艺术科技，2005（2）.

[70] 段慧文. 现代舞台机械的控制系统 [J]. 演艺设备与科技，2005（3）.

[71] 党永生. 乔治·希平的舞台设计世界 [J]. 演艺设备与科技，2005（4）.

[72] 陈治. 现代化大型剧场的舞台灯光和机械系统 [J]. 电视技术论谈，2001（2）.

[73] 张玉波. 漫谈舞台演出中的音响 [J]. 当代戏剧，2005（6）.

[74] 王芭竹，马礼民，万冬华. 舞台灯光控制技术发展简史 [J]. 演艺设备与科技，2005（6）.

[75] 黄中林. 21世纪的舞美设计 [J]. 戏剧之家，2005（6）.

[76] 赵如宝. 幻觉与非幻觉的艺术——新时期中国小剧场话剧的舞台美术 [J]. 剧影月报，2006（2）.

[77] 胡清亮. 杭州大剧院的舞台机械系统验收 [J]. 演艺设备与科技，2006（3）.

[78] 韩伟. 当代中国舞美设计的新走向 [J]. 剧作家，2006（3）.

[79] 马思嘉. 美术大师霍克尼的舞台艺术世界 [J]. Opera，2006（7）.

[80] 蔡葵. 漫谈舞台的光与色 [J]. 黄梅戏艺术，2006（2）.

[81] 查道忠. 论话剧舞台设计的演变 [J]. 黄梅戏艺术，2006（2）.

[82] 阎群. 18世纪法国的舞台美术 [J]. 剧作家，2006（4）.

[83] 章梦颖. 虚拟——是中国戏曲舞美设计的灵魂 [J]. 黄梅戏艺术，2006（3）.

[84] 万和荣. 中国民族歌剧产生的历史成因 [J]. 艺术百家，2007（2）.

[85] 宋立本. 浅谈广场演出的舞台设计 [J]. 剧影月报，2007（2）.

[86] 曹孝振. 混响时间的选择 [J]. 电声技术，1997（12）.

[87] 曹孝振. 音质设计的发展 [J]. 电声技术，1997（3）.

[88] 包联进. 上海大剧院钢屋盖结构设计 [R]. 第二届现代结构工程学术研讨会.

[89] （英）理查德·韦斯顿. 材料、形式和建筑 [M]. 范肃宁，陈佳良，译. 北京：中国水利水电出版社，2005.

[90] （英）罗杰斯·克鲁顿. 建筑美学 [M]. 刘先觉，译. 北京：中国建筑工业出版社，2003.

[91] 上海市建筑工程质量检测中心. 金属夹层玻璃 [J]. 上海建材，2005（1）.

[92] 崔中芳. 东方语汇的艺术中心 [J]. 建筑学报，2005（6）.

[93] 崔中芳. 上海东方艺术中心设计关键技术研究 [J]. 时代建筑，2005（3）.

[94] 本菡. 一座城市需不需要建造歌剧院 [J]. 声音，2007（3）.

[95] 汪大绥，朱莹等. 东方艺术中心混凝土结构设计 [J]. 建筑结构学报，2006，27（3）.

[96] 保罗·安德鲁. 上海东方艺术中心 [J]. 建筑细部，2005（5）.

[97] 张敏. 东方艺术中心 [J]. 城市建筑，2005（6）.

[98] 章奎生，王静波，杨志刚. 上海东方艺术中心的建声设计与主客观音质评价 [J]. 声学技术，2006（2）.

[99] 罗小未主编. 上海新天地——旧区改造的建筑历史、人文历史与开发模式的研究 [M]. 南京：东南大学出版社，2002.

[100] 俞剑军. 现代化舞台机械的控制系统——解析杭州大剧院歌剧院舞台机械的控制技术 [J]. 艺术科技，2005（2）.

[101] 段慧文. 现代舞台机械的控制系统 [J]. 演艺设备与科技，2005（3）.

[102] 陈治. 现代化大型剧场的舞台灯光和机械系统 [J]. 电视技术论谈，2001（2）.

[103] 袁烽，姚震. 更'芯'驻'颜'——同济大学大礼堂保护性改建的方法和实践 [J]. 建筑学报，2007（6）.
[104] 袁烽，宋麾君，姚震. 城市中的剧院，剧院中的城市——北京中国国家大剧院评析 [J]. 时代建筑，2008（4）.

国外：

[1] George C.Izenour, *Theater Design*, McGraw-Hill Book Company, 1977.

[2] George C.Izenour, *Theater Technology*, Yale University Press, Second Edition, 1983.

[3] Michael Hammond, *Performing Architecture: Opera Houses, Theayers and Concert Halls for the Tmenty-first Century*, Merrell Publishers, 2006.

[4] Jill Sykes, *Sydney Opera House From the Outside In*, Playbill Publications, 2000.

[5] V. L. Jordan, *Acoustical Design of Concert Hall and Theatres*, Applied Science Publishers Ltd, 1980.

[6] M. Barron, *Auditorium Acoustics and Architectural Design*, E&FN Spon, 1993.

[7] Yoichi Ando, *Music and Concert Hall Acoustics: Conference Proceedings from MCHA 1995*, Academic Press, 1996.

[9] R. Mackenzie, *Auditorium Acoustics*, Applied Science Publishers Ltd., 1975.

[10] B. J. Smith, *Acoustics and Noise Control.* Longman Group Ltd., 1982.

[11] H. Kclttruff, *Room Acoustics*, Applied Science Publishers Ltd, Second Edition, 1979.

[12] Beranek, *Concert Halls and Opera Houses*, Applied Society Of America, 2003.

[13] Athanasopulos Christos, *Contemporary Theater Design and Evolution* BookSurge Publishing, 2008.

[14] Donaldson Frances, *The Royal Opera House in the Twentieth Century*, Bloomsbury, 1988.

[15] Emst Earle, *The Kabuki Theatre*, Oxford University, Notations edition, 1956.

[16] R. A. Foakes, *Illustrations of the English Stage: 1580-1642*, Stanford University Press, 1985.

[17] Michael Forsyth, *Auditoria: Designing for the Performing Art*, Van Nostrand Reinhold, First Edition edition, 1987.

[18] Michael Forsyth, *Buildings for Music: The Architect, the Musician, and the Listener from the Seventeenth Century to the Present Day*, The MIT Press, 1985.

[19] Charles Francisco .*The Radio City Music Hall: An Affectionate History of the Worlds's Greatest Theater*, E. P. Dutton; 1st edition, 1979.

[20] Anthony Gishford, *Grand Opera*, Studio, 1972.

[21] Victor Glasstone, *Victorian and Edwardian Theatres*, Thames & Hudson Ltd 1975.

[22] Roderick Ham, *Theatres: Planning guidance for design and adaptation*, Architectural Press, 1988.

[23] Mary C. Henderson, *Theater in America: 200 Years of Plays, Players, and Productions*, Harry N Abrams; 1st edition, 1991.

期刊类：

《建筑学报》，《时代建筑》，《电声技术》，《演艺设备与科技》，《建筑师》，《世界建筑》，
《建筑创作》，*a+u*，*GA document*，*domus*，*El Croquis*

后记|

　　本书付梓之际，首先回想起的是作为小提琴演奏家的大姐袁煜和现代体育舞蹈家的二姐袁焰，正是儿时被两位姐姐带着穿行于各类剧场的后台、舞台以及排练厅的不寻常经历，让我对观演类建筑有着格外的亲切感和兴趣。

　　所以，在此书收笔之刻，我更愿以此书献给我的两位姐姐，以及一直鼓励与支持我的家人！同时，多年以来赵秀恒教授与王季卿教授在观演建筑领域给了我很多的教导、建议与指正，这些都成为我研究的动力！

　　本书从酝酿到完成，前后历时五年有余，期间做了大量的图文资料搜集、整理、分析与总结工作，针对国内外大量工程实例与案例的调查研究十分不易，其中艰难自不赘言。

　　值得一提的是，如今正值我国提倡文化产业振国兴邦之际，但作为文化产业重要组成部分的国内已建成的很多大剧院，在设计品质、造价、能源利用、经济效益等方面暴露出了很多问题。如何引导观演建筑的多元化发展？如何传承我国的观演传统与文化？观演建筑如何走向真正的大众生活？这些都是我近年来不断思考和探索的问题。我想本书作为面向观演建筑本体的研究，正是今后探索以上问题的基础。这不是观演建筑研究的结束，而是一个开始……

袁烽

2012年4月于同济大学